Teubner Studienbücher

Mathematik

Ahlswede/Wegener: **Suchprobleme.** DM 29,80

Aigner: **Graphentheorie.** DM 29,80

Ansorge: **Differenzenapproximationen partieller Anfangswertaufgaben.** DM 29,80 (LAMM)

Behnen/Neuhaus: **Grundkurs Stochastik.** 2. Aufl. DM 36,–

Bohl: **Finite Modelle gewöhnlicher Randwertaufgaben.** DM 29,80 (LAMM)

Böhmer: **Spline-Funktionen.** DM 32,–

Bröcker: **Analysis in mehreren Variablen.** DM 32,80

Bunse/Bunse-Gerstner: **Numerische Lineare Algebra.** DM 34,–

Clegg: **Variationsrechnung.** DM 18,80

v. Collani: **Optimale Wareneingangskontrolle.** DM 29,80

Collatz: **Differentialgleichungen.** 6. Aufl. DM 32,– (LAMM)

Collatz/Krabs: **Approximationstheorie.** DM 28,–

Constantinescu: **Distributionen und ihre Anwendung in der Physik.** DM 21,80

Dinges/Rost: **Prinzipien der Stochastik.** DM 34,–

Fischer/Sacher: **Einführung in die Algebra.** 3. Aufl. DM 22,80

Floret: **Maß- und Integrationstheorie.** DM 32,–

Grigorieff: **Numerik gewöhnlicher Differentialgleichungen**
Band 1: vergriffen   Band 2: DM 32,80

Hainzl: **Mathematik für Naturwissenschaftler.** 4. Aufl. DM 34,– (LAMM)

Hässig: **Graphentheoretische Methoden des Operations Research.** DM 26,80 (LAMM)

Hettich/Zenke: **Numerische Methoden der Approximation und semi-infinitiven Optimierung.** DM 24,80

Hilbert: **Grundlagen der Geometrie.** 12. Aufl. DM 26,80

Jeggle: **Nichtlineare Funktionalanalysis.** DM 26,80

Kall: **Analysis für Ökonomen.** DM 28,80 (LAMM)

Kall: **Lineare Algebra für Ökonomen.** DM 24,80 (LAMM)

Kall: **Mathematische Methoden des Operations Research.** DM 25,80 (LAMM)

Kohlas: **Stochastische Methoden des Operations Research.** DM 25,80 (LAMM)

Krabs: **Optimierung und Approximation.** DM 26,80

Lehn/Wegmann: **Einführung in die Statistik.** DM 24,80

Müller: **Darstellungstheorie von endlichen Gruppen.** DM 24,80

Rauhut/Schmitz/Zachow: **Spieltheorie.** DM 32,– (LAMM)

Schwarz: **FORTRAN-Programme zur Methode der finiten Elemente.** DM 24,80

Schwarz: **Methode der finiten Elemente.** 2. Aufl. DM 38,– (LAMM)

Stiefel: **Einführung in die numerische Mathematik.** 5. Aufl. DM 32,– (LAMM)

Stiefel/Fässler: **Gruppentheoretische Methoden und Ihre Anwendung.** DM 29,80 (LAMM)

Stummel/Hainer: **Praktische Mathematik.** 2. Aufl. DM 36,–

Topsoe: **Informationstheorie.** DM 16,80

Fortsetzung auf der 3. Umschlagseite

Versicherungsmathematik

Teil 1 Personenversicherung

Von Priv.-Doz. Dr. rer. nat. Kurt Wolfsdorf
Bundesaufsichtsamt für das Versicherungswesen Berlin
und Technische Universität Berlin

Mit zahlreichen Abbildungen, Tabellen
und Aufgaben

B. G. Teubner Stuttgart 1986

Priv.-Doz. Dr. rer. nat. Kurt Wolfsdorf

Geboren 1950 in Berlin. Von 1969 bis 1975 Studium der Mathematik, Logik, Linguistik und Informatik an der FU und der TU Berlin. 1975 Diplom, 1979 Promotion und 1981 Habilitation in Mathematik an der TU Berlin. 1980 Gastaufenthalt in Minneapolis/USA. Seit 1982 Referent im Bundesaufsichtsamt für das Versicherungswesen in Berlin.

CIP-Kurztitelaufnahme der Deutschen Bibliothek

Wolfsdorf, Kurt:
Versicherungsmathematik / von Kurt Wolfsdorf. —
Stuttgart : Teubner
  (Teubner-Studienbücher : Mathematik)

Teil 1. Personenversicherung. — 1986.
  ISBN 978-3-519-02072-1   ISBN 978-3-322-96646-9 (eBook)
  DOI 10.1007/978-3-322-96646-9

Gesamtherstellung: Beltz Offsetdruck, Hemsbach/Bergstraße
Umschlaggestaltung: M. Koch, Reutlingen

Für

Valeria
Zephyrius
Amalaswintha

With love's light wings did I o'er-perch these walls,
For stony limits cannot hold love out,
And what love can do, that dares love attempt.
Therefore thy kinsmen are not stop to me.

William Shakespeare, Romeo and Juliet

VORWORT

In Westeuropa, Nordamerika und Japan entfallen im statistischen
Mittel auf jeden Bürger mindestens ein Versicherungsvertrag, in
einigen dieser Länder mehr als ein Versicherungsvertrag. Zu den in
der Bevölkerung bekanntesten Versicherungen zählen die Lebensversicherung, Krankenversicherung, KFZ-Versicherung, Unfallversiche-
rung, Rechtsschutzversicherung, Haftpflichtversicherung, Hausrat-
versicherung und Tierversicherung.

All diesen und den hier nicht aufgeführten Versicherungen ist ge-
mein, daß sie gewisse Personen vor den wirtschaftlich nachteiligen
Folgen eines Ereignisses, dessen Eintritt oder dessen Zeitpunkt des
Eintritts ungewiß ist, schützen sollen. So schützt der Lebensversicherungsvertrag, abgeschlossen auf das Leben des Versorgers einer Familie, im Falle des Ablebens des Versorgers (hier ist der
Eintritt des Ereignisses "Tod" sicher, sieht man von den in der
Bibel beschriebenen Fällen einmal ab, der Zeitpunkt des Todes allerdings ist in der Regel nicht vorhersehbar) die Hinterbliebenen vor
den wirtschaftlich nachteiligen Folgen. Der Haftpflichtversicherer
schützt die versicherte Person, falls diese rechtswidrig und schuld-
haft einen Schaden verursacht hat, vor den wirtschaftlich nachteiligen Folgen, die ihr durch die Ansprüche entstehen, die der Ge-
schädige an sie stellt. Der Versicherer kann dem Geschädigten den
erlittenen Schaden ersetzen. Der Haftpflichtversicherer schützt die
versicherte Person aber auch dadurch, daß er unbegründete Schaden-
ersatzansprüche von ihm abwendet.

In dem Kommentar zum Versicherungsaufsichtsgesetz [67 a] wird das
Versicherungsgeschäft in juristischer Diktion wie folgt beschrieben (Prölls):

Versicherungsgeschäfte betreibt, wer, ohne daß ein innerer Zusammenhang mit
einem Rechtsgeschäft anderer Art besteht, gegen Entgelt verpflichtet ist, ein
wirtschaftliches Risiko dergestalt zu übernehmen, daß er
a) anderen vermögenswerte Leistungen zu erbringen hat, wenn sich eine für deren
   wirtschaftliche Verhältnisse nachteilige, ihrem Eintritt nach ungewisse Tatsache ereignet, um die dadurch verursachten Nachteile auszugleichen, oder

b) anderen vermögenswerte Leistungen zu erbringen hat, wobei es von der Dauer
   des menschlichen Lebens oder den Eintritt oder Nichteintritt einer Tatsache
   im Laufe des menschlichen Lebens abhängt, ob oder wann in welchem Umfang zu
   leisten oder wie hoch das Entgelt ist,
sofern der Risikoübernahme eine Kalkulation zugrunde liegt, wonach die dazu er-
forderlichen Mittel ganz oder im wesentlichen durch die Gesamtheit der Entgelte
aufgebracht werden.

Dieser Definition können wir nun entnehmen, daß das Versicherungsgeschäft zwei Bedingungen erfüllen muß. Zum ersten muß das Versicherungsgeschäft ein aleatorisches Moment enthalten. Der Eintritt
eines Ereignisses oder der Zeitpunkt des Eintritts eines Ereignisses,
das den Versicherer zu einer Leistung verpflichtet, muß ungewiß
sein. Darüber hinaus kann auch die Höhe des im Leistungsfalle fälligen Aufwandes ungewiß sein.

Zum zweiten müssen die Prämien so kalkuliert sein, daß der Versicherer seine Verpflichtungen gegenüber den Versicherungsnehmern im
wesentlichen aus den eingenommenen Beiträgen finanzieren kann. Hierbei ist davon auszugehen, daß dieses Prinzip gilt, solange nicht ein
außergewöhnlicher Fall eintritt. Es wird ein Lebensversicherer seine
Prämien nicht so bemessen müssen, daß er aus den eingenommenen Prämien auch dann sämtliche Schäden bezahlen kann, wenn in einem Jahr
alle versicherten Personen sterben. Dieses Axiom, *das Äquivalenzprinzip*, werden wir im folgenden für die einzelnen Versicherungs-
sparten präzisieren.

Eine Aufgabe der Versicherungsmathematik besteht nun darin, Kalküle
anzugeben, deren Anwendungen durch ein Versicherungsunternehmen einen Ausgleich zwischen den von den Versicherungsnehmern eingenommenen Entgelten (Prämien, Beiträge) und den gezahlten Leistungen an
die Berechtigten über gewisse Zeiträume herstellt. Dieser Ausgleich
kann nun nicht bei jedem einzelnen Versicherungsnehmer hergestellt
werden (schließt jemand einen Lebensversicherungsvertrag ab und
stirbt nach einem Jahr, so sind die erhaltenen Leistungen gewiß
größer als die gezahlten Beiträge), sondern nur bei der Gesamtheit
der Versicherungsnehmer. Ferner ist auch nicht zu erwarten, daß
der Ausgleich zu jedem Zeitpunkt erzielt werden kann. Schließen
z.B. sehr viele junge Menschen bei einem Versicherungsunternehmen

eine Altersrentenversicherung ab, so werden einige Jahre lang die
Beiträge die Leistungen überwiegen. Die Frage des Ausgleichs wird
bei jeder Versicherungsart zu prüfen sein. Dabei ist dann auch stets
zu berücksichtigen, daß jeder Versicherungsnehmer ein individuelles
Risiko darstellt und auch demzufolge eine individuelle Prämie seinem Risiko entsprechend zu zahlen hat.

Das Versicherungsgeschäft darf in der Bundesrepublik Deutschland
nur von Versicherungsunternehmen betrieben werden, die ausschließlich dieses Geschäft betreiben. Bestimmte Sparten, wie z.B. die
Lebensversicherung, Krankenversicherung und Rechtsschutzversicherung, dürfen nicht mit anderen Sparten gemeinsam von einem Versicherungsunternehmen angeboten werden. Versicherungsunternehmen
haben die Rechtsform der Aktiengesellschaft (AG), des Versicherungsvereins auf Gegenseitigkeit (VVaG) oder auch öffentlich-rechtlicher
Anstalten.

Die Versicherer müssen wie alle am Wirtschaftsleben Beteiligten gewisse Rechtsvorschriften beachten (Bürgerliches Gesetzbuch, Han-
delsgesetzbuch, Aktiengesetz, Steuerrecht etc.). Darüber hinaus gibt
es zwei weitere, für das Versicherungswesen bedeutende Gesetze, nämlich das Versicherungsvertragsgesetz (VVG) und das Versicherungsaufsichtsgesetz (VAG).

Das VVG (aus dem Jahre 1908) regelt das Verhältnis zwischen dem Versicherungsunternehmen und dem Versicherungsnehmer (ziviles Recht).
Das VAG ist die Basis für die Aufsicht des Staates, durchgeführt
vom Bundesaufsichtsamt für das Versicherungswesen (BAV) mit Sitz
in Berlin und den Landesaufsichtsämtern über die Versicherungsunternehmen (öffentliches Recht). Beide Gesetze enthalten Vorschriften, die die Tätigkeit des Versicherungsmathematikers in der täglichen Praxis beeinflussen.

Im wesentlichen gelten diese Ausführungen auch für Österreich und
die Schweiz, natürlich nicht für die DDR, da dort das Versicherungswesen verstaatlicht ist.

In diesem Buch werden nun mathematische Modelle entwickelt, die das
Versicherungsgeschäft beschreiben. Der erste Band befaßt sich mit
der Personenversicherung (Lebens-, Kranken-, Pensions- und

Pflegeversicherung). Die hier dargestellten Methoden und Modelle
sind überwiegend auf die Praxis zugeschnitten, nicht aber auf die
"praktische Praxis" (nach Heuser [46] - "Der praktische Mensch ist
derjenige, der die Fehler seiner Vorfahren praktiziert").

Mit diesen Kenntnissen ("wie Versicherung funktioniert") können
dann im zweiten Band risikotheoretische Verallgemeinerungen vorgenommen werden. Dort auch werden die wahrscheinlichkeitstheoretischen
und statistischen Aspekte der Versicherungsmathematik behandelt.
Auf jene Teile wurde im ersten Band verzichtet, da der Umfang dieses Bandes bereits das vom Verlag gesteckte Limit bei weitem überschreitet. Darüber hinaus aber sind beide Bände Grundlage eines Vor-
lesungszyklus "Versicherungsmathematik", der über jeweils drei Se-
mester an der Technischen Universität Berlin von mir angeboten wird.
Den Studenten meiner Vorlesung empfehle ich, bereits in einem frü-
hen Stadium ein Praktikum in einem Versicherungsunternehmen zu ab-
solvieren. Ein solches Praktikum ist aber nur dann sinnvoll, wenn
die Probleme, die aus der täglichen Praxis kommen, auch von den
Praktikanten verstanden werden. Dieses Kriterium war entscheidend
für die Stoffauswahl des ersten Bandes.

Den Fußspuren Halmos' folgend ([38 a]: "I do believe that problems
are the heart of mathematics, and I hope that as teachers, in the
classroom, in seminars, and in the books and articles we write, we
will emphasize them more and more, and that we will train our
students to be better problem-posers and problem-solvers than we
are.") sind diverse Aufgaben, von denen der Leser auch einige bear-
beiten sollte, eingearbeitet. Auch die Aufgaben beziehen sich auf
die in der Praxis auftretenden Fragen: nicht raffinierte Näherungsverfahren werden dort behandelt, vielmehr wird man von einem Versicherungsmathematiker Vertrautheit mit der Umsetzung mathematischer
Modelle in einen Rechner erwarten.

Zum Schluß bleibt mir noch die dankbare Aufgabe all denen zu danken,
die zum Gelingen dieses Bandes beigetragen haben.

Zunächst möchte ich mich bei meiner Frau Valeria bedanken, die sämtliche Lösungen zu den Aufgaben entworfen hat und auch die Flußdia-

gramme und Graphiken erstellte. Außerdem hat sie es in hervorragender Weise verstanden, trotz Familienzuwachs in den letzten Wochen, in der Zeit, in der ich geistig permanent und physisch meist abwesend war, die Geschicke der Familie zu meistern.

Wertvolle Anregungen. für das Kapitel Pensionsversicherung erhielt ich von Herrn Nikolaus Müller vom Deutschen Lloyd. Dankbar bin ich auch für die vielen Ratschläge und Hinweise, die ich von meinen Kollegen im BAV erhielt. Stellvertretend seien in alphabetischer Reihenfolge genannt die Herren Gerlach, Gruschinske, H. Herde, Schacht und Wücke.

Auch aus dem Kreis meiner Hörer habe ich dankbar kritische Anmerkungen aufgenommen. Mein besonderer Dank gilt hier den Herren Decker, Kokorniak und Schlosser, die mit großer Geduld mein Manuskript durchlasen.

Nicht unerwähnt bleiben sollen die vielen Institutionen, die ebenfalls zum Gelingen dieses Werkes beitrugen. Die zahlreichen in Berlin ansässigen Bibliotheken (Mathematische Bibliotheken der Fachbereiche Mathematik an der TU und FU, Staatsbibliothek, Bibliothek des Vereins für Versicherungswissenschaft und die Bibliothek des BAV) waren mir ebenso eine unentbehrliche Hilfe wie der Verband Deutscher Rentenversicherungsträger, der mir freundlicherweise statistisches Material zur Verfügung stellte, so daß ich für dieses Buch geeignete Ausscheidewahrscheinlichkeiten für die Pensionsversicherung erstellten konnte.

Mein Dank gilt auch Herrn Dr. Spuhler vom Teubner-Verlag, der für meine Wünsche stets Verständnis zeigte.

Zum Schluß möchte ich mich bei Frau Kurtzahn für die viele Mühe und Geduld bedanken, die sie beim Schreiben dieser Seiten aufgebracht hat.

Berlin, Januar 1986   Kurt Wolfsdorf

INHALTSVERZEICHNIS

                                                              Seite

Vorwort
Inhaltsverzeichnis

KAPITEL I: Lebensversicherung   1

1   Finanzmathematik   5
1.1   Zinsen   5
1.2   Zeitrenten   15
1.3   Das Äquivalenzprinzip   25
1.4   Bausparmathematik   37
1.5   Der Zins als Rechnungsgrundlage   46

2   Personengesamtheiten und Ausscheideordnungen   52
2.1   Sterbewahrscheinlichkeiten   53
2.2   Methoden zur Ermittlung geeigneter Stichproben   56
2.3   Ausgleich der rohen Sterbewahrscheinlichkeiten
      und Sterbetafeln   61
2.4   Sterbetafeln   110
2.5   Die Sterblichkeit als Rechnungsgrundlage   111
2.6   Historische Bemerkungen   127

3   Leistungsbarwerte und Prämien   135
3.1   Leistungsbarwert   135
3.2   Nettoprämien   158
3.3   Anmerkungen zu den Leistungsbarwerten und
      Nettoprämien   169
3.4   Kosten und Bruttoprämien   172

4   Deckungskapital   189
4.1   Die Spektren einer Versicherung und das
      Deckungskapital   190
4.2   Rekursionsformeln, Spar- und Risikoprämie,
      riskiertes Kapital   196
4.3   Die Reserven einiger Versicherungstarife   198
4.4   Zillmerreserve   211
4.5   Verwaltungskostenreserve   216
4.6   Ein kurzer Ausflug ins Kaufmännische   218
4.7   Bilanzdeckungskapital   224

		Seite
5	Einige Spezialitäten	230
5.1	Versicherung mit fallender Leistung	230
5.2	Versicherung mit variablen Beiträgen	233
5.3	Teilauszahlungstarife	234
5.4	Fondsgebundene Lebensversicherung	237
5.5	Universal Life	238
5.6	Dynamik	239
5.7	Leibrente mit Prämienrückgewähr	240
5.8	Versicherung auf mehrere Leben	241
5.9	Modifizierte Beiträge	253
6	Vertragsänderungen	256
6.1	Rückkauf einer Versicherung	256
6.2	Prämienfreie Reduktion von Versicherungen	259
6.3	Umwandlung von Versicherungen	260
6.4	Policendarlehen	271
7	Geschäftsplan	272
8	Überschuß	289
8.1	Überschußermittlung	289
8.2	Die Überschüsse der Lebensversicherungsunternehmen (Branchenergebnisse) der letzten Jahre	300
8.3	Die Kontributionsformel	302
8.4	Überschuß zum Bilanztermin	309
8.5	Überschußverteilung	310
8.6	Überschußverwendung	316
8.7	Die Finanzierbarkeit	317
8.8	Ein Finanzierbarkeitsnachweis	323
8.9	Rentabilität eines Lebensversicherungsvertrages	340

KAPITEL II: Pensionsversicherung

1	Rechnungszins	347
2	Ausscheidewahrscheinlichkeiten	347
2.1	Personengesamtheit	347
2.2	Sterbewahrscheinlichkeit	353
2.3	Invalidisierungswahrscheinlichkeit	358

		Seite
2.4	Partielle Ausscheidewahrscheinlichkeiten	363
3	Leistungsbarwerte der Renten	366
3.1	Entwicklung der Personenbestände	366
3.2	Rentenbarwerte und Anwartschaften	368
3.3	Barwerte und Anwartschaften der Hinterbliebenenversorgung	379
4	Finanzierungsmethoden	400
4.1	Individuelles Äquivalenzprinzip	400
4.2	Rentendeckungsverfahren	403
4.3	Umlageverfahren	404
5	Abschließende Bemerkungen	405
5.1	Kosten	405
5.2	Deckungskapital	406
5.3	Überschüsse	411
KAPITEL III:	Krankenversicherung	418
1	Die erwarteten Schäden	420
1.1	Schadenfälle	420
1.2	Einzelschäden	423
1.3	Ermittlung geeigneter Schätzwerte	424
1.4	Kopfschäden, Profile und Grundkopfschäden	427
1.5	Die Risikoprämie	429
2	Beiträge	437
2.1	Rechnungsgrundlagen für konstante Nettoprämien	437
2.2	Versichertengesamtheit	439
2.3	Der Leistungsbarwert	441
2.4	Die Nettoprämien	443
2.5	Die Bruttoprämien	444
3	Alterungsrückstellung	447
3.1	Die Netto-Alterungsrückstellung	447
3.2	Die Zillmerreserve	450
3.3	Die Bilanzreserve	451
3.4	Rechte an der Alterungsrückstellung	452

Seite

4   Gewinnermittlung, -zerlegung und Beitragsanpassung   454

4.1   Bilanz, Gewinn- und Verlustrechnung und
Beitragszerlegung   454

4.2   Beitragsanpassung   455

5   Berechnung neuer Beiträge   457

KAPITEL IV: Pflegerenten- und Pflegefallversicherung   460

Literatur   465

Register   472

KAPITEL I

LEBENSVERSICHERUNG

> *Alle Unparteilichkeit ist artifiziell.*
> *Der Mensch ist immer parteiisch*
> *und tut sehr recht daran.*
> *Selbst Unparteilichkeit ist parteiisch.*
>
> G. Ch. Lichtenberg, Pfennigswahr-
> heiten

Im Jahre 1984 nahmen die Lebensversicherungsunternehmen (LVU)
ca. 37.943.000.000 DM an Beiträgen ein, das entspricht etwa einem
Drittel sämtlicher Versicherungsprämien, die in der Bundesrepublik
Deutschland von den hier ihr Geschäft betreibenden Versicherungsunternehmen (VU) erhoben wurden. Der Gesamtbestand an selbst abgeschlossenen Lebensversicherungen (LV) hatte zum Jahresende 1984 ein
Volumen von ca. 1.048.000.000.000 DM, das ist der Betrag, der fällig
geworden wäre, wenn sämtliche zum Jahresende 1984 versicherten Personen gestorben wären. Dieser Betrag war aufgeteilt auf ca.
67.400.000 Versicherungsverträge (das Wort "Versicherung" kürzen
wir fortan stets mit V ab). Somit entfielen zum Jahresende 1984 auf
jeden Bundesbürger im Durchschnitt mehr als eine Vpolice.

Die von den Versicherungsnehmern (VN) gezahlten Prämien werden zu
einem großen Teil zinsbringend angelegt. Daher haben sich bei den
LVU bis Ende 1984 Kapitalanlagen über 262.300.000.000 DM angesammelt. Das sind über 60 % der gesamten Kapitalanlagen aller in der
Bundesrepublik Deutschland tätigen VU.

Diese wenigen Zahlen zeigen an, welche immense wirtschaftliche Bedeutung die LV in unserer Gesellschaft hat. Ähnlich ist die Situation in den meisten westeuropäischen Ländern, in Nordamerika und
Japan.

Die Wichtigkeit einer Wirtschaftsbranche ist nun kein Maß dafür, ob
über die Wirtschaftsbranche in einem Mathematikbuch geschrieben
wird. In der LV allerdings hielten als erster bedeutender Wirt-
schaftsbereich nicht-triviale mathematische Methoden Einzug und
sind hier eine conditio sine qua non.

Ausgehend von den für die LV entwickelten mathematischen Modellen
wurden später auch für weitere Vsparten Modelle entwickelt. Betrachtet man die PensionsV als Teil der LV, so folgte deren Mathemati-
sierung die der KrankenV und später die der Kfz-V und der SachV.

Vereinheitlichen lassen sich sämtliche mathematischen Modelle für
die einzelnen Vsparten durch risikotheoretische Modelle.

Gegen den Strom der Zeit schwimmend werden wir nicht mit den allgemeinen Modellen beginnen und die konkreten Fälle auf Beispiele reduzieren. Erst wenn der Leser hinreichend viele für die Praxis entwickelten Modelle kennt, ist es sinnvoll zu verallgemeinern. Dann
auch nur ist es möglich, zwischen sinnvollen Verallgemeinerungen
und jenen zu unterscheiden, die nur dem Ruhme ihrer "Erfinder" die-
nen.

Da ein Großteil der mathematischen Modelle für die LV konstruiert
wurde, und da nicht zuletzt wegen der eingangs erwähnten wirtschaftlichen Bedeutung die meisten sich mit Vmathematik hauptberuflich
beschäftigenden Mathematiker in LVU tätig sind, werden wir diesem
Kapitel mehr Raum zubilligen als den folgenden Kapiteln dieses
Bandes. Sämtliche dort nur knapp dargestellten Abschnitte sind hier
ausführlicher abgehandelt.

Die Vverträge in der PersonenV laufen häufig über viele Jahre, gelegentlich bis zum Lebensende einer versicherten Person (juristisch
ist zwischen einer versicherten Person und einem Versicherungsnehmer zu unterscheiden, im Rahmen dieses Buches aber werden wir meist
nur von dem VN sprechen). Daher kann hier der Zins- und Zinseszins-
effekt bei Kapitalzahlungen und -ansammlungen nicht unberücksich-
tigt bleiben. Im ersten Abschnitt befassen wir uns deshalb mit der
klassischen Finanzmathematik.

Auf die Darstellung der moderneren stochastischen Finanzmathematik
wird verzichtet, da diese Ansätze für die Vmathematik nicht sehr
fruchtbar sind. Betrachtet man den Zins als Zufallsgröße, so sind
die Argumente für und wider eine Verteilung allesamt nicht stich-
haltig. Darüber hinaus ist zu bemerken, daß bei den langfristigen
Kapitalanlagen der VU die relativ großen Schwankungen des Kapital-

marktzinses nur zu kleinen Schwankungen des Durchschnittszinses aller Kapitalanlagen führt. Unabhängig von den Schwankungen des Kapitalmarktzinses war der (Branchen-) Durchschnittszinssatz für die LVU in den vergangenen Jahren stets etwa 7,5 %.

Mit dem Zins kennen wir dann die erste Kalkulationsgrundlage (in der Vmathematik spricht man von *Rechnungsgrundlage*).

In dem Abschnitt über Finanzmathematik ist ein Paragraph über die Bausparmathematik enthalten. Zwar ist die Bausparmathematik nicht Grundlage der LV, da aber fast jedes LVU mit einer Bausparkasse zusammenarbeitet und viele Vkonzerne auch eine eigene Bausparkasse in ihrem Unternehmensbereich haben, ist es für den Vmathematiker von Vorteil, wenn er zumindest die Grundzüge dieser Techniken kennt.

Im zweiten Abschnitt werden wir eine weitere Rechnungsgrundlage kennenlernen, die Sterbewahrscheinlichkeit. Es wird hier gezeigt, wie Sterbewahrscheinlichkeiten aus einem gegebenen Bestand gewonnen und die Rohdaten ausgeglichen werden.

In Abschnitt 3 werden zunächst die Nettoprämien für die in Deutschland gängigen LVtarife berechnet. Anschließend wird die dritte und letzte Rechnungsgrundlage vorgestellt, die Kosten. Es können die tatsächlich zu erhebenden Prämien kalkuliert werden.

Reservewerte werden im Abschnitt 4 behandelt. Hier wird auch so knapp wie möglich das Bilanzschema angesprochen, da jeder in der Praxis tätige Vmathematiker über Bilanz-Kenntnisse verfügen muß, und diese zum weiteren Verständnis der versicherungsmathematischen Probleme unentbehrlich sind.

Spezielle Vtarife werden im Abschnitt 5 behandelt. Ein Paragraph ist den V auf verbundene Leben gewidmet; hier diskutieren wir nur den in der täglichen Praxis vorkommenden Fall der V auf zwei verbundene Leben. Die Verallgemeinerung auf mehr als zwei Leben findet der interessierte Leser bei dieser Darstellung ohne weitere Schwierigkeiten von selbst.

Der Abschnitt 6 ist den technischen Vertragsumwandlungen gewidmet.

Im siebenten Abschnitt wird dargestellt, wie die bis dahin einzelnen Aspekte der LV in einem Geschäftsplan zusammengefaßt werden.

Im achten Abschnitt schließlich wird der für die LV besonders wichtige Bereich der Überschußermittlung, -verteilung und -verwendung behandelt. In diesem Zusammenhang wird auch das Problem des Finanzierbarkeitsnachweises erörtert. Ein Verfahren zum Nachweis der Finanzierbarkeit wird vorgestellt.

Für die Grundlagen aus der Analysis wird auf das Lehrbuch von Heuser [46] verwiesen, die wahrscheinlichkeitstheoretischen Grundlagen findet der Leser in dem Grundkurs von Behnen/Neuhaus [1].

Als ergänzende Lektüre zu diesem Buch wird auf die teilweise klassischen Darstellungen von Boehm [6], Gaumitz/Larson [22], Münzner/Isenbart [49], Kracke [55], Landré [57], Saxer [78], Wolff [101] und Zwinggi [104] verwiesen. Eine moderne Darstellung findet der Leser in der Arbeit von Bowers/Gerber/Hickman/Jones und Nesbitt [9], die von risikotheoretischen Ansätzen ausgeht. Zur Anwendung der Risikotheorie in der Praxis siehe die Arbeit von Helten [41].

1. FINANZMATHEMATIK

1.1 ZINSEN

Nach Golde drängt,
Am Golde hängt
Doch alles! Ach, wir Armen!
Goethe, Faust I

Wir interessieren uns hier nicht für Gründe der Zinszahlungen, sondern nur für die Auswirkungen der Zinszahlbuchungen auf die Änderung des Kapitals. Zinstheorien werden in den Wirtschaftswissen-
schaften behandelt.

1.1.1 Es haben sich die folgenden Bezeichnungen eingebürgert:

B ist der Barwert oder Anfangswert eines Kapitals
S ist der Endwert eines Kapitals
p ist der Zinsfuß (Angabe in Prozent)

$i = \frac{p}{100}$ ist der Zinssatz. Das ist der effektive Zins, der in einem Jahr auf das Kapital 1 bezahlt wird. i wird vom eng-
lischen *interest* abgeleitet.

r = 1+i ist der Aufzinsungsfaktor

$v = \frac{1}{1+i} = \frac{1}{r}$ ist der Abzinsungs- oder Diskontierungsfaktor

d = 1-v ist die jährliche Diskontrate

$n,m,k \in \mathbb{N}$ und $t \in \mathbb{R}$ werden im folgenden Sinne gebraucht:
n bezeichnet stets eine ganze Anzahl von Jahren, $\frac{1}{k}$ den k-ten Teil

eines Jahres (meist ist k = 2,4,12 oder 360), m die Anteile von

$\frac{1}{k}$ im betrachteten Zeitintervall (Beispiel: 3 Jahre und 5 Monate

werden dargestellt $3+5\cdot\frac{1}{12}$); t ist die Länge eines Zeitintervalls.

K(t) ist das Kapital zum Zeitpunkt t.

1.1.2 In der Finanz- und Vsmathematik sind zwei verschiedene Betrachtungsweisen möglich. Zum einen nimmt man an, daß sämtliche
Leistungen zu *bestimmten Zeitpunkten* erfolgen und man interessiert
sich nicht für die Zeitintervalle zwischen den einzelnen Punkten,
zu denen Leistungen erbracht werden. So kann man etwa annehmen,
wenn jeweils zum Monatsende dem Kapital Zinsen gutgebucht werden,
daß sich das Kapital stets sprunghaft zum Monatsende ändert. Man
spricht bei dieser Betrachtungsweise von der *diskontinuierlichen Methode.*

Zum anderen kann man aber auch annehmen, daß sich die Kapitalfunktion in *jedem Zeitpunkt* stetig ändert. Das Kapital wächst dann nicht sprunghaft zu gewissen Zeitpunkten. Dies ist die *kontinuierliche Methode.*

Weiterhin ist denkbar, daß sich das Kapital in jedem Zeitpunkt stetig verändert, daß diese Veränderung aber durch Ein- und Auszahlungen zu bestimmten Zeitpunkten überlagert wird. Da wir für die Praxis annehmen dürfen, daß diese Zeitpunkte nicht dicht liegen, ist die Kapitalfunktion stückweise stetig. Es ist dies eine Mischform der beiden Methoden.

Für die Praxis ist nur die diskontinuierliche Methode bedeutsam. Die Entwicklung der elektronischen Datenverarbeitung hat zum Bedeutungsverlust der kontinuierlichen Methode beigetragen, dennoch werden wir auch Aspekte der kontinuierlichen Methode behandeln.

1.1.3 Meist werden Zinsen jährlich gezahlt. Wird ein Kapital B mit p % verzinst, so erhält man nach einem Jahr $B \cdot i$ Zinsen. Mit dem Kapital B zusammen ergibt sich ein neues Kapital
$$S = B + B \cdot i = B(1+i) = Br.$$

Werden in den folgenden Jahren Zinsen jeweils nur auf das Kapital B gezahlt, so ergibt sich nach n Jahren ein neues Kapital

$$(1) \quad S = B + \underbrace{Bi + Bi + \ldots + Bi}_{n\ \text{mal}} = B + n \cdot Bi = B(1+ni).$$

Im kontinuierlichen Fall gibt es dann zum Zeitpunkt t das Kapital

$$(2) \quad K(t) = S = B(1+ti).$$

(1) und (2) sind die Zinsformeln für die einfache Verzinsung. Man spricht von *Aufzinsung*.

Umgekehrt kann man, wenn S und i bekannt sind, B aus (1) bzw. (2) ermitteln durch

$$(3) \quad B = \frac{S}{1+ni} \quad \text{bzw.}$$

$$(4) \quad B = \frac{S}{1+ti}.$$

Diesen Vorgang nennt man _Abzinsung_.

Die folgende Abschätzung ist für kleine Zeiträume anwendbar:

(5) $B \approx S(1-it)$

Sie wird zur Diskontierung von Wechseln benutzt; dort ist t klein.
Daher auch heißt (5) Formel für den Wechseldiskont.

Aufgabe: 1.) Zeigen Sie, daß (5) für kleine t eine vernünftige Abschätzung ist und geben Sie den Fehler an. Hinweis: Taylor-Ent-
wicklung von B nach t.

Lösung:
$$B = f(t) = f(o) + f'(o)\, t + \frac{f''(o)}{2!}t^2 + \frac{f'''(o)}{3!}t^3 + \ldots$$
$$= f(o) + f'(o)\, t + \frac{f''(\delta)}{2!}t^2, \qquad 0 \le \delta \le t$$

$$B = S - Si\, t + \frac{Si^2(1+\delta i)}{(1+\delta i)^4}t^2$$

Da für kleine Zeiträume t^2 sehr klein ist, gilt

$$B \approx S - Sit = S(1-it).$$

1.1.4   Im Gegensatz zur einfachen Verzinsung des Kapitals nach (1)
und (2) werden häufig die Zinsen selbst wieder im folgenden Jahr
verzinst. Man spricht von _Verzinsung mit Zinseszins_ oder der _zusammen-
gesetzten Verzinsung_.   Wenn S_n der Endwert des Kapitals nach n Jahren
ist, so erhalten wir die folgende rekursive Darstellung:

(6) $S_o = B$

$S_{n+1} = S_n \cdot (1+i) = S_n \cdot r$

Daraus folgt

(7) $S_n = B \cdot (1+i)^n = Br^n$

Da im kontinuierlichen Fall die Kapitalmengen zu den ganzzahligen
Zeitpunkten mit den Kapitalmengen übereinstimmen sollen, die nach
der diskontinuierlichen Methode ermittelt wurden, bietet sich für
den kontinuierlichen Fall die folgende Formel an, wobei S_t der Endwert zum Zeitpunkt t sein soll:

$$(8) \quad S_t = B \cdot (1+i)^t = B r^t$$

(7) und (8) sind die Formeln für die Aufzinsung der zusammengesetzten Verzinsung. Analog zu (3) und (4) erhalten wir die Abzin-
sungsformeln

$$(9) \quad B = \frac{S_n}{(1+i)^n} = S_n \left(\frac{1}{1+i}\right)^n = S_n v^n$$

$$(10) \quad B = \frac{S_t}{(1+i)^t} = S_t \left(\frac{1}{1+i}\right)^t = S_n v^t$$

Vergleichen wir die Formeln (1) und (2) mit den Formeln (7) und
(8), so sehen wir, daß sich das Kapital B bei der einfachen Verzinsung linear vergrößert, bei der zusammengesetzten Verzinsung hingegen exponentiell. Daran allerdings sieht man auch die Grenzen
der gemischten Verzinsung.

Aufgabe: 2.) Schätzen Sie das Kapital S_{1000} und S_{2000} ab bei

B = 1 und p = 2 % und rechnen Sie diese Werte aus. Geben Sie den
Gegenwert von Silber in kg an bei einem Preis von 1.000,-- DM per
Kilogramm.

3.) An amerikanischen Börsen rechnet man (Überschlagsrechnung)
mit einer 72-er Formel, die folgendes aussagt: Wird ein Kapital B
mit p % gemischt verzinst, so verdoppelt sich das Kapital in 72/p
Jahren. Wie gut ist diese Näherung?

4.) Um das Rechnen mit reellen Exponenten zu vermeiden, benutzt
man meist in der Praxis die folgende Formel für die Aufzinsung:

   Es sei $n \le t < n+1$. Dann gilt mit $s = t-n$

$$(11) \quad S_t := B(1+i)^n(1+si).$$

Es wird demnach zwischen S_n und S_{n+1} linear interpoliert.

Schätzen Sie die Größe des Fehlers gegenüber der Verzinsung mit
Zinseszins ab, die bei dieser Näherung gemacht wird.
Diese Form der Verzinsung nennt man *gemischte Verzinsung*.

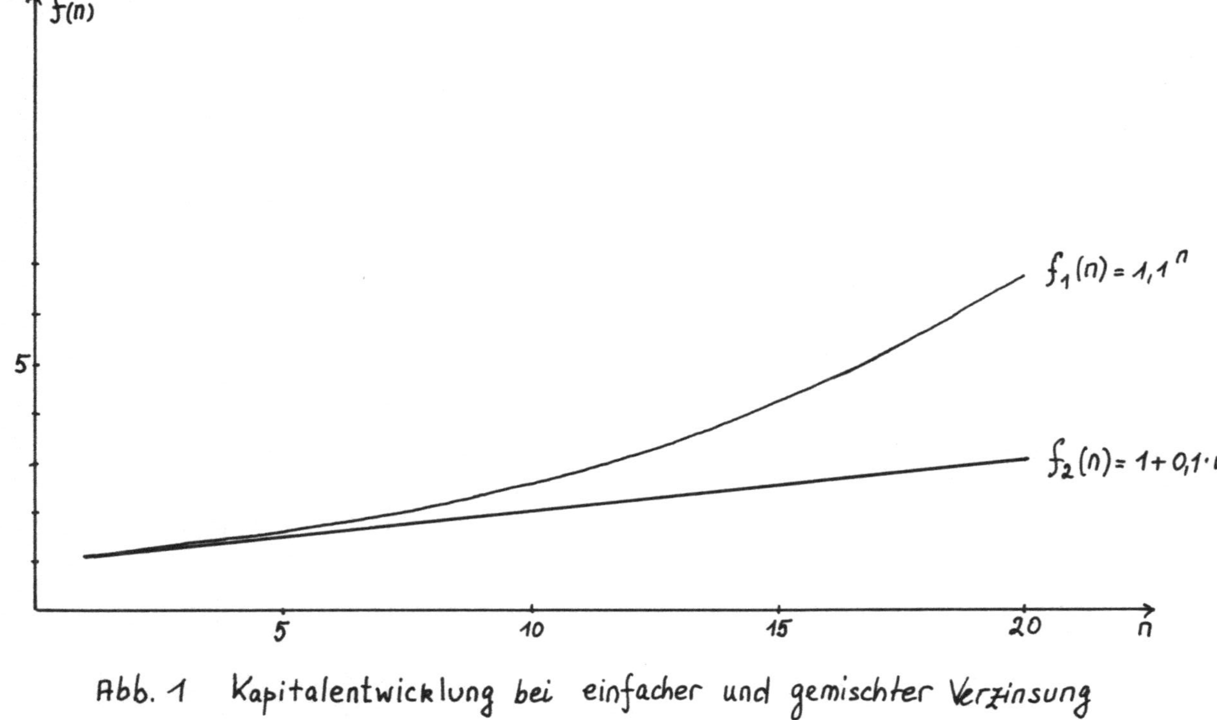

Abb. 1   Kapitalentwicklung bei einfacher und gemischter Verzinsung

5.) Zeigen Sie, daß zwischen i,r,v und d die folgenden Gleichungen gelten:

(12) $iv = d$
(13) $dr = i$

Der Abbildung 1 ist zu entnehmen, daß die relativen Unterschiede zwischen einfacher, gemischter und zusammengesetzter Verzinsung in "kurzen" Zeiträumen gering sind und sich zwischen einfacher und gemischter Verzinsung erst nach "langer" Zeit zeigen.

1.1.5   Es sei $K : \mathbb{R}_o^+ \to \mathbb{R}^+$ eine stückweise differenzierbare Funktion. $K(t)$ soll das vorhandene Kapital zum Zeitpunkt t unter einer beliebigen Verzinsung beschreiben. Möchte man nun die Güte der Verzinsung im Zinsintervall $[t_o, t_o + 1]$ ermitteln, so wird man den Quotienten

$$\frac{K(t_o+1) - K(t_o)}{K(t_o)}$$

als Maß ansehen können. Da die Verzinsung des Kapitals sich aber in verschiedenen Intervallen unterschiedlich entwickeln kann, betrachtet man für beliebige Intervalle $[t_o, t_o + \Delta t]$ der Länge Δt den Quotienten

$$\frac{K(t_o+\Delta t) - K(t_o)}{K(t_o) \cdot \Delta t}$$

als Maß für die Verzinsung des Kapitals $K(t_o)$ im Intervall $[t_o, t_o+\Delta t]$.

Wenn die Funktion K in t_o rechtsseitig differenzierbar ist, dann heißt

$$(14) \quad \lim_{\Delta t \to o^+} \frac{K(t_o+\Delta t) - K(t_o)}{K(t_o) \cdot \Delta t} = \lim_{\Delta t \to o^+} \frac{K(t_o+\Delta t) - K(t_o)}{\Delta t} \frac{1}{K(t_o)} =$$

$$\frac{K^r(t_o)}{K(t_o)} = \ln(K(t_o))^r =: \varphi(t_o)$$

die *Zinsintensität von K an der Stelle t_0.* K^r sei dabei die rechtsseitige Ableitung von K.

Lemma 1: Für die zusammengesetzte Verzinsung $K(t) := Br^t$ mit dem Anfangskapital B und dem Aufzinsungsfaktor r gilt

$$(15) \quad \varphi(t) = \ln r =: \delta$$

Beweis: $\ln(K(t))' = \ln(Br^t)' = \dfrac{(Br^t)'}{Br^t} = \dfrac{e^{t \ln r'}}{r^t} = \dfrac{\ln r \cdot r^t}{r^t} = \ln r \;\square$

Die Zinsintensität ist demzufolge unabhängig von dem Anfangskapital und dem Zeitpunkt der Betrachung.

Aufgabe: 6.) Geben Sie die Zinsintensitäten für die einfache und für die gemischte Verzinsung an!

Aus dem nächsten Lemma folgt, daß wir aus einer gegebenen Zinsintensität die zugehörige Kapitalfunktion durch Integration erhalten.

Lemma 2: Es sei $\varphi: \mathbb{R}_o^+ \to \mathbb{R}^+$ eine integrierbare Funktion von der Form

$$(16) \quad \varphi(t) = (\ln'(K(t)))$$

Dann ist φ Zinsintensität zur Kapitalfunktion

$$(17) \quad K(t) = K(o) \, e^{\int_o^t \varphi(\tau)\,d\tau}$$

Beweis: $K(o) \, e^{\int_o^t \varphi(\tau)\,d\tau} = K(o) \, e^{\int_o^t (\ln'(K(\tau)))\,d\tau} =$

$K(o)\left(e^{\ln(K(t))-\ln(K(o))}\right) = K(o) e^{\ln\frac{K(t)}{K(o)}} = K(o)\dfrac{K(t)}{K(o)} = K(t) \;\square$

Beispiel: Für die Verzinsung mit Zinseszins gilt demnach nach
Lemma 1 und Lemma 2:

$$(18) \quad K(t) = K(o)e^{\int_o^t \varphi(\tau)d\tau} = Be^{\int_o^t \delta d\tau} = Be^{t\delta} = Be^{t \ln r} = Br^t$$

Aufgabe: 7.) Rechnen Sie (17) für die einfache und für die gemischte Verzinsung nach!

1.1.6 Häufig wird Geld nur für kurze Zeiträume verliehen, etwa
für einen Monat. Dann werden die fälligen Zinsen nicht auf ein
Jahr gerechnet, sondern nur für diesen speziellen Zeitraum. Man
möchte aber dennoch, um etwa Vergleiche mit anderen Angeboten erstellen zu können, die Jahreszinsen kennen. Ist nun der Zinsfuß
p für einen Monat angegeben, so ist falsch, $12 \cdot p$ als den Jahreszins zu betrachten, denn dabei ist die Verzinsung der Zinsen nicht
berücksichtigt. Trotzdem ist dies aber eine brauchbare erste Näherung.

Es sei I_Δ der effektive Zins, der in einem Zeitintervall der Länge
Δ auf das Kapital 1 gezahlt wird. Gesucht ist der effektive Zins i,
der nach einem Jahr die gleiche Zinsgröße produziert wie bei einer
Verzinsung des Kapitals mit dem Zinssatz I_Δ. Unterstellt wird eine gemischte Verzinsung.

$(19) \quad NI_\Delta = \frac{1}{\Delta} I_\Delta$ heißt nominelle jährliche Zinsrate bei Δ-jähriger
Verzinsung. Analog betrachten wir den Diskont D_Δ in einem Zeitin-
tervall der Länge Δ, der dem effektiven Zins I_Δ entspricht.

Dann ist

$(20) \quad ND_\Delta = \frac{1}{\Delta} D_\Delta$ die nominelle jährliche Diskontrate bei Δ-jähri-
ger Verzinsung.

d sei der effektive jährliche Diskont zum effektiven Zins i.

Es gelten.

(21) $\quad I_\Delta = (1+i)^\Delta - 1 \quad$ und

(22) $\quad D_\Delta = 1-(1-d)^\Delta.$

Lösen wir nach i bzw. d auf, so erhalten wir

(23) $\quad i = (I_\Delta + 1)^{\frac{1}{\Delta}} - 1 \quad$ und

(24) $\quad d = 1-(1-D_\Delta)^{\frac{1}{\Delta}}$

Satz 1: Für konstantes i (und d) gelten:
Wenn $1 > \Delta > 0$ und $ND_\Delta < 1$, so

(25') $\quad i > NI_\Delta \quad$ und $\quad ND_\Delta > d$

(26) $\quad \lim\limits_{\Delta \to 0} NI_\Delta = \lim\limits_{\Delta \to 0} ND_\Delta = \delta$

Beweis:

(25): Aus (23) folgt

$$(i+1) = (I_\Delta + 1)^{\frac{1}{\Delta}} = (\Delta NI_\Delta + 1)^{\frac{1}{\Delta}} > \frac{1}{\Delta}\cdot\Delta\cdot NI_\Delta + 1 = NI_\Delta + 1$$

Analog gilt mit (24)

$$(1-d) = (1-D_\Delta)^{\frac{1}{\Delta}} = (1- \Delta\cdot ND_\Delta)^{\frac{1}{\Delta}} > 1-ND_\Delta.$$

(26): $\quad \lim\limits_{\Delta \to 0} NI_\Delta = \lim\limits_{\Delta \to 0} \frac{1}{\Delta} I_\Delta = \lim\limits_{\Delta \to 0} \frac{1}{\Delta}((1+i)^\Delta -1) = \lim\limits_{\Delta \to 0} \frac{(1+i)^\Delta -1}{\Delta} =$

$\lim\limits_{\Delta \to 0} \frac{(1+i)^\Delta - (1+i)^0}{\Delta} = ((1+i)^x)'\big|_{x=0} = (\ln(1+i)\; e^{x\cdot \ln(1+i)}\big|_{x=0} = \ln(1+i)$

$$= \delta$$

$\lim\limits_{\Delta \to 0} ND_\Delta = \lim\limits_{\Delta \to 0} \frac{1}{\Delta} D_\Delta = \lim\limits_{\Delta \to 0} \frac{1-(1-d)^\Delta}{\Delta} = \lim\limits_{\Delta \to 0} \frac{(1-d)^0 - (1-d)^\Delta}{\Delta} =$

$\lim\limits_{\Delta \to 0} - \frac{(1-d)^\Delta - (1-d)^0}{\Delta} = (-(1-d)^x)'\big|_{x=0} = -\ln(1-d) = -\ln(1-1+v)$

$$= -\ln v = -\ln \frac{1}{r} = \ln r = \delta \qquad \square$$

Aufgabe: 8) Geben Sie zu einem nominellen jährlichen Zinssatz

a) $NI_\Delta = 0,06$

b) $NT_\Delta = 0,1$

die effektiven jährlichen Zinsen zu.

$\Delta = 1, \frac{1}{2}, \frac{1}{4}, \frac{1}{12}$ und $\frac{1}{360}$ an.

Aufgabe 9: Auf welchen Endwert ist zu 3 1/2 und zu 4 % ein Kapital von 550,-- DM nach 10 1/4 Jahren angewachsen?

Aufgabe 10: Welchen Barwert hat bei den gleichen Zinssätzen wie in Aufgabe 9.) ein Kapital von 15.000,-- DM 8 1/4 Jahr vor Fälligkeit?

Aufgabe 11: Wie lange muß man sich gedulden, bis eine Anlage von 1.500,-- DM zu 4 % und zu 5 % den Wert 10.000,-- DM erreicht hat?

Aufgabe 12: Welche Verzinsung müßte man erreichen können, um in 15 Jahren aus 20.000,-- DM Anlagekapital 50.000,-- DM Endkapital zu machen?

Aufgabe 13: Welchem Jahreszinsfuß entspricht ein monatlicher Zinsfuß von 1/2 % und 3/4 % bei monatlicher Aufzinsung?

Aufgabe 14: Welcher Monatszins ist bei monatlicher Aufzinsung zugrunde zu legen, wenn der Jahreszinsfuß 6 %, 8 % betragen soll?

1.2 ZEITRENTEN

Im weiteren werden wir, wenn nichts anderes gesagt wird, annehmen,
daß eine zusammengesetzte Verzinsung vorliegt.

1.2.1 Werden zu einer bestimmten Anzahl von äquidistanten Zeitpunkten Zahlungen geleistet, so spricht man von einer Zeitrente.
Im Gegensatz zu den Alters- oder Invalidenrenten, die vom Leben
einer Person oder von ihrer Invalidität abhängen, hängt eine Zeitrente lediglich von der zu Beginn der Zahlung festgelegten Zahlungsdauer ab. Eine Zeitrente kann auch unendlich lange gezahlt
werden.

Wir nehmen im folgenden an, daß in jedem Jahr ein Betrag 1 gezahlt
wird. Beginnt die Zeitrente zum Zeitpunkt O und wird jeweils zu Beginn eines Jahres der Betrag n Jahre lang gezahlt, so sprechen wir
von einer n-mal vorschüssig zahlbaren Zeitrente; wird der Betrag 1
hingegen n-mal zum Jahresende gezahlt, so sprechen wir von einer
n-mal nachschüssig zahlbaren Zeitrente. Wird der Betrag 1 in k
gleich großen Teilen innerhalb eines Jahres jeweils zu Beginn bzw.
zum Ende eines Zeitintervalls der Länge $\frac{1}{k}$ gezahlt, so sprechen wir
von einer k-tel jährlich n·k-mal vorschüssig bzw. nachschüssig
zahlbaren Rente.

Der Barwert einer Zeitrente ist die Summe aller auf den Vertragsbeginn abgezinsten Zahlungen.

Betrachten wir zunächst die jährlich vorschüssig zahlbaren Zeitrenten mit dem Zahlbetrag 1.

Lemma 3: Der Barwert der m-ten Rentenzahlung ist v^{m-1}.

Beweis: Die m-te Rentenzahlung ist nach m-1 Jahren fällig. Der Barwert aufgezinst um (m-1) Jahre muß demnach den Betrag 1 ergeben. □

Den Barwert der n-mal vorschüssig zahlbaren Zeitrente bezeichnen
wir mit $\ddot{a}_{n\rceil}$. Aus dem Lemma folgt dann

$$(27) \quad \ddot{a}_{n\rceil} = \sum_{\nu=0}^{n-1} v^\nu = \frac{1-v^n}{1-v} = \frac{1-v^n}{d}$$

Den Barwert der n-mal nachschüssig zahlbaren Zeitrente bezeichnen wir mit $a_{n\rceil}$. Aus (27) und (12) folgen dann

$$(28) \quad a_{n\rceil} = \sum_{\nu=1}^{n} v^\nu = \frac{1-v^{n+1}}{1-v} - 1 = \frac{1-v^{n+1}-1+v}{d} = \frac{v(1-v^n)}{iv} = \frac{1-v^n}{i}.$$

Gelegentlich werden auch Zeitrenten in alle Ewigkeit gezahlt, man spricht dann von einer ewigen Zeitrente. So ist z.B. der Nobelpreis eine ewige Zeitrente.

Den Barwert einer nachschüssigen bzw. vorschüssigen ewigen Zeitrente bezeichnet man mit $a_{\infty\rceil}$ bzw. $\ddot{a}_{\infty\rceil}$. Es gelten

$$(29) \quad a_{\infty\rceil} = \lim_{n\to\infty} a_{n\rceil} = \lim_{n\to\infty} \frac{1-v^n}{i} = \frac{1}{i} \quad \text{und}$$

$$(30) \quad \ddot{a}_{\infty\rceil} = \lim_{n\to\infty} \ddot{a}_{n\rceil} = \lim_{n\to\infty} \frac{1-v^n}{d} = \frac{1}{d}.$$

Aufgaben: 15.) Jemand stiftet einen Wissenschaftspreis. Der Betrag 1.000.000,-- DM soll jährlich mit 4 % verzinst werden. Welche Summe kann jährlich gezahlt werden, wenn gleich zu Beginn die erste Auszahlung fällig ist? Es werden nun tatsächlich 7 % Zinsen erwirtschaftet, die wieder verzinslich angesammelt werden. Nach 10 Jahren werden die Zinsen dann dem Ausgangskapital zugeschlagen. Welche Summe kann dann jährlich gezahlt werden?

16.) Gelegentlich beginnen Zeitrentenzahlungen erst einige Jahre später. Man spricht dann von einer aufgeschobenen Zeitrente. Die Barwerte der um m Jahre aufgeschobenen vor- bzw. nachschüssig n-mal zahlbaren Zeitrente bezeichnen wir mit $_{m|}\ddot{a}_{n\rceil}$ bzw. $_{m|}a_{n\rceil}$. Geben Sie je einen Ausdruck analog (27) und (28) für $_{m|}\ddot{a}_{n\rceil}$ und $_{m|}a_{n\rceil}$ an.

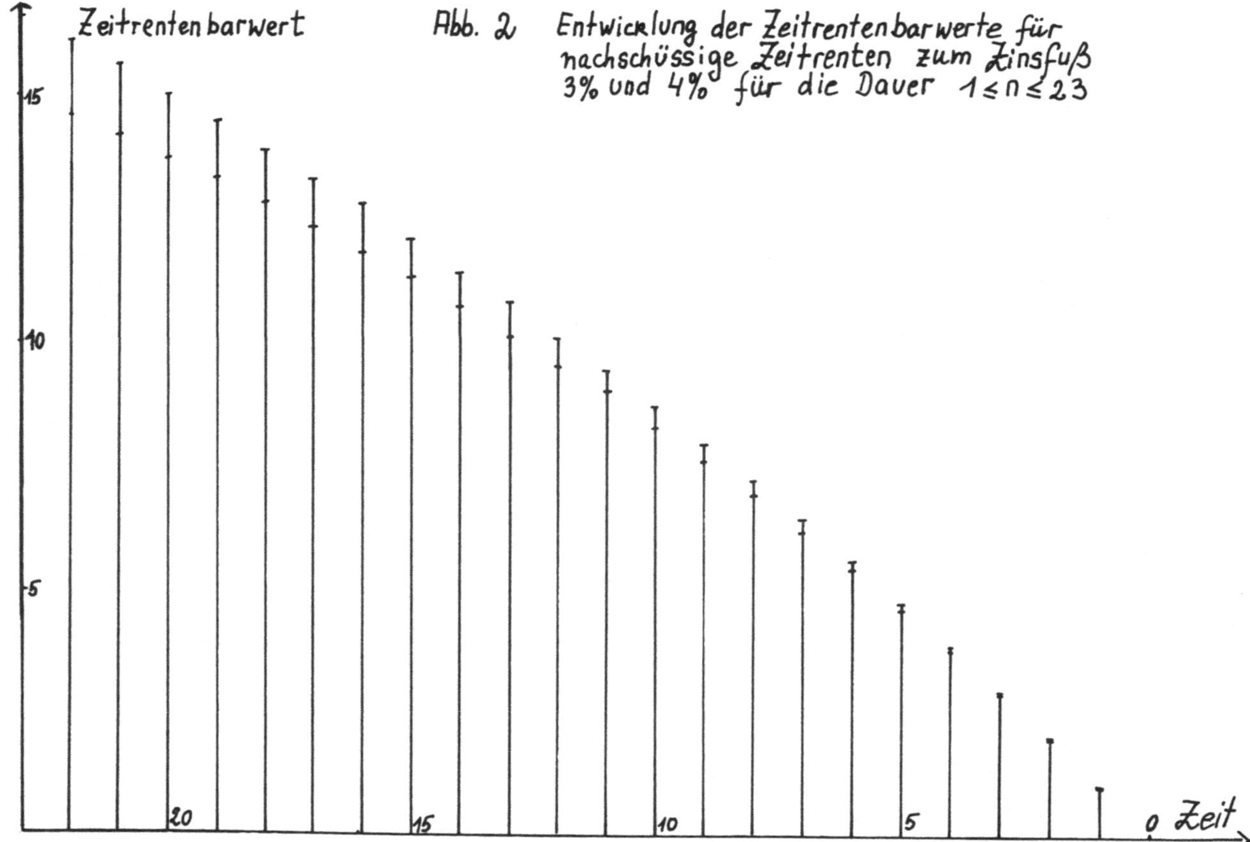

Zeitrentenbarwert
Abb. 2   Entwicklung der Zeitrentenbarwerte für nachschüssige Zeitrenten zum Zinsfuß 3% und 4% für die Dauer $1 \leq n \leq 23$
15
10
5
20
15
10
5
0 Zeit

Ein Zeitrentenendwert ist die Summe der auf das Rentenende aufge-
zinsten Zahlungen. Die Zeitrentenendwerte für n-mal vor- bzw. nachschüssig zahlbare Zeitrenten bezeichnen wir mit $\ddot{s}_n$ bzw. s_n.

Das Rentenende ist der Endpunkt des letzten Rentenintervalls; dieses muß nicht unbedingt mit der letzten Zahlung zusammenfallen. Bei
vorschüssiger Rente ist das Rentenende ein Jahr nach der letzten
Zahlung.

Es gelten:

$$(31) \qquad s_{\overline{n}|} = \sum_{\nu=0}^{n-1} r^\nu = \frac{r^n-1}{r-1} = \frac{r^n-1}{i} \qquad \text{und}$$

$$(32) \qquad \ddot{s}_{\overline{n}|} = \sum_{\nu=1}^{n} r^\nu = \frac{r^n-1}{d}$$

1.2.2 Die Barwerte der k-tel jährlich, n·k-mal vor- bzw. nach-
schüssig zahlbaren Zeitrenten bezeichnen wir mit $\ddot{a}_{\overline{n}|}^{(k)}$ bzw. $a_{\overline{n}|}^{(k)}$.
Sind diese Zeitrenten um m Jahre aufgeschoben, so bezeichnen wir
sie mit $_{m|}\ddot{a}_{\overline{n}|}^{(k)}$ bzw. $_{m|}a_{\overline{n}|}^{(k)}$.

Es gilt

$$(33) \qquad \ddot{a}_{\overline{n}|}^{(k)} = \frac{1}{k} \sum_{\nu=0}^{n \cdot k-1} v^{\frac{\nu}{k}} = \frac{1}{k} \sum_{\mu=0}^{k-1} v^{\frac{\mu}{k}} \sum_{\nu=0}^{n-1} v^\nu = \frac{1}{k} \frac{1-v}{1-v^k} \ddot{a}_{\overline{n}|} = \frac{1}{k} \frac{d}{1-v^{\frac{1}{k}}} \ddot{a}_{\overline{n}|}$$

Mit v = 1-d erhalten wir aus der letzten Gleichung

$$(34) \qquad \ddot{a}_{\overline{n}|}^{(k)} = \frac{1}{k} \ddot{a}_{\overline{n}|} \sum_{\mu=0}^{k-1} (1-d)^{\frac{\mu}{k}} .$$

Entwickeln wir den letzten Ausdruck als MacLaurinsche Reihe (nach
d) und betrachten lediglich die ersten beiden Glieder, so erhalten
wir

$$(35) \qquad \ddot{a}_{\overline{n}|}^{(k)} \approx \frac{1}{k} \ddot{a}_{\overline{n}|} \sum_{\mu=0}^{k-1} (1-\tfrac{\mu}{k} d) = \ddot{a}_{\overline{n}|} \left(1-\frac{k-1}{2k} d\right) = \ddot{a}_{\overline{n}|} - \frac{k-1}{2k} (1-v^n) .$$

Restgliedabschätzungen zeigen, daß der Fehler vor der Größenordnung d^2 ist. (35) ist demnach eine brauchbare Näherung.

n		$i = 0,03$		$i = 0,035$		$i = 0,07$	
		$\ddot{a}_{n\rceil}^{(k)}$ nach (33)	$\ddot{a}_{n\rceil}^{(k)}$ nach (35)	$\ddot{a}_{n\rceil}^{(k)}$ nach (33)	$\ddot{a}_{n\rceil}^{(k)}$ nach (35)	$\ddot{a}_{n\rceil}^{(k)}$ nach (33)	$\ddot{a}_{n\rceil}^{(k)}$ nach (35)
10	k = 4	8,68949	8,69015				
	k = 12	8,66813	8,66882				
20	k = 4	15,15528	15,15643				
	k = 12	15,11803	15,11923				
30	k = 4	19,96644	19,96794				
	k = 12	19,91736	19,91894				
40	k = 4	23,54640	23,54818				
	k = 12	23,48852	23,49039				

Tabelle 1: Vergleich von Rentenbarwerten nach (33) und (35)

Aufgabe: 17.) Vervollständigen Sie diese Tabelle:

18.) Errechnen Sie den relativen Fehler, den Sie nach Formel (35) erhalten, für einige ausgewählte Werte.

19.) Errechnen Sie den relativen Fehler für einige ausgewählte Werte, wenn sie $\ddot{a}_{n\rceil}$ als Näherung für $\ddot{a}_{n\rceil}^{(4)}$ bzw. $\ddot{a}_{n\rceil}^{(12)}$ wählen.

20.) Geben Sie analog zu (33) und (35) Formeln für nachschüssig, k-tel jährlich zahlbare Zeitrenten an!

21.) Beweisen Sie: Für jährlich zahlbare und für unterjährige Zeitrenten gilt, daß die Barwerte der vorschüssigen Zeitrenten stets größer sind als die Barwerte der entsprechenden nachschüssigen Zeitrenten.

22.) Geben Sie die Formeln für die Barwerte aufgeschobener, unterjähriger Zeitrenten an.

23.) Zeigen Sie für jedes n, daß

$$(36) \quad \lim_{k\to\infty} \ddot{a}_{n\urcorner}^{(k)} = \lim_{k\to\infty} a_{n\urcorner}^{(k)} =: \bar{a}_{n\urcorner} \, .$$

24.) Schreiben Sie ein Programm, das für beliebige Zinssätze i und für beliebige positive natürliche Zahlen k für alle $1 \le n \le 50$ die Zeitrentenbarwerte $\ddot{a}_{n\urcorner}^{(k)}$ tabellarisch ausdruckt.

Beispiel: In allen Fällen gelte i = 0,03.

a) Es soll 24 Jahre lang eine vorschüssige Zeitrente von jährlich 12.000,-- DM gezahlt werden. Der Barwert B beträgt

$$B = 12.000\text{,-- DM} \cdot \ddot{a}_{24\urcorner} = 12.000\text{,-- DM} \cdot 17{,}443608 = 209.323{,}30 \text{ DM.}$$

b) Wie a), nur die Zeitrente wird monatlich gezahlt.

$$B = 12.000\text{,-- DM} \cdot \ddot{a}_{24\urcorner}^{(12)} = 12.000\text{,-- DM}(\ddot{a}_{24\urcorner} - \tfrac{11}{24}\,(1{-}0{,}49193)) =$$

$$12.000\text{,-- DM}(17{,}44361 - \tfrac{11}{24} \cdot 0{,}50807) = 206.528{,}93 \text{ DM}$$

c) Ein Betrag von 100.000,-- DM ist vorhanden. Aus diesem Betrage soll eine 12-jährige, erstmals sofort fällige Zeitrente gebildet werden.

$$100.000\text{,-- DM} = R \cdot \ddot{a}_{12\urcorner}, \quad R = \frac{100.000}{10{,}95400} = 9.129{,}09 \text{ DM.}$$

1.2.3 Nehmen wir nun an, daß die unterjährigen Zahlintervalle kleiner werden. Dann gilt mit (33)

$$(37) \quad \lim_{k\to\infty} \ddot{a}_{n\urcorner}^{(k)} = \lim_{k\to\infty} \sum_{\nu=0}^{n\cdot k-1} v^{\frac{\nu}{k}} \cdot \frac{1}{k}$$

Fassen wir diese Summe als Riemannsche Summe auf, so gilt

$$(38) \quad \lim_{k\to\infty} \ddot{a}_{n\urcorner}^{(k)} = \lim_{k\to\infty} \sum_{\nu=0}^{n\cdot k-1} v^{\frac{\nu}{k}} \cdot \frac{1}{k} = \int_{0}^{n} v^{t}\,dt = \frac{v^{t}}{\ln v}\Big|_{0}^{n} =$$

$$\frac{1}{\ln v}(v^{n}-1) = \frac{1-v^{n}}{-\ln v} = \frac{1-v^{n}}{\delta} =: \bar{a}_{n\urcorner} \, .$$

$\bar{a}_{\overline{n}|} = \dfrac{1-v^n}{\delta}$ ist der Barwert einer kontinuierlich fließenden Zeitrente. $\bar{a}_{\overline{n}|}$ erhält man nach (36) offenbar auch als Limes nachschüssig zahlbarer, unterjähriger Zeitrenten.

1.2.4 Betrachten wir nun den Fall einer jährlich steigenden bzw. einer jährlich fallenden Zeitrente. Den Barwert einer vorschüssig n Jahre jährlich zahlbaren, mit dem Betrage 1 beginnenden und jährlich um 1 steigenden Zeitrente, bezeichnen wir mit $(I_{\overline{n}|}\ddot{a})_{\overline{n}|}$. Soll solch eine Zeitrente n Jahre gezahlt werden, aber nur m Jahre lang steigen $(m \leq n)$, so bezeichnen wir den Barwert mit $(I_{\overline{m}|}\ddot{a})_{\overline{n}|}$. Barwerte nachschüssig zahlbarer Zeitrenten werden mit $(I_{\overline{m}|}a)_{\overline{n}|}$ bezeichnet.

Es gilt

$$(39) \quad (I_{\overline{n}|}\ddot{a})_{\overline{n}|} = \sum_{\nu=0}^{n-1} (\nu+1)v^\nu. \quad \text{Daraus folgt}$$

$$(40) \quad (1-v)(I_{\overline{n}|}\ddot{a})_{\overline{n}|} = (1-v)\sum_{\nu=0}^{n-1}(\nu+1)v^\nu = \sum_{\nu=0}^{n-1}(\nu+1)v^\nu - \sum_{\nu=0}^{n-1}(\nu+1)v^{\nu+1} =$$

$$\left(\sum_{\nu=0}^{n-2} v^{\nu+1}((\nu+2)-(\nu+1))\right) - n\,v^n+1 = 1+\sum_{\nu=0}^{n-2} v^{\nu+1} - n\,v^n =$$

$$\sum_{\nu=0}^{n-1} v^\nu - n\,v^n = \ddot{a}_{\overline{n}|} - n\,v^n$$

Damit erhalten wir

$$(41) \quad (I_{\overline{n}|}\ddot{a})_{\overline{n}|} = \frac{\ddot{a}_{\overline{n}|} - n\,v^n}{1-v} = \frac{\ddot{a}_{\overline{n}|} - n\,v^n}{d}$$

Analog erhält man

$$(42) \quad (I_{\overline{n}|}a)_{\overline{n}|} = \frac{\ddot{a}_{\overline{n}|} - n\,v^n}{i} \; .$$

Aufgabe: 25.) Beweisen Sie (42).

Die Barwerte $(I_{\overline{m}|}\,\ddot{a})_{\overline{n}|}$ bzw. $(I_{\overline{m}|}a)_{\overline{n}|}$ für $m < n$ erhält man nun, indem eine solche Zeitrente in zwei Renten aufgespalten wird: In eine m-jährige jährlich steigende Zeitrente und in eine um m Jahre aufgeschobene, jährlich fällige Rente über (n-m) Jahre vom Betrage m.

$$(43) \quad (I_{\overline{m}|}\,\ddot{a})_{\overline{n}|} = (I_{\overline{m}|}\,\ddot{a})_{\overline{m}|} + {}_{m|}\ddot{a}_{\overline{n-m}|}$$

$$(44) \quad (I_{\overline{m}|}a)_{\overline{n}|} = (I_{\overline{m}|}a)_{\overline{m}|} + {}_{m|}a_{\overline{n-m}|}$$

Soll eine Zeitrente wie in (43) bzw. (44) um k Jahre aufgeschoben werden, so bezeichnen wir die Barwerte mit ${}_{k|}(I_{\overline{m}|}\,\ddot{a})_{\overline{n}|}$ bzw. ${}_{k|}(I_{\overline{m}|}a)_{\overline{n}|}$.

In (29) und (30) sahen wir, daß die Barwerte ewiger Renten endlich sind. Dies gilt auch für die Barwerte ewiger steigender Renten, wobei in jedem Jahr eine um 1 höhere Summe gezahlt wird.

$$(45) \quad (I_{\overline{\infty}|}\,\ddot{a})_{\overline{\infty}|} = \lim_{n\to\infty} (I_{\overline{n}|}\,\ddot{a})_{\overline{n}|} = \lim_{n\to\infty} \frac{\ddot{a}_{\overline{n}|} - n\,v^n}{d} = \lim_{n\to\infty} \frac{\ddot{a}_{\overline{n}|}}{d} - \lim_{n\to\infty} \frac{n\,v^n}{d} =$$

$$\lim_{n\to\infty} \frac{\ddot{a}_{\overline{n}|}}{d} = \frac{\ddot{a}_{\overline{\infty}|}}{d} = \frac{1}{d^2}$$

Aufgabe: 26.) Zeigen Sie

$$(46) \quad (I_{\overline{\infty}|}a)_{\overline{\infty}|} = \frac{1}{id}$$

27.) Berechnen Sie $(I_{\overline{\infty}|}\,\ddot{a})_{\overline{\infty}|}$ bzw. $(I_{\overline{\infty}|}a)_{\overline{\infty}|}$ für $i = 0{,}03;\ 0{,}035$ und $0{,}07$.

Den Barwert einer jährlich vorschüssig (nachschüssig) zahlbaren Zeitrente, die mit dem Betrage m beginnt und jährlich um den Betrag 1 fällt, bis der Wert 1 erreicht ist und dann noch (n-m) Jahre gezahlt wird, bezeichnen wir mit $(D_{\overline{m}|}\,\ddot{a})_{\overline{n}|}$ $((D_{\overline{m}|}a)_{\overline{n}|})$.

Bemerkung: I kommt von *increasing*, D von *decreasing*.

Offenbar gilt:

(47) $\quad (D_{m\rceil}\ddot{a})_{n\rceil} = (m+1)\ddot{a}_{n\rceil} - (I_{m\rceil}\ddot{a})_{n\rceil}$

(48) $\quad (D_{m\rceil}a)_{n\rceil} = (m+1)a_{n\rceil} - (I_{m\rceil}a)_{n\rceil}$

Die Zahlbeträge der jährlich steigenden Rente erhöhen sich stets um einen konstanten Betrag. Die Zahlbeträge bilden eine endliche arithmetische Folge.

Durchaus üblich sind aber auch Zeitrenten, bei denen die jährlichen Zahlbeträge sich im Verhältnis zur letzten Zahlung erhöhen. Die Zahlbeträge bilden in diesem Falle eine endliche geometrische Folge.

Es sei B der Barwert einer n Jahre vorschüssig zahlbaren Zeitrente zum Zinssatz i, beginnend mit dem Betrage 1 und jährlich um q % des Vorjahresbetrages steigend. Dann gilt mit $j = q/100$.

$$(49) \quad B = 1 + (1+j) \cdot v + (1+j)^2 v^2 + \ldots + (1+j)^{n-1} v^{n-1}$$

$$= \sum_{\nu=0}^{n-1} (1+j)^\nu v^\nu = \sum_{\nu=0}^{n-1} \left(\frac{1+j}{1+i}\right)^\nu .$$

Setzen wir

$$(50) \quad i' := \frac{1+j}{1+i} - 1,$$

so gilt wegen $i, j > 0$ stets $i' > -1$.

B kann demnach als Barwert einer n Jahre vorschüssig zahlbaren Zeitrente zum Zinssatz i' angesehen werden. Negative Zinssätze zwischen -1 und 0 bewirken eine Verminderung des vorhandenen Kapitals.

Für derartig steigende Zeitrenten sind demzufolge keine neuen Bezeichnungen notwendig.

Es sollte nun keine Schwierigkeit bereiten, Barwerte der in der Praxis vorkommenden Zeitrenten mittels der hier behandelten Zeitrentenbarwerte nach dem Baukastenprinzip zu errechnen.

Aufgabe: 28.) In welche vorschüssigen Monatsraten kann eine jährliche vorschüssige Rente von 3.000,-- DM aufgelöst werden, wenn 5- und wenn 6-prozentige Verzinsung angenommen wird?

29.) Durch welche monatlichen Ratenzahlungen kann eine aufgenommene Schuld von 1.900,-- DM im Laufe von 1 1/2 Jahren getilgt werden (8 %)?

30.) Welcher Zinsfuß ist gerechnet, wenn die Abtragung einer Schuld von 1.200,-- DM in 13 Monatsraten von je 100,-- DM gefordert wird?

31.) Wie kann eine anfallende Erbschaft von 30.000,-- DM in eine 10-jährige oder 12-jährige oder 15-jährige Rente umgewandelt werden? (5 %, 6 %)

32.) Wie kann eine ständige Wegebaulast von jährlich 400,-- DM, verbunden mit einem alle 6 Jahre fälligen Brückenunterhaltungsbeitrag von 1.200,-- DM, abgelöst werden, wenn 5 % als Dauerzinsfuß angenommen wird?

33.) Welchen Endwert hat eine vorschüssige jährliche Rente, welche mit 3.000,-- DM beginnt, jährlich um 120,-- DM steigt und 12 Jahre läuft? (4 %, 5 %)

34.) Welche vorschüssige Monatsrente erhält man aus einer vorschüssigen Jahresrente von 2.500,-- DM, wenn innerhalb des Jahres einfache und wenn zusammengesetzte Verzinsung zu 5 % angenommen wird?

35.) Mit welcher jährlichen Sparsumme kann man bei 6-prozentiger Verzinsung in 15 Jahren ein Kapital von 120.000,-- DM erwerben?

36.) Wenn die Lebensdauer einer Maschine, die 20.000,-- DM gekostet hat, 8 Jahre beträgt und die Verzinsung der Werte mit 7 % angenommen wird, mit welcher jährlichen Quote ist dann die Maschine abzuschreiben?

37.) Wie muß man eine Ersparnis von anfänglich 400,-- DM jährlich steigern, um nach 8 Jahren 5.000,-- DM zu haben, wenn die Bank 5 % Jahreszins gewährt?

38.) Wie lange dauert es bei Aufzinsung zu 5 % und wie lange bei Aufzinsung zu 7 %, bis man mit einer jährlichen Ersparnis von 600,-- DM sich 8.000,-- DM erspart hat?

39.) Wie lange dauert es bei halbjähriger Gutschrift des Zinses zum Jahreszinsfuß 6 %, bis man mit einer monatlichen Sparsumme von 50,-- DM 10.000,-- DM erspart hat?

40.) Wie lange dauert es, bis durch eine Sparsumme, die im ersten Jahr 600,-- DM betrug und dann jährlich um 100,-- DM gesteigert wird, bei halbjähriger Verzinsung zu 7 1/4 % ein Sparkapital von 18.000,-- DM erreicht ist?

41.) Welchen durchschnittlichen Zinsfuß hat eine Sparkasse gewährt, wenn nach zwanzigjährigem Sparen von jährlich 3.000,-- DM ein Kapital von 98.500,-- DM abgehoben werden kann?

1.3 DAS ÄQUIVALENZPRINZIP

Vergleichen wir zwei Zahlungen, die zu verschiedenen Zeitpunkten fällig werden, so ist dieser Vergleich nur dann sinnvoll, wenn die Zahlungen auf einen gemeinsamen Zeitpunkt auf- bzw. abgezinst werden. Zwei Zahlungen heißen *äquivalent* , wenn sie auf einen Zeitpunkt auf- bzw. abgezinst den selben Wert ergeben.

Nach dieser Definition können wir verschiedene Renten oder Renten mit einmaligen Zahlungen miteinander vergleichen.

1.3.1 Eine *Anleihe* ist ein Vertrag zwischen einem Gläubiger und einem Schuldner, nach dem der Gläubiger ein Kapital B ausleiht und der Schuldner das Kapital (hoffentlich) zurückzahlt. Unter Zugrundelegung eines Zinsfußes i sind dann das ausgeliehene und das zurückbezahlte Kapital äquivalent. Für die Form der Rückzahlung gibt es verschiedene Möglichkeiten.

a) Über n Jahre wird jährlich am Jahresende $\frac{1}{n}$-tel des ausgeliehe-
nen Kapitals und die fälligen Zinsen für das Kapital gezahlt.
Diese Form der Rückzahlung heißt *Tilgung einer Ratenschuld*.

Es sei R_m, $1 \le m \le n$, der im m-ten Jahr zahlbare Betrag. Dann gilt

$$(49) \quad R_m = \frac{B}{n} + B\,i\left(1 - \frac{m-1}{n}\right).$$

b) Über n Jahre wird jährlich am Jahresende ein fester Betrag A zurückgezahlt. A nennt man eine *Annuität* und diese Form der Rückzahlung eine *Tilgung durch Annuitäten*.

Es gilt

$$(50) \quad B = A \cdot a_{n\rceil} \quad \text{bzw.}$$

$$(51) \quad A = \frac{B}{a_{n\rceil}}$$

Will man nun eine Schuld früher als vorgesehen auflösen, so muß
man aus den Annuitäten den Zinsanteil herausrechnen, den man bei
vorzeitiger Zahlung nicht mehr schuldet. Wir teilen A im m-ten
Tilgungsjahr auf in eine Tilgungsquote T_m und in eine Zinsquote
Z_m. B_m sei das im Jahr m noch geschuldete Kapital. Dann gelten:

$$(52) \quad Z_m = B_{m-1}\,i$$

$$(53) \quad A = T_m + Z_m$$

Vergleichen wir das ausgeliehene Kapital B im m-ten Jahr mit den
gezahlten und noch geschuldeten Beträgen, so erhalten wir

$$(54) \quad B \cdot r^m = A \cdot s_{m\rceil} + B_m$$

Damit erhalten wir

$$(55) \quad T_m = A - Z_m = \frac{B}{a_{\overline{n}|}} - i\, B_{m-1} = \frac{B}{a_{\overline{n}|}} - i\left(Br^{m-1} - A\, s_{\overline{m-1}|}\right) =$$

$$= \frac{B}{a_{\overline{n}|}} - i\, Br^{m-1} + \frac{B}{a_{\overline{n}|}}\, i\, s_{\overline{m-1}|} = \frac{B}{1-v^n}\left(i - ir^{m-1} + i\, v^{n-m+1} + ir^{m-1} - i\right) =$$

$$= B\,\frac{v^{n-m}}{1-v^n}\, d = A\, a_{\overline{n}|}\,\frac{v^{n-m}}{\ddot{a}_{\overline{n}|}} = A\, v\, \ddot{a}_{\overline{n}|}\,\frac{v^{n-m}}{\ddot{a}_{\overline{n}|}} = A\, v^{n-m+1}$$

Daraus folgt weiter

$$(56) \quad Z_m = A(1 - v^{n-m+1}) \quad \text{und}$$

$$(57) \quad B_m = \sum_{k=m}^{n} T_k = \sum_{k=m}^{n} A \cdot v^{n-k+1} = A \cdot \sum_{k=0}^{n-m} v^{(n-m+1)-k} =$$

$$= A \sum_{k=0}^{n-m} v^{k+1} = A \cdot a_{\overline{n-m}|}$$

Übrigens: (50) wurde erstmals von Euler im Jahre 1748 aufgestellt (Euler [17]).

Beispiel:

Zu tilgen ist eine Schuld von B = 1.000.000 in 5 Jahren bei einer Zinsrate von 10 %. Es gilt für die Annuität A = 1.000.000 $\frac{1}{a_{\overline{5}|}}$ = 263.797,48. Damit erhalten wir den folgenden

Tilgungsplan 1

Jahr	Zahlbetrag	Zins	Tilgung	Restschuld
1	263.797,48	100.000,--	163.797,48	836.202,52
2	263.797,48	83.620,25	180.177,23	656.025,29
3	263.797,48	65.602,53	198.194,95	457.830,34
4	263.797,48	45.783,03	218.014,45	239.815,89
5	263.797,48	23.981,59	239.815,89	o

Wird eine Anleihe in Stücken, z.B. zu je 1.000,-- DM, die einzeln
von verschiedenen Personen gekauft werden können, ausgegeben, so
können in diesem Fall die Annuitäten nicht immer gleich hoch sein,
da die Tilgungsquote stets auf ein ganzzahlig Vielfaches des An-
leihestückes gerundet werden muß. Da die jährlichen Zahlbeträge
nicht sehr verschieden voneinander sein sollen, ist z.B. der folgende

Tilgungsplan 2

Jahr	Zahlbetrag	Zins	Tilgung	Restschuld
1	264.000,--	100.000,--	164.000,--	836.000,--
2	263.600,--	83.600,--	180.000,--	656.000,--
3	263.600,--	65.600,--	198.000,--	458.000,--
4	263.800,--	45.800,--	218.000,--	240.000,--
5	264.000,--	24.000,--	240.000,--	o

realisierbar.

In Abb. 3 b sind zum vorigen Beispiel (Tilgungsplan 1) die Annuitäten, jährlichen Zinszahlen und Tilgungsquoten sowie die Entwik-
klung der Restschuld graphisch dargestellt. In Abb. 3 a ist die
Entwicklung der Restschuld und die jährliche Belastung durch die
Schuldabtragung bei Tilgung einer Ratenschuld dargestellt.

Aufgabe: 42.) Eine Stadtanleihe von 2.000.000,-- DM soll in 6 Jahren wieder getilgt sein. Welche Annuität ist aufzuwenden, wenn die
Anleihe zu 7 % verzinst wird?

43.) Wie kann der Tilgungsplan im einzelnen aussehen, wenn die
Anleihe in 1000 Stücke zu je 1.000,-- DM und 2000 Stücke zu je
500,-- DM zerlegt ist?

44.) Wie gestaltet sich die Tilgung einer Anleihe über 500.000,-- DM,
wenn die Zinsen mit 5 % pränumerando zu begleichen sind?

45.) Wie lange dauert es, bis eine auf ein Haus hypothekarisch
eingetragene 6 1/2-prozentige Annuitätenschuld von 100.000,-- DM
durch halbjährliche Annuitäten von 8.000,-- DM getilgt ist?

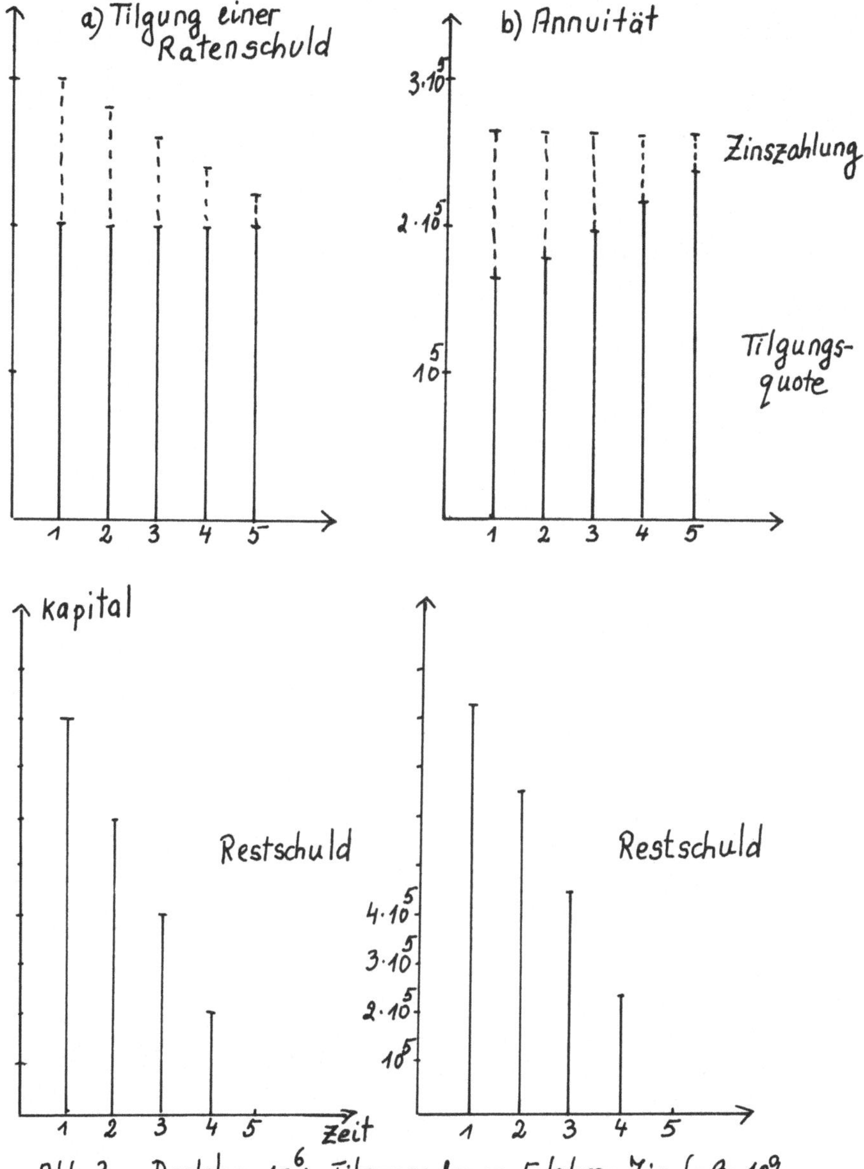

Abb. 3   Darlehn: 10^6; Tilgungsdauer: 5 Jahre; Zinsfuß: 10%.

46.) Schreiben Sie ein Programm, das folgendes leistet: Bei Eingabe einer Summe B, eines Zinssatzes i, einer Laufzeit n und einer Zahlungsweise k wird ausgedruckt die zu zahlende Annuität A, falls die Schuld über n Jahre k-tel jährlich durch Zahlung von A getilgt wird und tabellarisch für jeden Zahlungszeitpunkt eine Aufteilung der Annuität A in Zins- und Tilgungsquote sowie die Restschuld.

Häufig sind die Anleihen nicht so einfach wie in diesem Beispiel beschrieben. So kann die Rückzahlung der Schuld erst Jahre später beginnen. Zwischen Auszahlung und Beginn der Rückzahlung liegt dann eine tilgungsfreie Zeit. Ebenso stimmen häufig der Wert B nicht mit dem ausgezahlten oder auch mit dem zurückgezahlten Wert überein. Man bezeichnet dann B den Nominalbetrag, den tatsächlich gezahlten Wert, den *Ausgabe-* oder *Emissionskurs* und den tatsächlich zurückbezahlten Betrag den *Rückkaufwert* . Emissionskurs und Rückkaufwert werden je 100 Nominale angegeben.

Es sei C der Emissionskurs, R der Rückkaufwert. Wenn R > 100, so heißt ρ mit R = 100 + ρ das Agio, wenn C < 100, so heißt γ mit C + γ = 100 das Disagio.

Ist eine Anleihe mit einem Agio oder einem Disagio versehen, so gibt es neben dem nominellen Zinssatz i noch einen effektiven Zinssatz i'.

Wird eine Anleihe zum Emissionskurs C und zum Rückkaufwert R ausgegeben, so ermittelt man den effektiven Zins i' durch

$$(58) \qquad C = 100\, i\, a'_{\overline{n}|} + R\, v'^{n},$$

wobei die gestrichenen Werte mit i' errechnet werden. (58) gilt für den Fall, daß n Jahre lang die nominellen Zinsen gezahlt werden und im letzten Jahr R zurückgezahlt wird.

(58) ist offenbar eine Gleichung n-ten Grades in v' bzw. i'.

Die Lösungen von Gleichungen höheren Grades sind zwar schwer zu
finden, doch ist die Suche in der Finanzmathematik nicht hoffnungs-
los, da wir den Zinsfuß lediglich auf k Stellen hinter dem Komma
(in der Regel $k \leq 2$) benötigen.

Zur Ermittlung des effektiven Zinsfußes benötigen wir die folgenden Überlegungen:

Lemma 4:   Für jedes $n \in \mathbb{N}^+$ sind $f,g : \mathbb{R}^+ \to \mathbb{R}$ mit

$$f(j) := v^n \left(= \left(\frac{1}{1+j} \right)^n \right) \quad \text{und}$$

$$g(j) := a_{n\rceil} \left(= \frac{1-f(j)}{j} \right)$$

stetige und monoton fallende Funktionen in j.

Aufgabe: 47.) Beweisen Sie Lemma 4.

Es sei nun

$$F(j) := 100 \cdot i \cdot g(j) + R \cdot f(j)$$

Unser Zinsfußproblem ist offenbar auf das folgende Problem zurück-
geführt: Gesucht ist ein i' mit

$$(58') \quad 0 = F(i') - C.$$

Aus Lemma 4 folgt nun, daß F eine in j stetige und monoton fallende Funktion ist.

Da für $C < 100$ oder $R > 100$ offenbar $F(i) - C > 0$ gilt und wegen

$$(59) \quad \lim_{j \to \infty} F(j) = 0$$

gilt

$$(59') \quad \lim_{j \to \infty} F(j) - C < 0,$$

folgt aus der obigen Bemerkung, daß es genau ein i' gibt, $i < i' < \infty$, mit $F(i') = C$.

Mittels geeigneter numerischer Verfahren (Intervallschachtelung, Regula falsi, Newton, Bijektion - (ist F differenzierbar?) läßt sich i' hinreichend genau bestimmen.

Aufgabe: 48.) Ermitteln Sie den effektiven Zins auf 2 Stellen hinter dem Komma (in Prozent) bei der folgenden Anleihe: Das Kapital wird nach 10 Jahren zurückgezahlt, die Zinsen werden jährlich gezahlt, $i = 0,06$; Agio $\rho = 5$, Disagio $\gamma = 4$!

49.) Ermitteln Sie die effektiven Zinsen bei der Tilgung einer Restschuld, wenn sowohl ein Agio als auch ein Disagio vorgesehen sind.

50.) Schreiben Sie ein Programm, das für eine Anleihe, bei der der Rückkaufwert zum Ende der Laufzeit gezahlt wird, und die Zinsen jährlich fällig werden, der effektive Zins bei Eingabe des Agio ρ, Disagio γ, Laufzeit n und Nominalzins i errechnet.

51.) Modifizieren Sie das Programm aus Aufgabe 50.) so, daß der effektive Zins auch für Anleihen ermittelt wird, bei denen der Rückkaufwert nicht notwendig zum Ende der Laufzeit fällig wird.

52.) Welche effektive Verzinsung hat ein Stück einer mit 10 % Agio ausgestatteten 5-prozentigen Anleihe gehabt, das nach 5, 10, 15 Jahren ausgelost wird?

53.) Welche Annuität ist für eine Anleihe von 5.000.000,-- DM mit 10 % Agio, die zu 5 % verzinst und in 12 Jahren getilgt werden soll, aufzuwenden?

54.) Eine 6-prozentige Stadtanleihe von 5.000.000,-- DM soll in 8 Jahren mit 6 % Agio getilgt werden und sich effektiv zu 7 % verzinsen. Wie ist der Emissionskurs zu wählen?

Bemerkungen:

1.) Wenn wir hier vom effektiven Zins sprechen, so gehen wir von einer rein mathematischen Betrachtung aus. Tatsächlich entstehen aber bei einer Anleihe sowohl den Schuldner als auch dem Gläubiger Aufwendungen (Spesen, Steuern etc.). Möchten nun Gläubiger und Schuldner den "reinen Gewinn" aus dem Geldgeschäft ermitteln, so müssen diese Aufwendungen bei der Gewinnermittlung berücksichtigt werden. Man unterscheidet dann zwischen *Brutto*- und *Nettozins* Auf die Problematik der exakten Ermittlung des Nettozinses gehen wir hier allerdings nicht weiter ein, dieses Feld überlassen wir den Betriebswirten.

2.) Es stellt sich die Frage, weshalb bei Anleihen ein Agio oder ein Disagio eingeräumt wird, da die Errechnung des effektiven Zinses dadurch für den "Nicht-Fachmann" mit der Schulmathematik fast unmöglich wird. Weniger die Verschleierung des tatsächlichen Zinses ist ein Grund für diese Praxis, als vielmehr eine teilweise spürbare Steuererleichterung. Erträge aus einem Disagio oder Aufwendungen für ein Disagio werden steuerlich zum Teil anders behandelt als Erträge oder Aufwendungen für Zinszahlungen.

1.3.2 Sparpläne

Sofern eine Person mit einer Bank einen Vertrag abschließt, wonach sich die letztere in einem oder mehreren Zeitpunkten zur Zahlung bestimmter Beträge verpflichtet, andererseits die betreffende Person in einem oder mehreren Zeitpunkten Prämien an die Bank zahlt, spricht man von einem *"Sparplan"*. Die häufigsten Formen eines Sparplanes sind die folgenden:

a) "Kapitalplan". Die Bank verpflichtet sich nach Ablauf einer gewissen Zeit, zur Zahlung eines bestimmten Betrages K.

b) "Zeitrentenplan". Die Bank verpflichtet sich nach Ablauf einer gewissen Zeit zur Zahlung einer n-jährigen vorschüssigen oder nachschüssigen Zeitrente vom Betrage R.

Zur Finanzierung eines "Sparplanes" hat der Kunde eine oder mehrere Prämien zu zahlen. Diese Prämie wird nach dem *Äquivalenzprinzip* berechnet.

a) "Kapitalplan". Für ein Kapital vom Betrage K, bezahlbar in m Jahren, muß zu Beginn der Vertragsdauer n eine Einmaleinlage von $K\,v^m$ bezahlt werden. Wird keine Einmaleinlage gezahlt, sondern wird für die ersten m Jahre eine jährliche Prämie P vereinbart, so muß

$$(60) \qquad P\,\ddot{a}_{\overline{m}|} = K\,v^m$$

gelten. Daraus ergibt sich

$$(61) \qquad P = \frac{K\,v^m}{\ddot{a}_{\overline{m}|}}$$

b) "Zeitrentenplan". Für eine um m Jahre aufgeschobene, n-jährige vorschüssig jährlich zahlbare Zeitrente der Höhe R muß zu Vertragsbeginn eine Einmaleinlage von $R\cdot {}_{m|}\ddot{a}_{\overline{n}|}$ gezahlt werden. Ist eine Prämienzahlung über die ersten m Jahre vorgesehen, so gilt

$$(62) \qquad P\cdot\ddot{a}_{\overline{m}|} = R\cdot {}_{m|}\ddot{a}_{\overline{n}|} \qquad \text{bzw.}$$

$$(63) \qquad P = \frac{R\cdot {}_{m|}\ddot{a}_{\overline{n}|}}{\ddot{a}_{\overline{m}|}}\ .$$

In jedem Zeitpunkt t, im Falle a) $0 \le t \le m$, im Falle b) $0 \le t \le m+n$, muß ein gewisser Geldbetrag ${}_t V$ vorhanden sein, damit die Bank den Vertrag zur gegebenen Zeit erfüllen kann. Diesen Geldbetrag ${}_t V$ nennt man das Deckungskapital (DK) zur Zeit t.

Betrachten wir den Fall a) bei jährlicher Prämienzahlung.

Dann läßt sich ${}_t V$ nach 2 Methoden ermitteln:

1) Prospektive Methode. ${}_t V$ ist gleich der Differenz aus dem Barwert der Leistung und dem Barwert der künftigen Prämien.

$$(64) \quad {}_t V = K\,v^{m-t} - P\,\ddot{a}_{\overline{m-t}|} = K\,v^{m-t} - \frac{K\,v^m}{\ddot{a}_{\overline{m}|}}\,\ddot{a}_{\overline{m-t}|} = K\,v^{m-t}\left(1 - v^t\,\frac{\ddot{a}_{\overline{m-t}|}}{\ddot{a}_{\overline{m}|}}\right) =$$

$$K\,v^{m-t}\left(1 - v^t\,\frac{1-v^{m-t}}{1-v^m}\right)$$

2) Retrospektive Methode. $_tV$ ist gleich dem Endwert der gezahlten Prämien.

$$(65) \quad _tV = P\,\ddot{s}_{\overline{t}|} = \frac{K\,v^m}{\ddot{a}_{\overline{m}|}}\,\ddot{s}_{\overline{t}|}$$

Es bleibt zu zeigen, daß die für $_tV$ errechneten Werte nach (64) und (65) gleich sind.

Mit

$$(66) \quad \ddot{s}_{\overline{t}|} = r^t\,\ddot{a}_{\overline{t}|} \quad \text{gilt}$$

$$(67) \quad v^{m-t} - \frac{v^m}{\ddot{a}_{\overline{m}|}}\,\ddot{a}_{\overline{m-t}|} = \frac{v^m}{\ddot{a}_{\overline{m}|}}\left(\ddot{a}_{\overline{m}|}\,v^{-t} - \ddot{a}_{\overline{m-t}|}\right) = \frac{v^m}{\ddot{a}_{\overline{m}|}}\left(\ddot{a}_{\overline{m}|}\,r^t - \ddot{a}_{\overline{m-t}|}\right) =$$

$$= \frac{v^m}{\ddot{a}_{\overline{m}|}}\left((\ddot{a}_{\overline{t}|} + {}_{t|}\ddot{a}_{\overline{m-t}|})\,r^t - \ddot{a}_{\overline{m-t}|}\right) = \frac{v^m}{\ddot{a}_{\overline{m}|}}\left(\ddot{a}_{\overline{t}|}\,r^t + \ddot{a}_{\overline{m-t}|} - \ddot{a}_{\overline{m-t}|}\right) =$$

$$= \frac{v^m}{\ddot{a}_{\overline{m}|}}\,\ddot{a}_{\overline{t}|}\,r^t = \frac{v^m}{\ddot{a}_{\overline{m}|}}\,\ddot{s}_{\overline{t}|}$$

Aufgabe: 55.) Ermitteln Sie das retrospektive bzw. prospektive DK $_tV$ für $0 \leq t \leq m$ bei RentenV.

Auch bei Einmaleinlagen ist selbstverständlich ein DK vorhanden. In diesen Fällen ist es aber sehr viel einfacher zu ermitteln, es ist die auf den betrachteten Zeitpunkt aufgezinste Einmaleinlage (retrospektive Methode) bzw. der Barwert der Leistungen (prospektive Methode). Es gilt demnach für "Kapitalpläne" mit Einmaleinlage:

$$_tV = (K\,v^m)\,r^t = K\,v^m \cdot v^{-t} = K\,v^{m-t}\,.$$

Bei "Zeitrentenplänen" ist auch noch im Zeitpunkt t, $m \leq t \leq n$ ein DK vorhanden.

1.) Die Prospektive Methode. $_tV$ ist der Barwert aller künftigen Leistungen.

$$(68) \qquad {}_tV = R\,\ddot{a}_{\overline{n-t}|}$$

2.) Retrospektive Methode. ${}_tV$ ist der auf den Zeitpunkt t aufgezinste Barwert $R\,\ddot{a}_{n}$ abzüglich der geleisteten Rentenzahlungen.

$$(69) \qquad {}_tV = R\,\ddot{a}_{\overline{n}|} \cdot r^t - R\,\ddot{s}_{\overline{t}|}$$

Es ist wieder zu zeigen, daß (68) und (69) gleiche Werte liefern.

$$\ddot{a}_{\overline{n}|} \cdot r^t - \ddot{s}_{\overline{t}|} = \left(\ddot{a}_{\overline{t}|} + {}_{t|}\ddot{a}_{\overline{n-t}|}\right) r^t - \ddot{s}_{\overline{t}|} = \ddot{a}_{\overline{t}|}\, r^t + \ddot{a}_{\overline{n-t}|} - \ddot{s}_{\overline{t}|} = \ddot{a}_{\overline{n-t}|}$$

Aufgaben: 56.)   Ein Vater wünscht für das nach 15 Jahren beginnende
Studium seines Sohnes eine 7 Jahre laufende Rente von je 12.000,--DM
dadurch sicher zu stellen, daß er 12 Jahre lang jährlich eine ersparte Summe von gleichbleibendem Betrag anlegt. Wie groß muß sie
sein, wenn die Bank 6 % verzinst?

57.)   Wie groß ist in diesem Fall das Deckungskapital nach 10, nach
14 und nach 18 Jahren?

58.)   Ein Vater wünscht seiner 6-jährigen Tochter für ihr 20. Lebensjahr ein Kapital von 20.000,-- DM zur Verfügung stellen zu
können. Wie viel muß er anfänglich monatlich sparen, wenn er glaubt,
von Jahr zu Jahr seine anfängliche Ersparnis um 4 % des Anfangsbe-
trages steigern zu können? (6 1/2 % Verzinsung).

59.)   Wie groß muß seine anfängliche jährliche Ersparnis sein, wenn
sie von Jahr zu Jahr um 5 % des zuletzt erreichten Betrages gesteigert werden kann?

60.)   Welches Deckungskapital ist in den letzten beiden Aufgaben
nach 10 Jahren geschaffen?

1.4 BAUSPARMATHEMATIK

Will jemand ein Haus bauen, so verfügt er in den wenigsten Fällen
über ausreichend Kapital, um das Bauprojekt mit Eigenmitteln finanzieren zu können. Es ergibt sich so die Notwendigkeit einer Kapi-
talanleihe.

Nun sind einerseits die für ein Bauvorhaben notwendigen Kapitalbeträge sehr hoch, andererseits sind im Regelfall die Zinslasten
für den Bauherrn nicht finanzierbar. Die Idee des Bausparens ist
nun folgende: Die Bauwilligen, die billiges Kapital benötigen,
bilden einen eigenen, abgeschlossenen Kapitalmarkt, dem sie zunächst ihr Eigenkapital zur Verfügung stellen, das aber nur mit
einem sehr geringen Prozentsatz verzinst wird und erhalten nach
einer gewissen Zeitspanne, die bausparmathematisch ermittelt wird,
ein Darlehen, dessen Zinssatz deutlich unter den marktüblichen Zin-
sätzen liegt.

Es gibt heute eine Vielzahl von Bauspartarifen auf dem Markt. Wir
werden nun keineswegs sämtliche vorhandenen Tarife besprechen,
vielmehr werden wir uns auf einige ausgewählte Standardangebote
in der Darstellung beschränken.

1.4.1 Das statische Modell

Wir nehmen im folgenden an, daß sämtliche das Modell beschreiben-
den Größen über die Zeit konstant bleiben.

Die Bausparsumme BS ist der Betrag, über den ein Bausparvertrag
abgeschlossen wird. Wir werden im weiteren stets BS = 1000 annehmen.

In der Regel wird vereinbart, daß vierteljährlich ein fester Betrag S, der Sparbeitrag, eingezahlt wird. Dieser Sparbeitrag werde vom Zeitpunkt der Einzahlung (in unserem Modell stets pünktlich
am Quartalsersten) mit dem Zinssatz i verzinst. Häufig wird auch
als Zinsperiode das Quartal gewählt, als Zinssatz dann in erster
Näherung i/4. Da viele Darstellungen bei dieser Methode einfacher
sind, werden auch wir uns dafür entscheiden. Finanzmathematische

Ausdrücke wie der Zeitrentenbarwert $\ddot{a}_{n\rceil}$ beziehen sich in diesem Absatz stets auf den Zinssatz i/4 und auf die Anzahl (hier: n) der Quartale.

Das Bausparguthaben G_n nach n Quartalen ergibt sich so aus

$$(70) \quad G_n := S \cdot \ddot{s}_{n\rceil}$$

Erhält der Bausparer nach n Quartalen das Recht auf ein Bauspardarlehen D, so soll in unserem Modell gelten

$$(71) \quad D = BS - G_n.$$

Das Bauspardarlehen wird durch eine vierteljährlich zahlbare Annuität A zum vierteljährigen Zins $\frac{i'}{4} > \frac{i}{4}$ zurückbezahlt. Sämtliche finanzmathematischen gestrichenen Ausdrücke ($\ddot{a}'_{n\rceil}$) beziehen sich auf den Tilgungszins $\frac{i'}{4}$ und auf das Quartal als Einheit.

Wir nehmen an, daß für das Darlehen D eine Gebühr g in Prozent zum Darlehen zu entrichten ist. Zu tilgen ist demnach das Bruttodarlehen

$$(72) \quad D_o := D\left(1 + \frac{g}{100}\right).$$

Wir nehmen in unserem Modell nun an, daß die Bausparkasse bereits unendlich lange existiert und seit jeher in jedem Quartal ein neuer Bausparer mit der Bausparsumme BS = 1000 neu hinzukommt, und je ein Bausparer sein Darlehen mit der letzten Annuität tilgt.

Wenn die Bausparkasse fair ist, dann ist die Summe der Bauspareinlagen gleich der Summe der Darlehen.

Beträgt nun die (zu bestimmende) Sparzeit (= Anzahl der zu sparenden Quartale) bis zum Zuteilungszeitpunkt s Quartale, so gilt für jedes $0 \le n \le s$: Es gibt genau einen Bausparer mit dem Bausparguthaben G_n. .

Wir nehmen an, daß das Darlehen in t Quartalen getilgt werde. Dann gilt für jedes $0 \leq n \leq t-1$: Es gibt genau einen Bausparer, der bereits n Annuitäten A geleistet hat. Seine Restschuld D_n beträgt nach (57)

$$(73) \quad D_n = A \cdot a'_{\overline{t-n}} \,.$$

Es sei G die Summe der Guthaben, D die Summe der ausstehenden Schulden, so muß für eine faire Bausparkasse gelten

$$(74) \quad G = S + \sum_{n=1}^{s-1} G_n = \sum_{n=0}^{t-1} D_n = D$$

Wir nehmen hierbei an, daß nach s Quartalen das Darlehen zugeteilt wurde und die gesamte Bausparsumme ausgezahlt wird.

(74) heißt *Kassengleichung* der Bausparmathematik.

Bemerkung:
In der Darlehnsschuld D_0 ist die Gebühr g enthalten. Wir nehmen in unserem Modell an, daß diese Gebühr genau die Kosten deckt, die der Bausparkasse durch die Darlehnshingabe entstehen. Da diese Kosten zunächst aus der vorhandenen Kapitalmasse finanziert werden müssen (Fremdgeld soll nicht einfließen), muß auch die Darlehnsgebühr durch die vorhandenen Spargelder gedeckt werden. Ähnliche Überlegungen werden uns später in der Versicherungsmathematik wieder begegnen.

Aus der Kassengleichung läßt sich nun die Wartezeit s bestimmen, wenn gewisse Parameter gegeben sind.

Nehmen wir an, daß der Sparbeitrag S gegeben sei (in ‰ zur BS). Wir nehmen S = 12 ‰.

Für die Tilgung sind die beiden folgenden Varianten üblich:

a) Die Annuität ist ein fester Promille-Teil der BS. Üblich sind monatlich 5 oder 6 ‰ der BS. Das entspricht A = 15 ‰ oder A = 18 ‰. t ist in diesem Falle variabel und hängt von der Darlehnshöhe bzw. von dem Anspargrad ab.

b) Gegeben sei die Tilgungszeit t. Die Annuität (in % zum Darlehen) liege in einem gegebenen Intervall. Üblich sind hier die Grenzen 1 % und 1 1/4 % monatlich. Variabel ist hier die Annuität in % zum Darlehen.

In beiden Fällen läßt sich nun aus der Kassengleichung die Wartezeit s bestimmen. Dabei ist allerdings zu berücksichtigen, daß (74) eine Gleichung höheren Grades ist.

Da in unserem Modell nur zum Quartalsanfang Geldleistungen fällig werden, begnügen wir uns mit ganzzahligen "Lösungen" s, die die Lösung der Kassengleichung approximieren bzw. für die gilt: Die Lösung von (74) liegt in dem Intervall $(s, s+1)$.

Beispiel: Lösung der Kassengleichung im statischen Modell durch binäres Suchen einer ganzen Zahl s, so daß die Lösung im Intervall $(s, s+1)$ liegt.

Gegeben sei BS = 1.000

$$S = 12 \qquad i/4 = 0{,}0075 \qquad \text{(nomineller Zins: 3 \%)}$$
$$A = 15 \qquad i'/4 = 0{,}0125 \qquad \text{(nomineller Zins: 5 \%)}$$
$$g = 2 \text{ \% des Darlehens}$$

Für die Guthabensumme   gilt

$$(75) \qquad G = S + \sum_{n=1}^{s-1} G_n = S + \sum_{n=1}^{s-1} S \cdot \ddot{s}_{n\rceil} = S + S \sum_{n=1}^{s-1} \frac{r^n - 1}{d} =$$

$$= S + \frac{S}{d} \sum_{n=1}^{s-1} (r^n - 1) = S + \frac{S}{d}\left(\frac{r^{s-1} - 1}{d} - (s-1) \right)$$

Somit erhalten wir mit d = 0,007444169

$$(75') \quad G = 1.612 \cdot \left(\frac{1,0075^{s-1} - 1}{0,007444169} - s+1 \right) + 12.$$

Analog erhalten wir für die Darlehnssumme

$$(76) \quad D = \sum_{n=0}^{t-1} D_n = \sum_{n=0}^{t-1} A \cdot a'_{\overline{t-n}} = A \sum_{n=1}^{t} a'_{\overline{n}} = A \cdot \sum_{n=1}^{t} \frac{1-v'^n}{i'} =$$

$$= \frac{A}{i'} \cdot \sum_{n=1}^{t} (1-v'^n) = \frac{A}{i'} \left(t - \frac{1-v'^t}{i'} \right).$$

Somit ergibt sich mit i' = 0,0125 und v' = 0,9876543

$$(76') \quad D = 1.200 \left(t - \frac{1-0,9876543^t}{0,0125} \right).$$

Schritt 0: Zunächst schätzen wir ab, nach wievielen Quartalen wir mit unserer Sparleistung die BS erreicht haben.

Mit einer Jahressparleistung von 48 erhalten wir

$$(77) \quad 1.000 = 48 \cdot \ddot{s}_{\overline{n}} \quad \text{(hier: n Jahre!)}$$

$$\ddot{s}_{\overline{n}} = \frac{1.000}{48} = 20,83333.$$

Für n = 16 Jahre erhalten wir $\ddot{s}_{\overline{16}}$ = 20,76159.

Wir können demnach davon ausgehen, daß die Spardauer s 64 Quartale beträgt.

Schritt 1: Wir setzen s = $\frac{64}{2}$ = 32 Quartale und errechnen die Guthabensumme G_{32}, das Guthaben G_{32} und das Darlehen $D^{(32)}$. Daraus ermitteln wir t so, daß das Darlehen D in der Zeit t mit der Annuität A getilgt werden kann, wobei die letzte Rate kleiner gleich A ist.

$$G_{32} = 6.483,90$$

$$G^{(32)} = 435,42$$

$$D^{(32)} = 1,02(1.000-435,42) = 575,87$$

$$575,87 = 12 \cdot a'_{t\rceil}$$

Durch ein Unterprogramm ermittelt man $52 < t < 53$.

Schritt 2: Wir rechnen die Darlehnssumme $D^{32:52}$ aus, wobei wir zunächst nur mit $t = 52$ rechnen.

$$D^{32:52} = 16.718,66$$

Schritt 3: Vergleich von G und D.

Da $G < D$, müssen wir die Spardauer vergrößern. Wäre $G > D$, so hätten wir die Spardauer vermindern müssen. Bei der maschinellen Rechnung werden wir durch binäres Suchen s bestimmen, beim manuellen Rechnen mit dem Taschenrechner kann man durch Abschätzen der Ergebnisse in Einzelfällen schneller zum Ziel kommen.

Wir setzen in jedem Fall die Spardauer s neu fest und fahren entsprechend 1 fort.

<u>Ergebnisse der Rechnung</u>

Durchlauf	s	t	G_s	G_s	D_s	D^{s-t}
1	32	52	6.483,90	435,42	575,87	16.718,66
2	48	23	15.359,38	695,43	310,67	3.741,52
3	40	37	10.403,73	561,54	447,23	9.025,41
4	36		8.318,18			
5	38	41	9.329,--	529,30	480,11	10.886,55
6	39	39	9.858,37	545,36	463,74	9.937,73

Tabelle 2: Darstellung der numerischen Ergebnisse
bei den einzelnen Durchläufen

Bemerkung:
Die weiteren Werte brauchen wir im 4. Durchlauf nicht zu rechnen,
da wir offenbar unsere Spardauer gegenüber dem 3. Durchlauf zu
stark verkürzt haben.

Wir haben bisher ermittelt, daß die Spardauer zwischen 39 und 40
Quartalen liegt und haben bei unserer Rechnung einen Fehler in Kauf
genommen. Die Darlehnssumme wurde stets um die letzte ausstehende
Rate zu niedrig angesetzt.

Die Darlehnssumme kann demnach in der Tat größer sein als in unserer Rechnung, die Spardauer kann demzufolge noch steigen.

Schritt 4: Der letzte Zahlbetrag muß ermittelt werden. Dann muß
die Summe der Barwerte der letzten Zahlungen ermittelt werden und
zur Darlehnssumme $D^{s:t}$ addiert werden. Wenn die Darlehnssumme dann
noch immer kleiner der Guthabensumme G_{s+1} ist und größer der Guthabensumme G_s, so ändert sich das Ergebnis nicht. Anderenfalls
müssen wir s um 1 erhöhen und sind fertig (warum?).

Durch lineare Interpolation können wir die genaue Spardauer näher
bestimmen.

Definitionen: Der *Anspargrad* eines Vertrages ist der Quotient, ausgedrückt in %, aus Sparguthaben G_s bei Zuteilung und BS. In unserem
Beispiel beträgt der Anspargrad 56,2 % bei Zuteilung nach 40 Quartalen.

Wichtig für jeden Bausparer ist eine *Zielbewertungszahl* . Hierunter
versteht man die Guthabensumme bei Zuteilung des Vertrages. Im Beispiel beträgt die Zielbewertungszahl 10.404. Die Zielbewertungszahl hängt natürlich von der gewählten Größe für BS ab.

Am Quartalsende bekommen die Verträge die Zuteilung (Berechtigung
zur Kapitalaufnahme), die die höchste Guthabensumme haben. Unterstellen wir im Modell eine integrierbare Kapitalfunktion K, so ist
die Zielbewertungszahl gerade das bestimmte Integral unter K von
O bis s.

Die gesamte *Vertragslaufzeit* ist die Summe aus Spar- und Tilgungszeit.

Aufgabe: 61.) Wenn in dem obigen Beispiel stets nach 40 Quartalen
zugeteilt wird, bleibt an jedem Quartalsende ein nicht verbrauchter
Betrag zurück. Wenn diese Beträge mit 8 % Zins extern angelegt werden, erhöht sich die Kapitalmasse der Bausparkasse. Nach welcher
Zeit können dann erstmals die Verträge nach 39 Quartalen zugeteilt
werden, ohne die Darlehnssumme größer werden zu lassen als die
Sparsumme? Wie entwickeln sich diese beiden Summen in der Folgezeit?

62.) Geben Sie die Wartezeit, Tilgungszeit, Vertragslaufzeit, Anspargrad und Zielbewertungszahl für die nachfolgenden Fälle   an:

$$BS = 1.000$$
$$S = 7,5 - 12 - 15 - 20 - 33$$
$$A = 15 - 18 \text{ ‰ der BS}$$

nomineller Zins:
3/5 % und 2,5/4,5 %
$g = 2$ %

1.4.2 Variationen
Das in 1.4.1 dargestellte Modell geht von der Vorstellung aus, daß
in jedem Quartal ein neuer Bausparer hinzukommt und genau ein Bausparer seinen Vertrag mit der letzten Rate tilgt. Unterstellt haben
wir dabei, daß die BS konstant bleiben und, wie wir in dem Beispiel
und in Aufgabe 61.) sahen, ist dieses Modell nur dann sinnvoll, wenn
die Wartezeiten ganze Quartale sind.

Die Wirklichkeit des Bausparens wird nun anders aussehen als in dem
statischen Modell. Eine zusätzliche Variante haben wir bereits in
Aufgabe 61.) berücksichtigt.

a) Mehr Verträge: Durch starkes Neugeschäft wächst das Sparguthaben
   der Bausparkasse, bleibt das Neugeschäft aus, so vermindert sich
   die Sparsumme und die Sparzeit verlängert sich.

b) Höhere Summen: In unserem Beispiel hatten wir eine Vertragslaufzeit von fast 20 Jahren. Verträge, die vor 20 Jahren geschlossen
wurden, hatten aber im Durchschnitt niedrigere BS als die jetzt
abgeschlossenen Verträge.

In den 50er Jahren gab es in der Bundesrepublik, einschließlich
Land Berlin, Steigerungsraten von jährlich fast 20 % (gemessen
in der BS), allerdings auch 1967 einen Rückgang von 40 %. Das
Neugeschäft wird von vielen Faktoren, die hier nicht zu untersuchen sind, beeinflußt. Da eine Prognose des Neugeschäfts über
mehrere Jahre unmöglich ist, wollen wir uns hier lediglich auf
die qualitative Feststellung beschränken, daß steigendes Neugeschäft zu einer Verkürzung der Wartezeit und auch zu einer
Verminderung des Anspargrades führt. Quantitative Beschreibungen
entnehme man der Literatur.

c) Individuelle Einflüsse: Jeder Bausparer hat das Recht auf Zuzahlungen. Daneben gibt es Bausparverträge mit Einmalzahlungen.

d) Vertragliche Einflüsse: Hier sind zu nennen: Festlegung eines
minimalen Anspargrades (40 oder 50 %), garantiertes Mindestdar-
lehen (etwa 50 %), Festlegung einer Mindestsparzeit.

e) Einflüsse aus dem Bestand: Stornierung von Verträgen, Erhöhen
der Bausparsumme, Verzicht auf Abruf des Darlehens bei Zuteilung, vorzeitiger Ablauf.

All die hier genannten Einflüsse können, wenn hinreichend genaue
Rechnungsgrundlagen vorliegen, in einem komplizierteren Modell als
dem in 1.4.1 vorgestellten berücksichtigt werden zur Berechnung
der bausparmathematischen Größen. Modelle, die weitere Differenzie-
rungen zulassen, wurden von Laux entwickelt. Hierzu wird auf [59]
verwiesen und auf die diversen, nicht im Literaturverzeichnis
aufgeführten, sehr ausführlichen Arbeiten des gleichen Autors in
den Blättern der Deutschen Gesellschaft für Versicherungsmathematik.

1.5 DER ZINS ALS RECHNUNGSGRUNDLAGE

Da die dauernde Erfüllbarkeit der LVverträge garantiert sein muß
(Folgerung aus dem VAG), darf die Annahme über den Zins in der Zukunft nicht zu optimistisch sein, denn LVverträge können über
100 Jahre laufen, Vertragsdauern von 50 Jahren sind keine Seltenheit.

Das BAV hielt daher in der Vergangenheit einen Zinsfuß von 3 %,
den *Rechnungszins*, bei der Kalkulation der LVbeiträge für sachgerecht. Sterbekassen und Pensionskassen rechnen mit einem Zinsfuß
von 3,5 %. Auch dies ist aus heutiger Sicht noch sehr vorsichtig.
In der letzten Zeit wurden Überlegungen angestellt, den Rechnungszins in der LV auf 3,5 % oder gar auf 4 % anzuheben. Zwar fallen
derzeit die Zinsen am Kapitalmarkt, doch sind die durchschnittlichen Zinserträge für die Kapitalanlagen der LVU größer als 7 %,
so daß auch gegen einen Rechnungszins von 3,5 % kaum Bedenken bestehen düften.

Im Rahmen der betrieblichen Altersversorgung können Unternehmen
ihren Mitarbeitern eine zusätzliche Altersversorgung versprechen.
Für die später zu leistenden Renten müssen heute schon Rückstellungen gebildet werden. Bei diesen Rückstellungen wird zumeist angenommen, daß sie sich mit 6 % verzinsen.

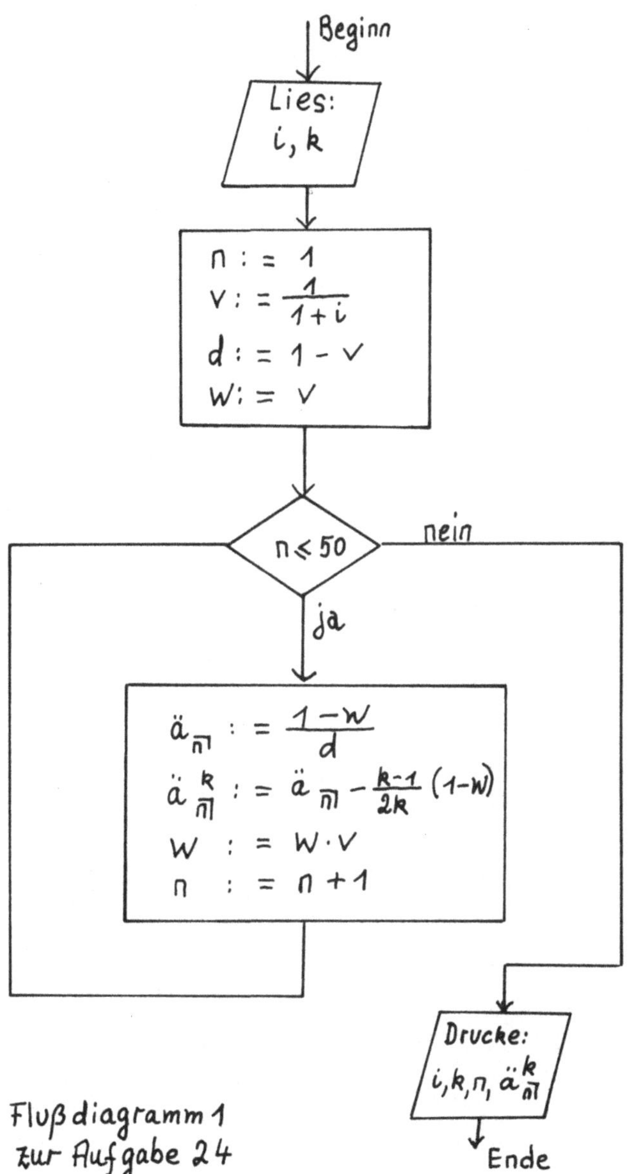

Flußdiagramm 1
zur Aufgabe 24

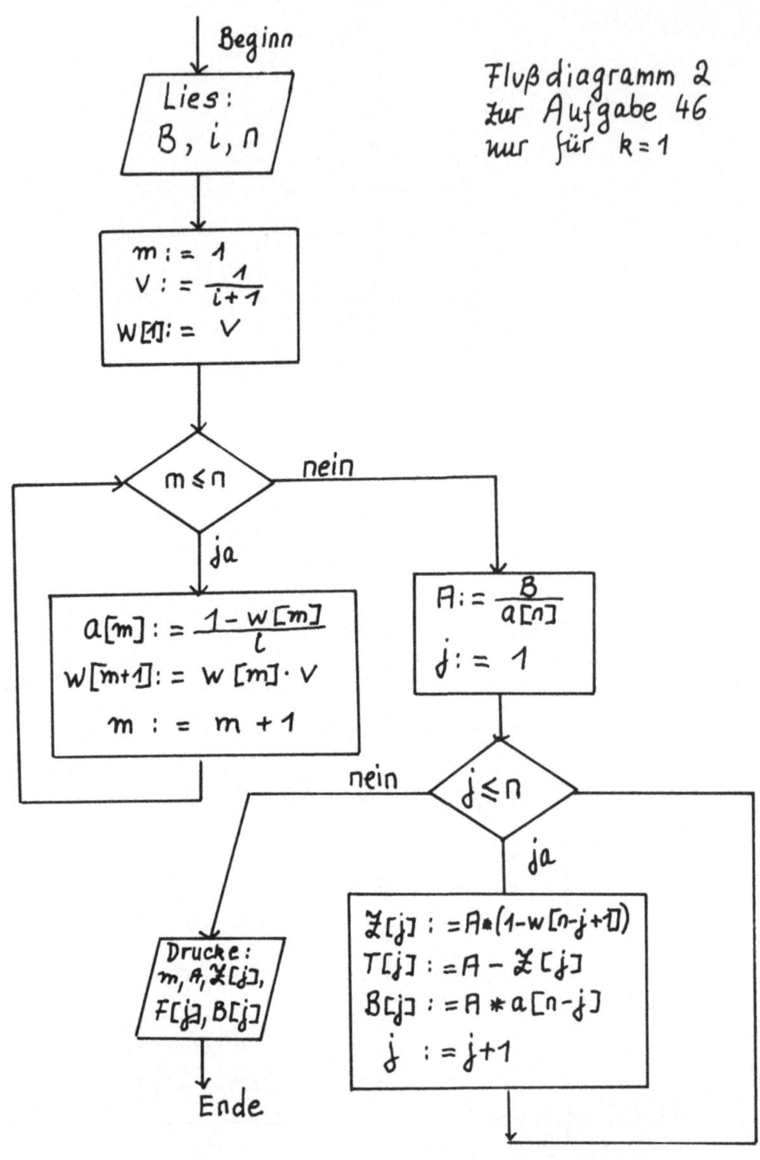

Beginn
Lies: B, i, n
m := 1
V := 1/(i+1)
W[1] := V
m ≤ n
nein
ja
a[m] := (1 - W[m])/i
W[m+1] := W[m]·V
m := m + 1
A := B/a[n]
j := 1
j ≤ n
nein
ja
Z[j] := A*(1 - w[n-j+1])
T[j] := A - Z[j]
B[j] := A * a[n-j]
j := j+1
Drucke: m, A, Z[j], T[j], B[j]
Ende
Flußdiagramm 2
zur Aufgabe 46
nur für k = 1

```pascal
program 48 (input, output)
var  α, β, n, c, r : integer;
     i, hilf, xalt, xneu : real;
function f(x : real) : real;
begin
     f := exp(ln(1/(1+x)) * n)
end;
function g(x : real) : real;
begin
     g := (1-f(x))/x
end;
function grossf(x : real) : real;
begin
     grossf := 100 * i * g(x) + r * f(x) - c
end;
begin    {Hauptprogramm};
     connect (input, 'daten', 'data', 'r');
     reset (input);
     connect (output, 'resultat', 'data', 'w');
     rewrite (output);
     read(n); read(i);
     read(α); read(β);
     r := 100 + α;
     c := 100 - β;
     xalt := i;
     xneu := i + 0,001;
     while (großf(xalt) * großf(xneu) > 0) do
     begin   xalt := xalt + 0,001;
             xneu := xneu + 0,001;
     end;
{regula falsi}
     repeat hilf := xneu - Großf(xneu) * (xneu - xalt)
            /großf(xneu) - Großf(xalt);
     xalt := xneu
     xneu := hilf
     until  abs(xneu - xalt) < 0,00001;
     writeln '  pstrich = ', (xneu * 100) : 5 : 2)
     end.
```

	n	i	α	β	
Eingabe:	⌊10⌋	⌊0,06⌋	⌊5⌋	⌊4⌋	Ausgabe: pstrich = 6,93

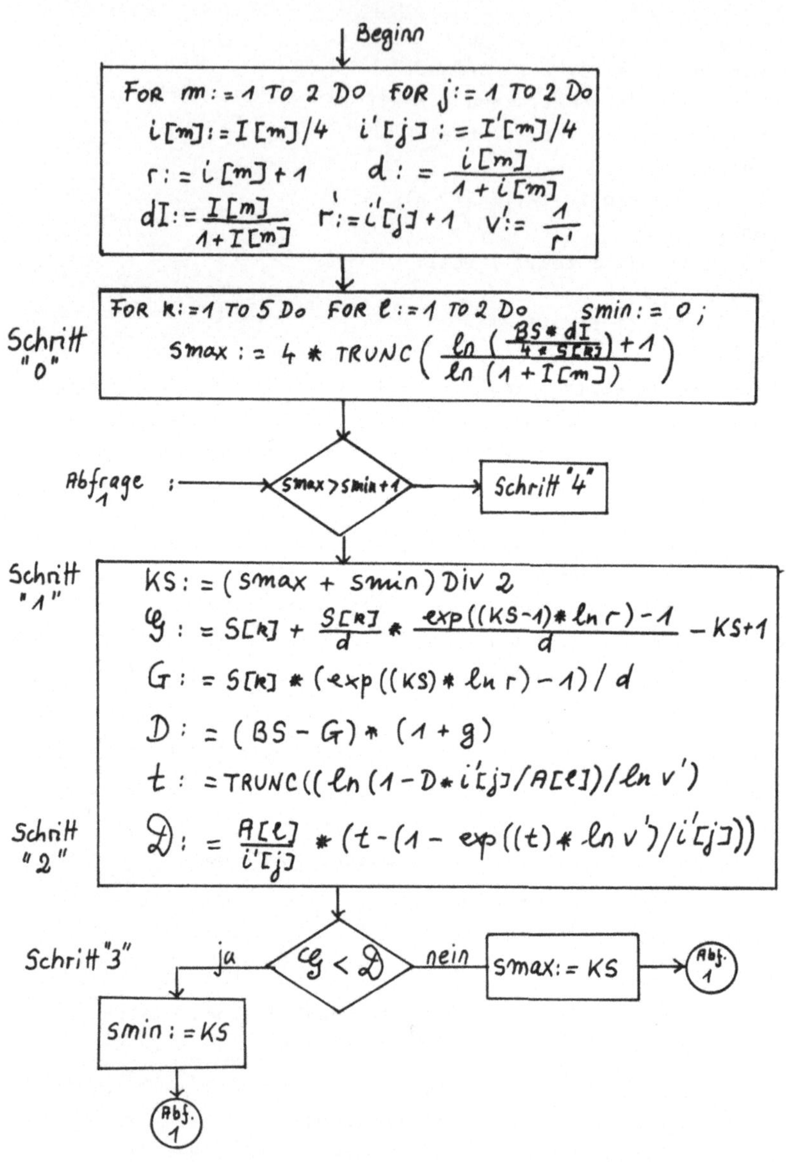

s. Fortsetzung →

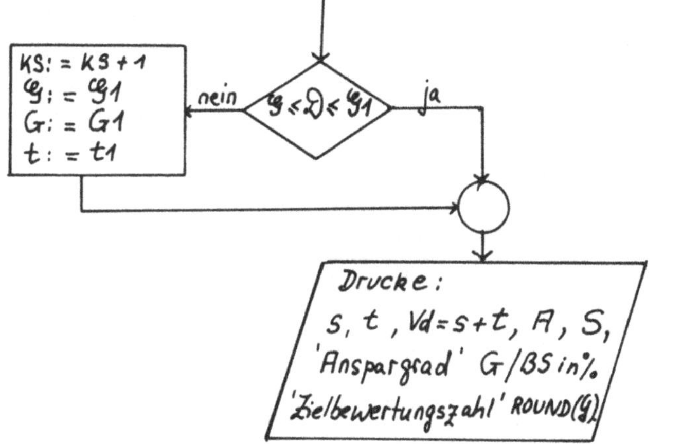

Flußdiagramm 3
zur Aufgabe 62

2. PERSONENGESAMTHEITEN UND AUSSCHEIDEORDNUNGEN

Leb wohl, o Erde, o du Tal der Tränen,
Verwandelt ward der Freundentraum in Leid;
Es schließt der Himmel seine Pforten auf,
Und unser Sehnen schwingt sich empor
Zum Licht der Ewigkeit.

Aida, Verdi

Unter einer *Personengesamtheit* verstehen wir eine Menge (im math.
Sinne) von Personen. Personengesamtheiten spielen in der Lebens-
und Sozialversicherung eine zentrale Rolle. In der Sozialversicherung kann z.B. die ganze Bevölkerung eines Landes eine Personengesamtheit darstellen. Bei Pensionskassen besteht die versicherte
Personengesamtheit aus dem Personal einer Firma. Private Lebens-
versicherungsgesellschaften betrachten z.B. alle diejenigen VN, die
nach dem gleichen Tarif versichert wurden, als eine Personengesamtheit.

Eine Personengesamtheit kann *geschlossen* oder *offen* sein. Im Falle
einer geschlossenen Gesamtheit kann sich dieselbe durch Abgang infolge von Tod, Austritt usw. verkleinern; abgehende Personen dieser Gesamtheit werden jedoch nicht ersetzt. Die offene Personengesamtheit kann sich durch Austritte und Eintritte verändern. Daraus
aber ergibt sich, daß sowohl offene wie auch geschlossene Personengesamtheiten zeitabhängige Gebilde sind. Betrachten wir beispielsweise die Bevölkerung eines ganzen Landes. Wird dieselbe als geschlossene Personengesamtheit angenommen, so geht man vom Bevölkerungsbestand in einem ganz bestimmten Zeitpunkt aus. Es wird sich
diese Gesamtheit infolge Tod oder Auswanderung allmählich abbauen,
während sich eine offene Gesamtheit infolge von Geburten und Ein-
wanderungen erneuern kann.

Die Theorie der Entwicklung der Bevölkerung eines Landes wird als
mathematische Bevölkerungstheorie bezeichnet. Wenn man den Bestand der
Bevölkerung in einem Lande für die Zukunft bestimmen will, müssen
offensichtlich Annahmen über die Erneuerung durch Geburten und Ein-
wanderungen und Abgang durch Tod und Auswanderung getroffen werden.
Bis vor einigen Jahren fußte die mathematische Bevölkerungstheorie
im wesentlichen auf dem sogenannten *deterministischen Prinzip* der ein-
deutigen Bestimmbarkeit der künftigen Bevölkerungsentwicklung aus

ihrem Anfangszustand. Gemäß dieser Theorie müßte sich die Bevölkerung bei Vernachlässigung von Ein- und Auswanderung nach bestimmten Gesetzen entwickeln. In neuerer Zeit wurde die deterministische Auffassung durch stochastische Bevölkerungsmodelle ersetzt, bei denen die Auswirkungen des Zufalls berücksichtigt werden. Deterministische Bevölkerungsmodelle wurden in größerer Zahl im 19. Jahrhundert entwickelt. Da in diesem Jahrhundert die Physik, Chemie, Biologie und andere Naturwissenschaften beobachtbare Phänomene durch Gesetze beschrieben haben, war der Glaube weit verbreitet, daß auch das Sterben der Menschen durch ein Naturgesetz beschreibbar sei.

2.1 STERBEWAHRSCHEINLICHKEITEN

Im folgenden betrachten wir als Personengesamtheit die Bevölkerung eines Staates. Eintritte in diese Personengesamtheit sind durch Geburt, Austritte durch Tod möglich. Später betrachten wir noch die Möglichkeit der Ein- oder Auswanderung.

Wir wollen nun für eine solche unter Beobachtung stehende Personengesamtheit die Sterbewahrscheinlichkeit der einzelnen Alter angeben.

Die Sterbewahrscheinlichkeit einer Gesamtheit L ist recht einfach geschätzt. Zu einem Zeitpunkt t_o zählen wir die Anzahl der Personen in L. Nach einem genügend langen Zeitraum (etwa ein Jahr) zählen wir erneut die Anzahl der Personen in L zum Zeitpunkt t_1. Da es sich um eine geschlossene Gesamtheit ohne Wanderungen handelt, sind im Intervall $[t_o, t_1]$ offenbar $D = L(t_o) - L(t_1)$ viele Personen gestorben. Zur Kontrolle überprüfen wir noch die Totenregister. Wenn unsere Meßergebnisse keine offensichtlichen Widersprüche enthalten, dann werden wir, falls $L(t_o)$ hinreichend groß ist, den Wert

$$(1) \quad \hat{q} := \frac{D}{L(t_o)}$$

als Wahrscheinlichkeit akzeptieren, daß eine Person der Gesamtheit $L(t_o)$ im Intervall $[t_o, t_1]$ stirbt. Dabei gehen wir dann offenbar von der Annahme aus, daß sämtliche Personen aus $L(t_o)$ die gleiche Todesfallwahrscheinlichkeit besitzen.

Diese Annahme ist sicherlich falsch. Aus der Erfahrung wissen wir,
daß ein gesunder 90-Jähriger mit einer weit geringerer Wahrscheinlichkeit das nächste Jahr überlebt als ein gesunder 10-jähriger
Junge (dennoch kann der Junge am nächsten Tag an den Folgen eines
Autounfalls sterben, und der alte Mann den nächsten Geburtstag erleben). Es gibt aber noch weit mehr Merkmale, nach denen wir eine
Gesamtheit unterteilen können in Teilgesamtheiten, so daß wir Personen in unterschiedlichen Gesamtheiten auch unterschiedlich hohe
Sterbewahrscheinlichkeiten zuordnen. (Hierbei handelt es sich zunächst um eine Hypothese, daß in unterschiedlichen Teilgesamtheiten auch unterschiedliche Sterbewahrscheinlichkeiten anzusetzen
sind. Derartige Hypothesen sind dann durch geeignete Stichproben
zu verifizieren oder zu verwerfen.)

Neben einer Unterteilung des Bestandes in verschiedene Altersklassen bietet sich noch eine Unterscheidung nach dem Geschlecht an.
Auch diese Unterscheidung ist, wie wir sehen werden, vernünftig,
denn Frauen haben in den meisten Altersklassen geringere Sterbewahrscheinlichkeiten als gleichaltrige Männer. Früher war es, bedingt durch die vielen Todesfälle im Kindbett, in vielen Altersklassen genau umgekehrt. Aber auch nach anderen Merkmalen kann
man unterscheiden. So kann die Sterbewahrscheinlichkeit vom Wohnort abhängen (Häufung von Leukämie neben Kernkraftwerken; Katastrophen in Seweso oder Bhopal, Luftverschmutzung und Bodenverunreini-
gung in Industriegebieten), von den Wohnverhältnissen (feuchte,
dunkle und unbelüftete Wohnungen erhöhen das TBC-Risiko), vom Ar-
beitsplatz (Umgang mit Asbest erhöht das Asbestose-Risiko), aber
auch vom Zivilstand (ledig, verheiratet, geschieden, verwitwet),
von den Lebensgewohnheiten (Essen, Rauchen, Trinken) und vielem
mehr.

Die Liste läßt sich beliebig lang fortsetzen. Zu bedenken ist allerdings, daß die Anzahl der Teilgesamtheiten mit der Hinzunahme neuer
Merkmale, nach denen unterschieden wird, exponentiell wächst. Da
die Gesamtheit L aber konstant bleibt, werden die einzelnen Teilgesamtheiten rasch sehr klein, teilweise so klein, daß das Gesetz
der großen Zahlen auf die einzelnen Teilgesamtheiten nicht mehr
anwendbar ist.

Daher wird man sich auf einige Merkmale beschränken müssen. In diesem Abschnitt beschränken wir uns auf die Merkmale Alter und Geschlecht. Auf weitere Merkmalunterscheidungen kommen wir später zurück.

Im folgenden soll die zu betrachtende Personengesamtheit aus einer bestimmten Anzahl gleichaltriger Männer oder gleichaltriger Frauen bestehen. Das Alter der Männer wird stets mit dem Buchstaben x, dasjenige der Frauen mit y bezeichnet.

Wir gehen dabei von folgender Situation aus: Zu einem Zeitpunkt t betrachten wir die beobachtete Personengesamtheit und bezeichnen mit L_x die Menge der im Zeitpunkt t lebenden x-jährigen Männer (im weiteren sei $x \in \mathbb{N}$). Analog verfahren wir natürlich, wenn wir die weibliche Bevölkerung betrachten oder wenn wir die Gesamtbevölkerung beobachten.

Mit T_x bezeichnen wir die Menge der im Intervall $[t,\bar{t}]$ verstorbenen Männer, die im Zeitpunkt t x Jahre alt waren. X-jährig ist eine Person dann, wenn sie den x-ten Geburtstag erlebt und das $(x+1)$. Lebensjahr noch nicht vollendet hat. Wenn A eine Menge ist, so bezeichnen wir mit #A die Anzahl der Elemente von A. Wir bilden nun den Quotienten

$$(1) \quad \hat{q}_x := \frac{\#T_x}{\#L_x}, \quad \text{falls} \quad \#L_x \neq 0$$

und bezeichnen $\hat{q}_x$ als *rohe Sterbewahrscheinlichkeit*.

Bemerkungen:
1.) Wir betrachten nicht alle Personengruppen von x-Jährigen mit $\#L_x \neq 0$. In der Bevölkerungsstatistik bricht man bei einem Endalter ω ab (früher $\omega = 85$, heute meist $\omega = 100$, oder $\omega = 110$), da Altersgruppen über ω schwach besetzt sind und zum einen diese Gruppe nur von geringer Bedeutung sind, zum anderen aber die beobachteten Ergebnisse sehr starke Schwankungen aufweisen und demzufolge nur eine geringe Aussagekraft besitzen. In der Verschiebung von ω spiegelt sich die höhere Lebenserwartung der Menschen gegen früheren Zeiten wieder.

2.) Der Quotient $\hat{q}_x$ kann auf zwei Arten interpretiert werden: Zum einen wird der Quotient $\hat{q}_x$ als ein Naturgesetz angesehen. Das entspricht der deterministischen Betrachtung. In früherer Zeit, d.h. bis in die 30er Jahre unseres Jahrhunderts, war der überwiegende Teil der Bevölkerungsstatistiker und Vmathematiker davon überzeugt, daß es eine feste Absterbeordnung für die Menschheit gebe, welche man nur herausfinden müsse. Daß die tatsächlichen Sterblichkeiten in den einzelnen Jahren unterschiedlich waren, erklärten sie sich durch störende Einflüsse wie Epidemien, Kriege, Revolutionen bzw. deren Spätfolgen.

Andererseits wird bei einem stochastischen Bevölkerungsmodell der Wert $\#T_x$ als Stichprobe der Zufallsvariablen T_x der im Intervall $[t,\bar{t}]$ Verstorbenen, die im Zeitpunkt t x Jahre alt waren, angesehen. Dann aber ist $\hat{q}_x$ Schätzwert für die Wahrscheinlichkeit q_x eines x-Jährigen, im Intervall $[t,\bar{t}]$ zu sterben.

Der aufmerksame Leser hat natürlich eine Unkorrektheit bemerkt: Eine Person, die im Zeitpunkt t x Jahre alt ist und im Intervall $[t,\bar{t}]$ stirbt, kann, falls $t < \bar{t}$, im Zeitpunkt des Todes das (x+1). Lebensjahr vollendet haben. Wir dürfen demnach diesen Todesfall, wollen wir die Wahrscheinlichkeit für eine Person x-jährig zu sterben schätzen, nicht berücksichtigen.

2.2 In den folgenden Absätzen behandeln wir einige Methoden zur Ermittlung geeigneter Stichproben, die Schätzwerte für die einjährige Sterbewahrscheinlichkeit eines x-Jährigen liefern.

Zunächst werden wir zeigen, wie die zu beobachtenden Personengesamtheiten in einem rechtwinkligen Koordinatensystem dargestellt werden können.

Wir beginnen unsere Beobachtungen in einem Jahr, das wir mit O zählen. Auf den Achsen eines rechtwinkligen Koordinatensystems tragen wir die folgenden Jahre ab. Tritt nun im Zeitpunkt t ein Mensch in die beobachtete Personengesamtheit ein, so tragen wir im Punkt (t,t) eine zur Abszisse parallele Strecke ab, die im Punkte $(\bar{t}+t,t)$ endet, wenn die betreffende Person nach $\bar{t}$ Zeiteinheiten stirbt.

$(t, \bar{t} \in \mathbb{R})$. Die Strecke (t,t), $(t+\bar{t},t)$ heißt *Lebenslinie* der Person.

Möchte man nun zu einem Zeitpunkt t die Anzahl der lebenden Personen ermitteln, so zählt man die Schnittpunkte der Parallelen zur Ordinate im Punkte $(t,0)$ mit sämtlichen Lebenslinien. Interessiert man sich nur für die im n-ten Beobachtungsjahr geborenen Lebenden zum Zeitpunkt t, so zählt man nur die Schnittpunkte, die auf der Winkelhalbierenden zwischen den Punkten $(n-1,n-1)$ und (n,n) beginnen.

Ebenso leicht ermittelt man die Anzahl der Verstorbenen. So erhält man die Anzahl der Toten, die im n-ten Beobachtungsjahr geboren sind und im m-ten Beobachtungsjahr gestorben sind als Anzahl der Endpunkte aller Lebenslinien im Rechteck $(m-1,n-1)$, $(m,n-1)$, $(m-1,n)$, $m,n)$, falls $n < m$. Falls $n = m$, so benötigen wir die Anzahl der Endpunkte im Dreieck $(n-1,n-1)$, $(n,n-1)$, (n,n). Interessieren wir uns hingegen für die im Jahr n Geborenen, die als m-Jährige verstorben sind, so zählen wir die Anzahl der Endpunkte im Parallelogramm $(n+m-1,n-1)$, $(n+m,n-1)$, $(n+m,n)$, $(n+m+1,n)$.

Für zwei Punkte A_1, A_2 der x,y-Ebene sei $M(A_1,A_2)$ die Menge der Lebenslinien, die die Strecke $\overline{A_1,A_2}$ schneiden. Für mindestens 3 Punkte $A_1,A_2,\ldots,A_n$ sei $M(A_1,A_2,\ldots,A_n)$ die Menge der Lebenslinien, die in der von dem Polygon $A_1,A_2,\ldots,A_n,A_1$ aufgespannten (beschränkten) Fläche enden.

2.2.1 Die Geburtsjahrmethode nach Becker-Zeuner

Wir nehmen an, daß wir eine Personengesamtheit über k Jahre beobachten, und zwar vom 1. Januar eines Jahres n bis zum 31. Dezember eines Jahres n+k-1.

Bei der Geburtsjahrmethode wählen wir als Stichprobenwert T_x die Anzahl derjenigen Personen, die x-jährig im Beobachtungszeitraum gestorben sind, und deren x-ter Geburtstag in den Beobachtungszeitraum fiel, und deren (x+1)-ter Geburtstag, hätten sie ihn erlebt, ebenfalls noch im Beobachtungszeitraum läge.

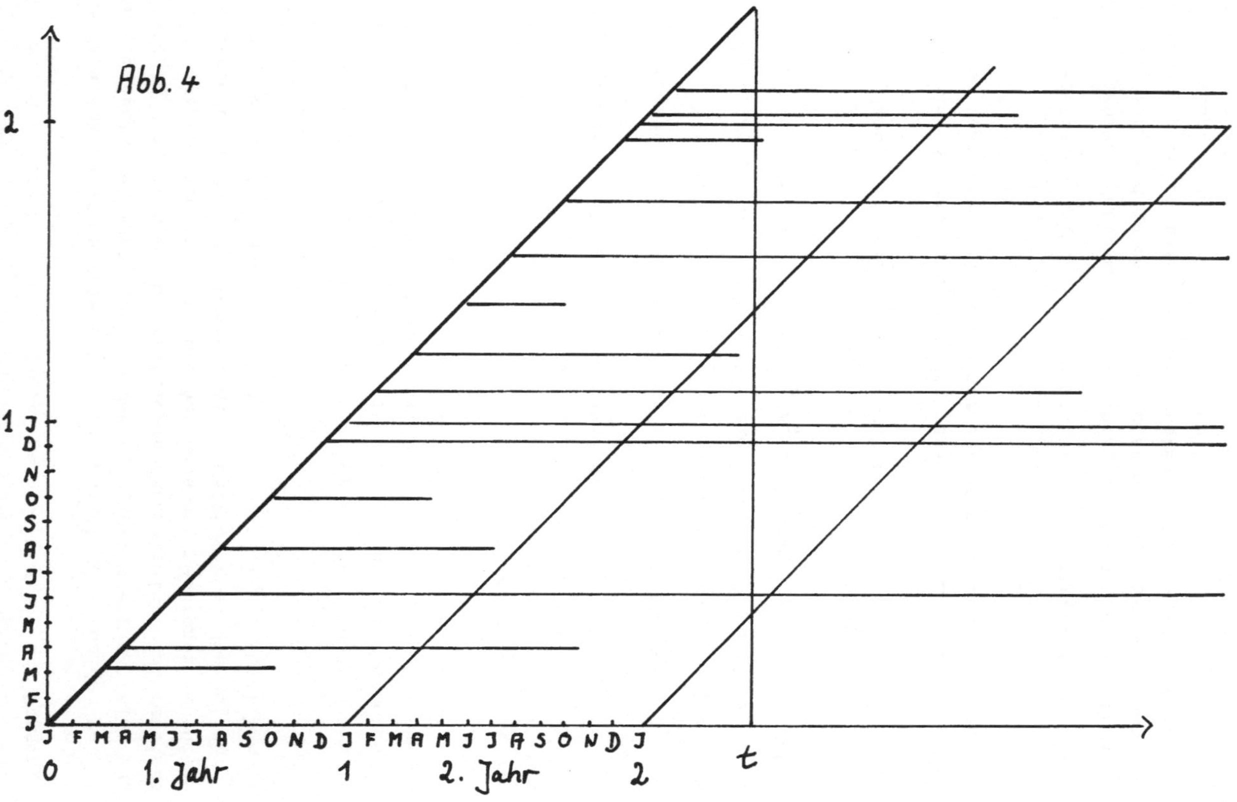

Abb. 4

Als Schätzwert für die Wahrscheinlichkeit eines x-Jährigen zu seinem Geburtstag im nächsten Jahr zu sterben, ist dann

$$(2) \quad \hat{q}_x := \frac{\#M((n,n-x),(n+1,n-x),(n+k,n+k-x-1),(n+k-1,n+k-x-1))}{\#M((n,n-x),(n+k-1,n+k-x-1))}$$

zu wählen.

Es ist von Vorteil bei dieser Methode, daß sowohl die im Zähler als auch die im Nenner stehende Menge direkt beobachtet werden kann. Allerdings werden bei der Geburtsjahrmethode einige beobachtete Todesfälle nicht berücksichtigt, man verzichtet auf Informationen.

2.2.2 Die Sterbejahrmethode.

Bei dieser Methode werden sämtliche im Beobachtungszeitraum eingetretenen Todesfälle als Stichprobe gewählt. Dies setzt allerdings eine Modifikation der Menge der Lebenden, zu der die Anzahl der Verstorbenen ins Verhältnis gesetzt wird, voraus.

Als Schätzwert wählen wir hier

$$(3) \quad \hat{q}_x := \frac{\#M((n,n-x-1),(n+k,n+k-x-1),(n+k,n+k-x),(n,n-x))}{\#M((n,n-x),(n+k-1,n+k-x-1)) + 1/2(\#M((n-1,n-x-1),}$$
$$\overline{(n,n-x)) + \#M((n+k-1,n+k-x-1),(n+k,n+k-x)))} \quad .$$

Hierbei wird angenommen, daß jeweils die Hälfte der in den Kalenderjahren n-x-1 und n+k-x-1 geborenen Personen, die x-jährig verstarben, im Beobachtungsintervall aus der Personengesamtheit ausschieden.

Die nach (2) bzw. (3) ermittelten Schätzwerte können sehr wohl voneinander abweichen. Diese Abweichungen werden aber kleiner mit wachsenden beobachteten Personengesamtheiten,und wenn die im letzten Absatz beschriebene Annahme auch zutrifft.

2.2.3 Weitere Ausführungen zur Geburten- und Sterbejahrmethode
findet der Leser in [53], [64] und [101].

Unsere Ausführungen bezogen sich bisher auf geschlossene Personengesamtheiten. Da wir in der Regel aber offene Personengesamtheiten betrachten, müssen wir die Wanderung berücksichtigen. Nähere
Untersuchungen hierzu werden in der Demographie vorgenommen. Wir
wollen die Wanderungen in unserem Modell zunächst nur wie folgt
berücksichtigen: Sämtliche Ein- und Auswanderungen finden jeweils
in der Mitte eines Kalenderjahres statt. Somit ist jeder Zu- und
jeder Abwanderer ein halbes Jahr unter Beobachtung.

Aufgaben: 1.) Wie ändern sich die Schätzwerte (2) und (3), wenn
die Nenner jeweils um die Wanderbewegung korrigiert werden?

2.) Hat die Wanderbewegung Auswirkung auf die nach (2) bzw. (3)
ermittelten Schätzwerte $\hat{q}_x$, wenn

a) angenommen wird, daß Auswanderer eine geringere Sterbewahrscheinlichkeit aufweisen als die Durchschnittsbevölkerung und
   Einwanderer eine höhere Sterbewahrscheinlichkeit.

b) angenommen wird, daß sich die Sterbewahrscheinlichkeit der Wanderer nicht von der Sterbewahrscheinlichkeit der im Lande verbliebenen unterscheidet?

Die in 2.2.1 und 2.2.2 beschriebenen Methoden zur Feststellung geeigneter Schätzwerte ist sehr aufwendig. Anzuwenden sind diese Verfahren nur, wenn man über hinreichend viele Informationen verfügt
(Geburtsdaten der einzelnen Personen, genaues Sterbedatum, falls
der Tod im Beobachtungsintervall eintrat) und über eine genügend
große Organisation, die diese Daten sammeln, aufbereiten und auswerten kann. Damit dieser Aufwand lohnend ist, wird man nach diesen Verfahren in der Regel auch nur bei großen Stichprobenumfängen
vorgehen. Daher werden diese Methoden häufig bei der Erstellung
von Sterbetafeln angewendet, die aus einer Volkszählung und einer
anschließenden Bevölkerungsbeobachtung hervorgehen.

Gelegentlich begnügt man sich aber auch mit Stichproben, die einfacher zu ermitteln sind. So ist es häufig für LVU schwierig, die für die Sterbe- oder Geburtsjahrmethode benötigten Daten über längere Zeit zu beobachten, um eine Versichertensterbetafel zu erstellen. In den Datensätzen der Unternehmen sind lediglich die Alter bei Abschluß eines Lebensversicherungsvertrages gespeichert. Es wird dann angenommen, daß jeder Versicherte am Jahrestag seines Versicherungsvertrages "Geburtstag" hat. Man kann aber auch annehmen, daß alle VN am 1. Januar oder aber am 1. Juli um ein Jahr älter werden.

Auch das Alter bei Abschluß eines Lebensversicherungsvertrages wird unterschiedlich ermittelt. Gelegentlich wird das tatsächliche Alter auf die nächstliegende ganze Zahl gerundet, manchmal wird stets auf- oder abgerundet, einige LVU definieren als Alter bei Abschluß eines Vertrages die Differenz aus dem Vertragsabschlußjahr und dem Geburtsjahr. Zu diesen Methoden findet der Leser einiges in [53] und [57].

2.3 AUSGLEICH DER ROHEN STERBEWAHRSCHEINLICHKEITEN UND STERBE-TAFELN

Nehmen wir nun an, daß in einem Zeitintervall eine Personengesamtheit auf ihr Sterblichkeitsverhalten untersucht wurde. In der Tabelle 3 ist solch eine Sammlung von Einzeldaten dargestellt. Dieser Tabelle können wir entnehmen, wie groß die einzelnen Altersklassen waren, die im Jahr 1970 beobachtet wurden. Selbst die kleinste Personengesamtheit, die Menge der 84-Jährigen, ist mit 31.009 Personen noch so stark besetzt, daß wir die Stichprobe akzeptieren können. Auf diese Aussage, die wir zunächst "rein gefühlsmäßig" akzeptieren können, werden wir später zurückkommen.

Man interessiert sich nun bei der Anwendung einer Sterbetafel nicht dafür, wie die einzelnen Sterbewahrscheinlichkeiten ermittelt wurden und wie groß die untersuchte Personengesamtheit war, wenn bekannt ist, daß das Material aus einem hinreichend großen Bestand gewonnen wurde und Fehlerquellen nach Möglichkeit ausgeschlossen wurden.

STERBETAFEL DER KALIFORNISCHEN BEVÖLKERUNG 1970

Alter	Anzahl der Lebenden	Anzahl der Verstorbenen	Sterbewahrschein-lichkeit
x	P_x	D_x	$\hat{q}_x$
(1)	(2)	(3)	(4)
0	340483	6234	.01801
1	326154	368	.00113
2	313699	269	.00086
3	323441	237	.00073
4	338904	175	.00052
5	362161	179	.00049
6	379642	171	.00045
7	386980	131	.00034
8	391610	121	.00031
9	397724	121	.00030
10	406118	126	.00031
11	388927	127	.00033
12	395025	138	.00035
13	388526	158	.00041
14	385085	186	.00048
15	377127	235	.00062
16	368156	344	.00093
17	366198	385	.00105
18	354932	506	.00142
19	350966	584	.00166
20	359833	583	.00162
21	349557	562	.00161
22	365839	572	.00156
23	370548	564	.00152
24	295189	421	.00143
25	304013	416	.00137
26	305558	391	.00128
27	310554	461	.00148
28	275897	411	.00149
29	261592	392	.00150
30	264083	399	.00151
31	247777	378	.00152
32	241726	388	.00160
33	232025	365	.00157
34	233778	434	.00185
35	234338	439	.00187
36	224302	475	.00212
37	228652	519	.00227
38	226727	549	.00242
39	235980	606	.00256
40	249027	665	.00267
41	232893	719	.00308
42	239747	863	.00359
43	238783	874	.00365
44	248100	993	.00399

x	P_x	D_x	$\hat{q}_x$
(1)	(2)	(3)	(4)
45	253828	1140	.00448
46	249857	1268	.00506
47	247955	1362	.00548
48	252137	1422	.00562
49	242126	1530	.00630
50	243799	1594	.00652
51	220599	1710	.00772
52	213448	1793	.00837
53	203618	1870	.00914
54	202388	1981	.00974
55	201750	2217	.01093
56	193828	2333	.01196
57	187257	2483	.01317
58	178602	2392	.01330
59	171807	2517	.01454
60	174613	2733	.01553
61	157734	2743	.01724
62	154174	2911	.01870
63	144149	2968	.02038
64	140100	2954	.02086
65	135857	3391	.02465
66	129386	3278	.02502
67	123925	3352	.02669
68	112574	3331	.02916
69	119063	3736	.03089
70	114066	3846	.03316
71	100781	3704	.03609
72	92031	3706	.03906
73	89992	3830	.04167
74	86561	4063	.04586
75	81003	4275	.05142
76	73552	4383	.05787
77	70516	4259	.05863
78	60616	4181	.06668
79	56410	4227	.07223
80	57646	4424	.07391
81	48299	4288	.08501
82	39560	3995	.09613
83	34439	3753	.10334
84	31009	3669	.11171
85 +	142691	22483	1.00000

Tabelle 3: Konstruktion einer Sterbetafel für Kalifornien
1970 aus:[11] Schin-Long Chiang, Life table and
its applications,
mit freundlicher Genehmigung der WHO.

NORMIERTE STERBETAFEL DER KALIFORNISCHEN BEVÖLKERUNG 1970

Alter	Sterbewahr-scheinlichkeit	Anzahl der Lebenden	Anzahl der Verstorbenen
x	$\hat{q}_x$	l_x	d_x
(1)	(2)	(3)	(4)
0	.01801	100000	1801
1	.00113	98199	111
2	.00086	98088	84
3	.00073	98004	72
4	.00052	97932	51
5	.00049	97881	48
6	.00045	97833	44
7	.00034	97789	33
8	.00031	97756	30
9	.00030	97726	29
10	.00031	97697	30
11	.00033	97667	32
12	.00035	97635	34
13	.00041	97601	40
14	.00048	96561	47
15	.00062	97514	60
16	.00093	97454	91
17	.00105	97363	102
18	.00142	97261	138
19	.00156	97123	161
20	.00162	96962	157
21	.00161	96805	156
22	.00156	96649	151
23	.00152	96498	147
24	.00143	96351	138
25	.00137	96213	132
26	.00128	96081	123
27	.00148	95958	142
28	.00149	95816	143
29	.00150	95673	144
30	.00151	95529	144
31	.00152	95385	145
32	.00160	95240	152
33	.00157	95088	149
34	.00185	94939	176
35	.00187	94763	177
36	.00212	94586	201
37	.00227	94385	214
38	.00242	94171	228
39	.00256	93943	240
40	.00267	93703	250
41	.00308	93453	288
42	.00359	93165	334
43	.00365	92831	339
44	.00399	92492	369

x	$\hat{q}_x$	l_x	d_x
(1)	(2)	(3)	(4)
45	.00448	92123	413
46	.00506	91710	464
47	.00548	91246	500
48	.00562	90746	510
49	.00630	90236	568
50	.00652	89668	585
51	.00772	89083	688
52	.00837	88395	740
53	.00914	87655	801
54	.00974	86854	846
55	.01093	86008	940
56	.01196	85068	1017
57	.01317	84051	1107
58	.01330	82944	1103
59	.01454	81841	1190
60	.01553	80651	1253
61	.01724	79398	1369
62	.01870	78029	1459
63	.02038	76570	1560
64	.02086	75010	1565
65	.02465	73445	1810
66	.02502	71635	1792
67	.02669	69843	1864
68	.02916	67979	1982
69	.03089	65997	2039
70	.03316	63958	2121
71	.03609	61837	2232
72	.03906	59605	2328
73	.04167	57277	2387
74	.04586	54890	2517
75	.05142	52373	2693
76	.05787	49680	2875
77	.05863	46805	2744
78	.06668	44061	2938
79	.07223	41123	2970
80	.07391	38153	2820
81	.08501	35333	3004
82	.09613	32329	3108
83	.10334	29221	3020
84	.11171	26201	2927
85 +	1.00000	23274	23274

Tabelle 4: Sterbetafel für Kalifornien 1970 aus:
[11] Schin-Long Chiang, Life table and
its applications,
mit freundlicher Genehmigung der WHO

Eine Information allerdings, die man aus dem gewonnenen Material erhalten möchte, ist die Antwort auf die Frage, wie sich ein Bestand von 100.000 oder 1.000.000 Neugeborener im Laufe der Jahre entwickelt, wenn jährlich die erwartete Anzahl von Personen stirbt.

Aus den rohen Sterbewahrscheinlichkeiten $\hat{q}_x$ läßt sich somit die neue Tabelle 4 erstellen, die in der dritten Spalte die Anzahl der jeweils Überlebenden und in der vierten Spalte die Anzahl der Toten angibt.

Bezeichnen wir mit $\hat{l}_x$ die Anzahl der x-jährig Lebenden, so erhalten wir

$$(4) \quad \hat{l}_0 := 100.000$$

$$(5) \quad \hat{l}_{x+1} := \hat{l}_x \cdot (1-\hat{q}_x); \quad 0 \leq x < \omega$$

Die Anzahl der x-jährig Verstorbenen bezeichnen wir mit $\hat{d}_x$

$$(6) \quad \hat{d}_x := \hat{l}_x \cdot \hat{q}_x = \hat{l}_x - \hat{l}_{x+1}, \quad 0 \leq x < \omega, \quad \hat{l}_{\omega+1} := 0.$$

In der Abb. 5 sind die rohen Sterbewahrscheinlichkeiten für die Alter $1 \leq x \leq 32$ eingetragen. Da auch in diesem Bereich die maximale Sterbewahrscheinlichkeit $\hat{q}_{20} = 0,00162$ mehr als fünfmal so groß ist wie die minimale Sterbewahrscheinlichkeit $\hat{q}_9 = 0,0003$, wählen wir für die Ordinate, wie bei der Darstellung von Sterbewahrscheinlichkeiten üblich, eine logarithmische Skalierung.

Untersuchen wir nun den Verlauf der Meßwerte, so fällt auf, daß wir durch die Werte $\hat{q}_x$, $1 \leq x \leq 32$ eine "glatte" Kurve legen können, wobei einzig die Werte $\hat{q}_4$, $\hat{q}_6$, $\hat{q}_{17}$ und $\hat{q}_{26}$ "Buckel" in der Kurve verursachen.

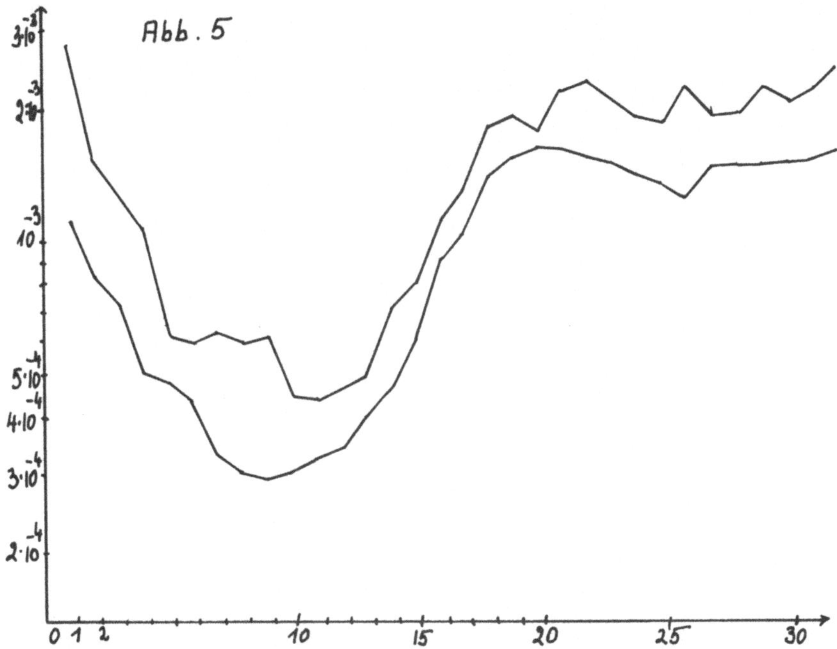

Vergleichen wir nun diese Werte mit den entsprechenden rohen Sterbewahrscheinlichkeiten der österreichischen Bevölkerung von 1959/61
aus der Tabelle 5. Es fällt auf, daß dieser Polygonzug sehr viel
mehr Ecken und Unregelmäßigkeiten aufweist. So ist etwa der Verlauf
der Werte von $\hat{q}_5$ bis $\hat{q}_9$ nicht plausibel, auch die Werte $\hat{q}_{20}$, $\hat{q}_{26}$
und $\hat{q}_{29}$ sind, vergleicht man sie mit den Nachbarwerten, untypisch.
Wir können vermuten, daß diese Schätzwerte stärker von den tatsäch-

Rohe Sterbewahrscheinlichkeiten 1959/61 in Österreich

Alter	Männlich	Weiblich	Alter	Männlich	Weiblich
0	0,042066	0,032753	50	0,008130	0,004332
1	0,002799	0,002397	51	0,009974	0,005012
2	0,001560	0,001337	52	0,010271	0,005648
3	0,001340	0,000729	53	0,011088	0,006083
4	0,001110	0,000650	54	0,012349	0,006265
5	0,000628	0,000571	55	0,014106	0,007139
6	0,000618	0,000496	56	0,015130	0,007591
7	0,000636	0,000461	57	0,017581	0,008254
8	0,000615	0,000444	58	0,019733	0,009360
9	0,000629	0,000354	59	0,021043	0,009705
10	0,000469	0,000312	60	0,023204	0,011156
11	0,000456	0,000258	61	0,025202	0,012364
12	0,000477	0,000302	62	0,028545	0,013699
13	0,000511	0,000320	63	0,029374	0,014095
14	0,000723	0,000348	64	0,033225	0,016332
15	0,000821	0,000552	65	0,035985	0,018731
16	0,001120	0,000636	66	0,038349	0,020087
17	0,001323	0,000428	67	0,041243	0,022422
18	0,001812	0,000590	68	0,045657	0,025787
19	0,001939	0,000631	69	0,046912	0,028674
20	0,001833	0,000647	70	0,052757	0,031542
21	0,002233	0,000523	71	0,059012	0,036199
22	0,002307	0,000741	72	0,064931	0,042093
23	0,002104	0,000834	73	0,067501	0,046723
24	0,001954	0,000625	74	0,074548	0,050200
25	0,001871	0,000761	75	0,079545	0,057218
26	0,002244	0,000678	76	0,088468	0,064108
27	0,001979	0,000905	77	0,097985	0,073598
28	0,001964	0,000851	78	0,104337	0,079645
29	0,002239	0,000921	79	0,114677	0,090984
30	0,002007	0,000902	80	0,122884	0,100327
31	0,002214	0,001049	81	0,134775	0,109380
32	0,002443	0,001173	82	0,142720	0,120525
33	0,002287	0,001253	83	0,167155	0,132657
34	0,002090	0,001393	84	0,176708	0,147246
35	0,002407	0,001373	85	0,188076	0,161659
36	0,002554	0,001529	86	0,199200	0,170799
37	0,002792	0,001469	87	0,216216	0,188570
38	0,002832	0,001630	88	0,244214	0,207624
39	0,002966	0,001996	89	0,242280	0,218378
40	0,003578	0,001990	90	0,266553	0,242959
41	0,003068	0,002310	91	0,316883	0,272375
42	0,003807	0,002377	92	0,299621	0,279055
43	0,003996	0,002544	93	0,304745	0,282450
44	0,004416	0,002809	94	0,340116	0,310719
45	0,005493	0,003121	95	0,260360	0,288747
46	0,005140	0,003232	96	0,362963	0,305296
47	0,005473	0,003292	97	0,457627	0,309091
48	0,006155	0,003851			
49	0,006904	0,004345			

Tabelle 5: aus [101] Karl-H. Wolff, Versicherungsmathematik
mit freundlicher Genehmigung des Springer-Verlages,
Wien

lichen Sterbewahrscheinlichkeiten abweichen.

Es ist nun zu klären, was die tatsächlichen Sterbewahrscheinlichkeiten sind. Nach unserer Erfahrung haben die Sterbewahrscheinlichkeiten in diesem Jahrhundert im christlichen Abendland ähnliche
Verläufe, die auch in Abbildung 5 erkennbar sind. Darüber mehr im
Abschnitt über Demographie.

Zunächst einmal fällt die relativ hohe Sterblichkeit der Säuglinge
verglichen mit den Kindersterblichkeiten auf. Zwar bemüht man sich,
die Säuglingsterblichkeit in den modernen Industriestaaten durch
verbesserte hygienische Bedingungen bei der Geburt, durch bessere
medizinische Behandlung der Schwangeren und bessere Versorgung der
Neugeborenen (Entwicklung der perinatalen Medizin) zu senken, dennoch bleibt in allen Staaten die Säuglingsterblichkeit erheblich
über der Kindersterblichkeit.

Die Kindersterblichkeit fällt dann bis zum Einsetzen der Pubertät
und hat dort ihr absolutes Minimum. Im zweiten Lebensjahrzehnt
steigen die Sterbewahrscheinlichkeiten stark an bis zu Beginn des
dritten Lebensjahrzehnts, haben dort ein relatives Maximum, fallen
dann leicht bis Mitte/Ende des dritten Lebensjahrzehnts und steigen dann monoton an. Über die Gründe des Sterblichkeitsverlaufs
geben Feinuntersuchungen in der Demographie Auskunft. An dieser
Stelle sei nur bemerkt, daß der "Buckel" zu Beginn des dritten Lebensjahrzehnts auf eine Häufung von Unfalltoten (Motorisierung)
und eine Häufung des Suizids in diesem Altersbereich zurückzuführen
ist.

Im folgenden werden wir nun einige Verfahren angeben, um aus rohen
Sterbewahrscheinlichkeiten $\hat{q}_x$, $0 \leq x \leq \omega$, die "tatsächlichen" Sterbewahrscheinlichkeiten q_x, $0 \leq x \leq \omega$, zu gewinnen. Was "tatsächliche" Sterbewahrscheinlichkeiten sind, hängt natürlich von dem
von uns gewählten *Ausgleichsverfahren* ab und von einigen von uns zu
treffenden Voraussetzungen.

Diese Sterbewahrscheinlichkeiten sind relative Wahrscheinlichkeiten und dürfen nicht mit den absoluten Wahrscheinlichkeiten eines Neugeborenen verwechselt werden, als x-Jähriger zu sterben.

Mit den ausgeglichenen Sterbewahrscheinlichkeiten q_x erhalten wir entsprechend (4) - (6) die Entwicklung eines Bestandes Neugeborener

$$(7) \quad l_o := 100.000$$

$$(8) \quad l_{x+1} := l_x(1-q_x), \quad 0 \le x < \omega$$

$$(9) \quad d_x := l_x \cdot q_x = l_x - l_{x+1}, \quad 0 \le x \le \omega, \quad l_{\omega+1} = 0.$$

Den Vektor $(l_o, l_1, \ldots, l_\omega)^T$ nennt man eine *Sterbetafel*, den Wert l_o den *Radix* der Sterbetafel.

So wie wir aus dem Vektor $(q_o, q_1, \ldots q_\omega)^T$ die Sterbetafel $(l_o, l_1, \ldots, l_\omega)^T$ und die erwartete Anzahl der jährlichen Todesfälle $(d_o, d_1, \ldots d_\omega)^T$ errechnet haben, können wir auch aus einer Sterbetafel $(l_o, l_1, \ldots, l_\omega)^T$ die Sterbewahrscheinlichkeiten q_x und die jährlichen Todesfälle gewinnen. So gilt

$$(10) \quad q_x = \frac{l_x - l_{x+1}}{l_x} = \frac{d_x}{l_x}.$$

Einige Ausgleichsverfahren beziehen sich daher nicht auf die rohen Sterbewahrscheinlichkeiten $\hat{q}_x$, sondern auf die Werte $(\hat{l}_o, \hat{l}_1, \ldots \hat{l}_\omega)$, um dann die Sterbewahrscheinlichkeiten q_x nach (10) zu erhalten.

Das Komplementärereignis zu "eine x-jährige Person stirbt im nächsten Jahr" ist "eine x-jährige Person überlebt das nächste Jahr". Die Wahrscheinlichkeit für dieses Ereignis bezeichnen wir mit

$$(11) \quad p_x := 1 - q_x = \frac{l_{x+1}}{l_x}.$$

2.3.1 Graphische Ausgleichung

Die graphische Ausgleichsmethode besteht darin, daß man zu den in
einem Diagramm eingezeichneten Werten eine möglichst "glatte" Kurve zeichnet, die von den Rohwerten nur "wenig" abweicht. Diese Methode wendet man häufig zum Ausgleichen von $\hat{q}_x$ für große x an

($x \geq 85$), da diese Werte für die VU meist nicht von großem Interesse
sind, und auch die Meßwerte relativ große Zufallsschwankungen aufweisen, da diese Altersklassen häufig nur in geringem Umfange besetzt sind.

2.3.2 Analytische Ausgleichung

Bei der analytischen Ausgleichung gibt man einen bestimmten Funk-
tionalausdruck $y = f(x; a_o, a_1, \ldots a_k)$ vor, wobei $a_o, a_1, \ldots a_k$ zu bestimmende Parameter sind. Die Parameter sind dann so zu wählen, daß
die Funktion f die Meßwerte "gut" ausgleicht.

Wir müssen nun festlegen, was wir unter einer "guten" Ausgleichung
verstehen. Meinen wir damit, daß die Meßwerte möglichst wenig von
den Funktionswerten der Funktion f abweichen, so ist jede Funktion
f, die an den Meßpunkten mit den Meßwerten übereinstimmt, eine
"beste" Ausgleichsfunktion, so etwa auch die Polygonzüge in Abbildung 5. Ziel der Ausgleichung ist es aber, die "Ecken" - Ausreißer in unserer Stichprobe - zu glätten. Ist eine Ausgleichsfunktion dann "gut", wenn sie glatt ist, d.h. wenn die erste Ableitung,
sofern diese existiert, nur wenig schwankt, so ist eine Gerade eine
beste Ausgleichsfunktion. Auch dieses Extrem scheint unsinnig.

Eine Ausgleichsfunktion ist dann als gut anzusehen, wenn beide Kriterien "hinreichend gut" erfüllt sind. Auf die Quantifizierung dieser Begriffe kommen wir später zurück.

Bei der analytischen Ausgleichung geht man implizit von der Annahme
aus, daß sich die Entwicklung der Sterbewahrscheinlichkeiten bzw.
die der Sterbetafel durch eine Funktion in x, dem Alter, beschreiben läßt. Dahinter verbirgt sich die Vorstellung von einem Sterbegesetz. Daher hatten analytische Ausgleichsverfahren in früherer
Zeit auch eine größere Bedeutung als heute.

2.3.2.1 Ausgleichung durch Polynome

Sollen die gemessenen Werte durch ein Polynom

$$(12) \quad f(x; a_o, \ldots, a_k) := a_k x^k + a_{k-1} x^{k-1} + \ldots + a_1 x + a_o$$

ausgeglichen werden, so müssen wir aus der Menge der Polynome vom Grade $\leq k$ eines auswählen, das uns optimal erscheint. Wir müssen nun erläutern, was eine gute Ausgleichung ist.

Zunächst wählen wir ein Polynom so aus, daß die Funktionswerte und die Meßwerte nur wenig voneinander abweichen. Ein Maß hierfür liefert

2.3.2.1.1 die Methode der kleinsten Quadrate.

Es seien dabei $x_1, x_2, \ldots, x_n$ die Meßstellen, $y_1, y_2, \ldots, y_n$ die Meßwerte. Dann sollen die Parameter $a_o, a_1, \ldots, a_k$ so gewählt werden, daß die Summe der Quadrate der Abweichungen der beobachteten Werte von den berechneten Werten über sämtliche Argumentwerte ein Minimum wird. Der Ausdruck

$$(13) \quad \sum_{i=1}^{n} (y_i - f(x_i; a_o, a_1, \ldots, a_k))^2$$

soll minimiert werden. Dies scheint eine sinnvolle Forderung an die Funktion f. Die Minimierung der Fehlerquadrate als Forderung an die Ausgleichsfunktion geht auf C.F. Gauss bzw. C.L. Gerling zurück (Gerling [24]).

Es gilt für Ausgleichsfunktionen f der folgende Satz aus der Analysis, wobei wir annehmen, daß die Ausgleichsfunktion f in den Parametern partiell differenzierbar ist.

SATZ 2: Damit (13) minimal wird, muß notwendigerweise gelten

$$\sum_{i=1}^{n} 2(y_i - f(x_i; a_o,a_1,\ldots,a_k)) \frac{\partial f(x_i; a_o,a_1,\ldots,a_k)}{\partial a_o} = 0$$

$$\sum_{i=1}^{n} 2(y_i - f(x_i; a_o,a_1,\ldots,a_k)) \frac{\partial f(x_i; a_o,a_1,\ldots,a_k)}{\partial a_1} = 0$$

$$\vdots$$

(14)

$$\vdots$$

$$\sum_{i=1}^{n} 2(y_i - f(x_i; a_o,a_1,\ldots,a_k)) \frac{\partial f(x_i,a_o,a_1,\ldots,a_k)}{\partial a_k} = 0$$

Zum Beweis siehe z.B. [46].

In unserem speziellen Fall, in dem f ein Polynom k-ten Grades ist, vereinfacht sich (14) zu

$$\sum_{i=1}^{n} (y_i - f(x_i; a_o,a_1,\ldots,a_k)) = 0$$

$$\sum_{i=1}^{n} (y_i - f(x_i; a_o,a_1,\ldots,a_k)) x_i = 0$$

(15)

$$\sum_{i=1}^{n} (y_i - f(x_i; a_o,a_1,\ldots,a_k) x_i^k = 0$$

Beispiel: Gegeben seien x_1,x_2,x_3 und y_1,y_2,y_3. Diese Werte sollen durch eine Gerade ausgeglichen werden. Nach (15) gilt

$$\sum_{i=1}^{3} y_i - 3a_o - a_1 \cdot \sum_{i=1}^{3} x_i = 0$$

(16)

$$\sum_{i=1}^{3} y_i x_i - a_o \cdot \sum_{i=1}^{3} x_i - a_1 \cdot \sum_{i=1}^{3} x_i^2 = 0 \; ,$$

und daraus folgt

$$a_o = \frac{\sum\limits_{i=1}^{3} y_i \cdot \sum\limits_{i=1}^{3} x_i^2 - \sum\limits_{i=1}^{3} x_i y_i \cdot \sum\limits_{i=1}^{3} x_i}{3 \cdot \sum\limits_{i=1}^{3} x_i^2 - \left(\sum\limits_{i=1}^{3} x_i\right)^2}$$

(17)

$$a_1 = \frac{3 \cdot \sum\limits_{i=1}^{3} x_i y_i - \sum\limits_{i=1}^{3} y_i \sum\limits_{i=1}^{3} x_i}{3 \sum\limits_{i=1}^{3} x_i^2 - \left(\sum\limits_{i=1}^{3} x_i\right)^2}$$

Aufgabe: 3.) Gleichen Sie 10 aufeinander folgende rohe Sterbewahrscheinlichkeiten aus der österreichischen Sterbetafel durch eine Parabel 2-ten Grades aus (entsprechend (17)). Ermitteln Sie die absoluten und relativen Abweichungen.

Die Ausgleichung durch Polynome hat den Nachteil, daß bei einer großen Anzahl von Meßwerten auch ein Polynom höherer Ordnung zum Ausgleich gewählt werden muß, damit sich die Funktion den gemessenen Werten gut anpassen kann. Dadurch aber kommt es zu einem sehr hohen Rechenaufwand. Zeigt sich dann, daß der gewählte Grad des Polynoms nicht ausreichend war, so daß die Meßwerte nicht gut approximiert wurden, so muß die gesamte Rechnung mit einem neuen Polynom höheren Grades durchgeführt werden.

Diesen Mangel kann man durch Verwendung der orthogonalen Polynome nach Gram beseitigen.
Es sei p_k ein noch zu bestimmendes Polynom k-ten Grades, das der

Bedingung (15) genügt, demnach die Werte $y_1, \ldots, y_n$ ausgleichen soll.

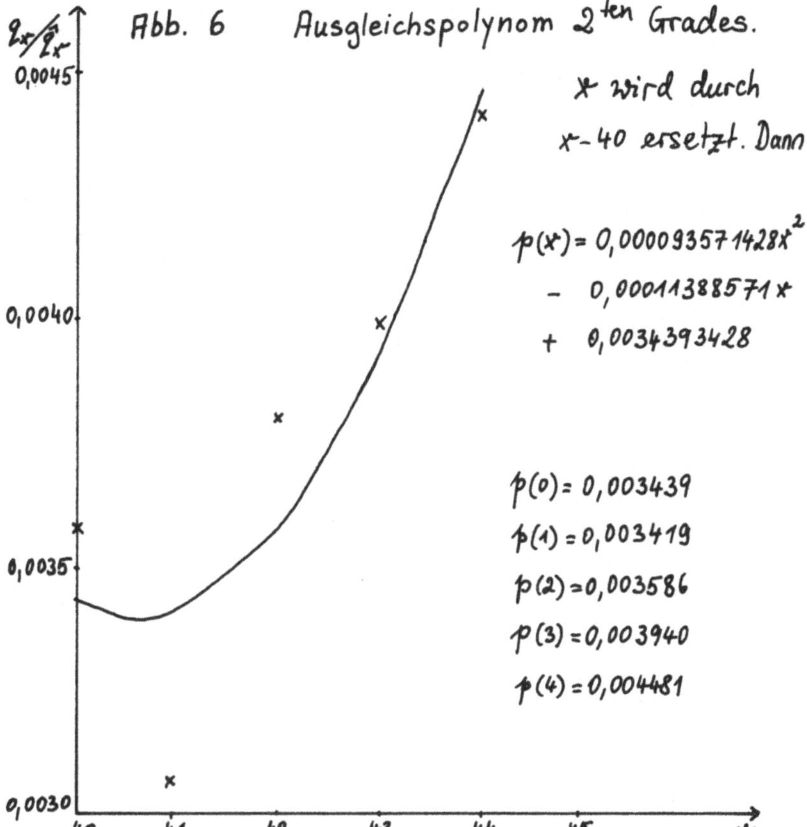

Wir konstruieren nun für $0 \le j \le k$ neue Polynome $\overline{p}_j$ vom Grade j mit:

$$(18) \quad \overline{p}_j(x) = a_o^{(j)} + a_1^{(j)} x + \ldots + a_j^{(j)} x^j \qquad \text{und}$$

$$(19) \quad \sum_{i=1}^{n} (y_i - p_k(x_i)) \, \overline{p}_j(x_i) = 0$$

(19) ist eine Orthogonalitätsbedingung, bezogen auf die Punktmenge $\{x_1, \ldots, x_n\}$.

Wir bestimmen nun die Koeffizienten $a_{j_2}^{(j_1)}$, $0 \le j_2 \le j_1 \le k$ durch eine weitere Orthogonalitätsbedingung.

$$(20) \quad \sum_{i=1}^{n} x_i^{j_2} \, \bar{p}_{j_1}(x_i) = 0 \qquad \text{für } 0 \le j_2 < j_1 \le k$$

Für jedes j_1 lassen sich so die Koeffizienten $a_o^{(j_1)}$, $a_1^{(j_1)}, \ldots,$ $a_{j_1}^{(j_1)}$ bis auf einen gemeinsamen Faktor bestimmen. Mit (20) erhalten wir dann

$$(21) \quad \sum_{i=1}^{n} \bar{p}_{j_1}(x_i) \cdot \bar{p}_{j_2}(x_i) = 0, \qquad \text{für } j_1 \neq j_2.$$

Das System der Polynome $\bar{p}_j$, $0 \le j \le k$ ist demnach auf der Menge $\{x_1, \ldots, x_n\}$ orthogonal und bildet folglich eine Basis, so daß wir nun p_k als Linearkombination der Polynome $\bar{p}_o$, $\bar{p}_1, \ldots, \bar{p}_k$ darstellen können.

$$(22) \quad p_k(x) = A_o \bar{p}_o(x) + A_1 \bar{p}_1(x) + \ldots + A_k \bar{p}_k(x).$$

Es sind für $0 \le i \le k$ die Koeffizienten A_i zu bestimmen.

Aus (19) folgt für alle $0 \le j \le k$

$$(23) \quad \sum_{i=1}^{n} y_i \, \bar{p}_j(x_i) = \sum_{i=1}^{n} p_k(x_i) \, \bar{p}_j(x_i) =$$

$$\sum_{i=1}^{n} A_o \bar{p}_o(x_i) \, \bar{p}_j(x_i) + \sum_{i=1}^{n} A_1 \bar{p}_1(x_i) \, \bar{p}_j(x_i) + \ldots + \sum_{i=1}^{n} A_k \bar{p}_k(x_i) \, \bar{p}_j(x_i).$$

Mit (21) gilt dann

$$(24) \quad A_j = \frac{\sum\limits_{i=1}^{n} y_i \bar{p}_j(x_i)}{\sum\limits_{i=1}^{n} \bar{p}_j^2(x_i)}$$

Damit erhalten wir für das gesuchte Polynom p_k die Darstellung:

$$(25) \quad p_k(x) = \frac{\sum\limits_{i=1}^{n} y_i \, \bar{P}_0(x_i)}{\sum\limits_{i=1}^{n} \bar{P}_0^2(x_i)} \, \bar{P}_0(x) + \frac{\sum\limits_{i=1}^{n} y_i \, \bar{P}_1(x_i)}{\sum\limits_{i=1}^{n} \bar{P}_1^2(x_i)} \, \bar{P}_1(x) + \ldots$$

$$+ \frac{\sum\limits_{i=1}^{n} y_i \, \bar{P}_k(x_i)}{\sum\limits_{i=1}^{n} \bar{P}_k^2(x_i)} \, \bar{P}_k(x)$$

Der Vorteil dieser Methode ist folgender: Stellt man nach einer Ausgleichsrechnung fest, daß der Grad des Ausgleichspolynoms unzureichend war, so ist die Rechnung dennoch nicht umsonst gewesen; man konstruiert nun ein neues Polynom höheren Grades, wobei hier nur noch die Koeffizienten der neuen Potenzen zu bestimmen sind.

Beispiel: Ausgeglichen werden sollen die rohen Sterbewahrscheinlichkeiten $\hat{q}_{30}$ bis $\hat{q}_{34}$ aus der österreichischen Sterbetafel von 1959/61 nach Gram.
Wir beginnen mit

$$\bar{P}_0 = 1 \qquad \bar{P}_1(x) = a_1 x + a_0$$

Aus (20) folgt

$$\sum_{i=30}^{34} (a_1 i + a_0) = 0$$

$$5a_0 = - \sum_{i=30}^{34} a_1 i, \qquad a_0 = - \sum_{i=30}^{34} \frac{a_1}{5} i$$

Setzen wir $a_1 = 5$, so erhalten wir

$$a_0 = -160$$

$$\bar{p}_1(x) = 5x - 160$$

$$A_o = \frac{(2007 \cdot 1 + 2214 \cdot 1 + 2443 \cdot 1 + 2287 \cdot 1 + 2090 \cdot 1}{1 + 1 + 1 + 1 + 1}$$

$$A_o = \frac{11041) \cdot 10^6}{5} = 0,0022082$$

$$A_1 = \frac{(2007 \cdot (-10) + 2214 \cdot (-5) + 2443 \cdot 0 + 2287 \cdot 5 + 2090 \cdot 10) \cdot 10^{-6}}{100 + 25 + 0 + 25 + 100}$$

$$A_1 = \frac{0,001195}{250} = 0,00000478$$

Damit erhalten wir

$$p_1(x) = 0,0022082 \cdot 1 + 0,00000478 \cdot \bar{p}_1(x)$$

$$p_1(30) = 0,0021604 \qquad\qquad p_1(33) = 0,0022321$$

$$p_1(31) = 0,0021843 \qquad\qquad p_1(34) = 0,002256$$

$$p_1(32) = 0,0022082$$

Die rohen Sterbewahrscheinlichkeiten entwickeln sich in dem Bereich 30 bis 34 untypisch. Die Ausgleichung durch eine Gerade ist hier unzweckmäßig. Wir werden im nächsten Schritt durch eine Parabel ausgleichen.

Wir benötigen dazu

$$\bar{p}_2(x) = a_2^{(2)} x^2 + a_1^{(2)} x + a_o^{(2)}$$

Mit (20) erhalten wir

$$\sum_{i=30}^{34} \left(a_2^{(2)} i^2 + a_1^{(2)} i + a_o^{(2)} \right) = 0$$

$$\sum_{i=30}^{34} i \left(a_2^{(2)} i^2 + a_1^{(2)} i + a_o^{(2)} \right) = 0$$

Aufgabe: 4.) Ermitteln Sie A_2 und p_2.

5.) Gleichen Sie nach der Gramschen Methode der orthogonalen Polynome die rohen Sterbewahrscheinlichkeiten $\hat{q}_{20}$ bis $\hat{q}_{50}$ der österreichischen Sterbetafel aus. Brechen Sie die Rechnung ab, wenn die ausgeglichenen Werte sich von den rohen Werten um weniger als n % unterscheiden.

Abschließend noch ein Hinweis zur Zahlendarstellung. Sterbewahrscheinlichkeiten sind sehr kleine Zahlen, für $x < 80$ liegen die Werte im Intervall $[0;0,1]$, für $x < 50$ sind die Sterbewahrscheinlichkeiten mit Ausnahme von $\hat{q}_0$ und $\hat{q}_1$ meist sogar kleiner als $0,01$.

Die Koeffizienten der Ausgleichspolynome sind daher sehr kleine Zahlen, nahe bei O. Mit zunehmendem Grad des Monoms x^n wird a_n kleiner.

Das Rechnen mit Zahlen nahe bei O aber bereitet in der EDV bekanntlich Schwierigkeiten. Es empfiehlt sich daher, die Zahlen zunächst mit einer geeigneten Zehnerpotenz zu multiplizieren, um so in Bereichen rechnen zu können, in denen Rundungs- bzw. Darstellungsprobleme der Zahlenwerte nicht so stark auf die Ergebnisse durchschlagen wie im Bereich unmittelbar um die Null.

2.3.2.1.2 Die Momentenmethode

Eine Funktion f gleicht die Meßwerte gut aus, wenn die m-ten Momente für $m \leq k$ der Ausgleichsfunktion mit den m-ten Momenten der Meßwerte übereinstimmen. Es muß das folgende Gleichungssystem erfüllt sein.

$$M_O = \sum_{i=O}^{n} \hat{q}_{x_i} = m_O = \sum_{i=O}^{n} f(x_i; a_O, \ldots, a_k)$$

$$(26) \quad M_1 = \sum_{i=O}^{n} x_i \hat{q}_{x_i} = m_1 = \sum_{i=O}^{n} x_i f(x_i; a_O, \ldots, a_k)$$

$$\vdots$$

.
.
.

$$M_k = \sum_{i=0}^{n} x_i^k \, \hat{q}_{x_i} = m_k = \sum_{i=0}^{n} x_i^k \, f(x_i; \, a_o, \ldots, a_k)$$

Mit (26) erhalten wir nun für Polynome vom Grade k k + 1 viele lineare Gleichungen in a_i, $O \leq i \leq k$, so daß wir etwa mit dem Gauss-Algorithmus eine Lösung des Gleichungssystems aufspüren können.

Bekanntlich ist der Gauss-Algorithmus recht langsam. Die Anzahl der Rechenoperationen, von der Größenordnung $O(n^3)$, wächst mit zunehmender Anzahl der Unbekannten beträchtlich. Die schnellen Algorithmen, etwa von Winograd oder Strassen (siehe z.B. [56]), erreichen ihre Vorzüge gegenüber dem Gauss-Algorithmus erst bei sehr großen n.

Da der Ausgleich der rohen Sterbewahrscheinlichkeiten mittels Polynome meist nur über kleine Altersbereiche erfolgt, bleibt der Gauss-Algorithmus für die hier vorkommenden linearen Gleichungssysteme gut.

Aufgabe: 6.) Gleichen Sie die Werte aus Aufgabe 5.) durch ein Polynom vom Grade k nach der Momentenmethode aus, wobei k der Grad des Ausgleichspolynoms aus Aufgabe 5.) ist. Berechnen Sie die Koeffizienten des Ausgleichspolynoms nach

a) dem Gauss-Algorithmus,
b) einem schnellen Algorithmus.

Was fällt Ihnen an dem Ergebnis auf?

7.) Ermitteln Sie die Rechenzeit, die Sie für eine Lösung der Aufgabe 5 und für die Lösungen der Aufgaben 6 a) und 6 b) benötigen.

2.3.2.2 Analytische Ausgleichung und Sterbegesetze
Wir haben bereits mehrfach auf die in der Vergangenheit bedeutungsvollen Sterbegesetze hingewiesen. Unterstellt man nun, daß es ein Sterbegesetz $f(x; \, a_o, \ldots, a_k) = q_x$ oder $F(x; \, b_o, \ldots, b_1) = l_x$ gibt, so muß man, ausgehend von dieser Annahme, mittels einer geeigneten

Methode die Parameter $a_0, \ldots, a_k$ bzw. $b_0, \ldots, b_l$ so festlegen, daß das gewählte Sterbegesetz mit den ermittelten Parametern die beobachteten Werte gut beschreibt. Die Parameter werden auch hier wieder nach der Methode der kleinsten Quadrate oder der Momentenmethode bestimmt.

Auch wenn wir heute kaum noch an Sterbegesetze glauben, so sind diese Verfahren nicht gänzlich obsolet, waren doch die Sterbegesetze nicht "völlig aus der Luft gegriffen". Diese Gesetze waren zumeist das Ergebnis längerer Beobachtungen des Sterblichkeitsverlaufes. Für gewisse Altersbereiche waren die Sterbegesetze recht brauchbare Beschreibungen der Sterblichkeitsentwicklung. Daher werden wir auch hier einige Ausgleichsverfahren vorstellen, die auf Sterbegesetzen basieren. Weiteres Material hierzu findet der Leser in [53], [57], [78], [101] und [104].

2.3.2.2.1 Sterbegesetze

Das erste uns bekannte Sterbegesetz stammt von De Moivre.

$$(27) \quad l_x := 86 - x, \quad 12 \leq x \leq 86.$$

Hier wird $\omega = 86$ gesetzt [78].

Charles Babbage (1792-1871), Mathematiker in Cambridge und London, Pionier auf dem Gebiet der Rechenmaschinen) fand folgendes Gesetz

$$(28) \quad l_x := 6199,8 - 9,29\,x - 1,5767\,\frac{x(x-1)}{2}, \quad x \leq 98 \; [60].$$

Benjamin Gompertz (1779-1865, Versicherungsmathematiker in London) formulierte ein Sterbegesetz, welches den exponentiellen Anstieg der Sterbewahrscheinlichkeiten berücksichtigte.

$$(29) \quad l_x := k \cdot g^{(c^x)} \quad [60], \; [78]$$

Makeham verbesserte diesen Absatz zur Gompertz-Makehamschen Sterbeformel

$$(30) \quad l_x := k \cdot s^x g^{(c^x)} \qquad [\,78\,],$$

die den Sterblichkeitsverlauf im Intervall $[25,80]$ recht gut beschreibt.

Vermerkt werden soll noch das Sterbegesetz von Wittstein (1816-1894, Mathematiker in Hannover), das einen Ausdruck für q_x angibt

$$(31) \quad q_x := a^{-(M-x)^n} + \frac{1}{m}\, a^{-(m\,x)^n} \qquad \text{mit}$$

$$M = \omega - 1 \quad \text{und}$$

$$m = \frac{M-\bar{x}}{\bar{x}}, \quad \hat{q}_{\bar{x}} = \min\{\hat{q}_x \mid 0 \leq x \leq \omega\}.$$

Die Liste der Sterbegesetze läßt sich noch beliebig fortsetzen. Die Formeln wurden länger, die Anzahl der in den Sterbegesetzen benutzten verschiedenen Funktionen wurde größer, doch taugten die meisten Sterbegesetze nicht einmal dazu, ihren Erfindern einen Namen in den Annalen der Wissenschaft zu sichern.

In der Ausgleichsfunktion

$$(32) \quad f(x) := k \cdot s^x \cdot g^{(c^x)},$$

die durch das Gompertz-Makeham'sche Gesetz nach (30) gegeben ist, sind die vier Parameter k, s, g und c zu bestimmen. Da der Faktor k auf sämtliche Funktionswerte angewendet wird, können wir ihn zunächst außer acht lassen und zum Schluß aus dem Radix d_o bestimmen.

Es bleibt demnach die Aufgabe, die drei Parameter s, g und c zu bestimmen.

Es ergeben sich hierbei gewisse Schwierigkeiten, da die Parameter nicht linear vorkommen.

Aufgabe: 8.) Beschreiben Sie einen Lösungsweg zur Bestimmung der Parameter s, g und c nach

a) der Methode der kleinsten Quadrate,
b) der Momentenmethode.

Statt direkt die Parameter der Funktion $f(x) = l_x$ zu bestimmen, wurden in der Vergangenheit einige Verfahren entwickelt, nach denen Parameter der Überlebenswahrscheinlichkeiten zu bestimmen sind. Dazu benötigen wir zunächst einige Definitionen.

Mit $_n p_x$ bezeichnen wir die Wahrscheinlichkeit für einen x-Jährigen, das Alter x+n zu erreichen. Es gilt offenbar

$$(33) \qquad _n p_x = \frac{l_{x+n}}{l_x}.$$

Häufig findet man auch die Darstellung

$$(34) \qquad _n p_x = p_x \cdot p_{x+1} \cdot \ldots \cdot p_{x+n-1} = \frac{l_{x+1}}{l_x} \cdot \frac{l_{x+2}}{l_{x+1}} \cdot \frac{l_{x+3}}{l_{x+2}} \cdot \ldots \cdot \frac{l_{x+n}}{l_{x+n-1}} = \frac{l_{x+n}}{l_x}$$

Für die n-jährige Sterbewahrscheinlichkeit eines x-Jährigen, das ist die Wahrscheinlichkeit, in den nächsten n Jahren zu sterben, gilt

$$(35) \qquad _n q_x = 1 - {_n p_x} = 1 - \frac{l_{x+n}}{l_x} = \frac{l_x - l_{x+n}}{l_x}.$$

Es gelten offenbar $_1 p_x = p_x$ und $_1 q_x = q_x$.

Aus (30), (32) und den obigen Bemerkungen zum Parameter k erhalten wir

2.3.2.2.2 Ausgleich nach Gompertz-Makeham

(36) $\quad l_x = s^x g^{\left(c^x\right)}.$

Es gelten dann mit (11) und (33)

(37) $\quad p_x = \dfrac{l_{x+1}}{l_x} = \dfrac{s^{x+1} g^{\left(c^{x+1}\right)}}{s^x g^{c^x}} = sg^{c^{x+1} - c^x} = sg^{c^x(c-1)}$

und

(38) $\quad {}_n p_x = \dfrac{l_{x+n}}{l_x} = s^n g^{c^{x+n} - c^x} = s^n g^{c^x(c^n-1)}.$

Daraus ergibt sich

(39) $\quad \ln p_x = \ln(s) + c^x(c-1)\ln g = a + b\,c^x$

und

(40) $\quad \ln\,{}_n p_x = n\ln(s) + c^x(c^n-1)\ln g = n\cdot a + b\,c^x.$

(41) $\quad a = \ln s$
$\qquad\ b = (c^n-1)\ln g.$

Wir werden nun in Ausgleichsverfahren die Parameter a, b und c bestimmen. Der Vorteil dieser Ausgleichung gegenüber einer direkten
Ausgleichung von f(x) besteht darin, daß hier zwei Parameter linear
vorkommen, während in (32) alle 3 zu bestimmenden Parameter nicht-
linear sind.

Erstes Verfahren: Die drei Parameter a, b und c sind zu bestimmen
(Drei-Parameter-Verfahren).

Angenommen, wir haben die Altersgruppe der x- bis (x+3m-1)-Jährigen
auszugleichen. Mit den rohen Sterbewahrscheinlichkeiten $\hat{q}_x$ haben
wir dann auch die rohen Überlebenswahrscheinlichkeiten.

(42) $\quad \hat{p}_x = 1 - \hat{q}_x$

Analog (34) gilt dann

$$(43) \qquad _n\hat{p}_x = \prod_{i=0}^{n-1} \hat{p}_x$$

Wir definieren dann

$$\hat{H}_1 = \ln\left(_m\hat{p}_x\right)$$

$$(44) \qquad \hat{H}_2 = \ln\left(_m\hat{p}_{x+m}\right)$$

$$\hat{H}_3 = \ln\left(_m\hat{p}_{x+2m}\right)$$

und mit (39)

$$H_1 = \ln\left(_m p_x\right) = \sum_{i=0}^{m-1} \ln p_{x+i} = m \cdot a + b\, c^x \frac{c^m - 1}{c - 1}$$

$$(45) \qquad H_2 = \ln\left(_m p_{x+m}\right) = \sum_{i=0}^{m-1} \ln p_{x+m+i} = m \cdot a + b\, c^{x+m} \frac{c^m - 1}{c - 1}$$

$$H_3 = \ln\left(_m p_{x+2m}\right) = \sum_{i=0}^{m-1} \ln p_{x+2m+i} = m \cdot a + b\, c^{x+2m} \frac{c^m - 1}{c - 1}$$

1.) Methode von King-Hardy:

Beim Ausgleich nach King-Hardy wird gefordert, daß

$$(46) \qquad H_1 = \hat{H}_1, \quad H_2 = \hat{H}_2, \quad H_3 = \hat{H}_3$$

gelten.

$$\hat{H}_1 = m \cdot a + b\, c^x \frac{c^m - 1}{c - 1}$$

$$(47) \qquad \hat{H}_2 = m \cdot a + b\, c^{x+m} \frac{c^m - 1}{c - 1}$$

$$\hat{H}_3 = m \cdot a + b\, c^{x+2m} \frac{c^m - 1}{c - 1}$$

Nach kurzer Rechnung erhält man

$$c = \left(\frac{\hat{H}_3 - \hat{H}_2}{\hat{H}_2 - \hat{H}_1} \right)^{\frac{1}{m}} ,$$

$$(48) \qquad b = \frac{(\hat{H}_2 - \hat{H}_1)(c-1)}{c^x (c^m - 1)^2}$$

$$a = \frac{1}{m}\left(\hat{H}_1 - \frac{bc^x(c^m - 1)}{c-1} \right) .$$

Ein Beispiel für eine Ausgleichung nach King-Hardy ist in Abbildung 7 gegeben.

2.) Methode der kleinsten Quadrate.

Statt das Ausgleichsverfahren von King-Hardy zu wählen, können wir auch die in (40) vorkommenden Parameter nach der Methode der kleinsten Quadrate bestimmen. Hier ist zwar nur noch ein Parameter nicht-linear, dennoch bereitet auch hier die Lösung des Gleichungssystems gewisse Schwierigkeiten.

Aufgabe: 9.) Gleichen Sie die Werte $\hat{q}_{20}$ bis $\hat{q}_{50}$ nach King-Hardy aus, und vergleichen Sie Ihre Ergebnisse mit den Werten aus den Aufgaben 5.) und 6.).

10.) Ermitteln Sie die Anzahl der Rechenschritte in Aufgabe 9.) und vergleichen Sie Ihr Resultat mit dem Ergebnis aus Aufgabe 7.).

11.) Beschreiben Sie einen Lösungsweg zur Bestimmung der Parameter aus (40) nach

a) der Methode der kleinsten Quadrate,
b) der Momentenmethode.

Zweites Verfahren: Die Parameter a und b sind zu bestimmen (Zwei-Parameter-Verfahren).

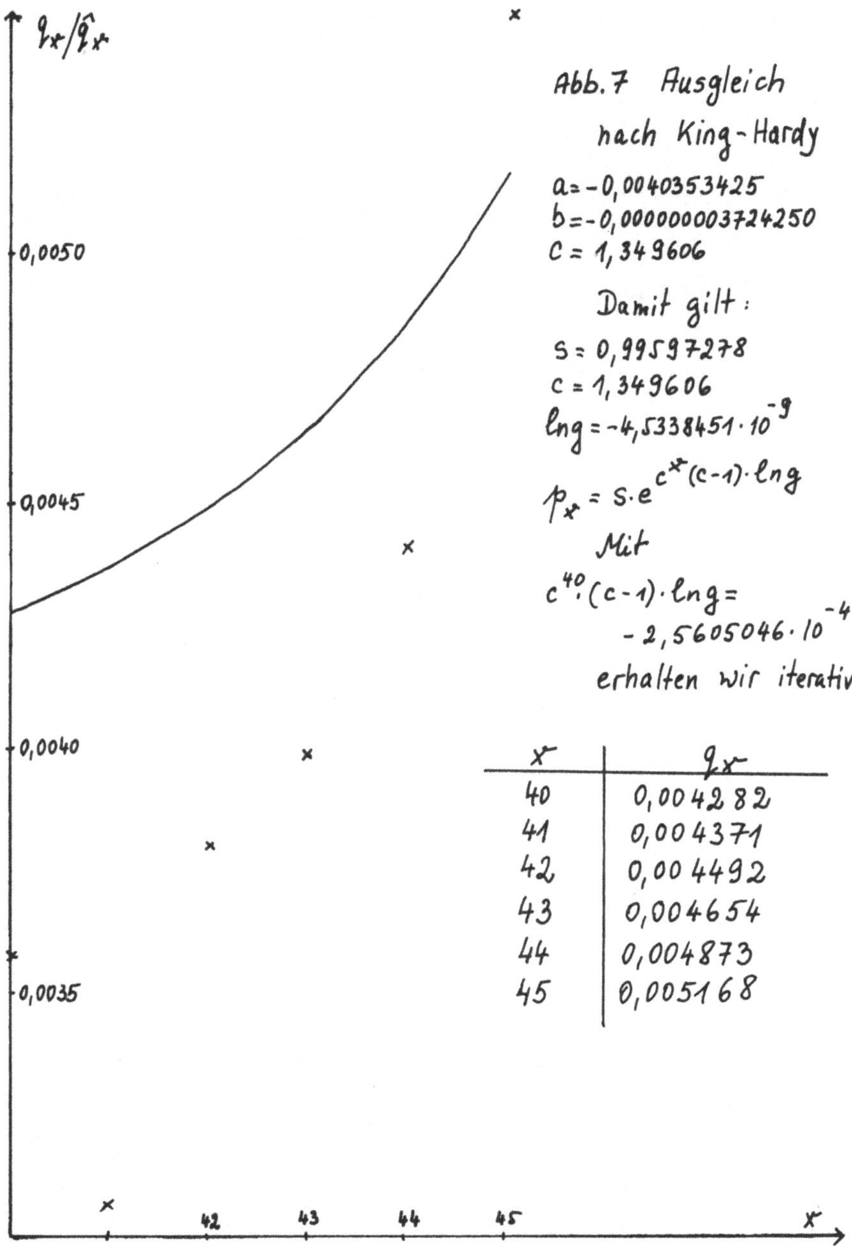

Abb. 7 Ausgleich nach King-Hardy

$a = -0,0040353425$
$b = -0,000000003724250$
$c = 1,349606$

Damit gilt:

$S = 0,99597278$
$c = 1,349606$
$\ln g = -4,5338451 \cdot 10^{-9}$

$$p_x = S \cdot e^{c^x (c-1) \cdot \ln g}$$

Mit

$$c^{40} \cdot (c-1) \cdot \ln g = -2,5605046 \cdot 10^{-4}$$

erhalten wir iterativ

x	q_x
40	0,004282
41	0,004371
42	0,004492
43	0,004654
44	0,004873
45	0,005168

Man geht davon aus, daß der Parameter c in (40) schon bestimmt ist
(etwa durch (48)). Dann bestimmt man die Parameter a und b aus
(40) nach der Methode der kleinsten Quadrate.

Sollen die Werte p_x bis p_{x+n-1} ausgeglichen werden, so muß mit bereits gewähltem c gelten:

$$\sum_{i=0}^{n-1} (\ln \hat{p}_{x+i} - a - bc^{x+i}) = 0$$

(49)

$$\sum_{i=0}^{n-1} (\ln \hat{p}_{x+i} - a - bc^{x+i})\, c^{x+i} = 0$$

Daraus folgt nach kurzer Rechnung

(50)

$$a = \frac{\sum\limits_{i=0}^{n-1} \ln \hat{p}_{x+i} \cdot \sum\limits_{i=0}^{n-1} c^{2(x+i)} - \sum\limits_{i=0}^{n-1} c^{x+i} \ln \hat{p}_{x+i} \cdot \sum\limits_{i=0}^{n-1} c^{x+i}}{n \sum\limits_{i=0}^{n-1} c^{2(x+i)} - \left(\sum\limits_{i=0}^{n-1} c^{x+i}\right)^2} \ ,$$

$$b = \frac{n \cdot \sum\limits_{i=0}^{n-1} c^{x+i} \ln \hat{p}_{x+i} - \sum\limits_{i=0}^{n-1} \ln p_{x+i} \cdot \sum\limits_{i=0}^{n-1} c^{x+i}}{n \sum\limits_{i=0}^{n-1} c^{2(x+i)} - \left(\sum\limits_{i=0}^{n-1} c^{x+i}\right)^2}$$

2.3.2.3 Verallgemeinerung der Ausgleichsverfahren durch Einführung von Gewichten.

Bei den bisherigen Ausgleichsverfahren wurden die einzelnen Meßwerte gleich behandelt. Somit werden Stichproben aus Beständen mit
einem kleinen Umfang als genau so wichtig angesehen, wie Stichproben aus großen Beständen. Es erscheint daher sinnvoll, etwa bei
Anwendung der Methode der kleinsten Quadrate, das Ausgleichsverfahren so zu modifizieren, daß Schätzwerte aus großen Beständen
weit besser angenähert werden müssen als Schätzwerte, die aus

Stichproben kleiner Bestände gewonnen wurden.

Das im folgenden skizzierte Verfahren ist die χ^2-Methode von
K. Pearson [67]. Auf dem Raum L_x sei die Zufallsvariable T_x bino-
mial verteilt mit dem Erwartungswert $\#L_x \cdot q_x$ und der Varianz
$\#L_x \cdot q_x(1-q_x)$. Normieren wir nun die Zufallsvariable T_x auf den Erwartungswert O und die Streuung 1, so erhalten wir die Zufallsvariable

$$(51) \quad Y_x := \frac{(T_x - \#L_x q_x)}{\sqrt{\#L_x q_x(1-q_x)}} = \frac{\left(\frac{T_x}{\#L_x} - q_x\right)\sqrt{\#L_x}}{\sqrt{q_x(1-q_x)}} \quad .$$

Setzen wir in T_x die Stichprobenwerte ein, so erhalten wir

$$(52) \quad Y_x := \frac{(\hat{q}_x - q_x)}{\sqrt{q_x(1-q_x)}} \sqrt{\#L_x} \quad .$$

Fordern wir nun

$$(53) \quad \sum_x Y_x^2 \rightarrow \min,$$

so gilt

$$(54) \quad \sum_x Y_x^2 = \frac{\#L_x}{q_x(1-q_x)} (\hat{q}_x - \hat{\hat{q}}_x)^2 \rightarrow \min.$$

Damit haben wir wieder die Methode der kleinsten Quadrate erhalten mit den Gewichten $\#L_x/q_x(1-q_x)$. Die Differenzquadrate werden
uns so stärker berücksichtigt, je größer der Bestand der x-Jährigen ist bzw. je geringer die Varianz ist.

Aufgabe: 12.) Ausgleichung nach Cramer und Wold [15]. Entwickeln
Sie das Ausgleichsverfahren nach Cramer und Wold, bei dem das
Gompertz-Makeham'sche Sterbegesetz angewendet wird auf die
χ^2-Methode von Pearson ([78], [101], [104]).

2.3.2.4 Ausgleichung durch Splines

In den letzten Jahren wurden einige Ausgleichsverfahren entwickelt,
die auf Splines basieren. Der Vorteil dieser Verfahren gegenüber
den bisherigen Methoden liegt auf der Hand. Keines der bisher be-
sprochenen Verfahren ist so gut, daß sämtliche Meßwerte mit einem
vertretbaren Rechenaufwand durch ein Verfahren ausgeglichen werden
können. Jede brauchbare Ausgleichung muß stets auf Teilintervalle
beschränkt werden, dabei treten dann Probleme beim Aneinandersetzen
der einzelnen Teilfunktionen auf.

Splines sind nun so flexibel, daß sämtliche Meßwerte durch diese
Ausgleichsverfahren mit einer Rechnung ausgeglichen werden können,
und dennoch lokale Besonderheiten bei den Meßwerten Berücksichtigung finden.

Eine sehr gute Übersicht über Ausgleichsverfahren durch Splines erhält der interessierte Leser in Böhmer ([7]). Diese Lektüre
weist auch durch die umfangreichen Literaturangaben auf weitere
Ansätze hin.

Ein Ansatz zur Ausgleichung durch Splines stammt von Reinsch
([69]). Diese gut lesbare Lektüre wird dem Leser empfohlen.
Wir beschränken uns hier nur auf eine Skizzierung dieser Verfahrens.
Die Grundlagen dazu aus der Analysis sind z.B. im Heuser [46]
nachlesbar.

Skizze des Algorithmus:

Voraussetzungen:
Wir nehmen an, daß wir für $0 \leq i \leq \omega$ rohe Sterbewahrscheinlichkeiten
$\hat{q}_i$ ermittelt haben. Wir schätzen die Standardabweichungen der q_i
ab und bezeichnen sie mit v_i. Dann wählen wir ein $\omega + 1 - \sqrt{2(\omega+1)} \leq$
$\leq S \leq \omega+1 + \sqrt{2(\omega+1)}$.

Gesucht ist nun ein $g \in C^2[0,\omega]$ mit

(55) $$\sum_{i=0}^{\omega} \left(\frac{g(i) - \hat{q}_i}{v_i} \right)^2 \leq S,$$

so daß

(56) $$\int_{0}^{\omega} g''(x)^2 \, dx \to \min.$$

Nach Standardmethoden der Variationsrechnung transformieren wir dieses Problem in das Problem

(57) $$\int_{0}^{\omega} g''(x)^2 \, dx + \lambda \left(\sum_{i=0}^{\omega} \left(\frac{g(i) - \hat{q}_i}{v_i} \right)^2 + z^2 - S \right) \to \min,$$

dabei ist λ der Lagrange-Parameter und z eine Hilfsvariable. Aus der zugehörigen Euler-Lagrange Differentialgleichung erhalten wir, daß die Lösung

(58) $$f(x) = a_i + b_i(x-i) + c_i(x-i)^2 + d_i(x-i)^3, \text{ falls } i \leq x \leq i+1 \text{ ein}$$

kubischer Spline ist.

Es sind nun die Koeffizienten a_i, b_i, c_i und d_i für $0 \leq i \leq \omega$ zu bestimmen.

Es gilt für alle $i < \omega$

(59) $$d_i = \frac{c_{i+1} - c_i}{3}.$$

(60) $$b_i = a_{i+1} - a_i - c_i - d_i.$$

(61) $$c_0 = c_\omega = 0$$

Mit den Bezeichnungen

$$
\begin{aligned}
c &:= (c_i)_{0<i<\omega} \\
a &:= (a_i)_{i\le\omega} \qquad\qquad D := \begin{pmatrix} v_0 & & 0 \\ & \ddots & \\ 0 & & v_n \end{pmatrix} \\
q &:= (\hat{q}_i)_{i\le\omega}
\end{aligned}
$$

$$
(62)\begin{cases}
T := \begin{pmatrix}
\frac{4}{3} & \frac{1}{3} & & & 0 \\[4pt]
\frac{1}{3} & \frac{4}{3} & 0 & & \\[4pt]
0 & \frac{1}{3} & & & 0 \\[4pt]
& 0 & & & \frac{1}{3} \\[4pt]
0 & & \frac{1}{3} & & \frac{4}{3}
\end{pmatrix} \\[2pt]
\text{T ist positiv-definite Tridiagonalmatrix der Ordnung $n-1$} \\[6pt]
Q := \begin{pmatrix}
-2 & 1 & 0 & & 0 \\
1 & -2 & 1 & 0 & \\
0 & 1 & & & 0 \\
& & & & 1 \\
& 0 & & & -2 \\
& & & & 1 \\
0 & & & & 0
\end{pmatrix} \\[2pt]
\text{Q ist eine Tridiagonalmatrix mit $n+1$ Zeilen und $n-1$ Spalten.}
\end{cases}
$$

erhalten wir, wenn der Lagrange-Parameter λ bestimmt ist, die Koeffizienten a_i und c_i durch

$$
(63) \quad (Q^T D^2 Q + \lambda T)c = \lambda Q^T q
$$

$$
(64) \quad a = q - \lambda^{-1} D^2 Q c, \qquad \lambda \ne 0.
$$

Bestimmung des Lagrange-Parameters λ:

Dazu bilden wir die Funktion $F : \mathbb{R} \to \mathbb{R}$

(65) $\quad F(\lambda) := \| DQ(Q^T D^2 Q + \lambda T)^{-1} Q^T q \| \quad$ ($\| \cdot \|$ Skalarprodukt)

Fall 1: $\quad F(o) \le \sqrt{S}$

Aus (63) folgt dann

(66) $\quad c = 0$

und mittels einer Approximation aus (64)

(67) $\quad a = q - D^2 Q (Q^T D^2 Q)^{-1} Q^T q.$

Aus (59) und (66) folgt, daß f in diesem Falle eine Gerade ist.

Fall 2: $\quad F(o) > \sqrt{S}$

Da F in $\mathbb{R}^+$ monoton fallend ist und

(68) $\quad \lim_{\lambda \to \infty} F(\lambda) = 0$ gilt

existiert genau eine Lösung der Gleichung

(69) $\quad F(\lambda) = \sqrt{S}$

in $\mathbb{R}^+$.

Aus der Konvexität der Funktion F ergibt sich, daß wir mit dem Newton-Verfahren bei beliebigen Anfangswerten zu einer Lösung gelangen.

Da im Newton-Verfahren mehrmals Matrizen multipliziert werden, empfiehlt es sich, die positiv-definierte Matrix $Q^T D^2 Q + \lambda T$ nach Cholesky zu zerlegen. Dadurch gewinnt man Rechenzeit ([69]).

Eine weitere Beschleunigung des Newton-Verfahrens ist in [69] beschrieben.

Die Lösung λ_o der Gleichung (69) setzen wir in (63) und (64) ein und erhalten damit die gesuchten Koeffizienten.

Mit (58) erhalten wir dann die ausgeglichenen Sterbewahrscheinlichkeiten q_x

$$(70) \quad q_x = a_x, \quad x < \omega$$

Aufgabe: 13.)   Zeigen Sie, daß der oben angegebene Algorithmus von Reinsch eine Lösung des Problems (55), (56) erzeugt. ([47],[69].

14.)   Gleichen Sie nach dem Algorithmus von Reinsch die rohen Sterbewahrscheinlichkeiten von $\hat{q}_{20}$ bis $\hat{q}_{50}$ der österreichischen Sterbetafel aus und vergleichen Sie dieses Ergebnis mit den Resultaten von Aufgabe 5 und 9.

15.)   Ermitteln Sie die Anzahl der Rechenschritte in Aufgabe 14.

2.3.3 Mechanische Ausgleichsverfahren.

Bei den analytischen Ausgleichsverfahren haben wir die gemessenen Werte durch eine analytische Funktion ausgeglichen. Diese Funktionen haben den Vorteil, daß sie für alle $x \in [0,\omega]$ definiert sind, eine gute Beschreibung des Sterblichkeitstrends geben und differenzierbar sind. Allerdings sind die Rechnungen sehr aufwendig.

Etwas einfacher sind die mechanischen Ausgleichsmethoden. Es werden hier keine in einem Ausgleichsintervall differenzierbaren Funktionen gesucht. Lediglich die Werte $\hat{q}_x$ für ganzzahlige x aus dem betrachteten Intervall werden durch neue Werte q_x "ausgeglichen". Die Idee ist meist folgende: Um einen Wert q_x zu bekommen, betrachtet man in einer Umgebung von x die gemessenen Werte $\hat{q}_x$ und bildet aus diesen ein gewichtetes Mittel, wobei entfernter liegende Werte meist weniger berücksichtigt werden als näher liegende Werte. Es gilt dann

Es existieren $n_1, n_2 \geq 0$ und reelle Zahlen α_i, $-n_1 \leq i \leq n_2$ mit

$$(71) \qquad q_x = \sum_{i=-n_1}^{n_2} \alpha_i \hat{q}_{x+i} \qquad \text{und}$$

$$(72) \qquad \sum_{i=-n_1}^{n_2} \alpha_i = 1 .$$

Häufig wird das Intervall $[-n_1, n_2]$ symmetrisch um 0 gewählt. Darüber hinaus wird dann auch verlangt, daß gleich weit entfernte Meßwerte die gleichen Gewichte erhalten, daß

$$(73) \qquad \alpha_i = \alpha_{-i}$$

gilt.

Generell wird man von einem vernünftigen Ausgleichsverfahren erwarten, daß näherliegende Meßwerte stärker berücksichtigt werden als ferner liegende. Die Gewichte der einzelnen Meßwerte müssen allerdings nicht immer positiv sein.

Eine gute Übersicht über bekannte mechanische Ausgleichsverfahren findet der Leser in [53].

2.3.3.1 Methode von Finlaison-Wittstein

Dieses Ausgleichsverfahren wurde zuerst von Finlaison entwickelt. Da Wittstein sie in seinem Buch empfahl, trägt dieses Verfahren in der Literatur auch gelegentlich seinen Namen.

Zunächst bilden wir für alle x

$$(74) \qquad \tilde{q}_x = \frac{1}{5}\left(\hat{q}_{x-2} + \hat{q}_{x-1} + \hat{q}_x + \hat{q}_{x+1} + \hat{q}_{x+2}\right).$$

Dann wiederholen wir dieses Verfahren und erhalten

$$(75) \qquad q_x = \frac{1}{5}\left(\tilde{q}_{x-2} + \tilde{q}_{x-1} + \tilde{q}_x + \tilde{q}_{x+1} + \tilde{q}_{x+2}\right).$$

Durch Einsetzen von (74) in (75) erhalten wir das Ausgleichsverfahren von Finlaison-Wittstein

$$(76) \qquad q_x = 0,2\,\hat{q}_x + 0,16\,(\hat{q}_{x-1} + \hat{q}_{x+1}) + 0,12(\hat{q}_{x-2} + \hat{q}_{x+2}) +$$

$$0,08(\hat{q}_{x-3} + \hat{q}_{x+3}) + 0,04(\hat{q}_{x-4} + \hat{q}_{x+4})$$

Diese Methode läßt sich auch wie folgt beschreiben:

Man lege durch je 2 Werte, die auf die Abszisse den Abstand 5 haben, eine Gerade. g_n sei die Gerade durch $(n,\hat{q}_n)$ und $(n+5,\hat{q}_{n+5})$.

$$(77) \qquad g_n(z) = \hat{q}_n + \frac{\hat{q}_{n+5} - \hat{q}_n}{5}\,(z-n).$$

Soll nun $\hat{q}_x$ ausgeglichen werden, so bilde man das arithmetische Mittel aus $g_{x-i}(x)$ für $0 \leq i \leq 4$. Es gilt dann

$$(78) \qquad \frac{1}{5}\sum_{i=0}^{4} g_{x-i}(x) = \frac{1}{5}\sum_{i=0}^{4}\left(\hat{q}_{x-i} + \frac{\hat{q}_{x-i+5} - \hat{q}_{x-i}}{5}\,(x-x+i)\right) =$$

$$\frac{1}{5}\left(\sum_{i=0}^{4}\hat{q}_{x-i} + \frac{i}{5}\,(\hat{q}_{x-i+5} - \hat{q}_{x-i})\right) = \frac{\hat{q}_x}{5} + \frac{1}{25}\sum_{i=1}^{4}\left(i\,\hat{q}_{x-i+5} + (5-i)\,\hat{q}_{x-i}\right) =$$

$$\frac{\hat{q}_x}{5} + \frac{1}{25}\sum_{i=1}^{4}(5-i)\,(\hat{q}_{x-i} + \hat{q}_{x+i}).$$

Vergleicht man diesen Ausdruck mit (76), so erhält man

$$(79) \qquad q_x = \frac{\hat{q}_x}{5} + \frac{1}{25} \sum_{i=1}^{4} (5-i)(\hat{q}_{x-i} + \hat{q}_{x+i}).$$

Diese Beschreibung lädt nun zu den folgenden Verallgemeinerungen ein:

2.3.3.2 Methode von Woolhouse

Statt der Geraden bildet man für jedes n eine Parabel p_n zweiter Ordnung, die durch die Punkte $\hat{q}_{n-5}$, $\hat{q}_n$ und $\hat{q}_{n+5}$ definiert ist.

Um nun den Wert $\hat{q}_x$ auszugleichen, bildet man das arithmetische Mittel aus den Werten $p_{x-2}(x)$, $p_{x-1}(x)$, $p_x(x)$, $p_{x+1}(x)$ und $p_{x+2}(x)$.

Aufgabe: 16.) Geben Sie entsprechend (76) und (79) die Formel von Woolhouse an!

2.3.3.3 Methode von Karup

Die Methode von Woolhouse hat den Nachteil, daß die Ausgleichspolynome an den Schnittstelle nicht differenzierbar sind. Bei der Karup'
schen Methode wird dieser Nachteil vermieden, darüber hinaus wird
durch Polynome dritten Grades ausgeglichen, was eine weitere Verfeinerung mit sich bringt. Wir skizzieren dieses Verfahren:

Betrachtet werden die Werte $(n-5, \hat{q}_{n-5})$, $(n, \hat{q}_n)$, $(n+5, \hat{q}_{n+5})$ und
$(n+10, \hat{q}_{n+10})$. Gesucht ist ein Polynom p_n dritten Grades, das
durch die Punkte $(n, \hat{q}_n)$ und $(n+5, \hat{q}_{n+5})$ geht, und in diesen Punkten
eine Steigerung parallel den Geraden durch $(n-5, \hat{q}_{n-5})$ und
$(n+5, \hat{q}_{n+5})$ bzw. $(n, \hat{q}_n)$ und $(n+10, \hat{q}_{n+10})$ hat.

Man wählt für p_n den folgenden Ansatz

$$(80) \quad p_n(z) = a_0 + a_1 \, \frac{1}{5}\,(z-n) + a_2 \, \frac{1}{25}\,(z-n)^2 + a_3 \, \frac{1}{125}(z-n)^3.$$

Aus den angegebenen Bedingungen folgt dann für die Koeffizienten

$$a_0 = \hat{q}_n$$

$$a_1 = \frac{1}{2}(\hat{q}_{n+5} - \hat{q}_{n-5})$$

$$(81)$$

$$a_2 = \frac{1}{2}(-\hat{q}_{n+10} + 4\,\hat{q}_{n+5} - 5\,\hat{q}_n + 2\,\hat{q}_{n-5})$$

$$a_3 = \frac{1}{2}(\hat{q}_{n+10} - 3\,\hat{q}_{n+5} + 3\,\hat{q}_n - \hat{q}_{n-5}).$$

Aufgabe: 17.) Verifizieren Sie (81).

Nachdem all diese Polynome bekannt sind, kann der Wert q_x wieder entsprechend Woolhouse oder Wittstein durch Mittelwertbildung über die 5 Werte $p_{x-2}(x)$, $p_{x-1}(x)$, $p_x(x)$, $p_{x+1}(x)$ und $p_{x+2}(x)$ errechnet werden.

Die hier verwendeten Polynome 3-ten Grades fügen sich zu insgesamt 5 Splines zusammen. Es verdient Beachtung, daß dieses Verfahren von Karup bereits 1898 auf dem Kongreß der Versicherungsmathematiker vorgestellt wurde [54].

Aufgabe: 18.) Geben Sie analog (76) und (79) die Formel von Karup an.

19.) Gleichen Sie die Werte q_{20} bis q_{50} aus der österreichischen Sterbetafel nach Woolhouse, Wittstein und Karup aus. Vergleichen Sie diese Ergebnisse mit den analytisch ausgeglichenen Werten und den rohen Werten.

2.3.3.4 Die Methode von King

Zunächst werden an gewissen Stellen, Kardinalpunkte genannt, rohe Sterbewahrscheinlichkeiten ausgeglichen. Im zweiten Schritt werden dann diese Werte mit den Karup'schen Interpolationspolynomen verbunden.

Newton'sche Interpolation. Betrachen wir für ein festes x und n eine Folge (x,y), $(x+5,y_1)$, $(x+10,y_2)$, ..., $(x+5n,y_n)$.

Mit der Bezeichnung

$$(82) \quad \Delta^0 y_m = y_m$$

$$\Delta^{n+1} y_m = \Delta^n y_{m+1} - \Delta^n y_m , \qquad n,m \geq 0, \qquad y_0 \doteq y$$

gilt für das Newton'sche Interpolationspolynom zur obigen Folge:

$$(83) \quad f(x+5m) = \sum_{\nu=0}^{m} \binom{m}{\nu} \Delta^\nu y.$$

Beweis von (83):

Da für $0 \leq m \leq n$ gilt $f(x+5m) = y_m$, genügt zu zeigen:

$$(84) \quad y_m = \sum_{\nu=0}^{m} \binom{m}{\nu} \Delta^\nu y.$$

Induktionsanfang: m = 0. Der Fall ist trivial.

Induktionsschritt. Die Behauptung gelte für m.

Es gilt $y_{m+1} = y_m + \Delta y_m$. Mit der Induktionsvoraussetzung gilt dann

$$y_{m+1} = \sum_{\nu=0}^{m}\binom{m}{\nu}\Delta^\nu y_1 = \sum_{\nu=0}^{m}\binom{m}{\nu}\Delta^\nu(y+\Delta y) = \sum_{\nu=0}^{m}\binom{m}{\nu}\Delta^\nu y + \sum_{\nu=0}^{m}\binom{m}{\nu}\Delta^{\nu+1} y =$$

$$= y + \Delta^{m+1} y + \sum_{\nu=0}^{m-1}\Delta^{\nu+1} y\left(\binom{m}{\nu+1}+\binom{m}{\nu}\right) = y + \sum_{\nu=1}^{m}\Delta^\nu y\binom{m+1}{\nu} + \Delta^{m+1} y =$$

$$= \sum_{\nu=0}^{m+1}\binom{m+1}{\nu}\Delta^\nu y. \quad \square$$

Das Newton-Polynom schreiben wir dann für $u = \dfrac{z-x}{5}$

$$(85) \quad f(z) = f\left(x + \frac{z-x}{5}\,5\right) = f(x + u\cdot 5) = \sum_{\nu=0}^{n}\binom{u}{\nu}\Delta^\nu y.$$

Wir wenden nun das Newton-Polynom auf den folgenden Fall an:

Es seien $x_o < x_\omega$, $x_o, x_\omega \in \mathbb{N}$. Für jedes $x, x_o + 3 \le x$, sei

$$(86) \quad S_x = \sum_{z=x_o}^{x-3} \hat{q}_z.$$

Es sei nun $\tilde{x} \ge x_o + 3$. Für jedes $m \in \mathbb{N}$ mit $\tilde{x} + 5m \le x_\omega$ berechnen wir

$$(87) \quad \overline{\omega}_{\tilde{x}+5m} = \frac{1}{5}\left(S_{\tilde{x}+5(m+1)} - S_{\tilde{x}+5m}\right) =$$

$$= \frac{1}{5}\left(\hat{q}_{\tilde{x}+5m-2} + \hat{q}_{\tilde{x}+5m-1} + \hat{q}_{\tilde{x}+5m} + \hat{q}_{\tilde{x}+5m+1} + \hat{q}_{\tilde{x}+5m+2}\right)$$

Für jedes $\overline{x} = \tilde{x} \bmod 5$, $\tilde{x} \le \overline{x} \le x_\omega - 15$, bilden wir das Newton-Polynom zu $(\overline{x}, S_{\overline{x}})$, $(\overline{x}+5, S_{\overline{x}+5})$, $(\overline{x}+10, S_{\overline{x}+10})$ und $(\overline{x}+15, S_{\overline{x}+15})$ vom Grade 3.

Ersetzen wir $\overline{x}$ durch 0, so erhalten wir die Darstellung gemäß (85) für $z = 5r$ (mit $\overline{S}_o = S_{\overline{x}}$).

$$(88) \quad \bar{S}_z = \bar{S}_{5r} = \bar{S}_o + \binom{r}{1}\Delta\bar{S}_o + \binom{r}{2}\Delta^2\bar{S}_o + \binom{r}{3}\Delta^3\bar{S}_o .$$

Setzen wir für $r = 8/5$ bzw. $r = 7/5$, so erhalten wir

$$\bar{S}_8 = \bar{S}_o + 1{,}6\Delta\bar{S}_o + 0{,}48\Delta^2\bar{S}_o - 0{,}064\Delta^3\bar{S}_o$$

$$(89)$$

$$\bar{S}_7 = \bar{S}_o + 1{,}4\Delta\bar{S}_o + 0{,}28\Delta^2\bar{S}_o - 0{,}056\Delta^3\bar{S}_o .$$

Daraus erhalten wir

$$(90) \quad \bar{S}_8 - \bar{S}_7 = 0{,}2\Delta\bar{S}_o + 0{,}2\Delta^2\bar{S}_o - 0{,}008\Delta^3\bar{S}_o .$$

Transformieren wir zurück, so erhalten wir

$$(91) \quad \hat{q}_z\,\bar{q}_{x+5} := \bar{S}_8 - \bar{S}_z = \bar{S}_{x+8} - \bar{S}_{x+7} \simeq \sum_{z=x_o}^{\bar{x}+8-3}\hat{q}_z - \sum_{z=x_o}^{x+7-3}\hat{q}_z$$

Die Werte S_8 und S_7 sind nicht in die Interpolation eingegangen, sondern Ergebnisse der Interpolation. Da auf der rechten Seite von (90) geglättete Werte stehen, können wir (91) als einen ersten Ausgleich betrachten. Wir schreiben für (90) mit (87)

$$(92) \quad \bar{q}_{\bar{x}+5} = \bar{\omega}_{\bar{x}} + \Delta\bar{\omega}_{\bar{x}} - 0{,}04\Delta^2\bar{\omega}_{\bar{x}} .$$

$$(93) \quad \bar{q}_{\bar{x}} = \bar{\omega}_{\bar{x}-5} + \Delta\bar{\omega}_{\bar{x}-5} - 0{,}04\,\Delta^2\bar{\omega}_{\bar{x}-5} =$$

$$= \bar{\omega}_{\bar{x}-5} + \bar{\omega}_{\bar{x}} - \bar{\omega}_{\bar{x}-5} - 0{,}04(\Delta\bar{\omega}_{\bar{x}} - \Delta\bar{\omega}_{\bar{x}-5}) =$$

$$= \bar{\omega}_{\bar{x}} - 0{,}04(\bar{\omega}_{\bar{x}+5} - \bar{\omega}_{\bar{x}} - \bar{\omega}_{\bar{x}} + \bar{\omega}_{\bar{x}-5}) =$$

$$= \bar{\omega}_{\bar{x}} + 0{,}08\,\bar{\omega}_{\bar{x}} - 0{,}04(\bar{\omega}_{\bar{x}-5} + \bar{\omega}_{\bar{x}+5}) = 1{,}08\bar{\omega}_{\bar{x}} - 0{,}04(\bar{\omega}_{\bar{x}-5} + \bar{\omega}_{\bar{x}+5}).$$

Wir wählen nun ein geeignetes $\tilde{x}$ und bilden für die Folge $\tilde{x}, \tilde{x}+5$, $\tilde{x}+10, \ldots, \tilde{x}+5n < x_\omega$ die entsprechenden Werte $\bar{q}_{\tilde{x}}, \bar{q}_{\tilde{x}+5}, \bar{q}_{\tilde{x}+10}, \ldots, \bar{q}_{\tilde{x}+5n}$ nach (93). Die Werte $\bar{q}_{x+5m}$ heißen Kardinalwerte. Dies ist der erste Teil der King'schen Ausgleichsmethode.

Ausgleich nach Karup.

Der zweite Teil dieser Methode besteht nun darin, daß die so erhaltenen Kardinalwerte nach dem Karup'schen Interpolationspolynom stückweise interpoliert werden (Spline-Interpolation).

Anmerkung: Die Methode von King liefert brauchbare Ergebnisse, allerdings nur in den mittleren Bereichen einer Sterbetafel, da für jeden Kardinalpunkt noch je 7 Werte rechts und links des zu errechnenden Wertes benötigt werden. Im zweiten Schritt fallen dann noch einmal der letzte und der erste Kardinalwert aus, so daß nur zwischen dem zweiten und dem vorletzten Kardinalwert interpoliert werden kann.

Aufgabe: 20.) Geben Sie eine Beschreibung des Algorithmus zum Ausgleich nach King an.

21.) Gleichen Sie die österreichische Sterbetafel 59/61 nach der Methode von King aus.

2.3.3.5 Das Randproblem bei der mechanischen Ausgleichung

Die bisher behandelten mechanischen Ausgleichsverfahren haben den Nachteil, daß jeweils ein linker und rechter Randbereich nicht ausgeglichen werden kann.

Eine Möglichkeit, dieses Problem zu lösen, besteht darin, die Ausgleichswerte $q_o, \ldots, q_\omega$ als Lösung eines "geeigneten linearen Gleichungssystems" zu erhalten. Die Schwierigkeit besteht nun in der Konstruktion eines "geeigneten linearen Gleichungssystems".

Eine sehr ausführliche Behandlung dieses Problems findet der Leser
in [34], [35], [36].

Eine recht einfache Variante dieses Problems ist von Whittaker
[98] und Henderson [42] beschrieben worden. Wir skizzieren hier
den Algorithmus.

$$(94) \quad \hat{q} := (\hat{q}_0, \ldots, \hat{q}_\omega) \quad \text{der Vektor der Rohwerte,}$$

$$(95) \quad q := (q_0, \ldots, q_\omega) \quad \text{der zu bestimmende Vektor}$$

der Ausgleichswerte.

Es wird nun mit vorgegebenen Gewichten $\omega_0, \ldots, \omega_\omega$ und g, sowie mit
einem $s \in \mathbb{N}^+$ gefordert, daß

$$(96) \quad \sum_{i=0}^{\omega} \omega_i (q_i - \hat{q}_i)^2 \qquad \text{"klein wird" und}$$

$$(97) \quad g \cdot \sum_{i=0}^{\omega-s} (\Delta^s q_i)^2 \qquad \text{"klein wird".}$$

(96) ist ein Maß für die Güte der Ausgleichung, bezogen auf die
Annäherung an die gegebenen Meßwerte. Mit (97) wird ein Maß für
die Güte der Ausgleichung bezogen auf die Glätte der Funktion gegeben. Die iterierten Differenzen der Ordnung s sind dann klein,
wenn die Werte monoton höchstens von der Ordnung $O(n^s)$ steigen.

Wir präzisieren dann (96) und (97) zu

$$(98) \quad \sum_{i=0}^{\omega} \omega_i (q_i - \hat{q}_i)^2 + g \sum_{i=0}^{\omega-s} (\Delta^s q_i)^2 \rightarrow \min$$

Diese Forderung ist eine Verallgemeinerung des Bohlmann'schen
Prinzips [5]

$$(98\ a) \quad A^2 \sum_{i=0}^{\omega} (q_i - \hat{q}_i)^2 + B^2 \sum_{i=0}^{\omega-1} \left(\Delta^s q_i \right)^2 \rightarrow \min$$

Wir bedienen uns auch hier wieder einer Matrixdarstellung. Dazu vereinbaren wir

$$(99) \quad W := \begin{pmatrix} \omega_0 & 0 & & 0 \\ & & & \\ 0 & \omega_1 & 0 & \\ & 0 & & \\ & & & \\ 0 & & & \omega_\omega \end{pmatrix}$$

die folgende Definition:

Eine Matrix K mit n-s Zeilen und n Spalten heißt *s-differenzierende Matrix* gdw für jeden Vektor a ε $\mathbb{R}^n$ gilt

$$(100) \quad K \cdot a = b$$

mit

$$(101) \quad \begin{aligned} b_1 &= \Delta^s a_1 \\ b_2 &= \Delta^s a_2 \\ &\;\vdots \\ b_{n-s} &= \Delta^s a_{n-s} \end{aligned}$$

Aufgabe: 22.)   Geben Sie eine Beschreibung der s-differenzierenden Matrizen.

Wir können nun (98) wie folgt schreiben

$$(102) \quad (q - \hat{q}) \, W \, (q - \hat{q}) + g(Kq)^T (Kq) \rightarrow \min$$

K ist die s-differenzierende Matrix.

Aufgabe: 23.) Zeigen Sie, daß q genau dann eine Lösung des Minimierungsproblems (102) ist, wenn q das Gleichungssystem

$$(103) \quad (W + g\,K^T K)q = W\hat{q}$$

löst. Zeigen Sie außerdem, daß $(W + g\,K^T K)^{-1}$ existiert, und daß demnach

$$(104) \quad q = (W + g\,K^T K)^{-1} W\hat{q} \quad \text{gilt.}$$

Damit ist nun das Whittaker-Verfahren einfach zu beschreiben.

Gegeben seien die Rohwerte $\hat{q}$. Man wähle dann eine Gewichte-Matrix W (häufig, wie bei der Spline-Ausgleichung empfohlen, werden die Reziproken der Standardabweichung gewählt), ein $g \in \mathbb{R}$ und ein $s \in \mathbb{N}$ (häufig s = 3). Mit der s-differenzierenden Matrix K ist dann der Ausdruck $(W + g\,K^T K)^{-1} W\hat{q}$ zu errechnen.

Aufgabe: 24.) Gleichen Sie die rohen Sterbewahrscheinlichkeiten von $\hat{q}_{20}$ bis $\hat{q}_{50}$ der österreichischen Sterbetafel von 59/61 nach dem Whittaker-Verfahren aus und ermitteln Sie die Anzahl der Rechenschritte.

2.3.4 Bewertung

Die ausgleichende Funktion soll zum einen die Meßwerte "möglichst gut" approximieren, zum anderen soll die ausgleichende Funktion "möglichst glatt"sein. Beide Forderungen werden sich in der Praxis widersprechen, denn je besser eine Funktion die rohen Sterbewahrscheinlichkeiten approximiert, um so größeren Schwankungen ist sie unterworfen.

Ein Maß für die Güte einer Approximation haben wir durch die Summe der Fehlerquadrate.

Bei einigen Ausgleichsmethoden ist dieses Maß bereits das Auswahl-
kriterium für die zu bestimmende Ausgleichsfunktion aus der Menge
der vorgegebenen, möglichen Auswahlfunktionen. Bei den Verfahren
hingegen, bei denen eine Auswahlfunktion f auf einem anderen Wege
ermittelt wurde, wie z.B. bei der Methode nach King-Hardy, kann
für eine Auswahlfunktion nachgeprüft werden, ob sie die Meßwerte
genügend gut approximiert, das heißt, falls die Fehlerquadrate als
Maßstab gewählt wurden, ob für ein gewähltes $c \in \mathbb{R}$ gilt

$$(105) \qquad \sum_{x=0}^{\omega} (\hat{q}_x - f(x))^2 \le c.$$

Aber auch bei der Ausgleichung nach der Methode der kleinsten Quadrate wird man testen müssen, ob das Minimum auch "klein" ist,

$$(106) \qquad \sum_{x=0}^{\omega} (\hat{q}_x - f(x))^2 \to \min \le c.$$

Ein weiteres Maß für die Güte einer Approximation sind die Momente.
Hierbei wird gefordert, daß die ersten k Momente der Ausgleichsfunktion und der Meßwerte übereinstimmen (s. (26)).

Bei den Ausgleichsmethoden nach den kleinsten Quadraten hatten wir
zur Ermittlung eines Minimums als notwendige Bedingung für eine
Ausgleichsfunktion mit den Parametern $a_o,\ldots,a_m$ gefordert

$$\sum_{i=0}^{n} \frac{\partial (y_i - f(x_i;a_o,\ldots,a_m))^2}{\partial a_o} = 0$$

$$\sum_{i=0}^{n} \frac{\partial (y_i - f(x_i;a_o,\ldots,a_m))^2}{\partial a_1} = 0$$

$$\vdots$$

$$\sum_{i=0}^{n} \frac{\partial (y_i - f(x_i;a_o,\ldots,a_m))^2}{\partial a_m} = 0.$$

Damit haben wir lediglich eine notwendige Bedingung. Ob eine so errechnete Funktion tatsächlich einen minimalen Wert liefert, können wir durch Anwendung des folgenden, aus der Analysis bekannten Satzes (Heuser, Teil 2, S. 312 [47]), ersehen.

Satz 3: Es sei $f : \mathbb{R}^m \to \mathbb{R}$ in einer Umgebung von $x_o \in \mathbb{R}^m$ als Funktion der Differentiationsklasse C^2 definiert. Wenn $f_{x_1}(x_o) = f_{x_2}(x_o) = \ldots = f_{x_m}(x_o) = 0$ gilt und wenn die Matrix

$$(108) \quad \left(f_{x_\mu x_\nu}(x_o) \right)_{1 \leq \mu, \nu \leq m}$$

definit ist, so hat f in x_o ein strenges relatives Extremum, und zwar ein Maximum, falls die Matrix negativ definit ist und ein Minimum, falls die Matrix positiv definit ist.

Beispiel: Wir wenden diesen Satz auf den in der Praxis häufig vorkommenden Fall an, daß die Werte $(1,y_1),(2,y_2),\ldots,(n,y_n)$ durch eine Gerade ausgeglichen werden. In diesem Fall gilt

$$f(x) = a_1 x + a_o$$

$$(108) \quad \frac{\partial f(x)}{\partial a_o} = 1 \qquad \frac{\partial f(x)}{\partial a_1} = x$$

Daher

$$(109) \quad \sum_{i=1}^{n} \frac{\partial^2 (y_i - (a_1 i + a_o))^2}{\partial^2 a_o} = 2n$$

$$(110) \quad \sum_{i=1}^{n} \frac{\partial^2 (y_i - (a_1 i + a_o))^2}{\partial^2 a_1} = 2 \sum_{i=1}^{n} i^2$$

$$(111) \quad \sum_{i=1}^{n} \frac{\partial^2 (y_i - (a_1 i + a_0))^2}{\partial a_0 \, \partial a_1} = 2 \sum_{i=1}^{n} i$$

Nach einem Definitheitskriterium für symmetrische Matrizen (Heuser, Teil 2, S. 309 [47]) genügt es, die folgende Determinante

$$(112) \quad D = \begin{vmatrix} 2n & 2\sum_{i=1}^{n} i \\ \\ 2\sum_{i=1}^{n} i & 2\sum_{i=1}^{n} i^2 \end{vmatrix}$$

zu untersuchen. Es gilt

Lemma 5: Für jedes $n > 1$ ist die Determinante D stets positiv definit.
Beweis: Übung.

Wegen $2n > 0$ und $D > 0$ gilt, daß die nach (17) gefundene Gerade tatsächlich die Meßwerte bestmöglich ausgleicht.

Aufgabe: 25.) Können Sie dieses Beispiel auf Polynome höheren Grades verallgemeinern?

Ein weiteres Maß für die Güte einer Approximation sind die Momente. Hierbei wird gefordert, daß die ersten k Momente der Ausgleichsfunktion und der Meßwerte übereinstimmen (s. (26)).
Analog (82) definieren wir

$$(113) \quad \begin{aligned} \delta^0 f(x) &= f(x) \\ \\ \delta^{n+1} f(x) &= \delta^n f(x+1) - \delta^n f(x) \end{aligned}$$

Als Maß der Glätte einer Funktion wählt man häufig die Größe der Summe der iterierten Differenzenquadrate. Eine Funktion sieht man als glatt an, wenn der Ausdruck

$$(114) \quad \sum_{i=0}^{n} (\delta^m f(x+i, a_0, \ldots, a_k))^2$$

klein ist für ein geeignetes m.

In dem Ausgleichsverfahren nach Whittacker-Henderson wird sowohl
ein Approximationsmaß als auch ein Glättemaß gewählt und die Ausgleichsfunktion ist so zu bestimmen, daß die Summe der beiden Maß-
werte minimal ist. Je nach Vorgabe, ob eine gute Approximation oder
ein glatter Funktionsverlauf gewünscht wird, können dann die Gewichte w_i bzw. g gewählt werden.

Aufgabe: 26.) Bestimmen wir für m = 3 die Glätte der in den vorangegangenen Aufgaben ermittelten Ausgleichsfunktionen.

2.4 STERBETAFELN

Die nach den in 2.1 dargestellten Methoden gewonnenen Sterbetafeln
nennt man Periodentafeln, da sie aufgrund der Sterblichkeit in
einer festen Periode ermittelt wurden. Für VU geben diese Periodentafeln (obwohl in Deutschland zur Tarifierung ausschließlich benutzt) allerdings nicht die Wirklichkeit wieder. So werden eher
weniger gesunde Menschen geneigt sein eine Lebensversicherung auf
den Todesfall abzuschließen, als es gesunde Menschen sind, umgekehrt werden AltersrentenV nicht von kränklichen Personen abgeschlossen. Gäbe es bei den VU keine Prüfung des Gesundheitszustan-
des der V-Lustigen, so entspräche die Sterbewahrscheinlichkeit im
Bestand des VU wahrscheinlich nicht den Sterbewahrscheinlichkeiten
einer Periodentafel, die aus den Beobachtungen der Sterblichkeit
der Gesamtbevölkerung ermittelt wurde. Die Abweichungen wären hier
für das VU negativ. Da aber die LVU vor jedem Antrag auf eine TodesfallV den Gesundheitszustand des Betreffenden prüfen, entsteht
der genau entgegengesetzte Effekt: Die Sterbewahrscheinlichkeit im
Bestand weicht zugunsten des VU von der Periodentafel ab.

Erfahrungen aus den VU zeigen, daß in den ersten Jahren nach Vertragsabschluß (mit einer Gesundheitsprüfung) die Sterbewahrscheinlichkeit gegenüber der Periodentafel absinkt. Dieser Prozeß hält
etwa 10 Jahre an, dann entwickelt sich die Sterbewahrscheinlichkeit
wie bei der Gesamtbevölkerung. Berücksichtigt man diese Selektionswirkung beim Aufstellen einer Sterbetafel, so hängt die Sterbewahrscheinlichkeit nicht vom Alter einer betreffenden Person ab, sondern
vielmehr müssen das Eintrittsalter der Person in die Versichertengesamtheit und die bereits in dieser Gesamtheit verbrachte Zeit berücksichtigt werden. Man benötigt Werte $q_{[x]+t}$, wobei x das Eintrittsalter und t die Verweildauer bedeutet. Derartige Tafeln nennt
man *Selektionstafeln* . Sie gehen über in eine *Schlußtafel* , die in der
Regel mit einer Periodentafel übereinstimmt.

Darüber hinaus besteht noch die Möglichkeit der Beobachtung eines
Geburtsjahrganges. Aufgrund der Absterbeordnung eines solchen beobachteten Jahrganges läßt sich ebenfalls eine Sterbetafel erstellen, die *Generationssterbetafel*.

Weiter unterscheidet man noch Sterbetafeln nach den Beständen, aus
denen heraus die rohen Sterbewahrscheinlichkeiten ermittelt wurden.
So unterscheidet man zwischen *Bevölkerungssterbetafeln* und *Versichertensterbetafeln*. Als *Allgemeine Sterbetafeln* bezeichnet man die Bevölkerungs-
tafeln, die aus einer Volkszählung hervorgingen.

Die in 2.3 vorgestellten Ausgleichsverfahren lassen sich selbstverständlich auch auf die anderen eindimensionalen Sterbetafeln anwen-
den. Für die Selektionstafeln hingegen können nur einige Methoden
sinnvoll verallgemeinert werden. Zur Spline-Interpolation zweidi-
mensionaler Sterbetafeln siehe etwa [18].

2.5 DIE STERBLICHKEIT ALS RECHNUNGSGRUNDLAGE

Wie beim Zins, so ist man auch bei der Wahl der Sterbetafel vorsichtig, um die dauernde Erfüllbarkeit der Vverträge garantieren
zu können. Für die TodesfallV wählt man daher eine Sterbetafel,
die veraltet ist (in der Annahme, daß die Sterbewahrscheinlichkeiten
sich seit Aufstellung der Sterbetafel eher verkleinert haben).
Für ErlebensfallV (Leibrenten) ist diese Sterbetafel dann allerdings unbrauchbar.

2.5.1 In Deutschland wird für die *TodesfallV* von den LVen fast ausschließlich die Allgemeine Deutsche Sterbetafel 60/62 verwendet.
Sie basiert auf der Volkszählung vom 6. Juni 1961 ([64]).

2.5.1.1 Ermittlung der Rohdaten.

Zunächst stand man vor dem Problem, welchen Zeitraum man um das
Jahr 1961 für die Ermittlung der Rohdaten festlegt. Man einigte
sich entsprechend dem Vorgehen bei den letzten drei Allgemeinen
Sterbetafeln auf einen 3-jährigen Beobachtungszeitraum, und zwar
auf die symmetrisch zum Volkszählungsstichtag gelegenen Jahre 1960,
1961 und 1962. Für den Beobachtungszeitraum sprach unter anderem
die annähernd gleichmäßige Verteilung der Wanderungen in den Jahren
1960/62 um den Stichtag der Volkszählung. Der Wanderungssaldo be-

trug nämlich 550.000 Personen vom 1.1.1960 bis 5.6.1961 und
524.000 Personen vom 6.6.1961 bis 31.12.1962, wobei die nach dem
13.8.1961 ausfallenden Ostflüchtlinge durch den erhöhten Zustrom
ausländischer Arbeitskräfte ausgeglichen worden sind [64].

Bei der Ermittlung der Rohdaten boten sich zwei Methoden an: Die
Geburtenjahrmethode und die Sterbejahrmethode.

Man entscheid sich wie bei den allgemeinen Sterbetafeln 1881/90,
1891/1900, 1901/1910 und 1924/26 für die Sterbejahrmethode. Die
Abweichungen gegenüber der Geburtsjahrmethode sind wie das nachstehende Bild zeigt, gering.

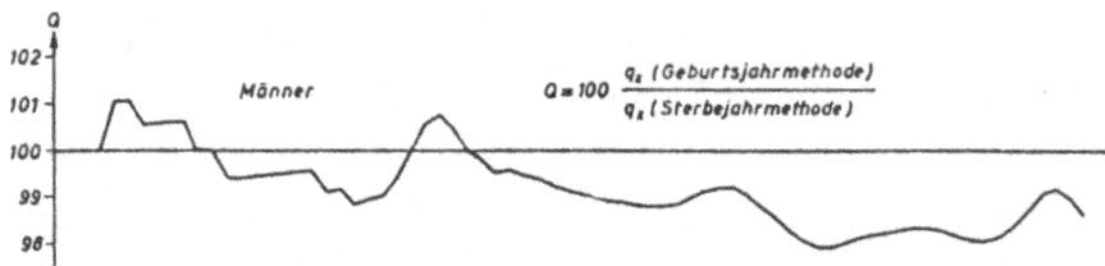

Abb. 8: Vergleich der nach der Geburtsjahrmethode und
der Sterbejahrmethode berechneten ausgeglichenen
Sterbewahrscheinlichkeiten 1960/62. Aus [64]
Münzer, zur ADSt 60/62, mit freundlicher Genehmigung des K. Trittsch Verlages

1.5.1.2 Ausgleichung der Rohdaten

Zunächst wurde gefordert, daß q_x im Intervall $\left[\hat{q}_x - 1,96 \sqrt{\dfrac{\hat{q}_x(1-\hat{q}_x)}{\text{\#}L_x}} \right.$,

$\left. \hat{q}_x + 1,96 \sqrt{\dfrac{\hat{q}_x(1-\hat{q}_x)}{L_x}} \right]$ liegt. Mit einer Irrtumswahrscheinlichkeit von

0,05 liegt der gesuchte Wert bei Normalverteilung in diesem Intervall.

Die Ausgleichung erfolgt nun wie im weiteren dargestellt [64]:

Alter 0 und Alter 1

$$q_x = \bar{q}_0, \quad q_1 = \bar{q}_1 \qquad \text{(keine Ausgleichung)}$$

Teilbereich A: $\quad 2 \leqq x \leqq x_{AB}$ (analytische Ausgleichung)

$$\ln q_x = \sum_{n=0}^{m_1} a_n x^n, \qquad m_1 \leqq 9$$

Teilbereich B: $\quad x_{AB} \leqq x \leqq x_{BC}$ (mechanische Ausgleichung)

$$q_x = g_0 \bar{q}_x + \sum_{n=0}^{k} g_n(\bar{q}_{x-n} + \bar{q}_{x+n}), \quad k \leqq 10; \quad g_0 + 2\sum_{n=0}^{k} g_n = 1$$

Teilbereich C: $\quad x_{BC} \leqq x \leqq 100$ (analytische Ausgleichung)

$$\ln\left[\ln \frac{1}{1-q_x}\right] = \sum_{n=0}^{m_2} b_n x^n, \qquad m_2 \leqq 9$$

Teilbereich A:

$$2 \leqq x \leqq 25, \quad m_1 = 7, \quad u = (x-25)/10$$

Die Parabel wurde aus $\bar{q}_x$ des Intervalls $2 \leqq x \leqq 26$ berechnet.

$$\ln q_x = -6{,}3845 - 0{,}043323\,u + 1{,}5908\,u^2 - 0{,}64283\,u^3$$

$$-12{,}455\,u^4 - 14{,}789\,u^5 - 6{,}3829\,u^6 - 0{,}95460\,u^7$$

Teilbereich B:

$$25 \leqq x \leqq 90, \quad k = 7; \quad \text{15-Punkt-Formel von Spencer}$$

$$q_x = \frac{1}{320}\Big[74\,\bar{q}_x + 67(\bar{q}_{x-1} + \bar{q}_{x+1}) + 46(\bar{q}_{x-2} + \bar{q}_{x+2})$$

$$+ 21(\bar{q}_{x-3} + \bar{q}_{x+3}) + 3(\bar{q}_{x-4} + \bar{q}_{x+4}) - 5(\bar{q}_{x-5} + \bar{q}_{x+5})$$

$$- 6(\bar{q}_{x-6} + \bar{q}_{x+6}) - 3(\bar{q}_{x-7} + \bar{q}_{x+7})\Big]$$

Teilbereich C:

$$90 \leqq x \leqq 100, \quad m_2 = 2, \quad u = (x-90)/10$$

Die Parabel wurde aus den q_x des Intervalls $85 \leqq x \leqq 101$ berechnet.

$$\ln[-\ln(1-q_x)] = -1,1166 + 0,80164\,u - 0,27543\,u^2$$

Die so gewonnene Sterbetafel ist auf der nächsten Seite abgebildet. Es handelt sich hier um die Allgemeine Deutsche Sterbetafel (ADSt) 60/62 Männer (M) bzw. (ADSt) 60/62 Frauen (F).

Die Lebensversicherer wollen aber auf der sicheren Seite sein. Sie modifizieren die Sterbetafel 60/62 wie folgt:

$$(115) \quad q_x^{mod} = \max(q_x + 0,0005, \; q_{x+1}).$$

Darüber hinaus wählen die meisten Lebensversicherer sowohl für Männer als auch für Frauen die modifizierten höheren Werte der Männertafel. Auch die ADSt 60/62 M mod ist in der folgenden Tabelle angegeben.

Die tatsächliche Sterbewahrscheinlichkeit in den Beständen der LVU liegt bei etwa 50 % der Sterbewahrscheinlichkeiten der ADSt 60/62 M mod. Diese Aussage stützt sich auf eine sehr grobe Ermittlungsmethode. Bei Feinuntersuchungen der Versichertensterblichkeit wird man allerdings auf eine Selektionstafel hinarbeiten, deren Erstellung allerdings einen erheblichen Aufwand erfordert. Eine ausführliche Darstellung der Problematik von Versichertensterbetafeln findet der Leser in [53].

2.5.2 Erlebensfallversicherung

In 2.5.1 haben wir gesehen, daß die ADSt 60/62 M mod mit einem Sicherungszuschlag "nach oben" versehen ist. Dieser Effekt ist natürlich bei Todesfallversicherungen erwünscht, da die höhere Ster-

Alter	Männer	Frauen	Männer	Alter	Männer	Frauen	Männer
x	60/62	60/62	mod	x	60/62	60/62	mod
0	35,33	27,78	35,83				
1	2,31	2,01	2,81	51	8,25	4,81	9,24
2	1,40	1,08	1,90	52	9,24	5,21	10,35
3	1,00	0,79	1,50	53	10,35	5,66	11,59
4	0,87	0,65	1,37	54	11,59	6,16	12,97
5	0,80	0,56	1,30	55	12,97	6,72	14,49
6	0,73	0,48	1,23	56	14,49	7,35	16,16
7	0,64	0,40	1,14	57	16,16	8,07	17,98
8	0,56	0,35	1,06	58	17,98	8,89	19,95
9	0,49	0,31	0,99	59	19,94	9,81	22,04
10	0,45	0,28	0,95	60	22,04	10,85	24,27
11	0,43	0,28	0,93	61	24,27	12,04	26,60
12	0,45	0,28	0,95	62	26,61	13,38	29,08
13	0,50	0,31	1,00	63	29,07	14,91	31,64
14	0,60	0,35	1,10	64	31,64	16,65	34,33
15	0,75	0,40	1,25	65	34,33	18,82	37,18
16	0,95	0,46	1,45	66	37,17	20,83	40,18
17	1,19	0,52	1,69	67	40,19	23,31	43,43
18	1,46	0,57	1,96	68	43,43	26,11	46,96
19	1,69	0,60	2,19	69	46,96	29,27	50,88
20	1,85	0,62	2,35	70	50,87	32,85	55,26
21	1,90	0,62	2,40	71	55,26	36,95	60,22
22	1,87	0,62	2,37	72	60,22	41,62	65,81
23	1,80	0,63	2,30	73	65,82	46,94	72,04
24	1,72	0,67	2,22	74	72,04	52,94	78,86
25	1,69	0,73	2,19	75	78,85	59,61	86,23
26	1,66	0,78	2,16	76	86,22	66,92	94,15
27	1,66	0,83	2,16	77	94,16	74,90	102,83
28	1,66	0,89	2,16	78	102,82	83,60	112,40
29	1,68	0,94	2,19	79	112,41	93,06	122,97
30	1,70	0,99	2,20	80	122,97	103,31	134,49
31	1,74	1,05	2,24	81	134,48	114,40	146,84
32	1,80	1,11	2,30	82	146,85	126,31	159,94
33	1,88	1,19	2,38	83	159,93	138,96	173,58
34	1,98	1,28	2,49	84	173,60	152,30	188,00
35	2,09	1,38	2,59	85	188,02	166,26	203,35
36	2,22	1,50	2,72	86	203,34	180,79	220,18
37	2,38	1,61	2,88	87	220,15	196,23	238,66
38	2,56	1,74	3,06	88	238,71	212,88	258,79
39	2,75	1,87	3,26	89	258,70	230,93	279,31
40	2,95	2,01	3,44	90	279,21	248,21	297,99
41	3,16	2,16	3,66	91	297,95	265,25	316,41
42	3,40	2,33	3,90	92	316,23	281,88	334,29
43	3,68	2,52	4,18	93	333,84	297,91	350,50
44	4,02	2,74	4,52	94	350,61	313,17	365,64
45	4,43	2,99	4,93	95	366,38	327,50	381,94
46	4,90	3,26	5,42	96	380,99	340,75	393,26
47	5,42	3,54	6,01	97	394,31	352,79	407,41
48	6,00	3,82	6,64	98	406,23	363,48	421,88
49	6,65	4,13	7,89	99	416,63	372,74	432,43
50	7,39	4,55	8,26	100	425,43	380,47	---

Tabelle 6: Sterbewahrscheinlichkeiten ($1000\,q_x$) der ADSt 60/62 Männer und Frauen und ADSt 60/62 M mod, Aus: [64] Münzer, Zur ADSt 60/62, mit freundlicher Genehmigung des K. Triltsch Verlages

bewahrscheinlichkeit eine Prämie in Richtung Sicherheit ergibt. Ganz anders ist die Situation bei Altersrentenversicherungen. Zwar wird in aller Regel auch hier eine Todesfalleistung fällig (Witwen- und Waisenrenten), doch überwiegt hier bei weitem das Erlebensfall- risiko. Rechnet man nun mit überhöhten Sterbewahrscheinlichkeiten, sind die Rentenbarwerte für die Altersrenten zu niedrig berechnet. Auch wenn man eine Sterbetafel verwendet, die keinen Sicherheits- zuschlag für eine Todesfallversicherung besitzt, sind diese Ster- bewahrscheinlichkeiten dennoch für Rentenversicherungen ungeeignet, unterstellt man, daß sich die Lebenserwartung der beobachteten Be- völkerung weiter verbessert. Unterstellt man weiter, daß vom Sam- meln der Rohdaten über das Erstellen einer Sterbetafel bis zum Fer- tigstellen eines Rententarifs mehrere Jahre vergehen, sind zum Zeitpunkt des Angebotes die Rechnungsgrundlagen veraltet. Auch wenn heute nicht mehr eine Verbesserung der jährlichen Überlebenswahr- scheinlichkeiten in allen Altersbereichen angenommen werden kann, wie es früher war, so ist dennoch ein Trend zur Verbesserung der jährlichen Überlebenswahrscheinlichkeiten heute noch zu beobachten.

2.5.2.1 Die Methode der Altersverschiebung nach Rueff [73].

Ausgegangen wird von n vielen Periodensterbetafeln der Vergangenheit. Rueff benutzte hierzu die

ADSt 1870/81:   Allgemeine Deutsche Sterbetafel 1870/71 bis 1880/81
(zeitlicher Mittelpunkt des Beobachtungszeitraumes 1876,0)

ADSt 1881/90:   Allgemeine Deutsche Sterbetafel 1881/90
(zeitlicher Mittelpunkt des Beobachtungszeitraumes 1886,0)

ADSt 1891/00:   Allgemeine Deutsche Sterbetafel 1891/1900
(zeitlicher Mittelpunkt des Beobachtungszeitraumes 1896,0)

ADSt 1901/10:   Allgemeine Deutsche Sterbetafel 1901/10
(zeitlicher Mittelpunkt des Beobachtungszeitraumes 1906,0)

ADSt 1924/26:   Allgemeine Deutsche Sterbetafel 1924/26
(zeitlicher Mittelpunkt des Beobachtungszeitraumes 1925,5)

ADSt 1932/34:   Allgemeine Deutsche Sterbetafel 1932/34
                 (zeitlicher Mittelpunkt des Beobachtungszeitraumes
                 1933,5)

ADSt 1949/51:   Allgemeine Sterbetafel für die Bundesrepublik Deutsch-
                 land 1949/51
                 (zeitlicher Mittelpunkt des Beobachtungszeitraumes
                 1950,5)

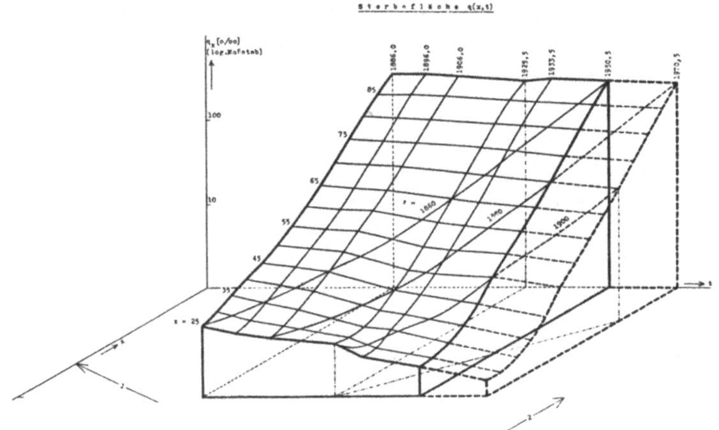

Abb. 9: Aus Periodensterbetafeln erstellte Sterbefläche.
        Aus: [73] F. Rueff, Ableitungen von Sterbetafeln für
        die RentenV und sonstigen V mit Erlebensfallcharakter,
        mit freundlicher Genehmigung des K. Triltsch Verlages.

Verwendet wurden hier nur die für die RentenV relevanten Bereiche
mit $x \geq 25$. In diesem Bereich sind die Sterbewahrscheinlichkeiten
für alle betrachteten Sterbetafeln monoton steigend.

Es sei $q_x^{t_\nu}$ die Sterbewahrscheinlichkeit eines x-Jährigen nach der
t_ν-ten Sterbetafel (chronologische Ordnung). Für jedes x (nach Rueff:
für jedes $x \equiv 0 \mod 5$) werden die $q_x^{t_\nu}$, $1 \leq \nu \leq n$, durch eine Gerade

$$(116) \quad f(x,t) = F(x) \cdot t + B(x)$$

nach der Methode der kleinsten Quadrate so ausgeglichen, daß

$$(117) \quad f(x, t_n) = q_x \cdot t_n$$

Durch (117) wird den aktuellsten Werten eine große Bedeutung verliehen; da die Werte der Sterbetafeln ausgeglichen sind, können "Ausreißer" kaum das Bild verfälschen.

Nehmen wir nun eine Transformation der Zeitskala so an, daß der Mittelpunkt des letzten Beobachtungszeitraumes nach O verschoben wird (in unserem Beispiel 1950,5), dann erhalten wir mit (117)

$$(118) \quad B(x) = q_x^n.$$

Es ist dann die folgende Aufgabe zu lösen:

$$(119) \quad \sum_{\nu=1}^{n} (F(x) \cdot t_\nu + q_x^n - q_x^{t_\nu})^2 \to \min.$$

Mit

$$(120) \quad \sum_{\nu=1}^{n} t_\nu \left(F(x)\, t_\nu + q_x^{t_n} - q_x^{t_\nu} \right) = 0$$

erhalten wir dann

$$(121) \quad F(x) = \frac{\sum\limits_{\nu=1}^{n} t_\nu \left(q_x^{t_\nu} - q_x^{t_n} \right)}{\sum\limits_{\nu=1}^{n} t_\nu^2}.$$

F(x) gibt nun die mittlere Änderung der Sterbewahrscheinlichkeit für x-jährige Männer in dem betrachteten Zeitraum an, dem Zeitintervall zwischen der ältesten und der neuesten Sterbetafel.

Aufgabe: 27.) Schreiben Sie ein Programm, mit dem Sie die mittlere Änderung der Sterbewahrscheinlichkeit aus verschiedenen Sterbetafeln ermitteln können.

28.) Geben Sie einen Ausdruck entsprechend (121) für die mittlere zeitliche Änderung F(x) an, wenn (117) nicht gilt.

Da wir nun die mittlere Änderung der Sterbewahrscheinlichkeit im
Zeitintervall kennen, werden wir von den zuletzt gewonnenen Werten
$q_x^{t_n}$ für jedes Jahr t nach dem Mittelpunkt des letzten Beobachtungszeitraumes die Sterbewahrscheinlichkeit q_x^t wie folgt extrapolieren:

$$(122) \quad q_x^t = F(x) \cdot t + q_x^{t_n},$$

wobei t die Anzahl der Jahre nach dem Mittelpunkt angibt. Wir können somit für jedes Jahr t nach dem Mittelpunkt eine Periodensterbetafel erstellen.

Der Ausdruck "... für jedes Jahr t ..." im letzten Satz hat gewiß
dort seine Grenze, wo q_x^t negativ wird, was gewiß geschieht, wenn
eine Verbesserung der Sterbewahrscheinlichkeiten beobachtet wurde.
Sicherlich wird man auch nicht bis zu dieser Grenze gehen können,
da das nach endlich vielen Jahren zur Unsterblichkeit der Menschheit führte. Die letzten Sterblichkeitsuntersuchungen haben ergeben, daß die Sterblichkeitsbesserung sich nicht in allen Altersbereichen fortgesetzt hat, teilweise war die Sterblichkeitsentwicklung
in einigen Bereichen rückläufig (zu gutes Leben!? - Herzkrankheiten?).
Es hat den Anschein, als ob sich die großen Erfolge bei der Sterblichkeitsbesserung der letzten 100 Jahre derzeit nicht fortsetzen.
Lediglich in einigen Bereichen (z.B. bei Säuglingen) konnten noch
Fortschritte beobachtet werden.

Die Extrapolation wird demzufolge nur für wenige Jahre nach dem
Mittelpunkt des letzten Beobachtungszeitraumes sinnvoll sein. Anwendbar ist dieses Verfahren nur, wenn ein abnehmbarer Trend der
Sterbewahrscheinlichkeiten festgestellt wird. Ermittelt man einen
steigenden Trend der Sterbewahrscheinlichkeit über einen (möglicherweise zu kurzen) Beobachtungszeitraum, so extrapoliert man für die
Zukunft Sterbewahrscheinlichkeiten, die zu hoch sind und somit zu
unzureichenden Prämien führen.

Die Untersuchungen von Rueff haben ergeben, daß die mittlere Änderung der Sterbewahrscheinlichkeit F(x) dem Betrage nach vom
25-sten Lebensjahr bis etwa zum 40-sten Lebensjahr steigt und dann
monoton bis Null beim Endalter 100 fällt.

Wir haben nun für jedes Jahr im Extrapolationsbereich eine Perio-
densterbetafel. Diese Sterbetafeln aber sind noch nicht ausreichend.
Schließt z.B. ein heute x-Jähriger eine RentenV ab, so kann seine
Sterbewahrscheinlichkeit richtig mit q_x^t angegeben werden. Seine

Sterbewahrscheinlichkeit in n Jahren aber, die zur Berechnung der
Prämie und der Reserve benötigt wird, ist nicht q_{x+n}^t aus der gleichen Periodensterbetafel, sondern q_{x+n}^{t+n}. Benötigt werden demnach die
Sterbewahrscheinlichkeiten seiner Generation. Durch Diagonalisierung
müssen aus der Menge der Periodensterbetafeln nun Generationssterbe-
tafeln ermittelt werden.
Man kann dann mit der Tarifierung beginnen, muß aber den Nachteil
in Kauf nehmen, daß für jede Generation eine Sterbetafel erstellt
und gespeichert werden muß, oder daß sämtliche extrapolierten Werte gespeichert werden, um die künftigen Sterbewahrscheinlichkeiten
zur Verfügung zu haben.

Rueff verglich die einzelnen Generationensterbetafeln graphisch.
Dabei stellte er fest, daß durch geeignete Altersverschiebungen
(Transpositionen in Richtung der Abszisse) die Sterbetafeln nahezu
vollständig ineinander übergeführt werden konnten. Ein weiterer
Vergleich mit der ADSt 49/51 und den einzelnen Generationstafeln
ergab das gleiche Ergebnis.

Diese Ergebnisse sind nicht überraschend, wenn man die "Sterbefläche" der Abb. 9 betrachtet. Sowohl die Perioden als auch die
Generationensterbetafeln sind im logarithmischen Maßstab (fast) Geraden.

Das bedeutet nun, daß sämtliche Generationensterbetafeln (die wir
hier betrachten) durch die ADSt 49/51 approximiert werden können,
wenn wir das Geburtsjahr der betreffenden Generation verschieben.
Die notwendigen Verschiebungen $\Delta\tau$ der Generation τ beobachtete
Rueff wie folgt:

Geburtsjahrgang	Männer	Frauen
1865	0,15-0,20	0,20-0,25
1875	0,40-0,50	0,45-0,55
1885	0,95-1,05	1,00-1,05
1895	1,50-1,60	1,50-1,60
1905	2,10-2,20	2,10-2,20
1915	2,95-3,05	2,90-3,00
1925	3,90-4,00	3,85-3,95
(1945	5,80-6,20	5,80-6,20)

Tabelle 7: Beobachtete Altersverschiebungen

Rueff suchte dann einen analytischen Ausdruck für $\Delta\tau$, so daß $\Delta\tau$
den Bedingungen der obigen Tabelle genügte. Daraus errechnete er
dann die Altersverschiebung für die Generationen der Jahrgänge 1850
bis 1980 nach der Tabelle 8.

Wenn ein VU alle Mitarbeiter eines Unternehmens nach der eben beschriebenen Methode versichert (d.h. diese Rechnungsgrundlagen
wählt), wird es vermutlich mit ausreichenden Rechnungsgrundlagen kalkuliert haben, nicht aber bei der Versicherung einzelner Personen.
Hier werden nur die Personen eine RentenV kaufen, die sich gesund
fühlen. Es findet eine Selektion statt.

Es wurden nun die in einigen Jahren beobachteten Sterbewahrscheinlichkeiten des Rentnerbestandes eines LVU verglichen mit den inter-
polierten Werten der jeweils benachbarten Periodensterbetafeln. Wieder ergab sich, daß die im Bestand beobachteten Sterbewahrscheinlichkeiten durch eine Altersverschiebung mit den Periodensterbetafeln zur Deckung gebracht werden konnten. Die Unterschiede zwischen
Bestands- und Bevölkerungssterblichkeit wurden aber mit jeder neuen
Beobachtung kleiner, damit verringerte sich auch die Altersverschiebung. Im Jahre 1950 betrug die notwendige Altersreduktion 1,7
Jahre. Aus Sicherheitsgründen und da die beobachteten Bestände klein
im Verhältnis zur Gesamtbevölkerung waren, wurde eine Altersreduktion von 2 Jahren vorgeschlagen. Diese Altersreduktion nennt man
Selektionsabschlag.

In der nachfolgenden Tabelle 9 sind die Sterbewahrscheinlichkeiten
der ADSt 49/51 Männer und Frauen angegeben.

Hilfstabelle zur Herleitung von $\Delta\tau$-Generationensterbetafeln durch
Altersverschiebung aus einer Periodensterbetafel

$T-\tau$ Jahre	Jahre	$\Delta\tau$ Jahre	Monate	$T-\tau$ Jahre	Jahre	$\Delta\tau$ Jahre	Monate	$T-\tau$ Jahre	Jahre	$\Delta\tau$ Jahre	Monate
− 30	16,783	16	9	+ 15	5,310	5	4	+ 60	1,239	1	3
− 29	16,378	16	5	+ 16	5,166	5	2	+ 61	1,188	1	2
− 28	15,982	16	0	+ 17	5,026	5	0	+ 62	1,138	1	2
− 27	15,596	15	7	+ 18	4,888	4	11	+ 63	1,089	1	1
− 26	15,218	15	3	+ 19	4,754	4	9	+ 64	1,042	1	1
− 25	14,849	14	10	+ 20	4,623	4	7	+ 65	0,995	1	0
− 24	14,488	14	6	+ 21	4,495	4	6	+ 66	0,950	0	11
− 23	14,136	14	2	+ 22	4,370	4	4	+ 67	0,906	0	11
− 22	13,791	13	9	+ 23	4,248	4	3	+ 68	0,862	0	10
− 21	13,454	13	5	+ 24	4,129	4	2	+ 69	0,820	0	10
− 20	13,125	13	2	+ 25	4,012	4	0	+ 70	0,778	0	9
− 19	12,804	12	10	+ 26	3,898	3	11	+ 71	0,738	0	9
− 18	12,490	12	6	+ 27	3,786	3	9	+ 72	0,698	0	8
− 17	12,183	12	2	+ 28	3,677	3	8	+ 73	0,660	0	8
− 16	11,882	11	11	+ 29	3,571	3	7	+ 74	0,622	0	7
− 15	11,589	11	7	+ 30	3,467	3	6	+ 75	0,585	0	7
− 14	11,303	11	4	+ 31	3,365	3	4	+ 76	0,549	0	7
− 13	11,023	11	0	+ 32	3,266	3	3	+ 77	0,514	0	6
− 12	10,749	10	9	+ 33	3,169	3	2	+ 78	0,479	0	6
− 11	10,482	10	6	+ 34	3,074	3	1	+ 79	0,445	0	5
− 10	10,220	10	3	+ 35	2,981	3	0	+ 80	0,413	0	5
− 9	9,965	10	0	+ 36	2,891	2	11	+ 81	0,380	0	5
− 8	9,715	9	9	+ 37	2,802	2	10	+ 82	0,349	0	4
− 7	9,471	9	6	+ 38	2,715	2	9	+ 83	0,318	0	4
− 6	9,233	9	3	+ 39	2,631	2	8	+ 84	0,288	0	3
− 5	9,000	9	0	+ 40	2,548	2	7	+ 85	0,259	0	3
− 4	8,772	8	9	+ 41	2,467	2	6	+ 86	0,230	0	3
− 3	8,550	8	7	+ 42	2,388	2	5	+ 87	0,202	0	2
− 2	8,333	8	4	+ 43	2,311	2	4	+ 88	0,175	0	2
− 1	8,120	8	1	+ 44	2,236	2	3	+ 89	0,148	0	2
0	7,912	7	11	+ 45	2,162	2	2	+ 90	0,122	0	1
+ 1	7,710	7	9	+ 46	2,090	2	1	+ 91	0,096	0	1
+ 2	7,511	7	6	+ 47	2,020	2	0	+ 92	0,072	0	1
+ 3	7,318	7	4	+ 48	1,951	1	11	+ 93	0,047	0	1
+ 4	7,128	7	2	+ 49	1,884	1	11	+ 94	0,023	0	0
+ 5	6,943	6	11	+ 50	1,818	1	10	+ 95	0,000	0	0
+ 6	6,762	6	9	+ 51	1,754	1	9	+ 96	0,000	0	0
+ 7	6,586	6	7	+ 52	1,692	1	8	+ 97	0,000	0	0
+ 8	6,413	6	5	+ 53	1,630	1	8	+ 98	0,000	0	0
+ 9	6,244	6	3	+ 54	1,570	1	7	+ 99	0,000	0	0
+ 10	6,079	6	1	+ 55	1,512	1	6	+ 100	0,000	0	0
+ 11	5,918	5	11	+ 56	1,455	1	5				
+ 12	5,761	5	9	+ 57	1,399	1	5				
+ 13	5,607	5	7	+ 58	1,344	1	4				
+ 14	5,457	5	5	+ 59	1,291	1	3				

T = Jahr, für das die Periodensterbetafel konstruiert ist
$\Delta\tau$ = Altersverschiebung
τ = Geburtsjahrgang

Tabelle 8: Aus: [73] F. Rueff, Ableitungen von Sterbetafeln für die RentenV und sonstige V mit Erlebensfallcharakter, mit freundlicher Genehmigung des K. Triltsch Verlages

Alter	Männer	Frauen	Alter	Männer	Frauen
x	49/51	49/51	x	49/51	49/51
0	61,77	49,09			
1	4,16	3,60	51	9,26	5,93
2	2,46	2,15	52	10,04	6,42
3	1,94	1,64	53	10,87	6,92
4	1,53	1,27	54	11,76	7,48
5	1,21	0,99	55	12,75	8,13
6	1,02	0,82	56	13,70	8,90
7	0,04	0,63	57	14,88	9,75
8	0,79	0,58	58	16,07	10,66
9	0,75	0,52	59	17,39	11,70
10	0,70	0,47	60	18,91	12,91
11	0,69	0,46	61	20,58	14,37
12	0,70	0,48	62	22,37	16,03
13	0,78	0,52	63	24,33	17,85
14	0,88	0,59	64	26,55	19,89
15	1,04	0,68	65	29,06	22,24
16	1,18	0,78	66	31,78	24,97
17	1,36	0,86	67	34,68	28,01
18	1,55	0,96	68	37,88	31,30
19	1,73	1,06	69	41,54	34,96
20	1,88	1,15	70	45,79	39,11
21	1,98	1,23	71	50,58	43,86
22	2,07	1,27	72	55,79	49,13
23	2,13	1,30	73	61,54	54,87
24	2,19	1,32	74	67,93	61,16
25	2,23	1,35	75	75,08	68,11
26	2,26	1,39	76	82,89	75,82
27	2,25	1,44	77	91,29	84,33
28	2,25	1,51	78	100,42	93,59
29	2,25	1,58	79	110,40	103,51
30	2,28	1,65	80	121,37	114,02
31	2,35	1,72	81	133,31	125,03
32	2,43	1,79	82	146,13	136,34
33	2,53	1,85	83	159,85	147,99
34	2,64	1,92	84	174,52	160,31
35	2,76	1,99	85	190,15	173,62
36	2,88	2,08	86	206,62	188,26
37	3,00	2,19	87	222,61	203,75
38	3,14	2,29	88	240,70	220,98
39	3,31	2,41	89	260,61	239,91
40	3,52	2,55	90	282,56	259,16
41	3,77	2,73	91	302,29	279,14
42	4,03	2,93	92	318,80	294,28
43	4,34	3,15	93	335,31	309,41
44	4,71	3,40	94	351,83	324,54
45	5,16	3,68	95	368,34	339,67
46	5,71	3,98	96	384,85	354,81
47	6,33	4,31	97	401,36	369,94
48	7,02	4,66	98	417,88	385,07
49	7,75	5,04	99	434,39	400,21
50	8,50	5,46	100	450,90	413,35

Tabelle 9: ADSt 49/51 Männer und Frauen

Aufgabe: 29.) Ein VU berechnet das Alter eines VN durch Rundung auf die nächste ganze Zahl zum Zeitpunkt des Vertragsbeginns. Das *technische Beitrittsalter* ist das Alter, das sich durch Anwendung der Rueff'schen Altersverschiebung, der Altersverschiebung durch Selektionsabschlag und anschließender Rundung ergibt. Schreiben Sie ein Programm zur Bestimmung des technischen Eintrittsalters bei Vertragsbeginn (Vertragsbeginne sollen stets die Monatsersten sein).

30.) Errechnen Sie aus den Sterbewahrscheinlichkeiten der ADSt 60/62 mod M, ADSt 49/51 M bzw. F die Folgen $(l_x)_{x \leq \omega}$ und $(d_x)_{x \leq \omega}$.

2.5.3 Die in 2.5.1 und 2.5.2 vorgestellten und in Deutschland heute noch verwendeten Sterbetafeln sind in einigen Bereichen überholt. Zwar hat sich die Sterblichkeitsbesserung in den Jahren seit 1960 nicht in dem Maße fortgesetzt wie in dem Zeitraum von 1870 bis 1960, doch hat es auch noch 1960 in einigen Altersbereichen noch Senkungen der Sterbewahrscheinlichkeiten gegeben. Man wird daher wohl überprüfen müssen, ob nicht neuere Sterbetafeln zu wesentlich anderen Ergebnissen führen als die ADSt 60/62 M mod. Die neuesten Ergebnisse der Sterblichkeitsmessung in der Bundesrepublink Deutschland sind in der Sterbetafel 81/83 enthalten. Diese Tafel hat allerdings den Mangel, daß sie nicht auf einer Volkszählung basiert, sondern das Ergebnis einer Stichprobe ist. Diese Sterbetafel ist in Tabelle 10 a (Männer) bzw. 10 b (Frauen) gegeben.

Vollende-tes Alter	Sterbewahr-scheinlich-keit vom Alter x bis x+1	Überleben-de im Alter x	Vollende-tes Alter	Sterbewahr-scheinlich-keit vom Alter x bis x+1	Überleben-de im Alter x
x	q_x	l_x	x	q_x	l_x
0	0,01213226	100.000			
1	0,00091589	98.787	46	0,00469583	92.911
2	0,00057430	98.696	47	0,00523082	92.475
3	0,00050285	98.640	48	0,00571624	91.991
4	0,00040310	98.590	49	0,00634575	91.465
5	0,00039754	98.550	50	0,00724499	90.885
6	0,00032312	98.511	51	0,00781496	90.226
7	0,00035841	98.479	52	0,00870438	89.521
8	0,00031150	98.444	53	0,00932501	88.742
9	0,00027938	98.413	54	0,01017901	87.915
10	0,00025488	98.386	55	0,01095466	87.020
11	0,00027319	98.361	56	0,01198378	86.066
12	0,00026466	98.334	57	0,01309530	85.035
13	0,00031031	98.308	58	0,01456497	83.921
14	0,00036276	98.277	59	0,01601074	82.699
15	0,00048511	98.242	60	0,01741189	81.375
16	0,00082166	98.194	61	0,01973137	79.958
17	0,00105515	98.113	62	0,02126563	78.380
18	0,00147921	98.010	63	0,02335809	76.714
19	0,00154949	97.865	64	0,02433640	74.922
20	0,00145855	97.713	65	0,02749667	73.098
21	0,00141590	97.571	66	0,03061327	71.088
22	0,00130970	97.433	67	0,03295579	68.912
23	0,00130832	97.305	68	0,03710807	66.641
24	0,00121158	97.178	69	0,04011018	64.168
25	0,00121185	97.060	70	0,04481539	61.594
26	0,00119590	96.942	71	0,04994516	58.834
27	0,00120025	96.826	72	0,05495010	55.896
28	0,00125629	96.710	73	0,06078031	52.824
29	0,00127112	96.589	74	0,06710213	49.613
30	0,00131433	96.466	75	0,07441279	46.284
31	0,00136355	96.339	76	0,08076881	42.840
32	0,00141963	96.208	77	0,08816341	39.380
33	0,00137606	96.071	78	0,09612435	35.908
34	0,00153644	95.939	79	0,10429691	32.456
35	0,00161291	95.791	80	0,11393508	29.071
36	0,00175098	95.637	81	0,12585047	25.759
37	0,00201334	95.470	82	0,13578462	22.517
38	0,00223865	95.277	83	0,14473145	19.460
39	0,00241605	95.064	84	0,15871776	16.643
40	0,00263779	94.834	85	0,16814675	14.002
41	0,00302721	94.584	86	0,18184003	11.647
42	0,00321130	94.298	87	0,19713247	9.529
43	0,00347432	93.995	88	0,20343573	7.651
44	0,00389077	93.668	89	0,21702004	6.094
45	0,00421091	93.304	90	1,00000000	4.772

Tabelle 10 a (Männer)

Aus: Wirtschaft und Statistik 1984, Kohlhammer Verlag

Vollende-tes Alter	Sterbewahr-scheinlich-keit vom Alter x bis x+1	Überleben-de im Alter x	Vollende-tes Alter	Sterbewahr-scheinlich-keit vom Alter x bis x+1	Überleben-de im Alter x
x	q_x	l_x	x	q_x	l_x
0	0,00958935	100.000			
1	0,00080247	99.041	46	0,00237097	96.020
2	0,00050792	98.962	47	0,00261035	95.792
3	0,00037418	98.911	48	0,00281930	95.542
4	0,00031235	98.874	49	0,00316568	95.273
5	0,00028971	98.843	50	0,00343480	94.971
6	0,00026400	98.815	51	0,00384998	94.645
7	0,00023771	98.789	52	0,00406365	94.281
8	0,00018601	98.765	53	0,00450819	93.897
9	0,00017816	98.747	54	0,00488642	93.474
10	0,00018059	98.729	55	0,00516395	93.017
11	0,00017804	98.711	56	0,00576105	92.537
12	0,00019984	98.694	57	0,00616895	92.004
13	0,00018400	98.674	58	0,00675198	91.436
14	0,00023339	98.656	59	0,00732009	90.819
15	0,00033546	98.633	60	0,00828854	90.154
16	0,00039658	98.600	61	0,00934064	89.407
17	0,00046759	98.561	62	0,00991262	88.572
18	0,00053443	98.515	63	0,01097661	87.694
19	0,00050309	98.462	64	0,01165835	86.731
20	0,00045978	98.412	65	0,01309598	85.720
21	0,00048370	98.367	66	0,01453981	84.598
22	0,00043443	98.320	67	0,01602729	83.368
23	0,00047790	98.277	68	0,01781416	82.031
24	0,00046867	98.230	69	0,01978123	80.570
25	0,00047786	98.184	70	0,02218920	78.976
26	0,00053124	98.137	71	0,02522679	77.224
27	0,00054236	98.085	72	0,02854526	75.276
28	0,00054803	98.032	73	0,03258220	73.127
29	0,00059186	98.978	74	0,03672610	70.744
30	0,00064907	98.920	75	0,04225968	68.146
31	0,00068178	97.856	76	0,04730994	65.266
32	0,00071705	97.790	77	0,05318697	62.179
33	0,00073728	97.720	78	0,05994751	58.872
34	0,00084188	97.648	79	0,06773916	55.342
35	0,00093273	97.565	80	0,07551442	51.593
36	0,00104077	97.474	81	0,08542677	47.697
37	0,00108025	97.373	82	0,09436007	43.623
38	0,00120713	97.268	83	0,10609643	39.507
39	0,00128709	97.150	84	0,11803594	35.315
40	0,00139800	97.025	85	0,13058721	31.147
41	0,00144830	96.890	86	0,14452168	27.079
42	0,00165538	96.749	87	0,15774701	23.166
43	0,00176833	96.589	88	0,17449925	19.511
44	0,00197898	96.418	89	0,19113948	16.107
45	0,00215783	96.228	90	1.00000000	13.028

Tabelle 10 b (Frauen)

Aus Wirtschaft und Statistik 1984, Kohlhammer Verlag

2.6 HISTORISCHE BEMERKUNGEN

Die ersten bekannten Versuche, die Entwicklung der Bevölkerung zu quantifizieren, stammen von dem Praefectus praetorio Ulpianus (170-228) [48].

Aus der Neuzeit ist zunächst das Werk von John Graunt zu nennen [33]. Diesem Werk entnehmen wir, daß bereits Ende des sechzehnten Jahrhunderts sporadisch, ab Beginn des siebzehnten Jahrhunderts regelmäßig wöchentlich die in London und Umgebung Verstorbenen registriert wurden. Es wurde dabei unterschieden nach Geschlecht, Wohnort und Todesursache. Die wöchentlichen Todesregister wurden am Jahresende aggregiert, wobei allerdings nicht auf ein volles Kalenderjahr abgegrenzt wurde.

Man versuchte, mit diesem Register einen genauen Eindruck von den Todesursachen zu gewinnen. Die Gliederung nach Todesursachen für das Jahr 1632 ist in Tabelle 11 dargestellt.

Graunt stellte nun aufgrund dieser Zahlen und der Anzahl der Taufen Überlegungen an, wie sich die Bevölkerung Londons entwickeln wird.

Allerdings sind diese Zahlen nur begrenzt brauchbar, wenn man Aussagen über die Entwicklung der Londoner Bevölkerung oder gar der Bevölkerung eines Landes erhalten möchte. Die Londoner Bevölkerung war und ist besonderen Einflüssen ausgesetzt, so daß Verallgemeinerungen nicht zulässig sind. So bemerkte schon Graunt den Einfluß der Wanderung auf die Londoner Bevölkerungsstruktur.

Darüber hinaus fehlen bei dieser Betrachtung die Bezugszahlen über den Bevölkerungsbestand. Damit sind Aussagen über die Wahrscheinlichkeit für einen x-Jährigen, im folgenden Jahr zu sterben, aus diesem Zahlenmaterial nicht zu gewinnen.

Diese Mängel der Graunt'schen Untersuchungen erkannte auch schon der englische Mathematiker und Astronom Edmund Halley (1656-1742, bekannt durch den von ihm entdeckten und nach ihm benannten Kometen) als er schrieb [38]:

THE DISEASES AND CASUALTIES THIS YEAR, BEING 1632.

A Bortive and Stilborn	415	Falling Sickness	17
Affrighted	1	Fever	1108
Aged	628	Fistula	13
Ague	43	Flox and Small Pox	531
Apoplex and Meagrim	17	French Pox	12
Bit with a mad Dog	1	Gangrene	5
Bleeding	3	Gout	4
Bloody flux, Scowring, and flux	348	Grief	11
		Jaundies	43
Bruised, Iffues, Sores, and Ulcers	28	Jaw-faln	78
Burnt and Scalded	5	Imposthume	44
Burst and Rupture	9	Kill'd by feveral accidents	6
Cancer and Wolf	10	King's Evil	38
Canker	1	Lethargy	2
Childbed	171	Livergrown	87
Chrisomes and Infants	2268	Lunatick	5
Cold and Cough	55	Made away themselves	15
Colick, Stone, and Strangury	56	Measles	80
Consumption	1797	Murthered	7
Convulsion	241	Overlaid, and starved at Nurse	7
Cut of the Stone	5	Palsie	25
Dead in the street, and starved	6	Piles	1
		Plague	3
Dropsie and Swelling	267	Planet	13
Drowned	4	Pleuresie and Spleen	36
Executed and Prest to death	38	Purples and Spotted Fever	38
Quinsie	7	Teeth	470
Rising of the Lights	98	Thurth and Sore-mouth	40
Sciatica	11	Tympany	13
Scurvy and Itch	9	Tissick	34
Suddenly	62	Vomiting	1
Surfet	86	Worms	27
Swine Pox	6		

Christned	Males	4994		Buried	Males	4932
	Females	4590			Females	4603
	In all	9584			In all	9535

Tabelle 11: Aus: [33] John Graunt, Natural and Political Observations ... 1676

*"But the Deduction from those Bills of Mortality feemed even to
their Authors to be defective: First, in that the Number of the
People was wanting. Secondly, That the Ages of the People dying was
not to be had. And Lastly, That both London and Dublin by reason
of the great and casual Acceffion of Strangers who die therein,
(as appeard in both, by the great Excess of being Standards for
this purpose; which requires, if it were possible, that the People
we treat of should not at all be changed, but die where they were
born, without any Adventitious Increase from Abroad, or Decay by
Migration elsewhere.*

*This Defect feems in a great measure to be satisfied by the late
curious Tables of the Bills of Mortality at the City of Breflaw,
lately communicated to this Honourable Society by Mr. Justell,
wherein both the Ages an Sexes of all that die are monthly delivered,
and compared with the number of the Births, for Five Years last
past, viz. 1687, 88, 89, 90, 91, feeming to be done with all the
Exactness and Sincerity possible."*

Im weiteren beschrieb er die Vorzüge der Stadt Breslau im allgemeinen und zur Erstellung einer Sterbetafel im besonderen. Aus seinen Untersuchungen über die Bevölkerungsentwicklung in den Jahren
1687 bis 1691 ging die erste bekannte Sterbetafel hervor.

Age. Curt	Per- sons	Age. Curt	Per- sons	Age. Curt	Per- sons	Age. Curt	Per- sons	Age. Curt	Per- sons	Age. Curt	Per- sons
1	1000	8	680	15	628	22	586	29	539	36	481
2	855	9	670	16	622	23	579	30	531	37	472
3	798	10	661	17	616	24	573	31	523	38	463
4	760	11	653	18	610	25	567	32	515	39	454
5	732	12	646	19	604	26	560	33	507	40	445
6	710	13	640	20	598	27	553	34	499	41	436
7	692	14	634	21	592	28	546	35	490	42	427
Age. Curt	Per- sons	Age. Curt	Per- sons	Age. Curt	Per- sons	Age. Curt	Per- sons	Age. Curt	Per- sons	Age. Curt	Per- sons
43	417	50	346	57	272	64	202	71	131	78	58
44	407	51	335	58	262	65	192	72	120	79	49
45	397	52	324	59	252	66	182	73	109	80	41
46	387	53	313	60	242	67	172	74	98	81	34
47	377	54	302	61	232	68	162	75	88	82	28
48	367	55	292	62	222	69	152	76	78	83	23
49	357	56	282	63	212	70	142	77	68	84	20

Tabelle 12

Aus: [38] E. Halley, An Estimate of the Degrees of the
Mortality ..., 1693

- 130 -

Rund 50 Jahre später erstellte der holländische Mathematiker Struyck
(1687-1769) in seinem Werk "Inbiding tot de Algemeene Geographie
benevens eenige Sterrekundige en andere Verhandelingen" [86], in
dem er sich über Astronomie, Geographie, dem Leben auf diesen Pla-
neten und in einem Anhang über Leibrenten ausläßt, die folgende
Sterbetafel mit einer Altersgruppenbildung.

Alter	Überl.	Gest.	Alter	Überl.	Gest.	Alter	Überl.	Gest.
5	9337	663	35	5160	724	65	1193	468
10	8719	618	40	4440	726	70	725	365
15	8060	659	45	3710	730	75	360	288
20	7352	708	50	3009	701	80	127	102
25	6618	734	55	2350	659	85	25	28
30	5890	728	60	1741	609	90	0	

Tabelle 13

Diese Tabelle ist auch ein Beispiel dafür, daß man es auch zur da-
maligen Zeit mit den Zahlenangaben nicht sonderlich genau nahm.

Erstmals 1741/42 erschien Johann Peter Süssmilchs Werk "Die göttliche Ordnung in den Veränderungen des menschlichen Geschlechts,
aus der Geburt, dem Tode und der Fortpflanzung desselben". In seinem achten Kapitel, das vermutlich sehr stark von L. Euler beeinflußt ist [87], versucht Süssmilch durch Vergabe geeigneter Wachs-
tumsgesetze nachzuweisen, daß sich aus zwei Personen schon nach
relativ kurzer Zeit eine beachtliche Personengesamtheit entwickeln
kann. Es war Süssmilch, wie vermutlich auch Eulers Idee, der für
die "Rettung der göttlichen Offenbarung gegen die Einwürfe der
Freygeister" eintrat ([87], p 534), zu zeigen, "daß die profan
Geschichte mit der biblischen Zeitrechnung wohl bestehen könne,
und daß etliche hundert Jahre nach der Sündflut Asien schon hat
können bevölkert seyn" ([87], p 508). In Eulers "Opera omnia"
[17] erscheint ferner die Süssmilch-Baumannsche Sterbetafel aus
dem Jahre 1775, die vermutlich ebenfalls unter Mitwirkung Eulers
entstand. Diese Sterbetafel fand in Deutschland etwa ein Jahrhundert lang Anwendung.

Alter	Lebende im Anfang des Jahres	Jährlicher Abgang	Alter	Lebende im Anfang des Jahres	Jährlicher Abgang
0-1	1000	250	26-27	461	5
1-2	750	89	27-28	456	5
2-3	661	43	28-29	451	6
3-4	618	25	29-30	445	6
4-5	593	14	30-31	439	6
5-6	579	12			
6-7	567	11	31-32	433	6
7-8	556	9	32-33	427	6
8-9	547	8	33-34	421	6
9-10	539	7	34-35	415	6
10-11	532	5	35-36	409	7
11-12	527	4	36-37	402	7
12-13	523	4	37-38	395	7
13-14	519	4	38-39	388	7
14-15	515	4	39-40	381	7
15-16	511	4	40-41	374	7
16-17	507	4	41-42	367	7
17-18	503	4	42-43	360	7
18-19	499	4	43-44	353	7
19-20	495	4	44-45	346	7
20-21	491	5	45-46	339	7
21-22	486	5	46-47	332	8
22-23	481	5	47-48	324	8
23-24	476	5	48-49	316	8
24-25	471	5	49-50	308	8
25-26	466	5	50-51	300	9
51-52	291	9	71-72	103	9
52-53	282	9	72-73	94	9
53-54	273	9	73-74	85	8
54-55	264	9	74-75	77	8
55-56	255	9	75-76	69	7
56-57	246	9	76-77	62	7
57-58	237	9	77-78	55	6
58-59	228	9	78-79	49	6
59-60	219	9	79-80	43	6
60-61	210	9	80-81	37	5
61-62	201	9	81-82	32	4
62-63	192	10	82-83	28	4
63-64	182	10	83-84	24	4
64-65	172	10	84-85	20	3
65-66	162	10	85-86	17	3
66-67	152	10	86-87	14	2
67-68	142	10	87-88	12	2
68-69	132	10	88-89	10	2
69-70	122	10	89-90	8	2
70-71	112	9	90-91	6	1
			91-92	4	1
			92-93	4	1
			93-94	3	1
			94-95	2	1
			95-96	1	1
			96-97	0	1

Tabelle 14

Süssmilch-Baumannsche Sterbetafel,
Aus: [17] L. Euler, Opera omnia
1741

Im letzten Drittel des vorigen Jahrhunderts und in diesem Jahrhundert wurden dann die in den ersten 5 Abschnitten dieses Absatzes
über Personengesamtheiten und Ausscheideordnungen dargestellten Ergebnisse entwickelt. Basierend auf Volkszählungen und unter Verwendung einiger der in den vorigen Abschnitten entwickelten Methoden, wurden dann seit den siebziger Jahren des vorigen Jahrhunderts
allgemeine Sterbetafeln in Deutschland entwickelt. Eine Aufzählung
der ersten Sterbetafeln ist in Abschnitt 2.5.2. Diese Aufzählung
muß noch ergänzt werden durch die ADSt 60/62 und die ADSt 70/72.

Nicht unerwähnt bleiben soll der Einfluß der Wahrscheinlichkeit
auf die Sterblichkeitsmessung. Eine frühe, recht umfangreiche Darstellung der Wahrscheinlichkeitsrechnung mit Anwendungen in der
Versicherungsmathematik findet man bei Pierre Simon de Laplace
(1749-1827), Mathematiker, Astronom und Politiker, 1799 für 6
Wochen Minister des Inneren, von Napoleon amtsenthoben, da er "den
Geist des unendlich Kleinen bis in die Verwaltung hineingetragen"
habe [16],[58].

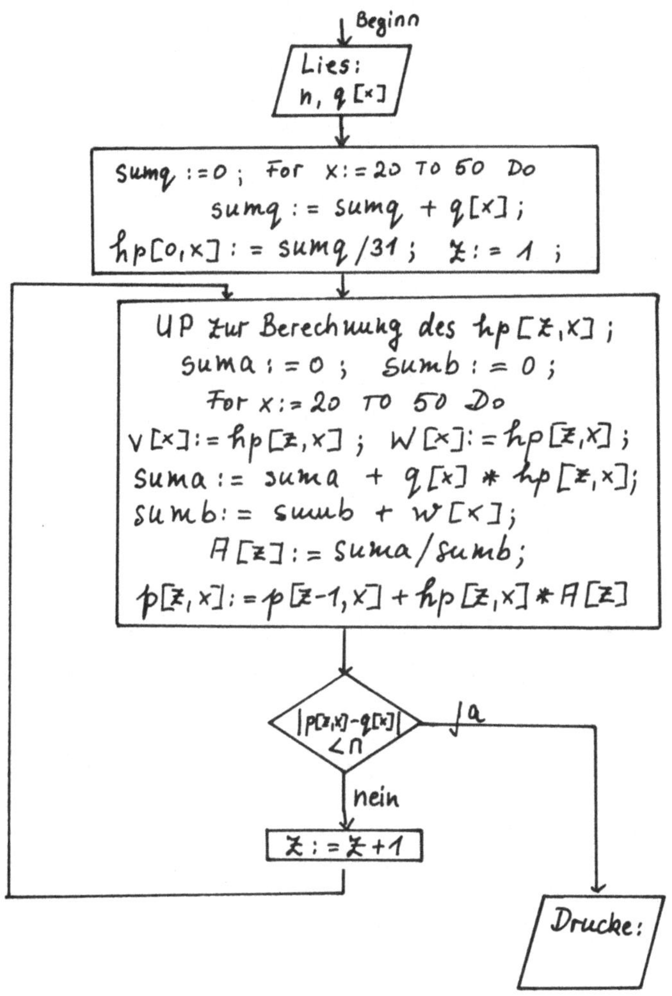

Flußdiagramm zur
Aufgabe 5

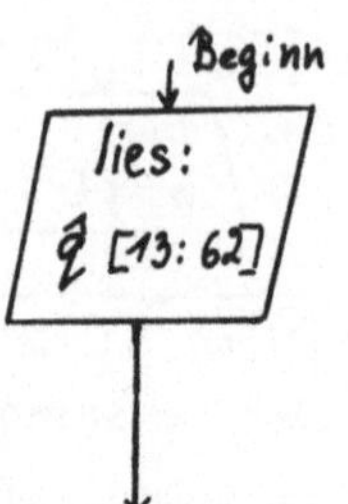

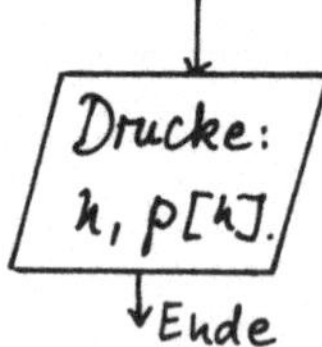

$$\text{Beginn}$$

$$\boxed{\text{lies: } \hat{q}\,[13:62]}$$

$$\text{For } n := 18 \; \text{TO} \; 52 \; \text{do}$$

$$a[n,0] := \hat{q}[n]; \quad a[n,1] := 0{,}5\,(\hat{q}[n+5] + \hat{q}[n-5])$$

$$a[n,2] := 0{,}5\,(\hat{q}[n+10] + 4\hat{q}[n+5] - 5\hat{q}[n] + 2\hat{q}[n-5])$$

$$a[n,3] := 0{,}5\,(\hat{q}[n+10] - 3\hat{q}[n+5] + 3\hat{q}[n] - \hat{q}[n-5])$$

$$\text{For } n := 20 \; \text{TO} \; 50 \; \text{do}$$

$$p[n] := 0{,}5\,(\,a[n-2,0] + 0{,}4 \cdot a[n-2,1] + 0{,}16 \cdot a[n-2,2] + 0{,}064 \cdot a[n-2,3]$$
$$+\, a[n-1,0] + 0{,}2 \cdot a[n-2,1] + 0{,}04 \cdot a[n-1,2] + 0{,}008 \cdot a[n-1,3]$$
$$+\, a[n,0]$$
$$+\, a[n+1,0] - 0{,}2 \cdot a[n+1,1] + 0{,}04 \cdot a[n+1,2] - 0{,}008 \cdot a[n+1,3]$$
$$+\, a[n+2,0] - 0{,}4 \cdot a[n+2,1] + 0{,}16 \cdot a[n+2,2] - 0{,}064 \cdot a[n+2,3]\,)$$

$$\boxed{\text{Drucke: } n, \, p[n].}$$

$$\text{Ende}$$

Flußdiagramm zur
Aufgabe 19

3. LEISTUNGSBARWERTE UND PRÄMIEN

> *Gebt also dem Kaiser,*
> *was dem Kaiser gebührt,*
> *und Gott, was Gott gebührt!*
> *Lukas, 20, 25*

In der LV werden Leistungen fällig, wenn die versicherte Person gewisse, im Voraus bestimmte Zeitpunkte erlebt (z.B. Leibrenten) oder wenn sie in einem Zeitintervall stirbt. Da bei Abschluß eines Vertrages in der Regel nicht bekannt ist, wie lange die versicherte Person noch lebt (wenn man dies bei Vertragsabschluß weiß, dann handelt es sich nicht um eine Versicherung - warum?), müssen wir Annahmen über die den Ereignissen "A erlebt die Zeitpunkte $t_1, t_2,$ ..., t_n", "A stirbt im Intervall $[t_o, t_1]$" etc. zugeordneten Wahrscheinlichkeiten treffen. Das entsprechende Wahrscheinlichkeitsmaß erhalten wir aus einer Sterbetafel oder einem gegebenen Sterbegesetz.

In der LV sind Vertragsdauern von 30 Jahren üblich, Vertragsdauern über 50 Jahre durchaus keine Seltenheit. Bei Zahlungen, die sich über derart lange Zeiträume erstrecken, muß aber der Zinseffekt berücksichtigt werden. Wir werden im weiteren stets annehmen, daß der Zins über die gesamte Vertragsdauer konstant bleibt.

3.1 LEISTUNGSBARWERT

Eine Person A möchte bei dem LVU B eine (lebenslängliche) TodesfallV abschließen. Bei einer *TodesfallV* verpflichtet sich der Versicherer, im Falle des Todes der versicherten Person die vereinbarte Versicherungssumme (VS) den im Vertrag benannten Personen auszuzahlen. Das VU ist interessiert zu wissen, welchen Wert dieser Vertrag besitzt, um einen angemessenen Preis verlangen zu können. Normieren wir dazu die VS auf 1.

Stirbt der VN sofort nach Vertragsabschluß und ist die VS sofort fällig, so ist der Wert dieses Vvertrages gleich 1. Stirbt der VN nach genau einem Jahr und kalkuliert das VU mit einem Zins von i und dem entsprechenden Diskontierungsfaktor v, so beträgt der Wert des Vvertrages bei Abschluß v. Bei Tod nach n Jahren beträgt demnach der Wert des Vertrages v^n.

Den Wert eines Vvertrages können wir nach dieser Erläuterung erst dann ermitteln, wenn wir den genauen Todeszeitpunkt der versicherten Person kennen, und das ist in der Regel erst nach dem Tode des VN, demnach häufig viele Jahre nach Vertragsabschluß, möglich.

Ein Männchen, das aus der vierten Dimension kommt, kann uns möglicherweise verraten, wie lange jeder einzelne VN noch zu leben hat. Wenn wir wüßten, daß der VN A noch t_A Jahre bis zu seinem Tode lebt, und die VS unmittelbar nach seinem Tode fällig wird, so könnten wir den Wert des Vvertrages des VN A bestimmen als v^{t_A}. Solange man uns Irdischen aber diese Frage nicht beantwortet, müssen wir uns anderweitig behelfen.

Es sei T eine reelle Zufallsvariable (ZV), die für jeden VN den Zeitpunkt des Todes angibt (dabei kann zur Vereinfachung der Beobachtungszeitpunkt O gesetzt werden).

Es gilt somit für den Wert W_A des Vertrages mit dem VN A

$$(1) \quad W_A = v^{T_A}.$$

Es sei F_{T_A} die zu T_A gehörende Verteilungsfunktion (Verf),

$$(2) \quad F_{T_A}(n) = P(T_A \leq n).$$

Nehmen wir an, daß die Verf F_{T_A} die Dichte f_{T_A} besitzt. Dann ist der *erwartete* Wert des Vvertrages mit dem VN A

$$(3) \quad EW_A = \int_0^\omega v^t \, f\, T_A(t)\, dt \; .$$

Es ist dies aber der Erwartungswert $E[v^t]$ der Funktion v^t, die den nominellen Leistungsbetrag diskontiert.

Gegeben sei nun ein Versicherungstarif, der bei Tod der versicherten Person eine Leistung vorsieht. Die Leistung kann dabei abhängig vom Todesfallzeitpunkt sein. Wir bezeichnen mit $T : \mathbb{R}^+ \to \mathbb{R}$, für $t \in \mathbb{R}^+$

(4) $T(t)$ ist die vom Versicherer zu erbringende Leistung, falls die versicherte Person im Zeitpunkt t stirbt,

die *(Todesfall-) Leistungsfunktion*.

Da wir uns bei Abschluß eines Versicherungsvertrages für den Wert der Todesfall-Leistung $T(t)$ im Moment des Vertragsabschlusses interessieren, definieren wir die *diskontierte (Todesfall-) Leistungsfunktion* $TV : \mathbb{R}^+ \to \mathbb{R}$, für $t \in \mathbb{R}^+$ durch

$$(5) \quad TV(t) := v^t \, T(t) \; .$$

In dem obigen Beispiel mit der TodesfallV war die Leistungsfunktion konstant 1. Damit gilt für alle $t \in \mathbb{R}^+$

$$(6) \quad T(t) = 1$$
$$TV(t) = v^t \; .$$

Wir gelangen somit zu der folgenden Definition: Gegeben sei ein Tarif, bei dem im Falle des Todes der versicherten Person im Zeitpunkt t die Leistung $T(t)$ fällig wird. Kalkuliert werde dieser Tarif mit den Rechnunsgrundlagen v und der Dichte f der T zugrunde liegenden Verteilung, $f_{(x)}$ sei dann die Dichte der ZV $T_{(x)}$, wobei (x) eine Person des Alters x bezeichnet. Der *Leistungsbarwert* dieses Tarifs für eine Person (x) ist dann

$$(7) \quad E[TV] = \int_0^\infty TV(t)\, f_{(x)}(t)\, dt = \int_0^\infty v^t\, T(t)\, f_{(x)}(t)\, dt.$$

Wir werden auf diese sehr allgemeine Form des Leistungsbarwertes im zweiten Band zurückkommen. In diesem Abschnitt werden wir gewisse Vereinfachungen vereinbaren, die der gängigen Praxis der LVU entsprechen.

1.) Die Vertragsdauer sei endlich. Auch wenn eine TodesfallV abgeschlossen wird, nehmen wir an, daß der Tod der versicherten Person bis zu einem gewissen Alter ω (meist ist dies in Deutschland das Alter 100) eintritt. Erlebt die versicherte Person dieses Grenzalter, so wird spätestens dann die VS fällig.

Somit werden aus den uneigentlichen Integralen in (7) bestimmte Integrale in dem Intervall $[o, \omega-x]$.

2.) Zu dem *Versicherungsintervall* $[o, \omega-x]$ wird eine Zerlegung

$$(8) \quad Z = (t_o, t_1, \ldots, t_n), \quad t_o = 0 < t_1 < \ldots < t_n = \omega-x$$

definiert, so daß für jedes $0 < j \le n$ gilt

$$(9) \quad t_j - t_{j-1} = t_1 - t_o.$$

Meist gilt $t_1 - t_o = 1 \,(\text{Jahr})$

3.) Versicherungsleistungen werden nur zu den Zeitpunkten $t_1, t_2, \ldots$ $\ldots, t_n$ fällig. Stirbt die zu versichernde Person zum Zeitpunkt t, $t \in [t_{j-1}, t_j]$, so wird die VS $T(t) = T(t_j) = T_j$ zum Zeitpunkt t_j fällig.

4.) Die Sterbewahrscheinlichkeit bleibt innerhalb eines Intervalls $[t_{j-1}, t_j]$ konstant. Mit diesen Annahmen können wir die uneigentlichen Integrale in (7) als (endliche) Summen schreiben. Damit werden diese Ausdrücke für die Praxis einfacher zu handhaben.

5.) Sterbewahrscheinlichkeiten und Verzinsung sind unabhängig von der Höhe der Versicherungsleistung. Es sei dahingestellt, ob diese Annahme realistisch ist. Sie vereinfacht allerdings den Kalkül erheblich.

Kommen wir zu den Dichten $f_{(x)}(\cdot)$. Wir nehmen an, daß eine Sterbetafel $q_0, q_1, \ldots, q_{\omega-1}$ mit $q_{\omega-1} = 1$ gegeben sei. Damit aber haben wir nur für jedes $0 \le x < \omega$ die Wahrscheinlichkeit q_x für eine x-jährige Person (x) im nächsten Jahr zu sterben. Wir benötigen aber für eine Person (x) auch die Wahrscheinlichkeit im m-ten Jahr des Versicherungsintervalls zu sterben. $\omega_x(j)$ sei die Wahrscheinlichkeit für eine Person (x) im Teilintervall $[j-1, j]$ zu sterben. Es gilt dann für jedes $0 < j \le \omega-x$

$$(10) \quad \omega_x(j) := {}_{j-1}p_x \cdot q_{x+j-1}$$

Aufgabe: 1.) Zeigen Sie, daß (10) eine sinnvolle Definition ist und beweisen Sie

$$(11) \quad \sum_{j=1}^{\omega-x} \omega_x(j) = 1.$$

Mit den diskutierten Vereinfachungen 1 bis 5 ist es nun recht leicht den Leistungsbarwert für einen Tarif zu definieren, bei dem Leistungen zu bestimmten Zeitpunkten erbracht werden, wenn die versicherte Person diese Zeitpunkte erlebt. Dazu definieren wir eine *(Erlebensfall-) Leistungsfunktion* $E : \mathbb{R}^+ \to \mathbb{R}$ und eine *diskontierte (Erlebensfall-) Leistungsfunktion* $EV : \mathbb{R}^+ \to \mathbb{R}$ analog der V-Tarife auf den Todesfall.

Aufgabe: 2.) Nachvollziehen Sie die Diskussion für V-Tarife auf den Todesfall bis zur Definition des Leistungsbarwertes für die V-Tarife auf den Erlebensfall.

Bei den V-Tarifen auf den Erlebensfall interessiert für eine Person (x) die Wahrscheinlichkeit $v_x(j)$, den Zeitpunkt t_j zu erleben. Es gilt

(12) $\quad v_x(j) := {}_jP_x$

Bei einigen V-Tarifen ist die Frage, ob es sich um eine V auf den Todes- oder Erlebensfall handelt, leicht zu beantworten, wie zum Beispiel bei der TodesfallV oder der reinen AltersrentenV. Bei anderen Tarifen hingegen ist diese Frage nicht sofort entscheidbar, wie etwa bei der AltersrentenV mit einer Witwenrente im Todesfall. Die Frage, wie wir für einen V-Tarif entscheiden, ob es sich um eine Todes- oder ErlebensfallV handelt, können wir erst an späterer Stelle beantworten.

Im folgenden stellen wir einige auf dem LV-Markt angebotene Tarife vor.

3.1.1 Versicherungen auf den Erlebensfall

3.1.1.1 Erlebensfallversicherung

Ein x-Jähriger bekommt in n Jahren den Betrag 1 ausgezahlt, wenn er den Zeitpunkt der Fälligkeit erlebt. Den Leistungsbarwert bezeichnen wir mit

(13) $\quad {}_nE_x = v_x(n) \cdot EV(n).$

Wegen

$$v_x(n) = {}_nP_x$$

(14) $\quad EV(n) = v^n$

$$EV(t) = 0, \quad t < n$$

gilt

(15) $\quad {}_nE_x = {}_nP_x \cdot v^n.$

3.1.1.2 Kommutationszahlen

Zur Vereinfachung des Formelwerkes und der Berechnung führt man sogenannte *Kommutationszahlen oder -werte* ein.

Die Kommutationswerte haben ihren Ursprung in der deterministischen
Auffassung und sind in einem stochastischen Modell entbehrlich. Da
man mit beiden Methoden zu den jeweils gleichen Ergebnissen gelangt,
werden wir in diesem Buch   dem allgemeinen Trend in der Vmathematik folgen und ebenfalls die Kommutationswerte benutzen. Sie er-
weisen sich als durchaus brauchbar in der EDV.

Betrachten wir (15), so erhalten wir wegen

$$(16) \quad {}_np_x = \frac{l_{x+n}}{l_x} \quad (\text{verg. } 2.3.3.2.1\ (33))$$

$$(17) \quad {}_nE_x = \frac{l_{x+n}}{l_x} \cdot v^n = \frac{l_{x+n} \cdot v^{x+n}}{l_x \cdot v^x}$$

Dies gibt Anlaß zu der folgenden Definition:

$$(18) \quad D_x = l_x\, v^x .$$

D heißt die *diskontierte Zahl der Lebenden.*

$$(19) \quad N_x = \sum_{i=0}^{\omega-x} D_{x+i}$$

N_x heißt die *Summe der diskontierten Zahlen der Lebenden.*

$$(20) \quad S_x = \sum_{i=0}^{\omega-x} N_{x+i}$$

S_x heißt die *doppelt aufsummierten Zahlen der Lebenden.*

Zur Berechnung der Kommutationszahlen eignen sich die folgenden rekursiven Gleichungen:

a)   für die diskontierten Lebenden

$$(21) \qquad \begin{aligned} D_o &= l_o \\ D_x &= D_{x-1}(1 - q_{x-1}) \cdot v, \qquad 1 \leq x \leq \omega \end{aligned}$$

$$\text{Beweis: } D_x = l_x \cdot v^x = l_{x-1} \cdot p_{x-1} \cdot v^{x-1} \cdot v = l_{x-1} \, v^{x-1} (1 - q_{x-1}) \cdot v$$

$$= D_{x-1} \cdot (1 - q_{x-1}) \cdot v;$$

b)   für die Summe bzw. doppelte Summe der diskontierten Lebenden

$$(22) \qquad \begin{aligned} N_\omega &= D_\omega, & S_\omega &= N_\omega \\ N_x &= N_{x+1} + D_x, & S_x &= S_{x+1} + N_x & \qquad 0 \leq x \leq \omega - 1. \end{aligned}$$

Aufgabe: 3.)   Bilden Sie die Kommutationswerte D_x, N_x und S_x mit $0 \leq x \leq \omega$ für die Allgemeine Deutsche Sterbetafel 60/62 M mod mit den Zinssätzen i = 0,03 - 0,035 - 0,04 - 0,07 - 0,075 - 0,08. Fertigen Sie auch die Kommutationswerte zu den angegebenen Zinssätzen für die Sterbetafel 81/83 Männer, ADSt 49/51 Männer und für $\frac{q_x}{2}$ mit q_x aus der ADSt 60/62 M mod an.

Mit Hilfe der Kommutationswerte erhalten wir für ${}_nE_x$ den Ausdruck

$$(23) \qquad {}_nE_x = \frac{D_{x+n}}{D_x}.$$

3.1.1.3 *Vorschüssig zahlbare lebenslängliche Leibrente*

Im Gegensatz zu den in Abschnitt 1 behandelten Zeitrenten werden Leibrentenzahlungen an das Erleben der Zahlzeitpunkte der betreffenden Person gebunden. Den Leistungsbarwert einer vorschüssig lebenslänglich zahlbaren sofort (mit dem Alter x) beginnenden Leibrente vom jährlichen Betrage 1 bezeichnen wir mit $\ddot{a}_x$.

Es gilt somit

$$(24) \quad \ddot{a}_x = \sum_{\nu=0}^{\omega-x} {}_\nu p_x \cdot v^\nu.$$

Daraus erhält man

$$(25) \quad \ddot{a}_x = 1 + \frac{D_{x+1}}{D_x} + \frac{D_{x+2}}{D_x} + \ldots + \frac{D_\omega}{D_x} = \frac{N_x}{D_x}$$

Beispiel:

a) Jahresrente R = 6000, x = 40, Zins i = 0,07, 0,7 q_x, q_x aus

ADSt 49/51 M

$$R\ddot{a}_{40} = R \frac{N_{40}}{D_{40}} = 6000 \frac{811.038,70}{60.654,10} = 80.229,24$$

b) Jahresrente R = 6000, x = 40, Zins i = 0,03, ADSt 60/62 M mod

$$R\ddot{a}_{40} = 119.832,06$$

Offenbar kann die Wahl der Rechnungsgrundlagen die Höhe des Leistungsbarwertes beeinflussen.

3.1.1.4 *Nachschüssig zahlbare lebenslängliche Leibrente*

Den Leistungsbarwert einer nachschüssig lebenslänglich zahlbaren, sofort (mit dem Alter x) beginnenden Leibrente vom jährlichen Betrage 1 bezeichnen wir mit a_x. Offenbar gilt

$$(26) \quad a_x = \ddot{a}_x - 1 = \frac{N_{x+1}}{D_x}.$$

3.1.1.5 *Aufgeschobene lebenslängliche Leibrenten*

Soll eine vor- oder nachschüssig zahlbare Leibrente erst in n Jahren einsetzen, so bezeichnen wir die Leistungsbarwerte mit $_{n|}\ddot{a}_x$ bzw. $_{n|}a_x$. Es gelten dann

$$(27) \quad _{n|}\ddot{a}_x = \sum_{\nu=0}^{\omega-x-n} {}_{\nu+n}p_x \, v^{n+\nu} = \frac{N_{x+n}}{D_x} = {}_nE_x \cdot \ddot{a}_{x+n} \qquad \text{und}$$

$$(28) \quad _{n|}a_x = \sum_{\nu=1}^{\omega-x-n} {}_{\nu+n}p_x \, v^{n+\nu} = \frac{N_{x+n+1}}{D_x} = {}_nE_x \, a_{x+n}.$$

Beispiel:
a) Jahresrente R = 6000, x = 40, n = 25, Zins i = 0,07, $0,7\,q_x, q_x$

   aus ADSt 49/51 M

$$R_{\,25|}\ddot{a}_{40} = R\frac{N_{65}}{D_{40}} = 6000 \cdot \frac{84.546,10}{60.654,10} = 8.363,43$$

b) Jahresrente R = 6000, x = 40, n = 25, Zins i = 0,03, ADSt 60/62
   M mod

$$R_{\,25|}\ddot{a}_{40} = 20.238,98$$

3.1.1.6 *Temporäre Leibrente*

$\ddot{a}_{x,n\rceil}$ ($a_{x,n\rceil}$) ist der Leistungsbarwert einer sofort beginnenden vorschüssig (nachschüssig) zahlbaren Leibrente vom Betrage 1, die n Jahre lang gezahlt wird. Es gelten

$$(29) \quad \ddot{a}_{x,n\rceil} = \sum_{\nu=0}^{n-1} {}_{\nu}p_x \, v^{\nu} = \frac{N_x - N_{x+n}}{D_x} = \ddot{a}_x - {}_{n|}\ddot{a}_x \qquad \text{und}$$

$$(30) \quad a_{x,n\rceil} = \sum_{\nu=0}^{n-1} {}_{\nu+1}p_x \, v^{\nu+1} = \frac{N_{x+1} - N_{x+n+1}}{D_x} = a_x - {}_{n|}a_x.$$

Beginnen die Rentenzahlungen erst in m bzw. m+1 Jahren (um m Jahre aufgeschobene Leibrenten) so bezeichnen wir die Barwerte mit ${}_{m|}\ddot{a}_{x,\overline{n}|}$ bzw. ${}_{m|}a_{x,\overline{n}|}$. Es gelten dann

$$(31) \quad {}_{m|}\ddot{a}_{x,\overline{n}|} = \sum_{\nu=0}^{n-1} {}_{\nu+m}p_x \, v^{m+\nu} = \frac{N_{x+m} - N_{x+n+m}}{D_x} \quad \text{und}$$

$$(32) \quad {}_{m|}a_{x,\overline{n}|} = \sum_{\nu=1}^{n} {}_{\nu+m}p_x \, v^{m+\nu} = \frac{N_{x+m+1} - N_{x+m+n+1}}{D_x}.$$

Beispiel:

a) Jahresrente R = 6000, x = 40, n = 25, i = 0,07, $0,7\,q_x, q_x$ aus

     ADSt 49/51 M

$$R\,\ddot{a}_{40,\overline{25}|} = R\,\frac{N_{40} - N_{65}}{D_{40}} = 6000\,\frac{726.492,60}{60.654,10} = 71.865,80$$

b) Jahresrente R = 6000, x = 40, n = 25, i = 0,03, ADSt 60/62 M mod

$$R \cdot \ddot{a}_{40,\overline{25}|} = 99.593,08$$

3.1.1.7 *Jährlich steigende Leibrente*

$(I\ddot{a})_x$ und $(Ia)_x$ sind die Leistungsbarwerte für vor- bzw. nach-schüssig zahlbare lebenslängliche Renten beginnend mit dem Alter x, die mit dem Betrage 1 beginnen und jährlich um 1 steigen.

Es gelten

$$(33) \quad (I\ddot{a})_x = \sum_{\nu=0}^{\omega-x} {}_{\nu}p_x \cdot v^{\nu} \cdot (\nu+1) = \frac{S_x}{D_x} \quad \text{und}$$

$$(34) \quad (Ia)_x = \sum_{\nu=1}^{\omega-x} {}_{\nu}p_x \cdot v^{\nu} \cdot \nu = \frac{S_{x+1}}{D_x}.$$

Für die diskontierte Leistungsfunktion $EV : \mathbb{R}^+ \to \mathbb{R}$ gilt

$$(35) \quad EV(t) = \begin{cases} v^\nu \cdot (\nu+1), & \text{falls } t = \nu, \ \nu \ \varepsilon \ \{0,1,2,\ldots,n-1\} \\[2ex] 0, & \text{sonst} \end{cases}$$

bzw.

$$(36) \quad EV(t) = \begin{cases} v^\nu \cdot \nu, & \text{falls } t = \nu, \ \nu \ \varepsilon \ \{0,1,2,\ldots,n-1\} \\[2ex] 0, & \text{sonst.} \end{cases}$$

Beweis der zweiten Gleichung:

$$(I\ddot{a})_x = \ddot{a}_x + {}_{1|}\ddot{a}_x + {}_{2|}\ddot{a}_x + \cdots + {}_{\omega-x-1|}\ddot{a}_x + {}_{\omega-x|}\ddot{a}_x$$

$$= \frac{N_x}{D_x} + \frac{N_{x+1}}{D_x} + \frac{N_{x+2}}{D_x} + \cdots + \frac{N_{\omega-1}}{D_x} + \frac{N_\omega}{D_x}$$

$$= \frac{\displaystyle\sum_{\nu=0}^{\omega-x} N_{x+\nu}}{D_x} = \frac{S_x}{D_x}$$

Sollen die steigenden Rentenzahlungen nicht unbegrenzt lebenslänglich steigen, sondern höchstens wie in 3.1.1.6 n Jahre lang gezahlt werden, so lauten die Rentenbarwerte $(I\ddot{a})_{x,\overline{n}|}$ bzw. $(Ia)_{x,\overline{n}|}$.

Es gelten dann

$$(37) \quad (I\ddot{a})_{x,\overline{n}|} = \sum_{\nu=0}^{n-1} {}_\nu p_x \cdot v^\nu \cdot (\nu+1) = \frac{S_x - S_{x+n} - n \cdot N_{x+n}}{D_x} \quad \text{und}$$

$$(38) \quad (Ia)_{x,\overline{n}|} = \sum_{\nu=1}^{n} {}_\nu p_x \cdot v^\nu \cdot \nu = \frac{S_{x+1} - S_{x+n+1} - n \cdot N_{x+n+1}}{D_x}$$

Aufgabe: 4.) Beweisen Sie (37) und (38).

3.1.1.8 Allgemeine Renten

Mit den in den letzten Abschnitten angegebenen Formeln kann man einen großen Teil der tatsächlich vorkommenden Leibrenten beschreiben bzw. durch Kombinationen aus mehreren Formeln beschreiben. Allgemein kann eine Rente die folgende Gestalt haben: R_i, $0 \leq i \leq \omega-x$, sei die Rentenzahlung im Zeitpunkt i. Dann ist

$$(39) \quad B = \sum_{\nu=0}^{\omega-x} {}_\nu p_x \cdot R_i v^\nu \qquad \text{bzw.}$$

$$(40) \quad B = \frac{1}{D_x} \sum_{i=0}^{\omega-x} R_i \cdot D_{x+i}$$

der Leistungsbarwert einer solchen Rente. Bei RentenV bezeichnet man den Leistungsbarwert auch als *Rentenbarwert*.

Aufgabe: 5.) Zeigen Sie die Gleichheit von (39) und (40).

6.) Berechnen Sie zu

a) ADSt 60/62 M mod, i = 0,03 und

b) $\frac{q_x}{2}$ mit q_x aus ADSt 60/62 M mod, i = 0,075 und

c) Sterbetafel 81/83 M, i = 0,04

die Rentenbarwerte der vorschüssig zahlbaren temporären Leibrenten für sämtliche Kombinationen (x,n) mit $15 \leq x \leq 85$ und $0 \leq n < 85-x$.

7.) Berechnen Sie zur ADSt 49/51, i = 0,03 die Rentenbarwerte für vorschüssig zahlbare lebenslängliche Leibrenten.

8.) Ermitteln Sie den Leistungsbarwert folgender Renten:

a) sofort beginnende Leibrente mit n-jähriger Leistungsgarantie (Zeitrente);

b) um m Jahre aufgeschobene Leibrente mit n-jähriger Leistungsgarantie.

9.) Erstellen Sie Angebote zu den folgenden Anfragen:

a) Herr A. (62 Jahre) wünscht eine jährliche Leibrente von 60.000,—DM,
die sofort beginnt und jährlich um 5 % der Anfangsrente steigt.
b) Herr B. (64 Jahre) wünscht die gleiche Rente wie Herr A, allerdings möchte er eine 5-jährige Rentengarantie.
c) Frau C. (73 Jahre) wünscht eine sofort beginnende Leibrente über jährlich 80.000,-- DM. Diese Rente soll in jedem Jahr um 6 % der Vorjahresrente steigen.

Ermitteln Sie die Leistungsbarwerte nach ADSt 49/51 M, i = 0,03 mit und ohne Altersverschiebung.

10.) a) Frau D. (55 Jahre) hat 1.135.000,-- DM. Dafür wünscht sie eine sofort beginnende Leibrente mit 10-jähriger Rentengarantie.
b) Herr E. (72 Jahre) verfügt über 820.000,-- DM. Dafür wünscht er eine jährliche, sofort beginnende Leibrente mit einer jährlichen Steigerung von 10 % der Vorjahresrente.

Errechnen Sie die jährlichen Renten bzw. die Anfangsrenten nach ADSt 49/51 M ohne Altersverschiebung und nach ADSt 60/62 M mod, i = 0,03.

11.) Wie lauten die Barwerte aus Aufgabe 9, wenn die entsprechenden Personen 20 Jahre jünger sind und bereits heute den Leistungsbarwert stellen möchten?

12.) Welche Rente erhält Frau F. (38 Jahre), wenn sie heute 940.000,-- DM einzahlt und mit dem 60-sten Lebensjahr eine jährlich um 6 % steigende Leibrente (in % der Vorjahresrente) mit Rentengarantie über 15 Jahre wünscht? (ADSt 49/51 M mit und ohne Altersverschiebung).

3.1.2 Leistungsbarwerte für Versicherungen auf den Todesfall

Nehmen wir zunächst den sehr einfachen Fall an, daß jemand einen Vertrag zu den folgenden Bedingungen als x-Jähriger abschließt: Wenn er das Alter x+n erlebt und im darauf folgenden Jahr stirbt, so bekommt er die Summe am Jahresende ausgezahlt. Der Erwartungswert des Barwertes der Leistungen (wir sprechen auch hier wieder wie in 3.1 einfach vom Leistungsbarwert) ist dann

$$(41) \quad {}_{n|1}A_x = v_x(n) \cdot EV(n) = {}_nP_x \cdot q_{x+n} \cdot v^{n+1} \qquad \text{wegen}$$

$$(42) \quad v_x(n) = {}_nP_x \cdot q_{x+n}$$

als Wahrscheinlichkeit für einen x-Jährigen im Alter x+n zu sterben.

3.1.2.1 Analog zu den ErlebensfallV arbeiten wir auch bei den TodesfallV mit Kommutationswerten. Es sind

$$(43) \quad C_x = d_x v^{x+1} \qquad \text{die } \textit{diskontierte Zahl der Toten} \text{ des Alters x,}$$

$$(44) \quad M_x = \sum_{i=0}^{\omega-x} C_{x+i} \qquad \text{die } \textit{Summe der diskontierten Zahlen der Toten} \text{ und}$$

$$(45) \quad R_x = \sum_{i=0}^{\omega-x} M_{x+i} \qquad \text{die } \textit{doppelt aufsummierte diskontierte Zahl der Toten.}$$

Bemerkung: Es gilt $d_\omega = l_\omega - l_{\omega+1}$ mit $l_{\omega+1} = 0$, demnach $d_\omega = l_\omega$.

Aufgabe: 13.) Geben Sie für die Kommutationswerte C, M und R rekursive Definitionen entsprechend den Gleichungen (21) und (22).

3.1.2.2 Die unter (41) beschriebene Vart können wir nun mit Hilfe dieser Kommutationszahlen wie folgt schreiben:

$$(46) \quad {}_{n|1}A_x = \frac{C_{x+n}}{D_x}.$$

3.1.2.3 *Die lebenslängliche TodesfallV*

Die VS 1 soll bei Tod des VN, wann immer jener eintrete, fällig werden.

$$(47) \quad A_x = \sum_{\nu=0}^{\omega-x} {}_\nu p_x \cdot q_{x+\nu} \cdot v^{\nu+1} = \sum_{\nu=0}^{\omega-x} {}_{\nu+1}A_x = \sum_{\nu=0}^{\omega-x} \frac{C_{x+\nu}}{D_x} = \frac{M_x}{D_x}$$

3.1.2.4 Beziehungen zwischen den Kommutationswerten

Offenbar gelten:

$$(48) \quad C_x = d_x v^{x+1} = (l_x - l_{x+1}) v^{x+1} = v\, D_x - D_{x+1}$$

$$(49) \quad M_x = \sum_{i=0}^{\omega-x} C_{x+i} = \sum_{i=0}^{\omega-x} (v\, D_{x+i} - D_{x+1+i}) = v \sum_{i=0}^{\omega-x} D_{x+i} - \sum_{i=1}^{\omega+1-x} D_{x+i} =$$

$$v\, N_x - (N_x - D_x) = D_x - d\, N_x$$

$$(50) \quad R_x = \sum_{i=0}^{\omega-x} M_{x+i} = \sum_{i=0}^{\omega-x} (D_{x+i} - d\, N_{x+i}) = \sum_{i=0}^{\omega-x} D_{x+i} - d \sum_{i=0}^{\omega-x} N_{x+i} =$$

$$N_x - d\, S_x$$

Die C, M und R-Kommutationswerte können offenbar durch die Kommutationswerte der Lebenden ausgedrückt werden. Dies macht man sich häufig bei der Programmierung zunutzen, um im Zentralspeicher nicht zu viele Tabellen speichern zu müssen. Dennoch sollten Sie die nächste Aufgabe rechnen.

Aufgabe: 14.) Errechnen Sie C_x, M_x und R_x für sämtliche in Aufgabe 3 angegebenen Kombinationen.

3.1.2.5 Mit (48) erhalten wir als Leistungsbarwert für die Todesfall V

$$(51) \quad A_x = \frac{M_x}{D_x} = \frac{D_x - d\, N_x}{D_x} = 1 - d\, \ddot{a}_x .$$

Beispiel: $S = 10.000$, $x = 40$

$$S\,A_{40} = S\,\frac{M_{40}}{D_{40}}$$

a) ADSt 60/62 M mod, $i = 0,03$

$$S \cdot A_{40} = 10.000 \cdot \frac{11.465,18}{27.409,56} = 4.182,91$$

b) ADSt 60/62 M mod, $i = 0,035$

$$S \cdot A_{40} = 10.000 \cdot \frac{8.284,71}{22.582,96} = 3.668,57$$

c) ADSt 60/62 M mod, $i = 0,07$

$$S \cdot A_{40} = 10.000 \cdot \frac{974,76}{5.970,94} = 1.632,51$$

d) $\frac{q_x}{2}$, q_x aus ADSt 60/62 M mod, $i = 0,03$

$$S \cdot A_{40} = 10.000 \cdot \frac{9.952,05}{28.992,58} = 3.432,62$$

3.1.2.6 *Risikoversicherung*

Wird eine TodesfallV mit sofortigem Beginn auf n Jahre abgeschlossen, so spricht man von einer RisikoV. Der Barwert einer RisikoV lautet

$$(52) \quad {}_{|n}A_x = \sum_{\nu=0}^{n-1} {}_{\nu}p_x \cdot q_{x+\nu} \cdot v^{\nu+1} = \frac{M_x - M_{x+n}}{D_x}$$

Beispiel: $S = 10.000$, $x = 40$, $n = 25$

$$S\,{}_{|25}A_{40} = S\,\frac{M_{40} - M_{65}}{D_{40}}$$

a) ADSt 60/62 M mod, $i = 0,03$

$$S\,{}_{|25} \cdot A_{40} = 10.000\,\frac{11.465,18 - 6.601,39}{27.409,56} = 1.774,49$$

b) ADSt 60/62 M mod, i = 0,035

$$S_{|25} \cdot A_{40} = 10.000 \cdot \frac{8.284,71 - 4.573,65}{22.582,96} = 1.643,30$$

c) ADSt 60/62 M mod, i = 0,07

$$S_{|25} \cdot A_{40} = 10.000 \cdot \frac{974,76 - 377,97}{5.970,94} = 999,49$$

d) $\frac{q_x}{2}$, q_x aus ADSt 60/62 M mod, i = 0,03

$$S_{|25} \cdot A_{40} = 10.000 \; \frac{9.952,05 - 7.197,09}{28.992,58} = 950,23$$

3.1.2.7 Wird der Beginn einer TodesfallV oder einer RisikoV um m Jahre aufgeschoben, so errechnen sich die Leistungsbarwerte wie folgt:

$$(53) \quad _{m|}A_x = \sum_{\nu=0}^{\omega-x-m} {}_{\nu+m}P_x \cdot q_{x+m+\nu} \cdot v^{m+\nu+1} = \frac{M_{x+m}}{D_x}$$

für die aufgeschobene TodesfallV und

$$(54) \quad _{m|n}A_x = \sum_{\nu=0}^{n-1} {}_{\nu+m}P_x \cdot q_{x+m+\nu} \cdot v^{m+\nu+1} = \frac{M_{x+m} - M_{x+m+n}}{D_x}$$

für die aufgeschobene RisikoV.

Aufgaben: 15.) Errechnen Sie analog 3.1.2.5 und 3.1.2.6 die vier Beispiele nach unterschiedlichen Rechnungsgrundlagen für die aufgeschobene RisikoV bzw. die aufgeschobene TodesfallV.

3.1.2.8 *V à Terme fixe (TermefixV)*

Die folgende Vform gilt ebenfalls als TodesfallV. Bei einer TermefixV wird vereinbart, daß der Betrag 1 nach n Jahren gezahlt wird, unabhängig vom Erleben dieses Zeitpunktes des VN. Die fälligen Prämien werden allerdings nur bis zum Tode des VN gezahlt. Diese

Vform wird als AusbildungsV gewählt. Der Leistungsbarwert dieser V ist v^n.

3.1.2.9 *Todesfallv und Risikov mit steigender VS.*

Die Barwerte einer TodesfallV bzw. RisikoV, die mit der VS 1 im ersten Jahr beginnen, und deren VS jährlich um 1 steigen, bezeichnen wir mit

$$(55) \qquad (IA)_x = \frac{R_x}{D_x} \qquad \text{für die TodesfallV und}$$

$$(56) \qquad (IA)_{x,n\overline{1}} = \frac{R_x - R_{x+n} - n \cdot M_{x+n}}{D_x} \qquad \text{für die RisikoV.}$$

Beispiele: S = 1.000, 2.000, 3.000,..., x = 40

$$S(IA)_{40} = S \frac{R_{40}}{D_{40}}$$

a) ADSt 60/62 M mod, i = 0,03

$$S \cdot \frac{R_{40}}{D_{40}} = 1.000 \, \frac{314.608,17}{27.409,56} = 11.478,05$$

b) ADSt 60/62 M mod, i = 0,035

$$S \cdot \frac{R_{40}}{D_{40}} = 1.000 \, \frac{221.606,92}{22.582,96} = 9.813,01$$

c) ADSt 60/62 M mod, i = 0,07

$$S \cdot \frac{R_{40}}{D_{40}} = 1.000 \, \frac{21.394,26}{5.970,94} = 3.583,06$$

d) $\dfrac{q_x}{2}$, q_x aus ADSt 60/62 M mod, i = 0,03

$$S \cdot \frac{R_{40}}{D_{40}} = 1.000 \ \frac{334.473,46}{28.992,58} = 11.536,52$$

$$S = 1.000, \ 2.000, \ldots, \ 25.000, \ x = 40, \ n = 25$$

$$S(IA)_{40:\overline{25}|} = 1.000 \ \frac{R_{40} - R_{65} - 25 \ M_{65}}{D_{40}}$$

a) ADSt 60/62 M mod, i = 0,03

$$S \cdot \frac{R_{40} - R_{65} - 25 \cdot M_{65}}{D_{40}} = 1.000 \ \frac{314.608,17 - 71.891,79 - 25 \cdot 6.601,39}{27.409,56} =$$

$$= 2.834,11$$

b) ADSt 60/62 M mod, i = 0,035

$$S \cdot \frac{R_{40} - R_{65} - 25 \cdot M_{65}}{D_{40}} = 1.000 \ \frac{221.606,92 - 48.822,38 - 25 \cdot 4.573,65}{22.582,96} =$$

$$= 2.587,94$$

c) ADSt 60/62 M mod, i = 0,07

$$S \cdot \frac{R_{40} - R_{65} - 25 \cdot M_{65}}{D_{40}} = 1.000 \ \frac{21.394,26 - 3.512,20 - 25 \cdot 377,97}{5.970,94} =$$

$$= 1.412,31$$

d) $\dfrac{q_x}{2}$, q_x aus ADSt 60/62 M mod, i = 0,03

$$S \cdot \frac{R_{40} - R_{65} - 25 \cdot M_{65}}{D_{40}} = 1.000 \ \frac{334.473,46 - 109.711,55 - 25 \cdot 7.197,09}{28.992,58} =$$

$$= 1.546,42$$

Aufgaben: 16.) Errechnen Sie den Barwert einer RisikoV über n Jahre, deren VS mit n beginnt und jährlich um 1 fällt.

17.) Beweisen Sie (55) und (56).

3.1.2.10 *Kapitalversicherung oder gemischte Versicherung*

Die mit Abstand häufigste Vform in der Bundesrepublik ist die gemischte oder KapitalV. Die VS wird dabei innerhalb der Vertragsdauer fällig, wenn der VN in dieser Zeit stirbt, oder, wenn der VN zum Vertragsende noch lebt, dann zu diesem Zeitpunkt.

Den Barwert einer solchen KapitalV errechnen wir nach

$$(57) \quad A_{x,n\rceil} = \sum_{\nu=0}^{n-1} {}_\nu p_x \cdot q_{x+\nu} \cdot v^{\nu+1} + {}_n p_x \cdot v^n =$$

$$= \frac{M_x - M_{x+n}}{D_x} + \frac{D_{x+n}}{D_x} = \frac{M_x}{D_x} - \frac{M_{x+n}}{D_x} + \frac{D_{x+n}}{D_x} = A_x + \frac{D_{x+n}}{D_x}(1 - A_{x+n})$$

$$= (1 - d\ddot{a}_x) + \frac{D_{x+n}}{D_x}(1 - (1 - d\ddot{a}_{x+n})) = 1 - d\ddot{a}_x + \frac{D_{x+n}}{D_x}d\ddot{a}_{x+n} =$$

$$= 1 - d(\ddot{a}_x - {}_{n\rceil}\ddot{a}_x) = 1 - d\ddot{a}_{x,n\rceil}.$$

Beispiel: S = 10.000, x = 40, n = 25,

$$S \cdot A_{40,25\rceil} = S \, \frac{M_{40} - M_{65} + D_{65}}{D_{40}}$$

a) ADSt 60/62 M mod, i = 0,03

$$S \cdot \frac{M_{40} - M_{65} + D_{65}}{D_{40}} = 10.000 \, \frac{11.465,18 - 6.601,39 + 9.294,32}{27.409,56} = 5.165,39$$

b) ADSt 60/62 M mod, i = 0,035

$$S \cdot \frac{M_{40} - M_{65} + D_{65}}{D_{40}} = 10.000 \, \frac{8.284,71 - 4.573,65 + 6.784,54}{22.582,96} = 4.647,57$$

c) ADSt 60/62 M mod, i = 0,07

$$S \cdot \frac{M_{40} - M_{65} + D_{65}}{D_{40}} = 10.000 \; \frac{974,76 - 377,97 + 781,08}{5.970,94} = 2.307,63$$

d) $\frac{q_x}{2}$, q_x aus ADSt 60/62 M mod, i = 0,03

$$S \cdot \frac{M_{40} - M_{65} + D_{65}}{D_{40}} = 10.000 \; \frac{9.952,65 - 7.197,09 + 11.677,74}{28.992,58} = 4.978,27$$

Aufgabe: 18.)   Errechnen Sie sämtliche Leistungsbarwerte $A_{x,n^\daleth}$,
$15 \leq x$, $12 \leq n$ und $x+n \leq 85$ zu den Kombinationen aus Aufgabe 3.)

19.)   Errechnen Sie die Leistungsbarwerte zu den folgenden Nachfragen:

a) Herr A. (40 Jahre) wünscht eine 30-jährige RisikoV über
   1.000.000,-- DM. (ADSt 60/62 M mod, i = 0,03, i = 0,07; Sterbetafel 81/83, i = 0,04).

b) Frau B. (32 Jahre) möchte eine gemischte Versicherung auf das
   Endalter 85. (ADSt 60/62 M mod - Sterbetafel 81/83 - i = 0,04).

c) Herr C. (48 Jahre) fragt nach einer TodesfallV über 20.000,-- DM.
   (ADSt 60/62 M mod - i = 0,03, i = 0,08).

Aufgabe: 20.)

a) Frau D. (52 Jahre) hat 16.000,-- DM. Welche VSumme einer RisikoV
   über 13 Jahre kann sie damit erzielen? (ADSt 60/62 M mod - Sterbetafel 81/83 - i = 0,04).

b) Herr E. (35 Jahre) möchte für seine 50.000,-- DM eine gemischte
   V auf das Endalter 85 Jahre abschließen. Welche VSumme kann er
   damit erhalten?
   ($\frac{q_x}{2}$, q_x aus ADSt 60/62 M mod, Sterbetafel 81/83 - i = 0,04).

c) Frau F. (46 Jahre) möchte 5.000,-- DM für den Todesfall anlegen.
   Welche VSumme einer TodesfallV ist möglich? (ADSt 60/62 M mod,
   alle Zinssätze).

21.) Die Banken konkurrieren mit den Versicherern, indem jene einen "Sparplan mit Versicherungsschutz" anbieten. Die Banken schlies-
sen mit dem Kunden einen Sparvertrag ab, nach dem der Kunde einen festen
Betrag monatlich spart und die Bank ihm einen gewissen Zins, der
sich im Laufe des Vertrages ändern kann, gewährt. Ein Versicherer
bietet daneben eine RisikoV mit fallender VS. Dieses Angebot ist ein
Konkurrenzangebot zur gemischten Versicherung.

Ein Kunde (42 Jahre) spart monatlich 200,-- DM über 20 Jahre. Die
VS soll jährlich fallen. Wie groß muß die AnfangsVS sein, damit zu
jeder Zeit:

a) die VS und die bisher bezahlten Sparbeiträge zusammen das Sparziel (Endwert der Sparbeträge bei 6 % Zins) nicht unterschreiten;

b) die VS und das Sparkonto zusammen das Sparziel nicht unterschreiten.

Wie groß sind in beiden Fällen die Leistungsbarwerte? (ADSt 60/62
M mod - Sterbetafel 81/83, i = 0,03 und i = 0,04).

22.) Herr G. (42 Jahre) hat einen Kredit über 1.000.000,-- DM aufgenommen. Diesen Kredit möchte er über 5 Jahre durch eine Annuitäts-
zahlung entsprechend dem Tilgungsplan 1 aus Abschnitt 1 tilgen.

Die Restschuld soll durch eine RisikoV mit fallender VS abgesichert
werden.

a) Wie groß muß die AnfangsVS sein, damit bei einer RisikoV mit
   fallender VSumme über 5 Jahre zu jedem Zeitpunkt mindestens die
   Restschuld im Todesfall abgesichert ist? Wie groß ist der Leistungsbarwert?

b) Wie groß ist der Leistungsbarwert für 5 einjährige RisikoV, bei
   denen jeweils die Restschuld abgesichert ist?

   ($\frac{q_x}{2}$, q_x aus ADSt 60/62 M mod, i = 0,07; i = 0,075 und i = 0,08)

3.2 NETTOPRÄMIEN

Kauft ein Kunde Versicherungsschutz, so muß er für diese Leistung einen Gegenwert erbringen, er bezahlt *Beiträge* oder *Prämien* . Berücksichtigt man zunächst nur die Vorgänge "Deckung des versicherten Risikos" und "Verzinsung des eingesetzten Kapitals", läßt man demnach zunächst außer acht, daß dem VU für diese Arbeit auch Kosten entstehen, so kalkulieren wir auf dieser Basis die *Nettoprämie* bzw. die *Nettobeiträge* .

Man kann nun von den verschiedensten Axiomen ausgehen, um die Nettobeiträge für einzelne Versicherungstarife zu bestimmen. So sind etwa die Grundannahmen zur Bestimmung der Beiträge in der gesetzlichen Rentenversicherung völlig verschieden von den Grundannahmen zur Bestimmung der Prämien in der privaten Assekuranz.

In der Privatversicherung (veraltet) oder Individualversicherung geht man von der Annahme aus, daß jeder VN für seinen *erwarteten* Schaden aufkommt. Diese Grundannahme bezeichnet man als *versicherungsmathematisches Äquivalenzprinzip.*

a) *Einmalbeiträge.* Zahlt der VN zu Beginn der Vdauer einmalig einen Beitrag, so ist der *Nettoeinmalbetrag* gleich dem Leistungsbarwert des Tarifs.

b) *Laufende Beiträge.* Der VN zahle zu gewissen Zeitpunkten (wir nehmen zunächst an jährlich, jeweils zum Jahrestag des Vbeginns) einen festen Betrag entweder bis zu seinem Lebensende, oder bis zum Ende der zu Vertragsbeginn zu vereinbarenden Beitragszahlungsdauer, sofern der VN diesen Zeitpunkt erlebt, andernfalls bis zu seinem Tode. In jedem Falle aber können wir den Beitrag auffassen als eine Leibrente auf das Leben des VN, zahlbar an das VU. Bezeichnen wir die zu bestimmende Nettoprämie eines Tarifs mit P, so ist der Barwert der Nettoprämien für einen VN(x) gleich $P\ddot{a}_x$, falls die Prämien bis zum Tode geleistet werden müssen, und gleich $P\ddot{a}_{x,\overline{m}|}$, falls die Prämien bis zum Tode, maximal aber nur bis zum Ende der Beitragszahlungsdauer, hier m Jahre lang, zu zahlen sind.

Sei nun für einen beliebigen Fall B der Leistungsbarwert eines
Vtarifs, m die Beitragszahlungsdauer. Die zu leistende Nettoprämie P des VN errechnet man dann nach

(58) $P\ddot{a}_{x,\overline{m}} = B.$

Dabei gehen wir davon aus, daß die Prämie stets zu Beginn eines
Vjahres fällig wird. Ist eine lebenslängliche Beitragszahlung vorgesehen, so erhalten wir

(59) $P\ddot{a}_x = B.$

(58) und (59) sind die Gleichungen der versicherungsmathematischen
Äquivalenz (Äquivalenzprinzip).

In beiden Fällen errechnet man nun

(60) $P = \dfrac{B}{\ddot{a}_{x,\overline{m}}}$ bzw.

(61) $P = \dfrac{B}{\ddot{a}_x}.$

3.2.1 Jahresnettoprämien

Im folgenden geben wir nun die Jahresnettoprämien für die vorgenann-
ten Vtarife an. Dabei geben wir unter a die Jahresnettoprämie für
eine Beitragszahlungsdauer m an, unter b die Jahresnettoprämie, wenn
die Beitragszahlungsdauer m gleich der Vdauer n bzw. bei Renten
gleich der Aufschubzeit n ist.

3.2.1.1 Aufgeschobene lebenslängliche Leibrente nach 3.1.1.5

a) $P_{x,m} = \dfrac{{}_{n|}\ddot{a}_x}{\ddot{a}_{x,\overline{m}}} = \dfrac{N_{x+n}}{D_x} \cdot \dfrac{D_x}{N_x - N_{x+m}} = \dfrac{N_{x+n}}{N_x - N_{x+m}}$

b) $\quad P_{x,n} = \dfrac{_{n|}\ddot{a}_x}{\ddot{a}_{x,n\rceil}} = \dfrac{N_{x+n}}{D_x} \cdot \dfrac{D_x}{N_x - N_{x+n}} = \dfrac{N_{x+n}}{N_x - N_{x+n}}$

Beispiel: R = 6.000, x = 40, n = m = 25,

$$R \cdot P = R \; \frac{N_{65}}{N_{40} - N_{65}}$$

α) ADSt 49/51 M, i = 0,07, RP = 698,25

β) ADSt 60/62 M mod, i = 0,03, RP = 1.219,30

Aufgaben: 23.) Geben Sie die Jahresnettoprämie für eine um m Jahre aufgeschobene, jährlich steigende, vorschüssig lebenslänglich zahlbare Leibrente an.

24.) Schreiben Sie eine Beitragstabelle, die sämtliche Jahresnettoprämien enthält zu den folgenden Kombinationen:

   a) Rentenbeginn mit 65 Jahren, $20 \le x \le 64$

   b) Rentenbeginn mit 60 Jahren, $20 \le x \le 59$

   ADSt 49/51 M, i = 0,03 - mit und ohne Altersverschiebung.

3.2.1.2 Lebenslängliche TodesfallV nach 3.1.2.3

a) $\quad P_{x,m} = \dfrac{A_x}{\ddot{a}_{x,m\rceil}} = \dfrac{M_x}{D_x} \cdot \dfrac{D_x}{N_x - N_{x+m}} = \dfrac{M_x}{N_x - N_{x+m}}$

b) $\quad P_x = \dfrac{A_x}{\ddot{a}_x} = \dfrac{M_x}{D_x} \cdot \dfrac{D_x}{N_x} = \dfrac{M_x}{N_x}$

Beispiel: S = 10.000, x = 40, m = ω-40

α) ADSt 60/62 M mod, i = 0,03   SP $= 10.000 \; \dfrac{11.465,18}{547.424,06} = 209,44$

β) ADSt 60/62 M mod, i = 0,035 $\quad$ SP = $10.000 \cdot \dfrac{8.284,71}{422.820,85}$ = 195,94

γ) ADSt 60/62 M mod, i = 0,07 $\quad$ SP = $10.000 \dfrac{974,76}{76.370,05}$ = 127,64

δ) $\dfrac{q_x}{2}$, q_x aus ADSt 60/62 M mod, i = 0,03

$$SP = 10.000 \frac{9.952,05}{653.720,28} = 152,24$$

3.2.1.3 RisikoV nach 3.1.2.6

a) $\quad P_{x,m} = \dfrac{{}_{n}A_x}{\ddot{a}_{x,m\rceil}} = \dfrac{M_x - M_{x+n}}{D_x} \cdot \dfrac{D_x}{N_x - N_{x+m}} = \dfrac{M_x - M_{x+n}}{N_x - N_{x+m}}$

b) $\quad P_{x,n} = \dfrac{{}_{n}A_x}{\ddot{a}_{x,n\rceil}} = \dfrac{M_x - M_{x+n}}{D_x} \cdot \dfrac{D_x}{N_x - N_{x+n}} = \dfrac{M_x - M_{x+n}}{N_x - N_{x+n}}$

Beispiel: S = 10.000, x = 40, n = m = 25

$$SP = 10.000 \frac{M_{40} - M_{65}}{N_{40} - N_{65}}$$

α) ADSt 60/62 M mod, i = 0,03

$$SP = 10.000 \cdot \frac{11.465,18 - 6.601,39}{547.424,06 - 92.456,94} = 106,90$$

β) ADSt 60/62 M mod, i = 0,035

$$SP = 10.000 \frac{8.284,71 - 4.573,65}{422.820,85 - 65.379,40} = 103,82$$

γ) ADSt 60/62 M mod, i = 0,07

$$SP = 10.000 \frac{974,76 - 377,97}{76.370,05 - 6.161,84} = 85,00$$

δ) $\dfrac{q_x}{2}$, q_x aus ADSt 60/62 M mod, i = 0,03

$$SP = 10.000 \; \frac{9.952,05 - 7.197,09}{653.720,28 - 153.834,58} = 55,11$$

Derartige RisikoV werden heute in der Bundesrepublik höchstens auf 35 Jahre abgeschlossen. In der Regel sind aber hier die Vdauern wesentlich kürzer.

Aufgaben: 25.) Schreiben Sie je eine Beitragstabelle, die sämtliche Jahresnettoprämien einer RisikoV enthält für

$$20 \le x \le 50 \quad \text{und} \quad 1 \le n \le 30$$

mit den folgenden Rechnungsgrundlagen:

α)   ADSt 60/62 M mod, i = 0,03

β) $\dfrac{q_x}{2}$, q_x aus ADSt 60/62 M mod, i = 0,08

γ)   Sterbetafel 81/83, i = 0,04

Vergleichen Sie die Beiträge aus diesen Tabellen miteinander!

26.) Schreiben Sie eine Beitragstabelle, die alle Jahresnettoprämien einer n-jährigen RisikoV mit fallender VS (VS von n auf 1 fallend) enthält mit

$$x = 20,25,30,\ldots,55 \quad \text{und}$$

$$n = 5,10,15,20,25,30,35$$

für die in Aufgabe 25 angegebenen Fälle.

3.2.1.4   TermefixV nach 3.1.2.8

a) $P_{x,m} = \dfrac{v^n}{\ddot{a}_{x,\overline{m}|}} = \dfrac{v^n \cdot D_x}{N_x - N_{x+m}}$

b) $$P_{x,n} = \frac{v^n}{\ddot{a}_{x,\overline{n}|}} = \frac{v^n \cdot D_x}{N_x - N_{x+n}}$$

Beispiel: $S = 10.000$, $x = 40$, $n = m = 25$

$$SP = S \, \frac{v^{25} D_{40}}{N_{40} - N_{65}}$$

α) ADSt 60/62 M mod, $i = 0,03$

$$SP = 10.000 \cdot \frac{0,477606 \cdot 27.409,56}{547.424,06 - 92.456,94} = 287,73$$

β) ADSt 60/62 M mod, $i = 0,035$

$$SP = 10.000 \cdot \frac{0,423147 \cdot 22.582,96}{422.820,85 - 65.379,40} = 267,34$$

γ) ADSt 60/62 M mod, $i = 0,07$

$$SP = 10.000 \cdot \frac{0,184249 \cdot 5.970,94}{76.370,05 - 6.161,84} = 156,70$$

δ) $\frac{q_x}{2}$, q_x aus ADSt 60/62 M mod, $i = 0,03$

$$SP = 10.000 \cdot \frac{0,477606 \cdot 28.992,58}{653.720,28 - 153.834,58} = 277,00$$

Bei den bisher behandelten Tarifen waren stochastische Elemente sowohl auf der Leistungs- als auch auf der Beitragsseite, sofern keine Einmalbeiträge geleistet wurden. Bei der TermefixV steht die Leistung von Beginn an fest. Unter Risiko ist hier nur die Beitragsseite.

Korrelativ zu diesem Tarif ist die in Deutschland verbotene *Tontinenversicherung* (nach Tonti, 1630-1695). Ursprünglich verwendete man die Tontinen bei Staatsanleihen. Man geht hierbei wie folgt vor. Eine Personengesamtheit L (möglicherweise in Altersgruppen unterteilt) bringt einen Betrag B auf, jeder zahlt einen gleich großen Anteil. Das VU bzw. der Staat muß dann nach Ablauf von n Jahren zu einem vereinbarten Zins den Endwert dieses Betrages B an die Überlebenden der Gesamtheit (bzw. der Teilgesamtheiten) in gleichen Anteilen auszahlen. Vereinbart werden auch gelegentlich Rentenzahlungen.

Aufgabe: 27.) Errechnen Sie die erwartete Leistung einer Tontinenversicherung zu einem eingezahlten Anteil B.

3.2.1.5 Gemischte V oder KapitalV nach 3.1.2.10

a) $\quad P_{x,m} = \dfrac{A_{x,\overline{n}|}}{\ddot{a}_{x,\overline{m}|}} = \dfrac{M_x - M_{x+n} + D_{x+n}}{D_x} \cdot \dfrac{D_x}{N_x - N_{x+m}} = \dfrac{M_x - M_{x+n} + D_{x+n}}{N_x - N_{x+m}}$

b) $\quad P_{x,n} = \dfrac{A_{x,\overline{n}|}}{\ddot{a}_{x,\overline{n}|}} = \dfrac{M_x - M_{x+n} + D_{x+n}}{N_x - N_{x+n}}$

bzw. mit (57)

$$P_{x,n} = \frac{1 - d\,\ddot{a}_{x,\overline{n}|}}{\ddot{a}_{x,\overline{n}|}} = \frac{1}{\ddot{a}_{x,n}} - d$$

Beispiel: S = 10.000, x = 40, n = 25,

$$S\,P = S\,\frac{M_{40} - M_{65} + D_{65}}{N_{40} - N_{65}}$$

α) ADSt 60/62 M mod, i = 0,03

$$S\,P = 10.000\,\frac{11.465,18 - 6.601,39 + 9.294,32}{547.424,06 - 92.456,94} = 311,(0)$$

β) ADSt 60/62 M mod, i = 0,035

$$S\,P = 10.000\,\frac{8.284,71 - 4.573,65 + 6.784,54}{422.820,85 - 65.379,40} = 293,63$$

γ) ADSt 60/62 M mod, i = 0,07

$$S\,P = 10.000\,\frac{974,76 - 377,97 + 781,08}{76.370,05 - 6.161,84} = 196,25$$

δ) $\dfrac{q_x}{2}$, q_x aus ADSt 60/62 M mod, i = 0,03

$$S\,P \;=\; 10.000 \;\frac{9.952,05 - 7.197,09 + 11.677,74}{653.720,28 - 153.834,58} \;=\; 288,72$$

Aufgaben: 28.) Schreiben Sie je eine Beitragstabelle, die sämtliche Jahresnettoprämien P einer gemischten V enthält mit

$$20 \le x \le 55 \quad \text{und} \quad 12 \le n \le 85-x$$

mit den Rechnungsgrundlagen aus Aufgabe 3.

Vergleichen Sie die Beiträge der Tabellen miteinander.

Aufgaben: 29.) Errechnen Sie die Jahresprämien für die unter 11. angegebenen Leibrenten, wenn die Prämie die gesamte Aufschubzeit über gezahlt werden soll!

30.) Welche Jahresnettoprämien werden fällig, wenn die in 19 dargestellten Vverträge mit Jahresprämien ausgestattet sind?

31.) Ermitteln Sie die Jahresprämien für die unter 19 aufgeführten Vverträge, wenn die Beitragszahlung mit dem 60. Lebensjahr enden soll!

32.) Vergleichen Sie die Jahresprämie für eine RisikoV über 10 Jahre zum Beitrittsalter 20 mit Prämienzahlungsdauer 10 Jahre, die gleichmäßig über 10 Jahre fällt und mit 1.000.000,-- DM Vsumme beginnt, mit einer Prämie für eine einjährige RisikoV für einen 20-Jährigen über 100.000,-- DM. Welche Schlüsse ziehen Sie aus Ihrem Ergebnis?

33.) Berechnen Sie die Jahresprämien aus den Aufgaben 21 und 22, wenn die Beitragszahlungsdauer auf die halbe Versicherungszeit $\left[\dfrac{n}{2}\right]$ abgekürzt ist!

3.2.2 Unterjährige Renten und unterjährige Beiträge

In Analogie zu den Zeitrenten wird mit $a_{x,\overline{n}|}^{(m)}$ der Barwert einer nachschüssigen m-tel-jährlich n Jahre hindurch zahlbaren Leibrente mit

Zahlbetrag $\frac{1}{m}$ für einen x-Jährigen bezeichnet, und mit $\ddot{a}_{x,n\rceil}^{(m)}$ der Barwert der entsprechenden vorschüssigen Leibrente. Offenbar gilt

$$(62) \qquad a_{x,n\rceil}^{(m)} = \frac{1}{m} \sum_{\nu=1}^{n\,m} {}_{\frac{\nu}{m}}p_x \cdot v^{\frac{\nu}{m}}$$

$$(63) \qquad \ddot{a}_{x,n\rceil}^{(m)} = \frac{1}{m} \sum_{\nu=0}^{nm-1} {}_{\frac{\nu}{m}}p_x \cdot v^{\frac{\nu}{m}}.$$

In (62) und (63) sind die bisher nicht definierten Ausdrücke ${}_{\frac{\nu}{m}}p_x$ für $\frac{\nu}{m} \notin \mathbb{N}$ enthalten. Diese Ausdrücke kann man aus den Werten einer Sterbetafel auf verschiedene Arten interpolieren. Hier begnügen wir uns zunächst mit einer linearen Näherung.

Betrachten wir dazu eine lebenslängliche vorschüssig zahlbare Rente auf das Leben einer Person (x). Der Rentenbetrag sei 1. Für jedes $k < m \, \varepsilon \, \mathbb{N}$ setzen wir dann durch lineare Interpolation wegen

$$(64) \qquad {}_{0|}\ddot{a}_x := \ddot{a}_x - 0, \quad {}_{1|}\ddot{a}_x = \ddot{a}_x - 1$$

$$(65) \qquad {}_{\frac{k}{m}|}\ddot{a}_x := \ddot{a}_x - \frac{k}{m}.$$

Hierbei gehen wir von der folgenden vereinfachenden Annahme aus: Schließt eine Person (x) zum Zeitpunkt $\frac{k}{m}$ einen RentenVvertrag ab, so ist für jedes $n \, \varepsilon \, \mathbb{N}$ die Sterbewahrscheinlichkeit im Intervall $\left[n + \frac{k}{m}, \; n + 1 + \frac{k}{m} \right]$ konstant q_{x+n}. Schließt nun eine Person (x) zu jedem Zeitpunkt $\frac{k}{m}$ einen RentenVvertrag ab, so führt dies offenbar zu einem Widerspruch; der numerische Fehler allerdings ist bei den in der Praxis verwendeten Sterbetafeln gering.

Wir erhalten somit:

$$(66) \quad m \cdot \ddot{a}_x^{(m)} = \sum_{\nu=0}^{m-1} \ddot{a}_{\frac{\nu}{m}|x} \approx \sum_{\nu=0}^{m-1} \ddot{a}_x - \frac{\nu}{m} = m\ddot{a}_x - \frac{1}{m}\frac{m(m-1)}{2}$$

und daraus

$$(67) \quad \ddot{a}_x^{(m)} \approx \ddot{a}_x - \frac{m-1}{2m} .$$

Aufgabe: 34.) Beweisen Sie die folgenden Näherungen:

$$(68) \quad a_x^{(m)} \approx a_x + \frac{m-1}{2m}$$

$$(69) \quad \ddot{a}_{x,\overline{n}|}^{(m)} \approx \ddot{a}_{x,\overline{n}|} - \frac{m-1}{2m}(1 - {}_nE_x)$$

Hinweis: Benutzen Sie zum Beweis von (69) Gleichung (27).

Man kommt allerdings auch mit folgendem Ansatz zu einer Näherung für unterjährige Rentenbarwerte. Wir nehmen dabei an, daß sich die Sterbefälle gleichmäßig über das Jahr verteilen. In einem m-tel Jahr erwarten wir dann $(l_x - l_{x+1})/m$ Todesfälle unter den x-Jähri-

gen. Nach $\frac{1}{m}$ Jahr leben dann noch $l_x - \dfrac{l_x - l_{x+1}}{m} = l_x(1 - \frac{1}{m}) + \dfrac{l_{x+1}}{m}$

x-Jährige, nach $\frac{2}{m}$-tel Jahren leben dann $l_x(1 - \frac{2}{m}) + 2\dfrac{l_{x+1}}{m}$ x-Jährige

etc. Der Barwert sämtlicher Rentenzahlungen an l_x x-Jährige beträgt für ein Jahr

$$(70) \quad B = \frac{1}{m}\left\{ l_x + v^{1/m}\left[l_x\left(1 - \frac{1}{m}\right) + \frac{l_{x+1}}{m} \right] + v^{2/m}\left[l_x\left(1 - \frac{2}{m}\right) + \frac{2}{m}l_{x+1} \right] + \right.$$

$$\left. \ldots + v^{\frac{m-1}{m}}\left[l_x \cdot \frac{1}{m} + \frac{m-1}{m}l_{x+1} \right] \right\}$$

$$= \frac{1}{m}l_x\left[1 + v^{\frac{1}{m}}\left(1 - \frac{1}{m}\right) + v^{\frac{2}{m}}\left(1 - \frac{2}{m}\right) + \ldots + v^{\frac{m-1}{m}} \cdot \frac{1}{m} \right] +$$

$$+ \frac{1}{m} \, l_{x+1} \left[v^{\frac{1}{m}} \cdot \frac{1}{m} + v^{\frac{2}{m}} \cdot \frac{2}{m} + \ldots + v^{\frac{m-1}{m}} \cdot \frac{m-1}{m} \right].$$

Mit den altersunabhängigen Gewichten

$$(71) \quad a = \frac{m + v^{\frac{1}{m}}(m-1) + v^{\frac{2}{m}}(m-2) + \ldots + v^{\frac{m-1}{m}}}{m^2} \quad \text{und}$$

$$(72) \quad b = \frac{v^{\frac{1}{m}} + 2v^{\frac{2}{m}} + \ldots + (m-1)v^{\frac{m-1}{m}}}{m^2}$$

erhalten wir

$$(73) \quad B = a \, l_x + b \, l_{x+1}.$$

Summiert man die Barwerte der einzelnen Vjahre und dividiert durch l_x, so erhält man

$$(74) \quad \ddot{a}_x^{(m)} = a \, \ddot{a}_x + \frac{b}{v} a_x = \ddot{a}_x \left(a + \frac{b}{v} \right) - \frac{b}{v}.$$

Auch aus (74) lassen sich die Näherungen (67), (68) und (69) ableiten.

Wir können nun auch unterjährige Prämienzahlungen vereinbaren. Üblich sind in der Praxis halbjährige, vierteljährige oder monatliche Prämien. Ist B der Leistungsbarwert eines Vtarifs, so erhalten wir für m-tel-jährige Zahlung eine Prämie P nach

$$(75) \quad P \, \ddot{a}_{x,\overline{n}}^{(m)} = B \qquad \text{bzw.}$$

$$(76) \quad P \, \ddot{a}_x^{(m)} = B.$$

Aufgabe: 35.) Berechnen Sie die monatlichen Prämien zu den in den vorigen Aufgaben ermittelten Jahresprämien. Welchen Zinsverlust erleidet das VU, wenn die Prämien jeweils nach ADSt 60/62 mod, i = 0,03 berechnet ist, aber tatsächlich 7,5 % Zins erwirtschaftet wird?

Gebräuchlich sind in der Bundesrepublik zwei Näherungsverfahren zur Berechnung unterjähriger Prämien.

a) unechte unterjährige Prämien.

Hier kalkuliert man Jahresprämien, dividiert diese durch 2, 4 oder 12, je nachdem, ob man halb-, vierteljährige oder monatliche Zahlungsweise vereinbart, und kalkuliert einen Aufschlag von 2, 3 bzw. 5 % auf die Jahresprämie ein. Die Vperiode ist hier aber ein Jahr, so daß die fällige VS im Todesfall stets am Ende des Vjahres ausgezahlt wird, und die noch ausstehenden Anteile der Jahresprämie bis zum Ende des Vjahres fällig sind. Die VU zahlen aber die VS im Todesfall sofort nach Einreichen der Vpolice und des Totenscheines aus, ziehen allerdings die noch ausstehenden Teile der Jahresprämie ab.

b) echte unterjährige Prämien

Die Vperiode ist hier der Monat, das viertel oder das halbe Jahr. Zum einen kann mit den unterjährigen Rentenbarwerten kalkuliert werden, andererseits aber ist es auch möglich, Aufschläge von 6, 4 oder 3 % auf die Jahresprämien zu kalkulieren. Beabsichtigt bei einer solchen Kalkulation jemand dennoch Jahresprämien zu zahlen, so gewährt man ihm einen Abschlag.

3.3 ANMERKUNGEN ZU DEN LEISTUNGSBARWERTEN UND NETTOPRÄMIEN

3.3.1 Bei der Darstellung der Leistungsbarwerte wurde auf den Gebrauch der Kommutationswerte nicht verzichtet, obwohl diese Darstellung in einem stochastischen Modell ungewöhnlich ist.

Erstmals benutzte Johan Nicolaus Tetens (1736 Tetenbüll - 1807 Kopenhagen) in seinem Buch "Einleitung zur Berechnung der Leibrenten und Anwartschaften" [88] die Kommutationswerte. Nahezu zwei Jahrhunderte dienten fast ausschließlich diese zur Berechnung der Leistungsbarwerte und Nettoprämien. Aber auch heute noch haben diese Kommutationswerte ihre Berechtigung. Errechnet man die Leistungsbarwer-

te als Erwartungswerte nach (7) mit den daran anschließenden vereinbarten Vereinfachungen, so sind stets Summen über Produkte zu
bilden, in der Regel n-1 Summen, wenn n die Vdauer ist und n oder
2n viele Produkte. Bei der Berechnung der Leistungsbarwerte oder
Nettoprämien mit Hilfe der Kommutationswerte benötigt man aber nur
eine begrenzte Anzahl von Additionen, Subtraktionen und Divisionen,
unabhängig von der Vdauer. Eindeutig im Vorteil sind die Kommutationswerte, wenn man aus Tafelwerten einzelne Leistungsbarwerte
oder Nettoprämien ermitteln möchte.

Andererseits sind die Darstellungen der Barwerte als Erwartungswerte günstiger, wenn mit diesen Ausdrücken gerechnet werden soll.
Für Darstellungen in der Risikotheorie etwa sind die Erwartungswerte unerläßlich. Aber auch in der praktischen Anwendung lassen
sich die Erwartungswerte verwenden ([20]). Für moderne schnel-
le Rechenanlagen ist die zusätzliche Rechenzeit fast unbedeutend.

Zur praktischen Anwendung der Erwartungswerte empfiehlt es sich
allerdings, die Formeln in eine rekursive Gestalt zu bringen.
([9]).

Es gilt

(77) $\quad A_x = q_x v + p_x v A_{x+1} .$

Aufgaben: 36.) Beweisen Sie (77)!

37.) Entwickeln Sie Rekursionsformeln für die anderen in 3.1 dargestellten Leistungsbarwerte.

Zu berücksichtigen ist hierbei, daß teilweise sehr kleine Zahlen
(nahe bei Null) miteinander multipliziert bzw. addiert werden und
in (77) auch zu großen Zahlen addiert werden ([99]).

3.3.2 Die Beispiele in 3.1 und 3.2 haben ergeben, daß schon geringe Änderungen der Rechnungsgrundlagen zu teilweise erheblichen Änderungen bei den Leistungsbarwerten und Nettoprämien führen können.
Es läßt sich dabei nicht generell entscheiden, welche Rechnungs-

grundlage auf die Barwerte den stärkeren Einfluß hat.

Bei kapitalbildenden LV (Tarife, bei denen in jedem Falle eine Kapitalleistung fällig wird) hat der Rechnungszins einen großen Einfluß auf die Höhe des Leistungsbarwertes bzw. der Prämie. So ist aber auch hier keine generelle Aussage zulässig über den dominierenden Einfluß. Nach 3.2.1.5 δ) ist die Jahresnettoprämie für die gemischte V bei halber Sterbewahrscheinlichkeit und Rechnungszins 3 % niedriger als bei normaler Sterblichkeit nach ADSt 60/62 M mod und Rechnungszins 3,5 % (Fall β)). Genau umgekehrt ist die Situation bei der TermefixV. Hebt man allerdings den Rechnungszins recht stark an (Fall γ), 7 %), so führt dies bei kapitalbildenden V stets zu einer deutlichen Senkung der Leistungsbarwerte bzw. Nettoprämien. Weiterhin ist der Einfluß des Rechnungszinses auf die relative Änderung der Leistungsbarwerte und Prämien auch abhängig von der Vdauer.

Bei RisikoV hingegen ist die Wahl der Sterbetafel von Bedeutung. So ergibt das Beispiel in 3.1.2.6, daß eine Halbierung der Sterbewahrscheinlichkeiten der ADSt 60/62 M mod bei 3 % Zins zu einem niedrigeren Leistungsbarwert führt als eine Anhebung des Rechnungszinses auf 7 %. Aber auch hier verbietet sich eine generelle Aussage. So demonstriert das erste Beispiel in 3.1.2.9, daß der Tarif der lebenslänglich steigenden RisikoV mit halber Sterbewahrscheinlichkeit den höchsten Leistungsbarwert von allen vier Fällen hat. Da, bei in allen Altern reduzierten Sterbewahrscheinlichkeiten, (sofern sie nicht 0 sind), die Menschen nicht unsterblich werden sondern lediglich (im Durchschnitt) länger leben, sterben mehr Menschen in den Altern, in denen höhere VS fällig werden.

In den deutschsprachigen Ländern ist den Aktuaren die Wahl der Rechnungsgrundlagen von den nationalen Aufsichtsbehörden abgenommen. In der Bundesrepublik Deutschland ist für die LVU bisher noch ein Rechnungszins von 3 % und die ADSt 60/62 M mod vorgeschrieben. In den angelsächsischen Ländern hingegen sind die Aktuare weitgehend frei bei der Wahl der Rechnungsgrundlagen zur Festsetzung der Nettoprämien und Leistungsbarwerte.

Die Rechnungsgrundlagen sind natürlich auch in Deutschland nicht für alle Ewigkeit festgeschrieben. Eine Anhebung des Rechnungszinses auf 3,5 % scheint möglich. Ebenso wird einmal auch die Sterbetafel aktualisiert werden müssen. Derzeit gibt die Sterbetafel 81/83 den aktuellen Stand wieder.

3.4 KOSTEN UND BRUTTOPRÄMIEN

3.4.1 Kosten als Rechnungsgrundlage

Werden die Prämien, die die VN gezahlt haben, ebenso verzinst wie in den Prämien kalkuliert (effektive Verzinsung gleich rechnungsmäßiger Verzinsung), und treten die Todesfälle in der Vgemeinschaft genau so ein wie in der Sterbetafel angenommen, so ist der Barwert der von den VN gezahlten Beiträge gleich dem Barwert der an die VN ausgezahlten Leistungen. Weder das VU noch die Gesamtheit der VN machen einen Gewinn (auch keinen Verlust). Damit allerdings läßt sich kein Vgeschäft betreiben, da der Vbetrieb Kosten verursacht. Diese müssen von den VN mitbezahlt werden, die Kosten werden in die Prämie eingerechnet. Damit erhalten wir die *Bruttoprämie*.

Die Verwaltungskosten werden in zwei Gruppen eingeteilt:

Abschlußkosten (α-Kosten) Hier subsumiert man diejenigen Kosten des VU, die mit dem Neuabschluß von Vverträgen zusammenhängen, so etwa sämtliche Aufwendungen für die Akquisitionsorgane des VU oder die Makler, die Kosten für die ärztlichen Untersuchungen, die Ausstellung der Policen, die Einrichtung eines Datensatzes in der Datenbank usw..

Der Kostenzuschlag in der Prämie für diese Gruppe sei mit α bezeichnet und in Promille der Vsumme bzw. der Jahresrente angegeben, und muß bei Abschluß des Vvertrages bezahlt werden. Da die Abschlußprovision an den Außendienst in der Regel proportional der Versicherungssumme ist und die Provisionen meist den größten Einzelposten bei den Abschlußkosten stellen, scheint es gerechtfertigt, die α-Kosten proportional der Versicherungssumme anzusetzen.

Üblich sind bei vielen VU die folgenden α-Kostenzuschläge:

$\alpha = 35$ ‰ der VS für gemischte V

$\alpha = \min(n,25)$ ‰ der VS für eine n-jährige RisikoV oder

$\alpha = 35\left(1 - \dfrac{D_{x+n}}{D_x}\right)$ ‰ der VS für eine n-jährige RisikoV, die ein x-Jähriger abschließt

$\alpha = 35$ ‰ der 5-fachen Jahresrente bei RentenV

$\alpha = 20$ ‰ der VS für gemischte V im Gruppengeschäft

Allgemeine Verwaltungskosten. Früher teilte man die Kosten weiter ein in Inkassokosten (β-Kosten) und allgemeine Verwaltungskosten (γ-Kosten). Allgemein üblich war für die Inkassokosten ein Satz von 3 % der Bruttoprämie (Prämie einschließlich der Kostenzuschläge) und für die allgemeinen Verwaltungskosten ein Satz von 4,25 ‰ der Vsumme.

Wurden früher noch die Beiträge durch einen Vagenten von den VN abgeholt (was schon beträchtliche Personalkosten verursacht), so werden die Beiträge heute in der Regel vom VN per Dauerauftrag von seinem Konto überwiesen oder, was noch billiger ist, das VU läßt die Beiträge per Einziehungsauftrag vom Konto des VN abbuchen. Dieses Verfahren kostet bei hohen Vsummen gewiß nicht 3 % der Bruttoprämie.

Betrachtet man nun sämtliche Aufwendungen, die das VU zu leisten hat und die nicht schon den Abschlußkosten zugerechnet wurden (Personalkosten, Miete für das Geschäftshaus, Steuern etc.), so muß ein geeigneter Schlüssel gefunden werden, um diese Kosten möglichst gerecht auf die einzelnen VN aufzuteilen. Es bieten sich die folgenden 3 Möglichkeiten an, die noch beliebig modifiziert werden können.

1) Aufteilung der Kosten anteilig nach der Vsumme
2) Aufteilung der Kosten anteilig nach dem Beitrag
3) Aufteilung der Kosten pro Police (Stückkosten)

Bei der Beitragskalkulation nehmen wir an, daß die Kosten im wesentlichen von der Höhe der Vsumme abhängig sind. Verteilt man die
Kosten nach der Beitragshöhe, so müssen VN mit einem hohen Beitrittsalter bei gleicher VS und gleicher Vdauer mehr bezahlen als VN mit
einem niedrigeren Beitrittsalter. Umgekehrt wird die Kostenbelastung
für VN mit niedrigen Beitrittsaltern sehr hoch, wenn die Kostenzuschläge ausschließlich proportional der VS berechnet werden.

Daher sind derzeit die folgenden Kostenzuschläge am deutschen Ver-
sicherungsmarkt üblich:

a) Für kapitalbildende V und RisikoV

    β = 3 % der Bruttoprämie (1 % bei Einmalbeitrag)
    γ = 4,25 %o der Vsumme

Rabatte bis zu 2 %o der VS sind möglich bei VS über 40.000,-- DM.
Bei kleinen VS unter 10.000,-- DM werden allerdings noch Zuschläge
in %o der VS eingerechnet.

Im Gruppengeschäft sind diese Sätze teilweise noch reduziert. Ist
die Vdauer länger als die Beitragszahlungsdauer, so wird γ häufig
aufgeteilt in γ_1 und γ_2 mit

    γ_1 = 2,25 %o der VS für jedes Jahr der Vdauer und

    γ_2 = 2 %o der VS für jedes Jahr der Beitragszahlungsdauer.

b) RentenV

    γ = 3 % der Bruttoprämie (0 oder 1 % bei Einmalbeitrag)

    γ_1 = 1 % der Jahresrente für die Vdauer

    γ_2 = 1,5 % der Jahresrente für die Rentenbezugszeit

Es ist ein alter Streit, ob die allgemeinen Verwaltungskosten von
der VS oder dem Beitrag abhängig sind oder nicht. Wären sie von der
VS abhängig, so wäre eine proportionale Beteiligung des VN entsprechend seiner VS angemessen. Es ist aber nicht einzusehen, weshalb ein

Vertrag mit einer VS von 20.000,-- DM doppelt so hoch an den Verwaltungskosten beteiligt werden soll wie ein Vertrag über eine VS von 10.000,-- DM.

Ein Teil der Verwaltungskosten hat durchaus Stückkostencharakter. So muß für jeden Vertrag, gleich welcher Summe, eine Akte angelegt werden, Speicherplatz reserviert werden, am Jahresende das "Guthaben" des VN errechnet werden etc. Andererseits aber ist in der Regel jemand, der einen Vertrag über eine hohe VS abgeschlossen hat, eher an der Entwicklung der Kapitalanlagen interessiert, als jemand mit einer geringeren VS (nur leider stimmt der letzte Satz nicht immer und so manch ein Vertrag über eine kleine VS macht mehr Arbeit als ein Vertrag über eine hohe VS).

Wollte man nun ganz präzise vorgehen, so müßte man die Kosten, die jeder Vertrag verursacht hat, ermitteln und ihm zuweisen. In der Praxis kann man das dann so weit treiben, daß das Ermitteln der von den einzelnen Verträgen verursachten Kosten dann ein vielfaches der ermittelten Kosten ausmacht und die Gerechtigkeit, die dann allen VN widerführe, einen Pyrrhussieg davonträgt. Trotzdem ist das Ermitteln und Schlüsseln der Kosten ein stets aktuelles Problem in den VU, das ursprünglich eine Domäne der Betriebswirte war, in neuester Zeit aber immer stärker auch von den Vmathematikern bearbeitet wird. Hierzu zählt auch die sachgerechte Aufteilung der Kosten auf Abschlußkosten und allgemeine Verwaltungskosten.

3.4.2 Bruttoprämien einiger Vtarife, derzeitige Kalkulation in Deutschland

Enthält eine Vprämie nun sämtliche Zuschläge, die zur Deckung aller Kosten notwendig sind, so nennen wir jene eine Bruttoprämie, die entsprechenden Einmalprämien dann Bruttoeinmalprämien.

Die Beispiele sind entsprechend den Beispielen für die Nettoprämie in 3.2 bezeichnet.

3.4.2.1 Vorschüssig zahlbare lebenslängliche Leibrente.

$$\text{(78)} \quad \begin{array}{l} \alpha \ : \ 35 \ \%o \ \text{der 5-fachen Jahresrente} \\ \beta \ : \ 0 \ \% \ \text{bei Einmalbeitrag} \\ \gamma \ : \ 2 \ \% \ \text{der Jahresrente} \end{array}$$

Die Bruttoeinmalprämie für eine Rente der Höhe 1 erhalten wir nach

$$\text{(79)} \quad \ddot{a}^a_x = \ddot{a}_x + 5\alpha + \gamma \ddot{a}_x .$$

3.4.2.2 Aufgeschobene lebenslängliche Leibrente

$$\text{(80)} \quad \begin{array}{l} \alpha \ : \ 35 \ \%o \ \text{der 5-fachen Jahresrente} \\ \beta \ : \ 0 \ \text{\textlengthmark} \ \text{bei Einmalbeitrag} \\ \beta \ : \ 3 \ \% \ \text{des Beitrages bei Jahresprämien} \\ \gamma_1 \ : \ 1 \ \% \ \text{der Jahresrente für die Vdauer} \\ \gamma_2 \ : \ 1,5 \ \% \ \text{der Jahresrente für die Rentenbezugszeit} \end{array}$$

$$\text{(81)} \quad _{n|}\ddot{a}^a_x = {}_{n|}\ddot{a}_x + 5\alpha + \gamma_1 \ddot{a}_x + \gamma_2 \, {}_{n|}\ddot{a}_x$$

Die jährliche Bruttoprämie $B_{x,n}$ erhalten wir wie folgt:

$$\text{(82)} \quad B_{x,n} \cdot \ddot{a}_{x,n\urcorner} = {}_{n|}\ddot{a}_x + 5\alpha + \beta B_{x,n} \ddot{a}_{x,n\urcorner} + \gamma_1 \ddot{a}_x + \gamma_2 \, {}_{n|}\ddot{a}_x$$

$$\text{(83)} \quad B_{x,n} = \frac{{}_{n|}\ddot{a}_x + 5\alpha + \gamma_1 \ddot{a}_x + \gamma_2 \, {}_{n|}\ddot{a}_x}{(1-\beta)\, \ddot{a}_{x,n\urcorner}}$$

Beispiel: $x = 40$, $n = 25$, Jahresrente $R = 6.000,-- \ DM$

$$\alpha) \quad B = 6.000 \ \frac{1,3939 + 0,175 + 0,133715 + 0,020908}{0,97 \cdot 13,3715} = 797,29$$

$$\beta) \quad B = 6.000 \ \frac{3,3731 + 0,175 + 0,199719 + 0,050596}{0,97 \cdot 16,5988} = 1.348,50$$

Möglich ist es auch, die Abschlußkosten nach der Jahresprämie zu bemessen.

Aufgaben: 38.) Berechnen Sie die Bruttojahresprämie für eine aufgeschobene RentenV, wenn die Abschlußkosten in Prozent der ersten
Jahresprämie kalkuliert werden.

39.) Erweitern Sie die Programme aus Aufgabe 24, so daß sie für
das Kostenzuschlagsystem (80) die Bruttoprämien zusätzlich errechnen.

3.4.2.3 Jährlich steigende aufgeschobene Leibrenten

Eine Möglichkeit für die Wahl der Bemessungsgrundlage der einzelnen
Kostensätze ist $\alpha = a$ % der ersten Jahresrente, $\gamma = c$ % der jeweiligen (aktuellen) Rente. Hierbei taucht die folgende Problematik
auf: Wenn man die Abschlußkosten für eine bestimmte Vform zu niedrig ansetzt, dann kann dem Außendienst, der Vverträge verkaufen
soll, nur eine geringe Abschlußprovision gegeben werden. In diesem Falle aber werden die Vagenten wohl kaum einen Vvertrag verkaufen, wenn sie daran nur wenig verdienen können. Sind nun die
Abschlußkosten zu hoch angesetzt, und wird dem Außendienst eine
stattliche Provision für das abgeschlossene Geschäft gezahlt (jeden-
falls ein deutlich höherer Betrag als die Konkurrenz für vergleichbare Tarife zahlt), so wird auch ein gutes Produkt kaum am Markt bestehen.

$$(84) \quad {}_{n|}(I\ddot{a})_x^a = {}_{n|}(I\ddot{a})_x + \alpha + \gamma_1 \ddot{a}_{x,\overline{n}|} + (\gamma_1 + \gamma_2)_{n|}(I\ddot{a})_x.$$

Wir nehmen hier an, daß konstante Kosten während der Aufschubzeit
entstehen und steigende Kosten während der Rentenbezugszeit. Die
Bruttoprämie erhalten wir nach

$$(85) \quad B_{x,n} \cdot \ddot{a}_{x,\overline{n}|} = {}_{n|}(I\ddot{a})_x + \alpha + \beta B_{x,n}\ddot{a}_{x,\overline{n}|} + \gamma_1\ddot{a}_{x,\overline{n}|} + (\gamma_1 + \gamma_2)_{n|}(I\ddot{a})_x$$

$$(86) \quad B_{x,n} = \frac{(1 + \gamma_1 + \gamma_2)_{n|}(I\ddot{a})_x + \alpha + \gamma_1\ddot{a}_{x,\overline{n}|}}{(1-\beta)\ddot{a}_{x,\overline{n}|}}$$

3.4.2.4   RentenV mit m-jähriger Rentengarantie

Nehmen wir den allgemeinen Fall, daß die Rente um n Jahre aufgeschoben sei und eine m-jährige Rentengarantie gegeben wird.

Der Nettoeinmalbeitrag für eine Rente vom Betrage 1 errechnet sich nach

$$(87) \quad R^m_{x,n} = {}_nE_x \cdot {}_{n|}\ddot{a}_{\overline{m}|} + {}_{n+m|}\ddot{a}_x.$$

Der Bruttoeinmalbeitrag

$$(88) \quad BR^m_{x,\overline{n}|} = R^m_{x,n} + 5\alpha + \gamma_1\ddot{a}_x + \gamma_2\left({}_nE_x{}_{n|}\ddot{a}_{\overline{m}|} + {}_{n+m|}\ddot{a}_x\right).$$

Die jährliche Bruttoprämie für die gesamte Aufschubzeit:

$$(89) \quad B^m_{x,\overline{n}|} = \frac{R^m_{x,n}(1 + \gamma_2) + 5\alpha + \gamma_1\ddot{a}_x}{(1-\beta) \cdot \ddot{a}_{x,\overline{n}|}}$$

Aufgabe: 40.)   Erweitern Sie das Programm aus Aufgabe 39 so, daß Sie die Bruttobeiträge für RentenV mit Rentengarantie errechnen können. Vergleichen Sie die Bruttoprämien für RentenV ohne Rentengarantie mit den Bruttoprämien für RentenV mit einer 5-jährigen Rentengarantie.

3.4.2.5   Die lebenslängliche TodesfallV

Die Bruttoeinmalprämie für eine lebenslängliche TodesfallV der VS 1 erhält man nach

$$(90) \quad A^a_x = A_x + \alpha + \gamma\ddot{a}_x.$$

Für die Bruttojahresbeiträge ergibt sich

$$(91) \quad B_x \cdot \ddot{a}_x = A_x + \alpha + \beta B_x\ddot{a}_x + \gamma\ddot{a}_x$$

bei lebenslänglicher Beitragszahlung und

$$(92) \quad B_x \cdot \ddot{a}_{x,m\rceil} = A_x + \alpha + \beta B_x \ddot{a}_{x,m\rceil} + \gamma_1 \ddot{a}_{x,m\rceil} + \gamma_2 \, _{m\rceil}\ddot{a}_x$$

bei abgekürzter Beitragszahlungsdauer, wenn wir für die Beitragszahlungsdauer und die beitragsfreie Zeit unterschiedliche Verwal-
tungskostensätze unterstellen. Im letzten Fall erhalten wir

$$(93) \quad B_x = \frac{A_x + \alpha + \gamma_2 \, _{m\rceil}\ddot{a}_x}{(1-\beta)\,\ddot{a}_{x,m\rceil}} + \frac{\gamma_1}{1-\beta} \;.$$

3.4.2.6 RisikoV

$$(94) \quad _{\lceil n}A_x^a = _{\lceil n}A_x + \alpha\left(1 - \frac{D_{x+n}}{D_x}\right) + \gamma \ddot{a}_{x,n\rceil}$$

$$(95) \quad B_{x,n\rceil} \cdot \ddot{a}_{x,n\rceil} = _{\lceil n}A_x + \alpha\left(1 - \frac{D_{x+n}}{D_x}\right) + \beta B_{x,n\rceil}\ddot{a}_{x,n\rceil} + \gamma \ddot{a}_{x,n\rceil}$$

$$(96) \quad B_{x,n\rceil} = \frac{_{\lceil n}A_x + \alpha\left(1 - \frac{D_{x+n}}{D_x}\right)}{(1-\beta)\ddot{a}_{x,n\rceil}} + \frac{\gamma}{1-\beta}$$

Aufgabe: 41.) Errechnen Sie die Bruttoprämien für die aufgeschobenen RisikoV, für die TermefixV und für die RisikoV mit steigender
VS! Bei RisikoV mit steigender VS wähle man α und γ in Promille der
mittleren VS.

3.4.2.7 Zum Schluß betrachten wir noch die Bruttoprämie der ge-
mischten V.

Es gilt

$$(97) \quad A_{x,n\rceil}^a = A_{x,n\rceil} + \alpha + \gamma \ddot{a}_{x,n\rceil}$$

$$(98) \quad B_{x,n} \cdot \ddot{a}_{x,m\rceil} = A_{x,n\rceil} + \alpha + \beta B_{x,n} \ddot{a}_{x,m\rceil} + \gamma_1 \ddot{a}_{x,n\rceil} + \gamma_2 \ddot{a}_{x,m\rceil}$$

$$(99) \quad B_{x,n} = \frac{A_{x,n\rceil} + \alpha + \gamma_1 \ddot{a}_{x,n\rceil} + \gamma_2 \ddot{a}_{x,m}}{(1-\beta) \ddot{a}_{x,m\rceil}}$$

wenn wir annehmen, daß die Beiträge über m Jahre gezahlt werden und
ein Kostensatz von γ_1 für die gesamte Vdauer und ein Kostensatz von
γ_2 für die Beitragszahlungsdauer notwendig ist. Gilt m = n, so vereinfacht sich (99) zu

$$(100) \quad B_{x,n} = \frac{A_{x,n\rceil} + \alpha + \gamma \ddot{a}_{x,n\rceil}}{(1-\beta) \ddot{a}_{x,n\rceil}} \; .$$

Wir können (100) wie folgt umformen, wenn wir für die Nettoprämie
$P_{x,n\rceil} = \dfrac{A_{x,n\rceil}}{\ddot{a}_{x,n\rceil}}$ setzen und $P_{x,n} = \dfrac{1}{\ddot{a}_{x,n\rceil}} - d$ bzw. $\ddot{a}_{x,n} = \dfrac{1}{P_{x,n\rceil} + d}$ benutzen:

$$(101) \quad B_{x,n\rceil} = \frac{\ddot{a}_{x,n\rceil} P_{x,n\rceil} + \alpha + \gamma \ddot{a}_{x,n\rceil}}{(1-\beta) \ddot{a}_{x,n\rceil}} = P_{x,n\rceil} \frac{1}{1-\beta} + \frac{\alpha(P_{x,n\rceil} + d)}{1-\beta} + \frac{\gamma}{1-\beta}$$

$$= P_{x,n\rceil} \frac{1+\alpha}{1-\beta} + \frac{\alpha d + \gamma}{1-\beta}$$

Mit (101) kann man nun sehr leicht aus den Nettoprämien die Bruttoprämien errechnen.

In einem Beispiel werden wir nun die einzelnen Posten der Bruttoprämie aufschlüsseln:

x = 40, n = 25, α = 35 ‰, β = 3 %, γ = 4,25 ‰, VS = 10.000,-- DM

$$(102) \quad B_{x,n\rceil} = \frac{A_{x,n}}{\ddot{a}_{x,n\rceil}} + \frac{\alpha}{\ddot{a}_{x,n\rceil}} + \beta B_{x,n\rceil} + \gamma_1 \; .$$

Mit (101) erhalten wir aus 3.2.1.5 für $B_{x,n}$:

α) $B_{x,n}$ = 386,37 DM

β) $B_{x,n}$ = 369,32 DM

γ) $B_{x,n}$ = 276,82 DM

δ) $B_{x,n}$ = 362,39 DM

Nach (102) teilen wir wie folgt auf:

	Brutto-prämie	Netto-prämie	α-Anteil absolut	in % d.BP	β-Anteil absolut	in % d.BP	γ-Anteil absolut	in % d.BP	Kostenanteil
α	386,37	311,19	21,09	5,4%	11,59	3%	42,50	11,0%	19,4 %
β	369,32	293,63	22,11	6%	11,08	3%	42,50	11,5%	20,5 %
γ	276,82	196,25	29,77	10,8%	8,30	3%	42,50	15,4%	29,4 %
δ	362,39	288,72	20,30	5,6%	10,87	3%	42,50	11,7%	20,3 %

Tabelle 12

Kostenanteile in den Bruttoprämien für eine
gemischte V

Tabelle 12 ist zu entnehmen, daß sowohl die absolute als auch die
relative Höhe der Kostenzuschläge in der Bruttoprämie bei dem derzeitigen Kostenzuschlagsystem und den aktuellen Kostensätzen von den
Rechnungsgrundlagen Zins und Sterblichkeit abhängig sind.

Aufgaben: 42.) Ermitteln Sie zu den Angeboten aus Aufgabe 9 die
Bruttoeinmalprämien!

43.) Welche Renten ergeben sich, wenn die in Aufgabe 10 gezahlten
Beträge Bruttoeinmalbeiträge sind?

44.) Wie ändert sich das Verhältnis der Leistungsbarwerte aus den
Aufgaben 9 und 11, wenn statt der Leistungsbarwerte die Bruttoeinmalprämien verglichen werden?

45.) Errechnen Sie zu den Kombinationen aus Aufgabe 19.) die
Bruttoeinmalprämien!

46.) Welche VS erreichen Sie mit den in Aufgabe 20.) angegebenen
Werten, wenn dies Bruttoeinmalprämien sind? Welchen Anteil haben
die Kosten an den Einmalprämien?

47.) Schreiben Sie eine Tabelle mit den Bruttojahresbeiträgen zu
den in Aufgabe 25 α angegebenen Kombinationen! Welchen Anteil hat
die Nettoprämie bzw. welchen Anteil haben die Kosten an der Bruttoprämie?

48.) Programmieren Sie einen Tarifrechner für die gemischte Versicherung. Verwenden Sie die in Aufgabe 28 gewählten Rechnungsgrundlagen bzw. Beitrittsalter/Dauer Kombinationen. Berücksichtigen
Sie in Ihrem Programm folgendes:

a) Die Bruttoprämie wird für VS zwischen 10.000,-- DM und
   14.999,-- DM erhoben. Für höhere VS gilt die folgende Rabatt-
   staffel:

VS in DM	Rabatt in ‰ der VS
15.000-29.999,--	0,5 ‰
30.000-39.999,--	1 ‰
40.000-60.000,--	1,5 ‰
über 60.000,--	2 ‰

   Bei VS zwischen 5.000,-- DM und 9.999,-- DM wird ein Zuschlag
   von 5 ‰ erhoben, kleinere VS als 5.000,-- DM sollen abgelehnt
   werden.

b) Monatszahler erhalten einen Zuschlag von 5 % der Bruttoprämie,
   Vierteljahreszahler bzw. Halbjahreszahler jeweils Zuschläge von
   3 % bzw. 2 % der Bruttoprämie.

49.) Geben Sie zu den Beiträgen aus Aufgabe 48 noch die Höhe der
Kostenanteile an. Rabatte werden von den eingerechneten Kosten abgezogen, die Zuschläge für unterjährige Zahlung zur Hälfte den Kosten
zugerechnet.

50.) Errechnen Sie die Bruttoprämien zu Aufgabe 29.

51.) Errechnen Sie die Bruttoprämien zu Aufgabe 30.

52.) Errechnen Sie die Bruttoprämien zu Aufgabe 31.

3.4.3 Anmerkungen zur Prämienkalkulation in den LV

Bei der bisherigen Beitragskalkulation haben wir lediglich berücksichtigt, daß den VU die entstehenden Kosten ersetzt werden und
daß die Leistungsbarwerte von den VN bezahlt werden. Wir haben aber
bisher nicht berücksichtigt, daß die Vfälle in jedem Falle zufällige
Ereignisse sind und demzufolge jährlichen Schwankungen unterliegen.
Rechnet man nun Zins und Sterblichkeit nach realistischen Annahmen,
so ist ein Verlust des VU mit positiver Wahrscheinlichkeit anzunehmen. Da aber ein Verlust zur Zahlungsunfähigkeit des VU führen kann
und damit der Gesamtheit der bei dem betreffenden Unternehmen versicherten Personen schadet, sind noch zusätzlich in die Prämien
Sicherheitszuschläge einzurechnen. Die so kalkulierte Prämie nennt
man *Tarifprämie*, wir bezeichnen sie mit Π.

Es gibt dafür zwei Möglichkeiten.

Die eine Möglichkeit besteht in der Wahl unrealistischer Rechnungsgrundlagen. Zum einen kann man mit einer überhöhten Sterblichkeit
rechnen, zum anderen mit einem zu niedrigen Zins. Hier spricht man
von *Rechnungsgrundlagen erster Ordnung*. Die Bruttoprämie ist dann gleich
der Tarifprämie.

Zum anderen kann man aber auch mit den realistischen Zins-, Sterb-
lichkeits- und Kostenannahmen rechnen, und dann einen separat ermittelten
Sicherheitszuschlag in die Prämie einrechnen. Die Tarifprämie erhält
man dann nach

$$(103) \quad \Pi_{x,k} = \frac{B}{\ddot{a}_{x,k\rceil}} + \frac{\alpha}{\ddot{a}_{x,k\rceil}} + \beta\Pi_{x,k} + \frac{\gamma\ddot{a}_{x,n\rceil}}{\ddot{a}_{x,k\rceil}} + \frac{\sum\limits_{\nu=1}^{n} {}_{\nu-1}E_x \cdot \zeta_\nu}{\ddot{a}_{x,k\rceil}}$$

$$\phantom{(103)\quad\Pi_{x,k} =}\text{Netto}\quad \text{α-Kosten}\;\; \text{β-Anteil}\;\; \text{γ-Anteil}\qquad \text{Sicherungszu-}$$
$$\text{schlag}$$

für einen Leistungsbarwert B mit den Sicherheitszuschlägen ζ_ν für das ν-te Vjahr. Hier hat man *Rechnungsgrundlagen zweiter Ordnung.*

In den Ländern, in denen die Prämienkalkulation den VU überlassen bleibt, ist auch nicht das Schema der Beitragskalkulation vorgeschrieben. Man kann dann auch die Nettoprämie mit der Bruttoprämie gleichsetzen, wenn die Sicherheitszuschläge bei den Rechnungsgrundlagen hinreichend groß sind. Im anderen Extremfall können sämtliche Komponenten, die für das Vgeschäft von Bedeutung sind, einzeln in die Bruttoprämie eingerechnet werden.

In der Bundesrepublik wird, bedingt durch das BAV, nach Rechnungsgrundlagen erster Ordnung tarifiert. Zum einen rechnet man hier noch mit der Sterbetafel ADSt 60/62 M mod, die die realistische Sterblichkeit der Versicherten vermutlich um 100 % überschätzt. Zum anderen kalkulieren alle LVU bei den für den Verkauf offenen Tarifen mit einem Rechnungszins von 3 %. Tatsächlich aber werden heute Zinsergebnisse von etwa 7,6 % bei den VU erwirtschaftet. Daraus ergibt sich, daß je nach Bestandszusammensetzung in einem VU, nach der Geldanlagepolitik und nach der Gründlichkeit der Risikoprüfung bei Vertragsabschluß heute fast 50 % der Beiträge (Bruttobeiträge) einer KapitalV als Sicherheitszuschlag angesehen werden können.

Es ist nun einleuchtend, daß derartig hohe Sicherheitszuschläge nicht als Gewinn für das VU ausgewiesen werden dürfen. Der größte Teil dieser von den VN zuviel gezahlten Beiträge muß den VN wieder zurückgezahlt werden. Damit aber kommen wir zu dem Problem der Gewinnermittlung und Gewinnbeteiligung, auf das wir in einem späteren Abschnitt zurückkommen werden.

3.4.4 Ausblicke

Die in diesem Abschnitt vorgestellten Verfahren zur Berechnung der Bruttoprämie entsprechen den heute üblichen Methoden für die Prämienkalkulation.

Es wurden aber Überlegungen angestellt [12], wie man diese Kostenzuschlagsysteme verbessern kann. Es wurde für die gemischte V das folgende Kostenzuschlagsystem vorgeschlagen:

Für Abschlußkosten: $\alpha = 35 \,{}^{0}\!/\!{}_{00} + \ddot{a}_{x,\overline{n}|}$ oder 50 ${}^{0}\!/\!{}_{00}$

(104) Für Verwaltungskosten: $\beta = 6\ \%$ des Beitrages

$\sigma = 30$ DM (Stückkosten)

Es ist zu erwarten, daß sich dieses Kostenzuschlagsystem künftig durchsetzen wird.

Aufgaben: 53,)   Vergleichen Sie die Bruttoprämien der gemischten V für einige Kombinationen aus Beitrittsalter, Vdauer und VS für die unterschiedlichen Kostenzuschlagsysteme bei identischen Annahmen über Zins und Sterblichkeit.

54.)   Berechnen Sie für einige Kombinationen aus Beitrittsalter, Vdauer und VS für das Kostenzuschlagsystem (104) die Bruttoprämien zu unterschiedlichen Annahmen über Zins und Sterblichkeit und zerlegen Sie die Prämien in ihre Bestandteile.

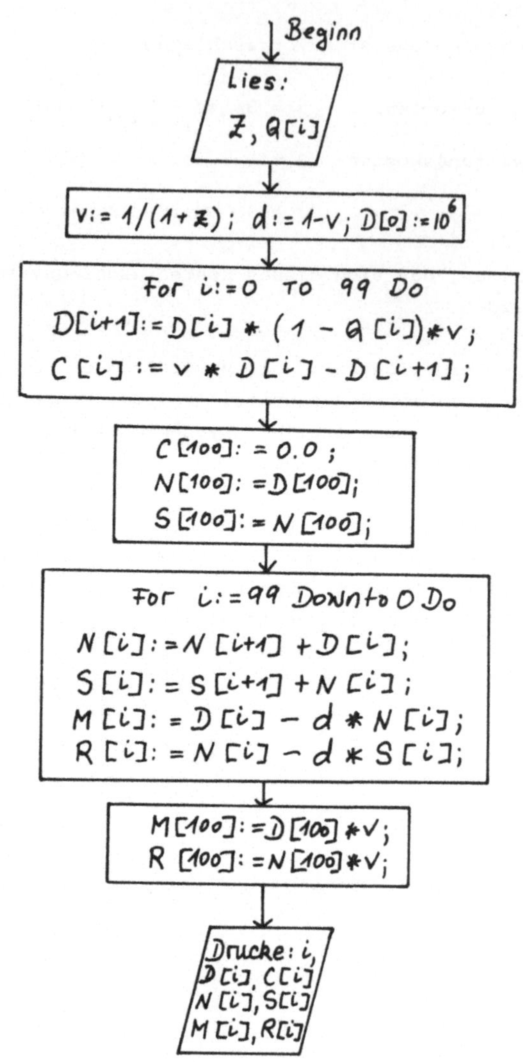

Flußdiagramm zur
Aufgabe 3

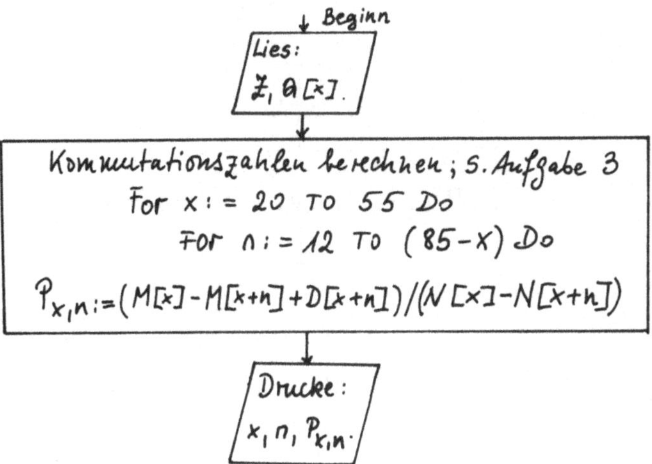

Flußdiagramm zur
Aufgabe 28

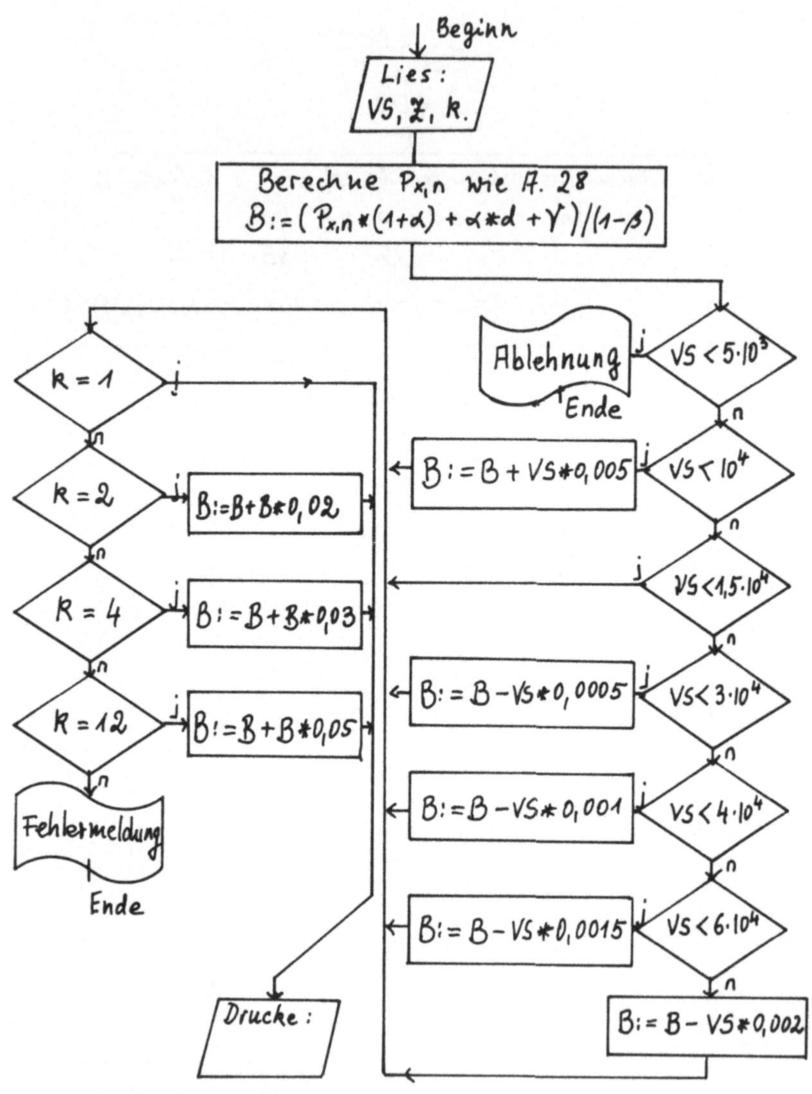

Flußdiagramm zur
Aufgabe 48

4. DECKUNGSKAPITAL

Spare in der Zeit, so hast Du in der Not!

Sprichwort

Im vorigen Abschnitt gingen wir stillschweigend aus von der Annahme, daß die Vprämien über die Beitragszahlungsdauer konstant bleiben. Dies ist zwar in der Praxis, sieht man von dem Fall der jährlichen Erhöhung der Beiträge und Vleistungen bedingt durch die Dynamik ab, die Regel, dennoch sind andere Zahlungsweisen denkbar. So ist es möglich, und dies kommt in der Praxis auch vor, daß jeweils zu Beginn eines Vjahres der Leistungsbarwert für das beginnende Jahr ermittelt wird, und dieser Betrag vom VU als Nettoprämie verlangt wird. Eine solche Prämie nennt man *natürliche Prämie* (Brutto oder Netto).

Betrachten wir die natürlichen Prämien für eine RisikoV, die ein x-Jähriger auf n Jahre abschließt. Für das erste Vjahr erhalten wir die natürliche Nettoprämie für die VS 1

$$(1) \quad P_x^1 = q_x v .$$

Nach m Vjahren erhalten wir dann die natürliche Nettoprämie für die VS 1 im (m+1)-ten Vjahr

$$(2) \quad P_x^m = q_{x+m} v .$$

Die natürliche Nettoprämie ist demnach proportional zur Sterbewahrscheinlichkeit. Da aber in nahezu allen Personengesamtheiten ein starker Anstieg der Sterbewahrscheinlichkeiten von einem gewissen Alter ab zu beobachten ist, steigt somit auch die natürliche Prämie. So ist nach der ADSt 60/62 M mod die Sterbewahrscheinlichkeit für einen 64-Jährigen mehr als 15 mal so groß, wie die Sterbewahrscheinlichkeit für einen 30-Jährigen. Bei einer RisikoV über 35 Jahre, abgeschlossen von einer Person (30) bei der natürliche Prämien vereinbart werden, ist zum Ende der Vdauer die Nettoprämie 15 mal so hoch wie zu Beginn.

Dieser Effekt der Beitragssteigerung ist gelegentlich erwünscht
(bei kurzen Vdauern, wenn der VN bei Vertragsabschluß nur geringe
Beiträge aufbringen kann aber einen hohen Vschutz wünscht und
künftig mit einer Steigerung seines Einkommens rechnen kann).

Völlig (für die Praxis) unsinnig aber sind natürliche Prämien für
Vtarife mit einem Sparanteil wie die gemischte V oder die AltersrentenV. Wollte man bei der gemischten V eine natürliche Prämie erheben, so müßte man für jedes Jahr der Vdauer, mit Ausnahme des
letzten Jahres, die natürliche Prämie der RisikoV berechnen und im
letzten Vjahr die diskontierte VS verlangen. Hier handelt es sich
dann im letzten Vjahr nicht mehr um eine V.

Hat der VN mit dem VU konstante Prämienzahlung über die gesamte
Beitragszahlungsdauer oder eine andere Zahlungsweise, die von der
Zahlung natürlicher Prämien abweicht, vereinbart, so zahlt er in
einigen Jahren mehr Beiträge als das VU zur Deckung des Risikos im
laufenden Vjahr benötigt. Da aber nach dem Äquivalenzprinzip der
Barwert der Nettoprämien nicht von der Zahlweise abhängt, sind die
Teile der Beiträge, die in einem Vjahr zuviel gezahlt wurden, nicht
vom VU als Gewinn auszuweisen. Diese Teile der Nettoprämie müssen
vielmehr im VU verwahrt und verzinst werden, da sie in späteren
Jahren noch benötigt werden. Diese Beträge bilden das *Deckungskapital*
oder auch *Reserve* genannt.

4.1 DIE SPEKTREN EINER VERSICHERUNG UND DAS DECKUNGSKAPITAL

Definition: Gegeben sei ein Vtarif, ein Beitrittsalter x und eine
Vdauer n. Dann heißen die Tupel $E = (E_1^x, E_2^x, \ldots, E_n^x)$, $T = (T_1^x, T_2^x, \ldots, T_n^x)$ und $B = (B_1^x, B_2^x, \ldots, B_n^x)$ *Erlebensfall-, Todesfall-* bzw. *Beitrags-spektrum* , wenn nach dem Vtarif

a) die Leistung E_m^x nach m Jahren fällig wird, falls der VN diesen
    Zeitpunkt erlebt,

b) die Leistung T_m^x nach m Jahren fällig wird, falls der VN im

- 191 -

m-ten Vjahr stirbt

c)   der Nettobeitrag B_m^x zu Beginn des m-ten Vjahres fällig wird, falls der VN zu diesem Zeitpunkt lebt.

Oftmals wird nur E_m, T_m bzw. B_m geschrieben.

Aufgabe: 1.) Geben Sie die Leistungs- und Beitragsspektren der in Abschnitt 3 genannten Vtarife an.

Definition: Gegeben sei ein Vtarif, Beitrittsalter x, Vdauer n, Erlebensfall-, Todesfall- und Beitragsspektrum E, T und B.

Dann ist

$$(3) \quad L_0^x := \sum_{\nu=0}^{n-1} \left({}_{\nu+1}p_x \cdot E_{\nu+1}^x + {}_{\nu}p_x \cdot q_{x+\nu} \cdot T_{\nu+1}^x \right) v^{\nu+1}$$

der *Leistungsbarwert* und

$$(4) \quad BP_0^x := \sum_{\nu=0}^{n-1} {}_{\nu}p_x \cdot B_{\nu+1}^x \cdot v^{\nu}$$

der *Barwert der (Netto-) Prämien*.

Nach dem Äquivalenzprinzip gilt

$$(5) \quad L_0^x = BP_0^x.$$

Diese Gleichung gilt in der Regel nur zu Beginn der Vdauer.

Nehmen wir nun an, es seien bereits m Vjahre verstrichen. Dann heißt

$$(6) \quad L_m^x := \sum_{\nu=0}^{n-m-1} \left({}_{\nu+1}p_{x+m} \cdot E_{\nu+m+1}^x + {}_{\nu}p_{x+m} \cdot q_{x+\nu} \cdot T_{\nu+m+1}^x \right) \cdot v^{\nu+1}$$

der *Leistungsbarwert nach m Jahren* und

$$(7) \quad BP^x_m := \sum_{\nu=0}^{n-m-1} {}_\nu P_{x+m} \cdot B^x_{\nu+m+1} \cdot v^\nu$$

der *Barwert der (Netto-) Prämien nach m Jahren.*

Die Prämienbarwerte sind ebenso wie die Leistungsbarwerte Erwartungswerte (s. dazu auch Abschnitt 3).

Satz 4: Gegeben sei ein Vtarif, Beitrittsalter x, Vdauer n, Erlebensfall-, Todesfall- und Beitragsspektren E, T und B. Genau dann ist die Zahlung natürlicher Prämien vereinbart, wenn für alle $0 \le m < n$ gilt

$$(8) \quad L_m = B_m.$$

Aufgabe: 2.) Beweisen Sie Satz 4.

Falls nicht die Zahlung natürlicher Prämien vereinbart ist, gibt es nach Satz 4 mindestens ein $0 \le m < n$ mit $L_m \neq B_m$. Den Betrag

$$(9) \quad {}_m V^{pro}_x := L_m - BP_m$$

nennt man *prospektives Deckungskapital* (auch *Nettodeckungskapital, Reserve*).

Falls ${}_m V^{pro}_x > 0$, so kann man das Deckungskapital deuten als den Teil des Leistungsbarwertes nach m Jahren, der nicht durch die erwarteten Beiträge der Zukunft gedeckt wird. Es wurden demnach in der Vergangenheit mehr Beiträge an das VU entrichtet, als zur Deckung der Risiken in den ersten m Jahren benötigt wurden.

Gilt hingegen ${}_m V^{pro}_x < 0$, so muß der VN in den letzten (n-m) Vjahren noch Beiträge nachträglich für Leistungen bezahlen, die das VU in den ersten m Jahren bereits erbrachte. Ein solcher Fall ist natürlich von vornherein auszuschließen, da der VN jederzeit seinen Vertrag kündigen darf.

Definition: Gegeben sei ein Vtarif, Beitrittsalter x, Vdauer n, Erlebensfall-, Todesfall- und Beitragsspektrum E, T und B.

Für $0 \leq m \leq n$ heißen

$$(10) \quad EL_m := \sum_{\nu=0}^{m-1} \left({}_{\nu+1}p_x \, E_{\nu+1} + {}_{\nu}p_x \cdot q_{x+\nu} \cdot T_{\nu+1} \right) \frac{r^{m-1-\nu}}{p_{x+m}}$$

der *Leistungsendwert nach m Jahren.*

und

$$(11) \quad EP_m := \sum_{\nu=0}^{n-1} {}_{\nu}p_x \cdot B_{\nu+1} \cdot \frac{r^{m-\nu}}{p_{x+m}}$$

der *Endwert der (Netto-) Prämien nach m Jahren.*

Diese Endwerte sind ebenso wie die Barwerte (6) und (7) Erwartungswerte.

Die Differenz

$$(12) \quad {}_m V_x^{retro} = EP_m - EL_m$$

heißt *retrospektives Deckungskapital.*

Daß wir auf die Adjektive retrospektiv bzw. prospektiv verzichten können, zeigt der folgende

Satz 5: Gegeben sei ein Vtarif, Beitrittsalter x, Vdauer n, Erlebensfall-, Todesfall- und Beitragsspektrum E, T und B.
Dann gilt für alle $0 \leq m \leq n$

$$(13) \quad {}_m V_x^{pro} = {}_m V_x^{retro}.$$

Beweis: Wegen

$$L_O = v^m p_{x+m} EL_m + v^m p_{x+m} L_m$$

(14)   und

$$B_O = v^m p_{x+m} EP_m + v^m p_{x+m} BP_m$$

gilt wegen (5)

$$(15) \quad v^m p_{x+m} (EP_m - EL_m) = v^m p_{x+m} (L_m - BP_m).$$

woraus (13) folgt.

In Satz 5 sind wir wieder von einer Voraussetzung ausgegangen, ohne diese zu nennen: Dieser Satz ist dann richtig, wenn die Rechnungs-grundlagen zur Berechnung der Prämien gleich sind den Rechnungsgrund-lagen zur Bestimmung der Reserve. <u>Andernfalls gilt der Satz nicht!</u> (Weshalb?)

Bedingt durch die Vaufsicht ist diese Voraussetzung in Deutschland, der Schweiz und Österreich erfüllt. In den Ländern allerdings, in denen eine Freiheit der Prämienkalkulation besteht, und in denen sich die Aufsichtsbehörde darauf beschränkt zu achten, daß die Re-serven "genügend hoch" gestellt sind, muß diese Voraussetzung nicht gelten. Wir vereinbaren die Schreibweise

$$(16) \quad {}_m V_x := {}_m V_x^{pro} = {}_m V_x^{retro}.$$

Möchte man das Deckungskapital eines Jahres nach den bisher bekann-ten Gleichungen ermitteln, so müssen sowohl von den Leistungen als auch von den Beiträgen Bar- bzw. Endwerte gebildet werden. Sind für einen Tarif die Nettobeiträge über die gesamte Beitragszahlungsdauer konstant, so ist die *Prämiendifferenzenformel* einfacher zu handhaben.

Satz 6 (Prämiendifferenzenformel): Gegeben sei ein Vtarif, Beitritts-alter x, x+m, Vdauer n, n-m, Erlebensfall- Todesfall- und Beitrags-spektren

$$E = \left(E^x_1, \ldots, E^x_n \right) \qquad E' = \left(E^{x+m}_1, \ldots, E^{x+m}_{n-m} \right)$$

$$T = \left(T^x_1, \ldots, T^x_n \right) \qquad T' = \left(T^{x+m}_1, \ldots, T^{x+m}_{n-m} \right)$$

$$B = \left(B^x_1, \ldots, B^x_n \right) \qquad B' = \left(B^{x+m}_1, \ldots, B^{x+m}_{n-m} \right)$$

mit: Für jedes $1 \leq \nu \leq n-m$ gilt

$$E^x_{m+\nu} = E^{x+m}_\nu$$

$$T^x_{m+\nu} = T^{x+m}_\nu$$

und es ex. ein $m < t \leq n$ mit

$$B^x_1 = B^x_2 = \ldots = B^x_t$$

$$B^{x+m}_1 = B^{x+m}_2 = \ldots = B^{x+m}_{t-m}$$

und falls $t < n$, so gilt für $t < \nu \leq n$

$$B^x_\nu = B^{x+m}_{\nu-m} = 0.$$

Dann gilt

$$(17) \qquad {}_m V_x = \left(B^{x+m}_1 - B^x_1 \right) \cdot \ddot{a}_{x+m, \overline{t-m}}.$$

Beweis: Es gilt

$$(18) \qquad L^x_m = L^{x+m}_o.$$

Wegen

$$(19) \qquad BP^x_m = B^x_m \, \ddot{a}_{x+m, \overline{t-n}} = B^x_1 \, \ddot{a}_{x+m, \overline{t-m}}$$

und

$$(19) \quad BP_0^{x+m} = B_1^{x+m} \cdot \ddot{a}_{x+m,\overline{t-m}}$$

erhalten wir aus

$$0 = L_0^{x+m} - BP_0^{x+m} \quad \text{und}$$

$$(20)$$

$$_mV_x = L_m^x - BP_m^x$$

die Gleichung (17).

4.2 REKURSIONSFORMELN, SPAR- UND RISIKOPRÄMIE, RISKIERTES KAPITAL

Benötigt man einen oder einige wenige Reservewerte, so ist die Prämiendifferenzenformel (17) geeignet zur Berechnung derselben. Möchte man hingegen den Verlauf des Deckungskapitals über ein Zeitintervall bestimmen, so eignet sich hierzu eher eine Rekursionsformel.

Betrachten wir zunächst den erwarteten Kapitalfluß in einem Vjahr. Gegeben sei ein Vtarif, Beitrittsalter x, Vdauer n, Erlebensfall-, Todesfall- und Beitragsspektrum E, T und B. Zu Beginn des m-ten Vjahres haben wir das Deckungskapital $_{m-1}V_x$, dazu kommt der Betrag B_m. Diese Summe wird ein Jahr lang verzinst. Von dem Endwert wird die erwartete Erlebensfalleistung und die erwartete Todesfalleistung abgezogen, der Rest im Erlebensfalle als neues Deckungskapital ausgewiesen. Somit erhalten wir

$$(21) \quad \left(_{m-1}V_x + B_m\right)(1 + i) = p_{x+m-1} \cdot {}_mV_x + p_{x+m-1}\,E_m + q_{x+m-1}\,T_m.$$

Aus (21) erhalten wir durch Umformung

$$(22) \quad _mV_x = \frac{1}{p_{x+m-1}}\left(_{m-1}V_x + B_m\right)(1 + i) - E_m - \frac{q_{x+m-1}}{p_{x+m-1}}\,T_m.$$

Da aus (5) folgt

$$(23) \quad {}_0V_x = 0,$$

haben wir mit (23) und (22) eine Rekursionsvorschrift zur Bestimmung des erwarteten Reserveverlaufs.

Formen wir nun (22) wie folgt um:

$$(24) \quad {}_mV_x = \frac{p_{x+m-1} + q_{x+m-1}}{p_{x+m-1}} ({}_{m-1}V_x + B_m)(1 + i) - E_m - \frac{q_{x+m-1}}{p_{x+m-1}} T_m \Longleftrightarrow$$

$${}_mV_x - {}_{m-1}V_x(1 + i) + E_m + \frac{q_{x+m-1}}{p_{x+m-1}} (T_m - {}_{m-1}V_x(1+i)) =$$

$$= B_m(1 + i)\left(1 + \frac{q_{x+m-1}}{p_{x+m-1}}\right)$$

$$(25) \quad B_m = v\,{}_mV_x - {}_{m-1}V_x + v\,E_m + q_{x+m-1}\,v(T_m - {}_mV_x - E_m)$$

Die einzelnen Terme lassen sich nun wie folgt interpretieren:
Da der Betrag ${}_mV_x + E_m$ am Ende des m-ten Vjahres vorhanden

sein muß, riskiert das VU lediglich den Betrag

$$(26) \quad R_m = T_m - {}_mV_x - E_m$$

im Todesfalle zusätzlich zu zahlen. Der Betrag R_m heißt *riskiertes Kapital*. Bei einigen Vtarifen kann das riskierte Kapital in einigen Jahren durchaus negativ sein.

$q_{x+m-1}\,v$ ist der Vbeitrag eines (x+m-1)-Jährigen für eine einjährige RisikoV. Demnach ist

$$(27) \quad B_m^R := q_{x+m-1}\,v\,(T_m - {}_mV_x - E_m)$$

die Nettoprämie für eine einjährige RisikoV einer Person (x+m-1).
B_m^R heißt *Risikoprämie (im m-ten Vjahr)*.

Der Restbetrag der Prämie B_m,

$$(28) \quad B_m^S := B_m - B_m^R = v_m V_x - {}_{m-1}V_x + v\, E_m$$

heißt *Sparprämie (im m-ten Vjahr)*. Ist die Erlebensfalleistung zum Ende
des m-ten Vjahres O, so ist die Sparprämie gerade der Betrag, der
benötigt wird, um das Deckungskapital ${}_{m-1}V_x$ so zu vergrößern, daß
unter Berücksichtigung des Zinses am Jahresende das Deckungskapital
${}_m V_x$ zur Verfügung steht.

Auch die Sparprämie kann in einigen Fällen negativ sein. Dies ist
dann der Fall, wenn die Nettoprämie B_m kleiner als die Risikoprämie
B_m^R ist, wegen

$$(29) \quad B_m = B_m^R + B_m^S.$$

4.3 DIE RESERVEN EINIGER VTARIFE

4.3.1 Die ErlebensfallV

Gegeben: x,n

Spektren

$$E_\nu^x = \begin{cases} 0, & \text{falls } 1 \le \nu < n \\ 1, & \text{falls } \nu = n \end{cases}$$

$$T_\nu = 0, \quad 1 \le \nu \le n$$

$$B_\nu = P = \frac{{}_n E_x}{\ddot{a}_{x,n\,\rceil}} = \frac{D_{x+n}}{N_x - N_{x+n}}$$

$$(30) \quad _mV_x^{Pro} = {}_{n-m}P_{x+m} \cdot v^{n-m} - P \cdot \sum_{\nu=0}^{n-m-1} {}_\nu P_{x+m} \cdot v^\nu$$

$$= {}_{n-m}E_{x+m} - P \cdot \ddot{a}_{x+m,\overline{n-m}}$$

$$= \frac{D_{x+m}}{D_{x+n}} - \frac{D_{x+n}}{N_x - N_{x+n}} \cdot \frac{N_{x+m} - N_{x+n}}{D_{x+m}}$$

Das DK werden wir wie hier in verschiedenen Schreibweisen angeben.

4.3.2 Die Altersrente

Gegeben: x, Beitragszahlungsdauer t = Aufschubzeit $n \geq 1$

Spektren:

$$E_\nu^x = \begin{cases} 0, & \text{falls } 1 \leq \nu < n \\ 1, & \text{falls } n \leq \nu < \omega-x \end{cases}$$

$$T_\nu = 0, \quad 1 \leq \nu < \omega-x$$

$$B_\nu = P = \frac{{}_{n|}\ddot{a}_x}{\ddot{a}_{x,\overline{n}}} = \frac{N_{x+n}}{N_x - N_{x+n}}, \quad 1 \leq \nu \leq n$$

$$(31) \quad _mV_x^{Pro} = \sum_{\nu=0}^{\omega-m-1} {}_{\nu+1}P_{x+m} \cdot E_{\nu+m+1} \cdot v^{\nu+1} - \sum_{\nu=0}^{\omega-m-1} {}_\nu P_{x+m} \cdot B_{\nu+m+1} v^\nu$$

Wir unterscheiden 2 Fälle:

a) $m \geq n$

$$(32) \quad _mV_x^{Pro} = \sum_{\nu=0}^{\omega-m-1} {}_\nu P_{x+m} \, v^{\nu+1} = \ddot{a}_{x+m} = \frac{N_{x+m}}{D_{x+m}}$$

b) $m < n$

$$(33) \quad {}_m V_x^{Pro} = {}_{n-m|}\ddot{a}_{x+m} - P \cdot \ddot{a}_{x+m,\overline{n-m}|}$$

$$= \frac{N_{x+n}}{D_{x+m}} - \frac{N_{x+n}}{N_x - N_{x+n}} \cdot \frac{N_{x+m} - N_{x+n}}{D_{x+m}}$$

Die Rekursionsformel lautet für diesen Tarif:

a) ${}_0 V_x = 0$

b) $m < n$

$$(34) \quad {}_m V_x = \frac{1+i}{P_{x+m-1}} \left({}_{m-1} V_x + P \right)$$

c) $m \geq n$

$$ {}_m V_x = \frac{1+i}{P_{x+m-1}} \, {}_{m-1} V_x - 1$$

Berechnen wir nun die Risiko- und Sparprämie, so erhalten wir nach (27) bzw. (28)

a) $1 \leq m < n$

$$(35) \quad B_m^R = q_{x+m-1} \, v \, (-{}_m V_x) = -q_{x+m-1} \cdot {}_m V_x \cdot v.$$

Die Risikoprämie ist hier negativ, d.h. im Todesfalle fällt das angesparte DK ${}_m V_x$ der Gesamtheit anheim. Das DK wird vererbt.

$q_{x+m-1} \cdot {}_m V_x$ ist die vom VN $(x+m-1)$ erwartete Todesfalleistung.

Für die Sparprämie bleibt demnach

$$(36) \quad B_m^S = B - B_m^R = v \, {}_m V_x - {}_{m-1} V_x.$$

Da die Risikoprämie negativ ist, wächst offenbar das DK stärker als die aufgezinste Summe aus Vorjahresreserve und Nettoprämie. Hier wird deutlich, wie die Todesfälle beim Aufbau der Reserve berücksichtigt werden.

b) $m > n$

Es gilt wegen (28)

$$(37) \quad B_m^S = -B_m^R.$$

Das im Todesfall freigewordene DK ${}_mV_x$ und die nicht mehr fällige Rentenzahlung 1 werden frei und den übrigen VN vererbt.

Aufgabe: 3.) Berechnen Sie die Risiko- und Sparprämie für den Fall $n = m$.

4.) Schreiben Sie ein Programm, das bei Eingabe eines Beitrittsalters x, Beitragszahlungsdauer t und Aufschubzeit n für eine aufgeschobene LeibrentenV den Verlauf der Reserve, der Risiko- und der Sparprämie errechnet. Rechnen Sie für einige Kombinationen die Verläufe zur

a)   ADSt 60/62 M mod, i = 0,03,
b)   0,7 q_x, q_x aus ADSt 49/51, i = 0,07.

5.) Zeichnen Sie einige der in 4 ermittelten Reserveverläufe.

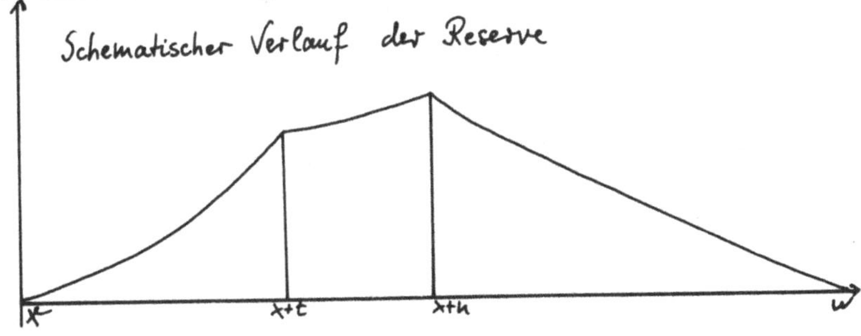

Abbildung 10

4.3.3 Die RisikoV

Gegeben: Beitrittsalter x, Beitragszahlungsdauer t = Vdauer n

Spektren:

$$E_\nu = 0, \quad 1 \le \nu \le n$$

$$T_\nu = 1, \quad 1 \le \nu \le n$$

$$B_\nu = P = \frac{{}_{|n}A_x}{\ddot{a}_{x,n\rceil}} = \frac{M_x - M_{x+n}}{N_x - N_{x+n}} \; , \quad 1 \le \nu \le n$$

$$(38) \quad {}_mV_x^{pro} = \sum_{\nu=0}^{n-m-1} {}_\nu p_{x+m} \cdot q_{x+\nu} \cdot v^{\nu+1} - P \cdot \sum_{\nu=0}^{n-m-1} {}_\nu p_{x+m} \, v^\nu$$

$$= {}_{|n-m}A_{x+m} - P \cdot \ddot{a}_{x+m,n-m\rceil}$$

$$= \frac{M_{x+m} - M_{x+n}}{D_{x+m}} - \frac{M_x - M_{x+n}}{N_x - N_{x+n}} \cdot \frac{N_{x+m} - N_{x+n}}{D_{x+n}}$$

Die Rekursionsformel für die RisikoV:

$$(39) \quad \begin{aligned} &\text{a)} \quad {}_0V_x = 0 \\[2ex] &\text{b)} \quad {}_mV_x = \frac{1+i}{p_{x+m-1}} \left({}_{m-1}V_x + P \right) - \frac{q_{x+m-1}}{p_{x+m-1}} \end{aligned}$$

Beispiel: Verlauf der Reserve für die RisikoV

         x = 50, t = n = 10, VS = 1.000

         ADSt 60/62 M mod, i = 0,03

         Nettoprämie P = 13,36

         Reserve (auf 0,10 DM gerundet)

m	$_m V_x$
0	0,00
1	5,50
2	10,30
3	14,20
4	17,00
5	18,50
6	18,60
7	17,10
8	13,60
9	8,00
10	0,00

Tabelle 15

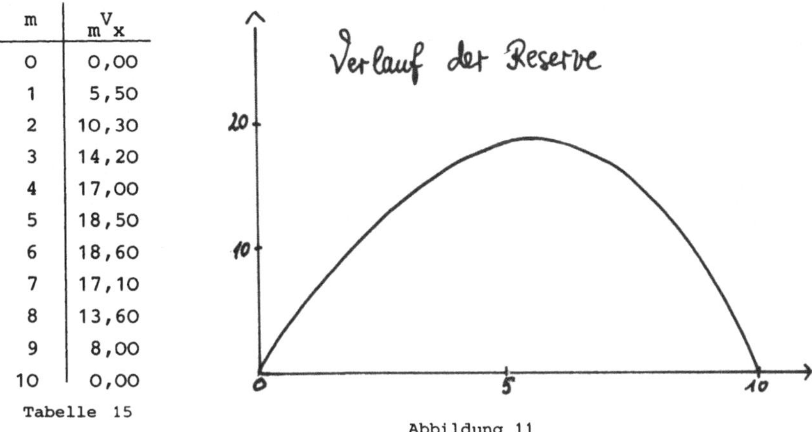

Abbildung 11

Das DK hat bei der RisikoV nur eine geringe Bedeutung. Bezogen auf
die VS ist die Reserve in diesem Beispiel kleiner als 2 % und das
Maximum der Reserve nur etwas größer als die Nettoprämie. Das DK
hat hier ausschließlich die Funktion des Ausgleichens der steigenden
natürlichen Prämien.

In den Jahren, in denen die Reserve wächst, ist die Summe aus der
Nettoprämie und den Zinsen aus dem DK größer als die natürliche
Prämie (genauer: Risikoprämie). Reicht diese Summe nicht zur Stellung der Risikoprämie, so müssen die fehlenden Teile aus der Reserve
genommen werden.

Wir erhalten aus (27) und (28) für die Risikoprämie

$$(40) \qquad B_m^R = q_{x+m-1} \, v \, (1 - {}_m V_x) ,$$

und für die Sparprämie

$$(41) \qquad B_m^S = v \, {}_m V_x - {}_{m-1} V_x .$$

Wir erhalten damit aus Tabelle 15 die Risiko- und Sparprämien in
Tabelle 16.

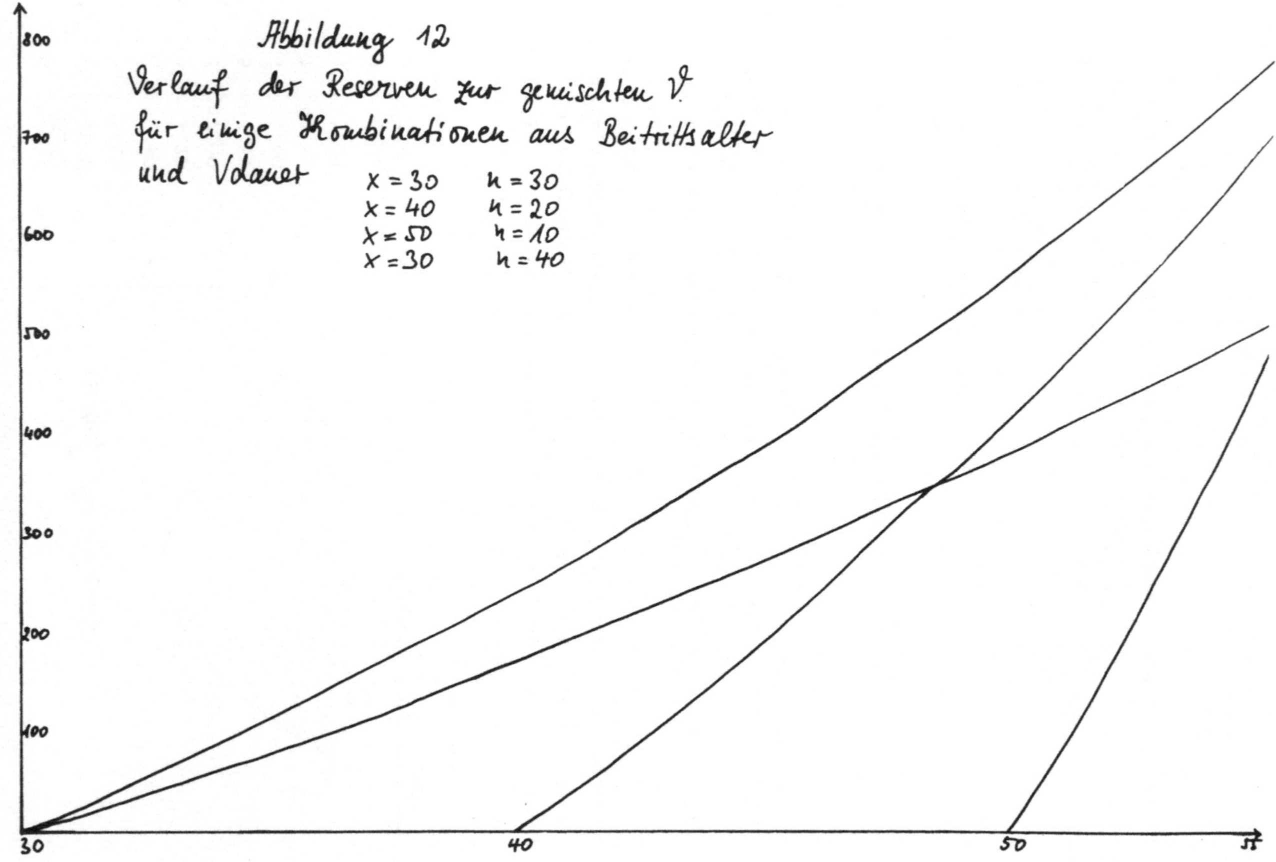
800
700
600
500
400
300
200
100
30
40
50
n
Abbildung 12
Verlauf der Reserven zur gemischten V.
für einige Kombinationen aus Beitrittsalter
und Vdauer
x = 30   h = 30
x = 40   h = 20
x = 50   h = 10
x = 30   h = 40

RESERVEVERLÄUFE FÜR DIE GEMISCHTE V, VS = 1.000

Alter	x = 30 n = 30	x = 40 n = 20	x = 50 n = 10	x = 30 n = 40
30	0,00			0,00
31	21,36			15,08
32	43,36			30,60
33	66,02			46,57
34	89,35			62,98
35	113,33			79,82
36	138,00			97,12
37	163,38			114,87
38	189,45			133,06
39	216,25			151,70
40	243,78	0,00		170,79
41	272,10	37,45		190,38
42	301,21	75,95		210,44
43	331,15	115,53		231,00
44	361,93	156,23		252,04
45	393,55	198,05		273,57
46	426,04	241,01		295,54
47	459,40	285,12		317,96
48	493,64	330,41		340,78
49	528,83	376,94		364,02
50	564,99	424,76	0,00	387,66
51	602,17	473,92	85,45	411,67
52	640,42	524,50	173,38	436,06
53	679,83	576,61	263,97	460,80
54	720,49	630,38	357,45	485,91
55	762,53	685,98	454,10	511,39
56	806,11	743,60	554,27	537,27
57	851,40	803,49	658,38	563,58
58	898,63	865,94	766,95	590,37
59	948,06	931,31	880,58	617,69
60	1000,01	1000,01	1000,00	645,66
61				674,37
62				703,97
63				734,61
64				766,51
65				799,88
66				834,98
67				872,14
68				911,71
69				954,15
70				1000,02

Tabelle 17

m	B_m^R	B_m^S		m	B_m^R	B_m^S	
1	7,97	5,39		6	13,85	-0,49	
2	8,89	4,47		7	15,31	-1,95	
3	9,89	3,47		8	17,26	-3,90	
4	11,06	2,30		9	19,21	-5,85	
5	13,34	0,02		10	21,11	-7,75	

Tabelle 16

Aufgaben: 6.) Schreiben Sie die Formeln für das retrospektive DK einer RisikoV.

7.) Schreiben Sie ein Programm, das für jede Kombination aus Beitrittsalter, Vdauer und Beitragszahlungsdauer den Reserveverlauf ausgibt.

8.) Rechnen Sie mit dem in Aufgabe 7 beschriebenen Programm einige Reserveverläufe zu den in Aufgabe 3 , Abschnitt 3 angegebenen Rechnungsgrundlagen.

4.3.4 Die TermefixV

Gegeben: Beitrittsalter x, Vdauer n
Spektren:

$$E_\nu = \begin{cases} 0, & 1 \leq \nu \leq n-1 \\ 1, & \nu = n \end{cases}$$

$$T_\nu = v^{n-\nu}, \quad 1 \leq \nu \leq n$$

$$B_\nu = P = \frac{v^n D_x}{N_x - N_{x+n}}$$

Mit diesen Spektren erhalten wir

$$(42) \quad {}_m V_x^{pro} = \left(\sum_{\nu=0}^{n-m-1} {}_\nu p_{x+m} \cdot q_{x+m+\nu} \cdot v^{n-m-\nu-1} \cdot v^{\nu+1} \right) + {}_{n-m}p_{x+m} \, v^{n-m}$$

$$- P \sum_{\nu=0}^{n-m-1} {}_\nu p_{x+m} \, v^\nu =$$

$$= v^{n-m} \left({}_{n-m}p_{x+m} + \sum_{\nu=0}^{n-m-1} {}_\nu p_{x+m} \, q_{x+m+\nu} \right) - P \sum_{\nu=0}^{n-m-1} {}_\nu p_{x+m} \, v^\nu$$

$$= v^{n-m} - P \, \ddot{a}_{x+m,\overline{n-m}|}$$

Aufgaben: 9.) Errechnen Sie die retrospektive Reserve und die Reserve für eine V nach dem Tode des VN.

10.) Zerlegen Sie den Nettobeitrag der TermefixV in Risiko- und Sparanteil! Wie lauten die Rekursionsformeln?

4.3.5 Die gemischte Versicherung

Gegeben sei

Beitrittsalter x, Beitragszahlungsdauer t, Vdauer n
Spektren:

$$E_\nu = \begin{cases} 0, & 1 \leq \nu \leq n \\[2mm] 1, & \nu = n \end{cases}$$

$$T_\nu = 1, \qquad 1 \leq \nu \leq n$$

$$B_\nu = P = \frac{1}{\ddot{a}_{x,\overline{n}|}} - d$$

Für die gemischte V erhalten wir somit das DK ${}_m V_x$.

$$(43) \quad {}_m V_x^{pro} = {}_{n-m}P_{x+m}\, v^{n-m} + \sum_{\nu=0}^{n-m-1} {}_\nu P_{x+m} \cdot q_{x+m+\nu}\, v^{\nu+1} -$$

$$- P \sum_{\nu=0}^{n-m-1} {}_\nu P_{x+m}\, v^{\nu}$$

$$= A_{x+m,\overline{n-m}|} - P\, \ddot{a}_{x+m,\overline{n-m}|}$$

$$= 1 - d\, \ddot{a}_{x+m,\overline{n-m}|} - \frac{\ddot{a}_{x+m,\overline{n-m}|}}{\ddot{a}_{x,\overline{n}|}} + d\, \ddot{a}_{x+m,\overline{n-m}|}$$

$$= 1 - \frac{\ddot{a}_{x+m,\overline{n-m}|}}{\ddot{a}_{x,\overline{n}|}}$$

Obgleich auch der letzte Ausdruck geeignet ist, sofern die temporären Rentenbarwerte gespeichert sind, den Reserveverlauf zu berechnen, geben wir dennoch die Rekursionsformel an.

$${}_0 V_x = 0$$

$$(44) \quad {}_m V_x = \frac{1+i}{p_{x+m-1}} \left({}_{m-1}V_x + P \right) - \frac{q_{x+m-1}}{p_{x+m-1}}, \qquad 1 \leq m < n$$

$${}_n V_x = \frac{1+i}{p_{x+n-1}} \left({}_{n-1}V_x + P \right) - \frac{q_{x+n-1}}{p_{x+n-1}} - 1$$

Es muß hier, wie stets zum Ende der Vdauer, ${}_n V_x = 0$ gelten (warum?).

In der folgenden Tabelle sind einige Reserveverläufe angegeben und in der Abbildung 12 dargestellt.

Die für die Rekursionsformel zur Reserveentwicklung notwendigen Ausdrücke $\frac{1+i}{p_x}$ und $\frac{q_x}{p_x}$ gehen auf den amerikanischen Aktuar Fackler zurück (siehe Bender , [3]) und werden daher gelegentlich auch Facklerfunktionen genannt. Offenbar genügt es, zu einer Sterbetafel und einem Rechnungszins die 2ω vielen Werte zu errechnen,

um mit Hilfe des Leistungsspektrums und der Nettoprämien für einen
Vtarif sämtliche Reserveverläufe zu erfassen.

Die Risiko- und Sparprämien der einzelnen Vjahre

$$B_m^R = q_{x+m-1} \, v \, (1 - {}_mV_x) \, , \qquad 1 \le m < n$$

(45)

$$B_m^R = 0, \qquad m = n$$

$$B_m^S = v \, {}_mV_x - {}_{m-1}V_x \, , \qquad 1 \le m < n$$

(46)

$$B_m^S = v - {}_{m-1}V_x \qquad m = n$$

Offenbar trägt das VU im letzten Vjahr kein Risiko

Aufgaben: 11.) Beweisen Sie (45) und (46).

12.) Schreiben Sie ein Programm, das bei Eingabe einer Sterbetafel,
eines Rechnungszinses i für beliebige Beitrittsalter x, Beitrags-
zahlungsdauern t und Vdauern n mit $x + t \le x + n \le \omega$ die Reserveverläufe ausdruckt.

13.) Errechnen Sie mit Hilfe des Programms aus Aufgabe 12 für
einige Kombinationen aus Aufgabe 3 , Abschnitt 3 Reserveverläufe
und vergleichen Sie diese.

14.) RisikoV über lange Laufzeiten mit hohen Endaltern sind in der
Bundesrepublik nicht zugelassen. Gegen einen geringen Mehrbeitrag
kann man in diesen Fällen auch schon eine Erlebensfalleistung erhalten. Errechnen Sie für einige Kombinationen $x \ge 30$, $x + n \le 75$, für
Sterbetafel ADSt 60/62 M mod, Sterbetafel 81/83 und Zinssätze 3 %,
3,5 %, 4 % und 7 % die Beitragsunterschiede und die unterschiedlichen Reserveverläufe.

15.) Errechnen Sie die Nettoprämie, Deckungskapital, riskiertes Kapital, Spar- und Risikoprämie für den folgenden Vtarif (ADSt 60/62 M mod, i = 0,035)

$x = 30, n = t = 35$

α) Im Todesfall wird die VS 200.000,-- DM fällig, im Erlebensfall die Leistung 150.000,-- DM.

β) Im Todesfall wird die VS 80.000,-- DM fällig, im Erlebensfall die Leistung 100.000,-- DM.

16.) Modifizieren Sie das Programm aus Aufgabe 12 so, daß Sie Aufgabe 15 damit lösen können.

17.) Errechnen Sie den Deckungskapitalverlauf sowie die Entwicklung von Risiko- und Sparprämie einer RisikoV mit (ADSt 60/62 M mod, i = 0,03)

$x = 25, n = t = 30$ für

α) VS 100.000,-- DM

β) eine RisikoV mit jährlich fallender Vsumme und AnfangsVsumme 100.000,-- DM

18.) Wie entwickelt sich das DK einer aufgeschobenen LeibrentenV (ADSt 49/51 M, i = 0,03) für

α) x = 35, Rentenbeginn: mit 65 Jahren
Jahresrente: 24.000,-- DM

β) wie α, zusätzlich 7 Jahre Rentengarantie.

19.) Rechnen Sie für die in Abschnitt 3 erstellten Angebote die Reserveverläufe.

4.4 ZILLMERRESERVE

4.4.1 Definition der Zillmerreserve

Mit der Berechnung des DK werden zwei Feststellungen getroffen: Zum einen wird ermittelt, wie hoch das Guthaben des VN ist bzw. wie groß die Differenz zwischen dem Erwartungswert des Barwertes der Ausgaben und dem Erwartungswert des Barwertes der Einnahmen ist. Zum anderen zeigt die Höhe des DK dem VU an, welcher Betrag nicht zu seinem "Eigentum" zu zählen, sondern vielmehr dem VN zuzurechnen ist. Dies ist wichtig bei der Darstellung der wirtschaftlichen Verhältnisse des VU beim Bilanzieren.

Die wirtschaftliche Lage wird bei der Berechnung des DK nach der bisherigen Methode aber nicht korrekt dargestellt. Bei Abschluß eines Vvertrages entstehen dem VU Kosten, Abschlußkosten. Die eingerechneten Abschlußkosten in Höhe von α %o der Vsumme werden von dem VN zwar bezahlt, allerdings nach dem Äquivalenzprinzip nur über die gesamte Beitragszahlungsdauer. Es entsteht dem VU bei Vertragsabschluß ein Aufwand von α %o der Vsumme, von der ersten Prämienzahlung allerdings hat das VU dafür eine Gegenleistung vom VN in Höhe von $\dfrac{\alpha}{\ddot{a}_{x,n^\rceil}}$ erhalten, es entsteht eine Forderung gegenüber dem VN.

Betrachtet man nun das bisher berechnete Nettodeckungskapital als Guthaben des VN, so stellt man die wirtschaftlichen Verhältnisse falsch dar, da dieses Guthaben noch um die ausstehenden Forderungen zur Deckung der Abschlußkosten zu vermindern ist. Wie läßt sich dieses Dilemma lösen?

Der Vmathematiker August Zillmer löste das Problem wie folgt: Bei einer gemischten V mit VS 1000 treten Abschlußkosten vom Betrage α auf. Das Konto des VN ist dann zu Beginn des Vertrages nicht O, sondern weist einen Schuldbetrag aus, das Konto beginnt mit $-\alpha$. Zur Berechnung des DK wird nun nicht wie bisher die Nettoprämie P, sondern vielmehr die *Zillmerprämie* P^Z verwendet, das ist die Nettoprämie vermehrt um den Abschlußkostenzuschlag $\dfrac{\alpha}{\ddot{a}_{x,n^\rceil}}$.

(47) $\quad P^Z_{x,n\rceil} = P_{x,n} + \dfrac{\alpha}{\ddot{a}_{x,n\rceil}}$.

Die mit dieser Zillmerprämie ermittelte Reserve heißt *Zillmerreserve* oder *gezillmertes Deckungskapital*.

Es ist nun leicht, für sämtliche Vformen die Zillmerreserve anzugeben. Ohne Probleme sind auch die Begriffe riskiertes Kapital, Risikoprämie und Sparprämie zu übertragen.

Um die Zillmerreserve aus der Nettoreserve zu erhalten, müssen in sämtlichen Ausdrücken in 4.1 bis 4.3 die Nettobeiträge B_m ersetzt werden durch die Zillmerprämien B^Z_m und die Anfangsreserve $_0V_x = -\alpha$.

Die Festsetzung der "richtigen Abschlußkostensätze" ist bei Vtarifen meist ein Problem. Bietet sich zwar bei der gemischten V die Bezugsgröße VS an, so ist dennoch nicht einzusehen, weshalb ein konstanter Promille-Satz für sämtliche Kombinationen aus Beitrittsalter und Vdauer eine vernünftige Lösung sein soll. Noch problematischer aber wird die Festlegung einer gerechten Prämie, wenn die Bezugsgröße VS fehlt, wie bei Renten, den Vtarifen aus Aufgabe 15, 17 oder 18.

Vereinbaren wir demnach im folgenden, daß wir zu einem Vtarif mit Beitrittsalter x, Vdauer n, Spektren E, T und B die (absoluten) Abschlußkosten α vereinbart haben.

Es sei $(z^x_1, z^x_2, \ldots, z^x_n)$ eine Verteilung der Abschlußkosten α mit

$$(48) \qquad \alpha = \sum_{\nu=0}^{n-1} {}_\nu p_x \cdot z^x_\nu v^\nu .$$

Häufig wird

$$(49) \qquad z^x_\nu = \dfrac{\alpha}{\ddot{a}_{x,t\rceil}} \qquad\qquad 1 \le \nu \le t, \; t \text{ Beitragszahlungsdauer}$$

gewählt.

Zum Beitragsspektrum $B = (B_1^x, B_2^x, \ldots, B_n^x)$ erhalten wir dann das

Zillmerspektrum $BZ = (B_1^{Z,x}, B_2^{Z,x}, \ldots, B_n^{Z,x})$ mit

$$(50) \qquad B_\nu^{Z,x} = B_\nu^x + Z_\nu, \qquad 1 \leq \nu \leq n.$$

Ersetzen wir nun in (7) die Nettoprämie durch die Zillmerprämie $B_\nu^{Z,x}$, so erhalten wir den Barwert der Zillmerprämien

$$(51) \qquad BP_m^{Z,x} = \sum_{\nu=0}^{n-m-1} {}_\nu P_{x+m} \cdot B_{\nu+m+1}^{Z,\nu} \; v^\nu,$$

und damit die Zillmerreserve

$$(52) \qquad {}_m V_x^Z := L_m - BP_m^{Z,x}.$$

Die Rekursionsformel lautet dann

$$(53) \qquad \begin{aligned} {}_0 V_x &= -\alpha \\[2mm] {}_m V_x &= \frac{1+i}{P_{x+m-1}} \left({}_{m-1} V_x + B_m^{Z,x} \right) - E_m - \frac{q_{x+m-1}}{P_{x+m-1}} \, T_m. \end{aligned}$$

Aufgabe: 20.) Formulieren und beweisen Sie die den Aussagen aus 4.1 und 4.2 über die Nettoreserven entsprechenden Aussagen über die Zillmerreserven.

21.) Geben Sie zu den in 4.3 ermittelten Nettoreserven die Zillmerreserven an.

22.) Modifizieren Sie die Programme zur Berechnung der Reserveverläufe so, daß Sie bei Eingabe eines Zillmersatzes α die Zillmerreserve ermitteln können.

23.) Errechnen Sie zu den Reserveverläufen aus Aufgabe 13 die Zillmerreserven mit einem Zillmersatz von 35 ‰ der VS, Z_ν^x berechnet nach (49) und geben Sie die relativen Unterschiede zur Nettoreserve an.

4.4.2 Der Zillmersatz

Die Leistung von August Zillmer lag nicht in der "Erfindung des
Zillmerns". Zillmer gab ein Verfahren an, mit dem man den maximal
zulässigen *Zillmersatz* bestimmt.

Ausgehend von der Prämisse, daß das DK nicht negativ sein darf,
kann der Zillmersatz höchstens so groß gewählt werden, daß am Ende
des ersten Vjahres das DK null ist.

Wir unterstellen eine gemischte V mit der Nettoprämie $P_{x,n,t}$ für

das Beitrittsalter x, Vdauer n und Beitragszahlungsdauer t zur VS
1. Schließt ein x-Jähriger eine solche V ab, so kann das VU die
Zillmerprämie

$$P^Z_{x,n,t} > P_{x,n,t} \text{ mit}$$

$$(54) \quad P^Z_{x,n,t} = P_{x,n,t} + \frac{\alpha}{\ddot{a}_{\overline{x,t}|}}$$

verlangen. α ist so zu bestimmen, daß

$$(55) \quad {}_1V^Z_x \geq 0.$$

Wenn in (55) die Gleichheit gilt, dann muß

$$(56) \quad B^S_1 = 0 \text{ sein.}$$

Demnach gilt

$$(57) \quad P^Z_{x,n,t} = B^R_1 + \alpha.$$

Die Zillmerprämie deckt im ersten Vjahr offenbar gerade die Abschlußkosten und die Risikoprämie für das erste Jahr. Diese beträgt
aber

(58) $\quad B_1^R = q_x v.$

Damit gilt

(59) $\quad \alpha = P_{x,n,t}^Z - q_x v.$

Die Zillmerprämie $P_{x,n,t}^Z$ wird nun aber auch in den restlichen
t-1 Jahren erhoben, hier allerdings ist sie eine reine Nettoprämie,
da die Abschlußkosten bereits durch den ersten Jahresbeitrag gedeckt sind. Da das DK zu Beginn des zweiten Jahres null ist, gilt

(60) $\quad P_{x,n,t}^Z = P_{x+1,n-1,t-1}^Z.$

Mit (50) bzw. (60) ist somit der maximale Zillmersatz α zur gemischten V bestimmt, wenn das DK nicht negativ werden soll. Die von
Zillmer entwickelte Methode heißt x+1-Methode.

Die x+1-Methode führt zu Zillmersätzen, die abhängig sind vom Beitrittsalter, von der Vdauer und der Beitragszahlungsdauer. So gelten für eine gemischte V mit Vdauer gleich Beitragszahlungsdauer
auf das Endalter 65 die folgenden Zillmersätze (ADSt 60/62 M mod,
i = 0,03):

Beitrittsalter	Zillmersatz
20	11
30	18
40	30
50	57
60	220

4.4.3 Zillmerung bei deutschen LVU

Zillmersätze um 11 ‰ sind ebenso unrealistisch wie ein Zillmersatz
über 200 ‰ der VS. Da bei VU mit Werbeaußendienst das gros der Abschlußkosten bei den Provisionen anfällt und diese heute in der Regel um 30 ‰ der VS liegen, hat sich bei den kapitalbildenden V ein
Zillmersatz von 35 ‰ durchgesetzt, der vom BAV derzeit maximal zu-
gelassene Zillmersatz.

Es ist nun zwischen den folgenden Begriffen zu unterscheiden:

a) <u>Die Abschlußkosten.</u> Hierunter sind die Kosten zu verstehen, die
   dem VU tatsächlich für den Abschluß der Vverträge entstehen.
   Pro Vertrag betragen sie im Branchendurchschnitt etwa 45 %o der
   VS.

b) <u>Die eingerechneten Abschlußkosten.</u> Das ist der α-Satz, der zur
   Berechnung der Bruttoprämie dient.

c) <u>Der Zillmersatz.</u> Das ist der α-Satz, der zur Berechnung der
   Zillmerprämie dient. Der Zillmersatz ist stets kleiner oder gleich
   den eingerechneten Abschlußkosten. Im Regelfall ist der Zillmersatz gleich den eingerechneten Abschlußkosten.

Bei kapitalbildenden LV beträgt der Zillmersatz heute bei den meisten VU 35 %o der VS bzw. 20 %o bei Gruppensondertarifen.

Der Zillmersatz von 35 %o der VS führt bei vielen Kombinationen
doch wieder zu dem von Zillmer vermiedenen negativen DK in den ersten Vjahren. Diese negativen DK sind Forderungen des VU, die allerdings nicht einklagbar sind, da jeder VN das Recht der Kündigung
hat, ohne irgendwelche zusätzlichen Zahlungen dafür leisten zu müssen.

Das Zillmern ist seit der ersten Arbeit Zillmers [103], in der er
diese Methode vorstellt, ein stets von den verschiedensten Seiten
diskutiertes Thema. Eine ausführliche Darstellung dieser Problematik aus der Sicht der Vaufsicht ist von Claus in [12] gegeben.
Weiterhin werden zum Thema Deckungskapital die Arbeiten von Bender
[3] und Landré empfohlen. Die Zillmerreserven werden wir in einem
späteren Abschnitt über die Rückkaufwerte nochmals ansprechen.

4.5 VERWALTUNGSKOSTENRESERVE

Ist die Beitragszahlungsdauer kürzer als die Vdauer (was z.B. stets
der Fall bei RentenV ist), so muß eine *Verwaltungskostenreserve* für die
Zeit gebildet werden, in der Verwaltungskosten anfallen aber keine
Beiträge eingenommen werden. Wir nehmen an, daß der β-Anteil nur in

der beitragspflichtigen Zeit benötigt wird.

Zu einem gegebenen Vtarif mit Beitrittsalter x, Vdauer n und Spektren E, T und B. Sei $\Gamma = (\Gamma_1, \Gamma_2, \ldots, \Gamma_n)$ ein n-Tupel, das für jedes Jahr $1 \leq \nu \leq n$ die Kosten Γ_ν angibt, die für das Jahr ν veranschlagt und in der Bruttoprämienberechnung berücksichtigt werden, und sei $\tilde{\Gamma} = (\tilde{\Gamma}_1, \tilde{\Gamma}_2, \ldots, \tilde{\Gamma}_n)$ das n-Tupel, das für jedes Jahr $1 \leq \nu \leq n$ angibt, wie hoch der nicht-prämienproportionale Kostenanteil an der Bruttoprämie ist. Offenbar muß gelten

$$(61) \quad \sum_{\nu=0}^{n-1} {}_\nu p_x \cdot \tilde{\Gamma}_\nu \cdot v^\nu = \sum_{\nu=0}^{n-1} {}_\nu p_x \cdot \Gamma_\nu v^\nu.$$

Wir erhalten somit für die Verwaltungskostenreserve ${}_m U_x$ zu Beginn des m-ten Vjahres

$$(62) \quad {}_m U_x = \sum_{\nu=0}^{n-m-1} {}_\nu p_{x+m} \cdot v^\nu (\tilde{\Gamma}_\nu - \Gamma_\nu).$$

Aus (62) folgt, daß keine Verwaltungskostenreserve eingerechnet wird, wenn $\tilde{\Gamma}_\nu = \Gamma_\nu$, wenn die erwarteten Kosten eines Vjahres jeweils zu Beginn des betreffenden Jahres vereinnahmt werden.

Aufgabe: 24.) Es sei γ der Promille-Satz der VS einer gemischten V oder einer RisikoV bzw. der Prozentsatz der Rente der für die gesamte Vdauer veranschlagt wird. Bei einer derartigen V mit Beitrittsalter x, Vdauer n ($x+n \leq \omega$) und Beitragszahlungsdauer $t < n$ beträgt die Verwaltungskostenreserve nach m Jahren

$$(63) \quad {}_m U_x = \begin{cases} \gamma \cdot \ddot{a}_{x+m,\overline{n-m}|} - \gamma \dfrac{\ddot{a}_{x,\overline{n}|}}{\ddot{a}_{x,\overline{t}|}} \cdot \ddot{a}_{x+m,\overline{t-m}|}, & \text{falls } m < t \\[2ex] \gamma \cdot \ddot{a}_{x+m,\overline{n-m}|}, & \text{falls } m \geq t \end{cases}$$

Beweisen Sie (63).

Früher hatte man die Verwaltungskostenreserve separat ausgewiesen.
Heute hingegen wird die Verwaltungskostenreserve als Teil des DK
berechnet. Dies geschieht durch eine entsprechende Erhöhung der Erlebensfalleistungen E_ν um Γ_ν bzw. der Beiträge B_ν um $\tilde{\Gamma}_\nu$.

Aufgabe: 25.) Geben Sie eine rekursive und eine nicht-rekursive
Darstellung des gezillmerten DK für eine gemischte V mit abgekürzter Beitragszahlungsdauer unter Berücksichtigung der Verwaltungskosten an!

26.) Berechnen Sie für die lebenslange TodesfallV mit abgekürzter
Beitragszahlungsdauer das Verhältnis aus Verwaltungskostenreserve
und gezillmertem DK! Rechnen Sie für einige Beitrittsalter x für
den Fall x+t = 65 die Quotienten aus!

27.) Geben Sie eine rekursive und eine nicht-rekursive Darstellung
des gezillmerten DK für eine aufgeschobene AltersrentenV mit Bei-
trägsrückgewähr unter Berücksichtigung der Verwaltungskostenreserve an!

28.) Wie lautet die Verwaltungskostenreserve (γ = 2 ‰ der VS) zur
TermefixV?

4.6 EIN KURZER AUSFLUG INS KAUFMÄNNISCHE

Jeder Kaufmann ist nach einschlägigen Gesetzen (HGB, AktG, div.
Steuergesetze) verpflichtet, in regelmäßigen Abständen Rechenschaft
über seine wirtschaftlichen Verhältnisse abzulegen. Diese Rechenschaft muß zum einen den Steuerbehörden gegeben werden, zum anderen
auch der Öffentlichkeit, sofern es sich bei dem Unternehmen um eine
juristische Person handelt (AG, GmbH, VVaG), bzw. bei Personenge-
sellschaften, wenn diese eine gewisse Größe erreicht haben. Darüber hinaus sind die VU auch einer besonderen Rechenschaft gegenüber den Aufsichtsbehörden verpflichtet. Last not least aber ist
auch jeder gewissenhafte Kaufmann selbst an einer umfassenden Darstellung der wirtschaftlichen Lage seines von ihm geführten Unternehmens interessiert.

Um die wirtschaftliche Lage zu beurteilen, werden einmal im Jahr
(in der Regel ist das bei LVU der 31. Dezember) sämtliche Vermögenswerte des Unternehmens aufgelistet. Diesen Vorgang nennt man Inven-
tur, die Liste mit den Vermögenswerten das Inventar.

Nachdem nun feststeht, welche Werte zu dem Unternehmen gehören,
wird geklärt, wie sich dieses Kapital zusammensetzt. So ist bei einer AG das Grundkapital zu berücksichtigen, die Rücklagen, die ebenfalls den "Eigentümern" gehören, Verbindlichkeiten gegenüber Liefe-
ranten und, bei VU der größte Posten, die Vermögenswerte, die von
der Gesamtheit der Versicherten bisher eingebracht wurden und auf
die sie in Form des DK (nicht rechtlich, sondern nur wirtschaftlich
betrachtet) einen Anspruch haben. Es kann nun bilanziert werden.
Auf der linken Seite der Bilanz, der <u>Aktiv</u>seite, stehen sämtliche
im Unternehmen vorhandenen Vermögenswerte, zu größeren Gruppen zusammengefaßt. Auf der rechten Seite, der <u>Passiv</u>seite, steht, woher
das Vermögen stammt. Ist nun die Summe der Zahlen auf der Passivseite kleiner als die Summe der Zahlen auf der Aktivseite, so ist
mehr Vermögen im Unternehmen als Forderungen an das Unternehmen gestellt sind. Die Differenz ist ein Bilanzgewinn und wird passiviert,
so daß beide Seiten gleich groß sind.

Ist umgekehrt die Aktivseite kleiner als die Passivseite, so entsteht ein Bilanzverlust, der aktiviert werden muß.

Die Bilanzen der VU müssen gewissen Mindestanforderungen genügen.
Aufgrund der Verordnung über die Rechnungsplanung von VU gegenüber
dem BAV müssen (nur) gegenüber dem BAV sehr detaillierte Angaben
zur wirtschaftlichen Lage gemacht werden. Etwas weniger ausführlich, aber dennoch sehr informativ, sind die Angaben, die für die
Öffentlichkeit bestimmt sind. Um eine gewisse Vergleichbarkeit
zwischen den Unternehmen zu garantieren, ist hier die Form der Rechnungslegung durch die Richtlinien für die Aufstellung des zu ver-
öffentlichenden Rechnungsabschlusses von VU vorgeschrieben. Darüber
hinaus ist in diesen Richtlinien auch festgelegt, welche Posten an
welchen Stellen zu bilanzieren sind.

L I

Aktiva	DM	DM	DM

I. **Ausstehende Einlagen auf das Grundkapital** [1] ....
davon eingefordert: DM ....

II. **Kapitalanlagen, soweit sie nicht zu III gehören:**

    1. Grundstücke und grundstücksgleiche Rechte

        a) mit Geschäfts- und anderen Bauten ....

        b) mit Wohnbauten ....,....

        c) ohne Bauten ....

        d) mit unfertigen Bauten ....

    2. Hypotheken-, Grundschuld- und Rentenschuld-
forderungen ....

    3. Namensschuldverschreibungen, Schuldschein-
forderungen und Darlehen ....

    4. Schuldbuchforderungen gegen den Bund und die
Länder ....

        davon Ausgleichsforderungen: DM

    5. Darlehen und Vorauszahlungen auf Ver-
sicherungsscheine ....

    6. Beteiligungen ....

    7. Wertpapiere und Anteile, soweit sie nicht zu
anderen Posten gehören ....

    8. Festgelder, Termingelder und Spareinlagen bei
Kreditinstituten ....

    9. Depotforderungen aus dem in Rückdeckung

        a) übernommenen ....

        b) gegebenen ....

    Versicherungsgeschäft

III. **Kapitalanlagen des Anlagestocks der fonds-
gebundenen Lebensversicherung** ....

IV. **Abrechnungsforderungen aus dem Rück-
versicherungsgeschäft** ....

V. **Forderungen aus dem selbst abgeschlossenen Versicherungsgeschäft an:**

    1. Versicherungsvertreter ....

    2. Versicherungsnehmer

        a) fällige Ansprüche ....

        b) Ansprüche für geleistete, rechnungsmäßig ge-
deckte Abschlußkosten ....

    3. sonstige ....

---

[1] Bei Versicherungsvereinen auf Gegenseitigkeit: Wechsel der Zeichner des Gründungsstocks,
bei Versicherungsunternehmen, die nicht die Rechtsform der Aktiengesellschaft oder des Versicherungsvereins auf Gegenseitigkeit haben: ausstehende Einlagen auf den dem Grundkapital entsprechenden Posten

Aktiva	DM	DM	DM

VI. Andere Vermögensgegenstände:

   1. Betriebs- und Geschäftsausstattung ....

   2. Wechsel ....

   3. Schecks ....

   4. Kassenbestand, Bundesbank- und Postscheck-
      guthaben ....

   5. laufende Guthaben bei Kreditinstituten ....

   6. eigene Aktien ....
      Nennbetrag: DM

   7. Anteile an einer herrschenden oder mit Mehr-
      heit beteiligten Gesellschaft ....
      Nennbetrag: DM

   8. Deckungsforderungen gegen den Lasten-
      ausgleichsfonds (§ 19 des Altsparergesetzes) ...
      davon aufgelaufene Zinsen: DM

   9. Zins- und Mietforderungen ....

  10. Forderungen aus Krediten, die
      a) unter § 89 ....
      b) unter § 115 ....
      des Aktiengesetzes fallen [2])

  11. sonstige ....

VII. Rechnungsabgrenzungsposten ....

VIII. Bilanzverlust ....

---

[2]) Bei Versicherungsunternehmen, die nicht die Rechtsform der Aktiengesellschaft haben:
„Forderungen aus Krediten, die den Krediten
a) nach § 89
b) nach § 115
des Aktiengesetzes entsprechen"

LI

Passiva	DM	DM	DM
I. Grundkapital [3]			
II. Offene Rücklagen:			
1. gesetzliche Rücklage [4]			
2. andere Rücklagen (freie Rücklagen)			
II. a. Sonderposten mit Rücklageanteil			
III. Wertberichtigungen:			
1. zu Grundstücken und grundstücksgleichen Rechten			
2. zu Beteiligungen			
3. zur Betriebs- und Geschäftsausstattung			
IV. Pauschalwertberichtigungen:			
1. zu Kapitalanlagen			
2. zu sonstigen Forderungen			
V. Versicherungstechnische Rückstellungen, soweit sie nicht zu VI gehören:			
1. Beitragsüberträge			
davon ab: Anteil für das in Rückdeckung gegebene Versicherungsgeschäft			
2. Deckungsrückstellung			
a) für das selbst abgeschlossene Versicherungsgeschäft			
davon Depotverbindlichkeiten: DM			
b) für das in Rückdeckung übernommene Versicherungsgeschäft			
davon ab: Anteil für das in Rückdeckung gegebene Versicherungsgeschäft			
3. Rückstellung für noch nicht abgewickelte			
a) Versicherungsfälle			
b) Rückkäufe			
davon ab: Anteil für das in Rückdeckung gegebene Versicherungsgeschäft			
4. Rückstellung für Beitragsrückerstattung			
5. sonstige versicherungstechnische Rückstellungen			
davon ab: Anteil für das in Rückdeckung gegebene Versicherungsgeschäft .....+..........			

---

[3] Bei Versicherungsvereinen auf Gegenseitigkeit: Gründungsstock,
bei Versicherungsunternehmen, die nicht die Rechtsform der Aktiengesellschaft oder des Versicherungsvereins auf Gegenseitigkeit haben: der dem Grundkapital entsprechende Posten
[4] Bei Versicherungsvereinen auf Gegenseitigkeit: Verlustrücklage gemäß § 37 VAG,
bei öffentlich-rechtlichen Versicherungsanstalten: Sicherheitsrücklage

Passiva	DM	DM	DM

VI. Versicherungstechnische Rückstellungen der fonds-gebundenen Lebensversicherung, soweit sie durch den Anlagestock zu bedecken sind:

1. Deckungsrückstellung ....
   davon Depotverbindlichkeiten: DM ....

2. übrige Rückstellungen ....
   davon ab: Anteil für das in Rückdeckung ge-gebene Versicherungsgeschäft ....

VII. Depotverbindlichkeiten aus dem in Rückdeckung gegebenen Versicherungsgeschäft, soweit sie nicht zu V Nr. 2 Buchstabe a und VI Nr. 1 gehören .....

VIII. Abrechnungsverbindlichkeiten aus dem Rück-versicherungsgeschäft ....

IX. Verbindlichkeiten aus dem selbst abgeschlossenen Versicherungsgeschäft gegenüber:

1. Versicherungsvertretern ....
2. Versicherungsnehmern ....
3. sonstigen ....

X. Nichtversicherungstechnische Rückstellungen:

1. Pensionsrückstellungen ....
2. sonstige Rückstellungen ....

XI. Andere Verbindlichkeiten:

1. Verbindlichkeiten aus Hypotheken, Grund- und Rentenschulden ....
2. Verbindlichkeiten aus der Annahme gezogener Wechsel und der Ausstellung eigener Wechsel
3. Verbindlichkeiten gegenüber Kreditinstituten ..
4. Entschädigung nach § 18 des Altsparergesetzes
   davon aufgelaufene Zinsen: DM ....
5. sonstige Verbindlichkeiten ....

XII. Rechnungsabgrenzungsposten ....

XIII. Bilanzgewinn ....

Im folgenden ist das für die LVU verbindliche Bilanzschema gegeben.

Bei den meisten LVU in Deutschland haben die für den Vmathematiker
relevanten Passivposten V.2 (Deckungsrückstellung - das ist das
DK), V.4 (Rückstellung für Beitragsrückerstattung - abgekürzt RfB)
und IX.2 (Verbindlichkeiten aus dem selbst abgeschlossenen Versicherungsgeschäft gegenüber Versicherungsnehmern) einen Anteil
an der Bilanzsumme von etwa 95 %.

4.7 BILANZDECKUNGSKAPITAL

4.7.1 Wie wir im letzten Abschnitt sahen, ist das DK für die Bilanz von ausgesprochen großer Wichtigkeit. Daher muß das DK zum Bi-
lanzzeitpunkt ermittelt werden. Da aber das Vjahr in aller Regel
nicht mit dem Bilanzjahr übereinstimmt, muß das BilanzDK zum Bi-
lanzzeitpunkt unterjährig ermittelt werden.

Ist in der Praxis das Errechnen der gesamten Deckungskapitalien
schon aufwendig, so kommt hier noch eine weitere Schwierigkeit hinzu. Bei der kontinuierlichen Methode können wir leicht zu jedem
Zeitpunkt das DK ermitteln. Bei der diskontinuierlichen Methode
(und die wird in der Praxis angewendet) müssen wir uns wieder mit
Näherungen begnügen.

In früheren Zeiten (und damit ist die Prae-Computer-Ära gemeint)
war das Errechnen der Reserven für den gesamten Bestand eines VU
ein aufwendiges Unterfangen. Man bediente sich dort mehr oder weniger genauer Näherungsmethoden zur Bestimmung der DK eines gesamten
Bestandes zu einem Zeitpunkt (etwa Bilanzstichtag). Diese Näherungsmethoden waren von den Aufsichtsbehörden zu genehmigen, und nach diesen Methoden wurde dann der Posten Deckungsrückstellung in der Bilanz ermittelt.

Heute ist es für ein VU nicht schwierig (da heute fast alle LVU
über eine EDV-Anlage verfügen), für jeden Vvertrag zu seinem Jahrestag das zugehörige DK auszurechnen. Um nun das BilanzDK eines Vvertrages zu ermitteln, begnügt man sich mit einer linearen Interpolation zwischen dem DK zum Vjahrestag im Bilanzjahr und zum Vjahres-

tag im Folgejahr.

Soll nun das BilanzDK zum Zeitpunkt m+k, $o \leq k < 1$, ermittelt werden, so geschieht dies nach

$$(64) \quad {}_{m+k}V_x^Z \approx (1-k) \cdot ({}_mV_x^Z + P^Z) + k \cdot {}_{m+1}V_x^Z$$

$$= (1-k) \cdot {}_mV_x^Z + k \cdot {}_{m+1}V_x^Z + (1-k) \cdot P^Z.$$

Für den zumindest in Deutschland fast ausschließlich anzutreffenden Fall des Beginns der Versicherung am Ersten eines Monats wird daraus, wenn k der Kalendermonat des Versicherungsbeginns ist,

$$(65) \quad {}_{m + (13-k)/12}V_x^Z \approx \frac{k-1}{12} \cdot {}_mV_x^Z + \frac{13-k}{12} \cdot {}_{m+1}V_x^Z + \frac{k-1}{12} \cdot P^Z.$$

Der Wert

$$(66) \quad {}_mV_x^B := \frac{k-1}{12} \cdot {}_mV_x^Z + \frac{13-k}{12} \cdot {}_{m+1}V_x^Z$$

wird häufig als Bilanzdeckungsrückstellung im Versicherungsjahr m bezeichnet; der Wert

$$(67) \quad \frac{k-1}{12} \cdot P^Z$$

als Prämienübertrag.

Der Prämienübertrag wird in dieser Höhe nur fällig bei Jahresprämien. Werden unterjährige Prämien gezahlt, so wird der Prämienübertrag kleiner, bei Monatsprämien gibt es keinen Prämienübertrag.

In der Bilanz werden die Prämienüberträge noch um einen Verwaltungskostenaufschlag erhöht.

Bei der Annahme k = 0,5 - durchschnittlicher Versicherungsbeginn in der Mitte des Rechnungsjahres - wird (65) zu

$$(68) \quad {}_mV^{B'}_x = \frac{1}{2}({}_mV_x + {}_{m+1}V_x + P)$$

ein Wert, dem man in der angelsächsischen Literatur als "mean reserve" begegnet. Früher wurde dieser Betrag auch als Näherung für die Bilanzreserve verwendet.

4.7.2 In der Prae-Computer-Area war es eine der bedeutendsten Aufgabenfür die Vmathematiker Näherungsverfahren für die Bilanzreserven oder auch die Einzelreserven zu finden. Diese Methoden sind heute nahezu bedeutungslos und sollen in diesem Buch auch nicht weiter behandelt werden. Lediglich ein sehr einfaches Verfahren sei hier skizziert. Zur weiteren Lektüre seien empfohlen [57], [78], [101], [104].

Die *Näherungsformel von Bohlmann* geht von folgendem aus: Gegeben sei eine Gesamtheit G von versicherten Personen zum Bilanztermin O mit:

1.) Das Alter der VN ist konstant oder liegt innerhalb eines kleinen Intervalls (möglich ist die Zusammenfassung von VN zu Altersgruppen (21-25, 26-30, ...). Dann wird für solche Altersgruppen eine mittlere Sterbewahrscheinlichkeit q ermittelt.

2.) Alle VN sind nach dem gleichen Tarif versichert.

3.) Dem gegenübergestellt wird der entsprechende Bestand G' zum Bilanztermin 1 (die VN sind jetzt ein Jahr älter).

4.) Gesondert ermittelt wird der Teilbestand $A \subseteq G$ der Abgänge im Bilanzjahr durch Tod, Ablauf, Storno und Beitragsfreistellung und der Teilbestand $Z \subseteq G'$ der Zugänge im Bilanzjahr.

5.) Es sei $V(G \smallsetminus A)$ die Bilanzreserve zum Zeitpunkt O für den Bestand $G \smallsetminus A$, $V(G')$ die Bilanzreserve des Bestandes G' zum Zeitpunkt 1 und $V(Z)$ die Bilanzreserve des Bestandes Z zum Zeitpunkt 1. P sei die Jahresprämie für den Bestand $G \smallsetminus A$. E bzw. T seien die gesamten Erlebens- bzw. Todesfalleistungen des Bestandes $G \smallsetminus A$ im Bilanzjahr.

Es gilt dann

$$(69) \quad \left(\left(V(G \smallsetminus A) + P \right) \frac{1+i}{1-q} - E - \frac{q}{1-q} \, T \right) + V(t) \approx V(G').$$

Aufgabe: 29.) Zeigen Sie, daß (69) eine sinnvolle Näherung ist!

Summiert man nun für sämtliche derartige Teilbestände die einzelnen genäherten Reservewerte auf, erhält man eine brauchbare Näherung für die Bilanzreserve.

FUER DAS EINTRITSALTER 30 UND EINER LAUFZEIT VON 35 JAHREN
ERGIBT SICH,BEI EINER ERLEBENSSUMME VON 150000 DM
UND EINER TODESSUMME VON 200000 DM,DIE
FOLGENDE TABELLE :

JAHR	PRAEMIE	RISK.KAPITAL	SPARPRAEMIE	RISIKOPRAE.	DECKUNGSKAP.
0	3229.86	0.00	0.00	0.00	0.00
1	3229.86	197107.06	2808.67	421.19	2892.93
2	3229.86	194128.09	2807.95	421.91	5871.90
3	3229.86	191064.31	2803.52	426.33	8935.69
4	3229.86	187916.81	2795.57	434.28	12083.20
5	3229.86	184686.50	2784.27	445.58	15313.50
6	3229.86	181370.19	2773.72	456.14	18629.83
7	3229.86	177968.37	2760.10	469.75	22031.62
8	3229.86	174483.41	2741.76	488.09	25516.59
9	3229.86	170913.53	2722.71	507.15	29086.48
10	3229.86	167258.62	2701.26	528.60	32741.36
11	3229.86	163512.91	2683.00	546.86	36487.09
12	3229.86	159675.75	2662.67	567.19	40324.24
13	3229.86	155746.28	2640.53	589.33	44253.71
14	3229.86	151726.75	2613.51	616.34	48273.24
15	3229.86	147619.00	2582.11	647.75	52381.01
16	3229.86	143427.62	2543.64	686.22	56572.39
17	3229.86	139158.25	2497.26	732.59	60841.74
18	3229.86	134815.87	2443.84	786.02	65184.14
19	3229.86	130400.03	2388.65	41.20	69599.97
20	3229.86	125915.72	2326.52	903.33	74084.28
21	3229.86	121368.44	2257.04	972.81	78631.56
22	3229.86	116761.33	2182.67	1047.18	83238.67
23	3229.86	112097.97	2103.10	1126.76	87902.03
24	3229.86	107378.25	2021.99	8207.86	92621.75
25	3229.86	102603.61	1937.85	1292.01	97396.39
26	3229.86	97771.84	1854.25	1375.61	102228.16
27	3229.86	92879.56	1772.28	1457.57	107120.44
28	3229.86	87919.70	1695.40	1534.46	112080.30
29	3229.86	82883.73	1624.80	1605.06	117116.27
30	3229.86	77757.22	1566.06	1663.79	122242.78
31	3229.86	72523.70	1520.65	1709.21	127476.30
32	3229.86	67159.41	1495.13	1734.72	132840.59
33	3229.86	61639.72	1489.77	1740.09	138360.28
34	3229.86	55931.97	1511.62	1718.24	144068.03
35	3229.86	49999.87	1563.17	1666.68	0.13

Ausdruck zur Aufgabe 15

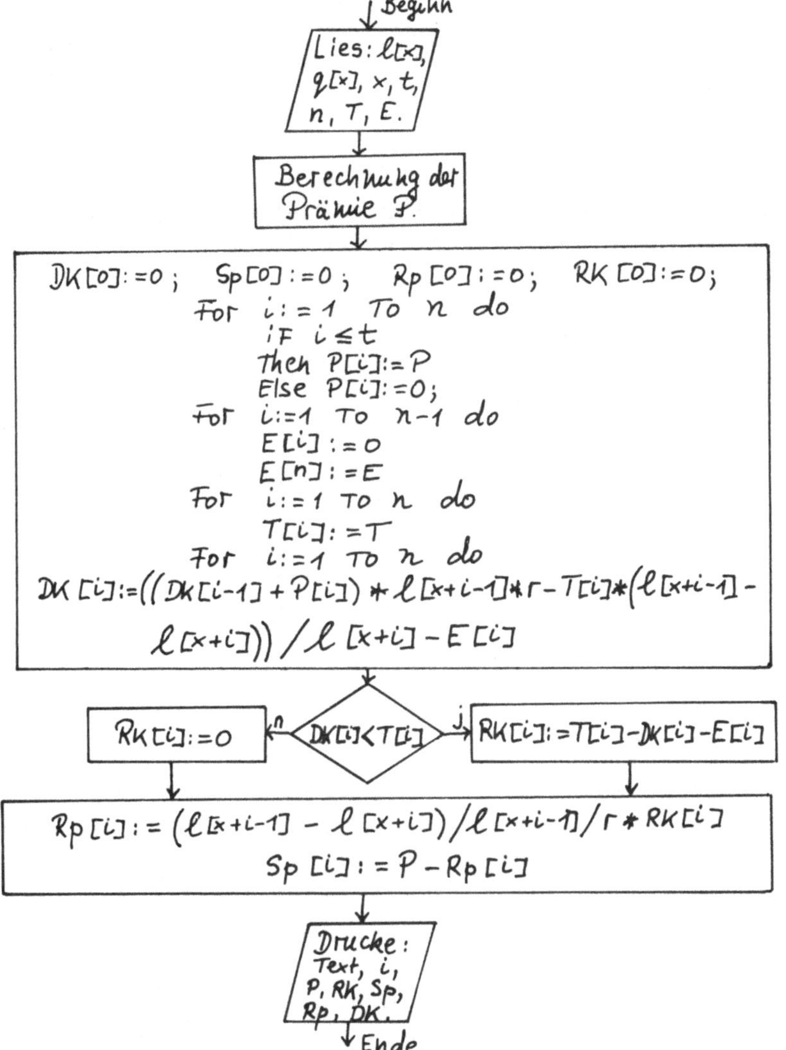

Flußdiagramm zur
Aufgabe 15 (16)

5. EINIGE SPEZIALITÄTEN

5.1 V MIT FALLENDER LEISTUNG

*"Ach, Biondetta!" sagte ich, "wärst
du nicht ein Scheinwesen, ein Phan-
tom! Wärst du nicht dieses scheuß-
liche Dromedar!"*

Jacques Cazotte, Der Verliebte Teufel.

In den vorigen Kapiteln haben wir die RisikoV mit fallender VS
kennengelernt. Die nachstehende Tabelle zeigt den Verlauf des
NettoDK für eine solche V mit Beitrittsalter $x = 35$ und $n = t = 10$,
VS = 10.000,-- DM.

Jahr	$_mV_x$	
1	- 8,21	
2	- 15,27	
3	- 21,13	
4	- 25,55	
5	- 28,20	
6	- 28,69	Tabelle 18
7	- 26,58	
8	- 21,45	
9	- 12,80	
10	O	

Das NettoDK ist hier durchweg negativ.

Die Nettoprämie für diese V beträgt nach der ADSt 60/62 M mod,
$i = 0,03$ in jedem Jahr 17,19 DM. Mit der Sterbewahrscheinlichkeit
$q_{35} = 0,00259$ wird für das erste Vjahr aber eine Risikoprämie

$$(1) \quad P_1^R = q_{35} \cdot v \cdot VS = 0,00259 \cdot \frac{1}{1,03} \cdot 10.000 = 25,15$$

benötigt. Das VU nimmt von einem VN (35) daher 7,96 DM zu wenig an
Nettobeträgen ein. Da das DK zu Beginn des Vertrages null ist, wird
das Konto des VN mit diesem Betrag belastet. Aufgezinst um ein Jahr,
multipliziert mit der einjährigen Überlebenswahrscheinlichkeit $p_{35} =$
0,99741, erhalten wir einen erwarteten Fehlbetrag von 8,21 DM.

Im letzten Vjahr ist das Verhältnis von Netto- zu Risikoprämie umgekehrt. Mit $q_{44} = 0,00452$ benötigen wir für die Risikoprämie

$$(2) \quad P^R_{10} = q_{44} \cdot v \cdot VS = 0,00452 \cdot \frac{1}{1,03} \cdot 1.000 = 4,39.$$

Da $P^R_{10} < P$, dient die Differenz

$$(3) \quad P^S_{10} = P - P^R_{10} = 17,19 - 4,39 = 12,80.$$

zur Auffüllung des DK. Da das DK am Jahresanfang gerade − 12,80 DM betrug, ist zum Ende der Vdauer das DK = 0.

Während bei der RisikoV zu Beginn der Vdauer die Risikoprämien kleiner sind als die Nettoprämien und ein positives DK aufgebaut wird, das gegen Ende der Vertragszeit aufgezehrt wird (wegen steigender Sterbewahrscheinlichkeiten), sind bei der RisikoV mit fallender VS die Risikoprämien zu Beginn häufig kleiner als die Nettoprämien und es entsteht ein negatives DK, das nicht durch zillmern entsteht (wegen der anfangs sehr hohen VS).

Negative DK sind aber unerwünscht, da der VN jederzeit seinen Vertrag kündigen darf (§ 165 VVG). Nimmt man negative DK durch Zillmerung noch hin (einerseits können im Falle der Kündigung Teile der Forderungen eingebracht werden durch Rückforderung der gezahlten Provisionen, andererseits hält man das Zillmern für so bedeutsam, daß man diesen Nachteil gegenüber den vielfältigen Vorteilen hinnimmt), so sind negative DK beim NettoDK nicht vertretbar.

Man vermeidet das Entstehen negativer Reserven dadurch, daß man die Beitragszahlungsdauer auf mindestens 2/3 der Vdauer abkürzt. Damit werden die Nettoprämien erhöht.

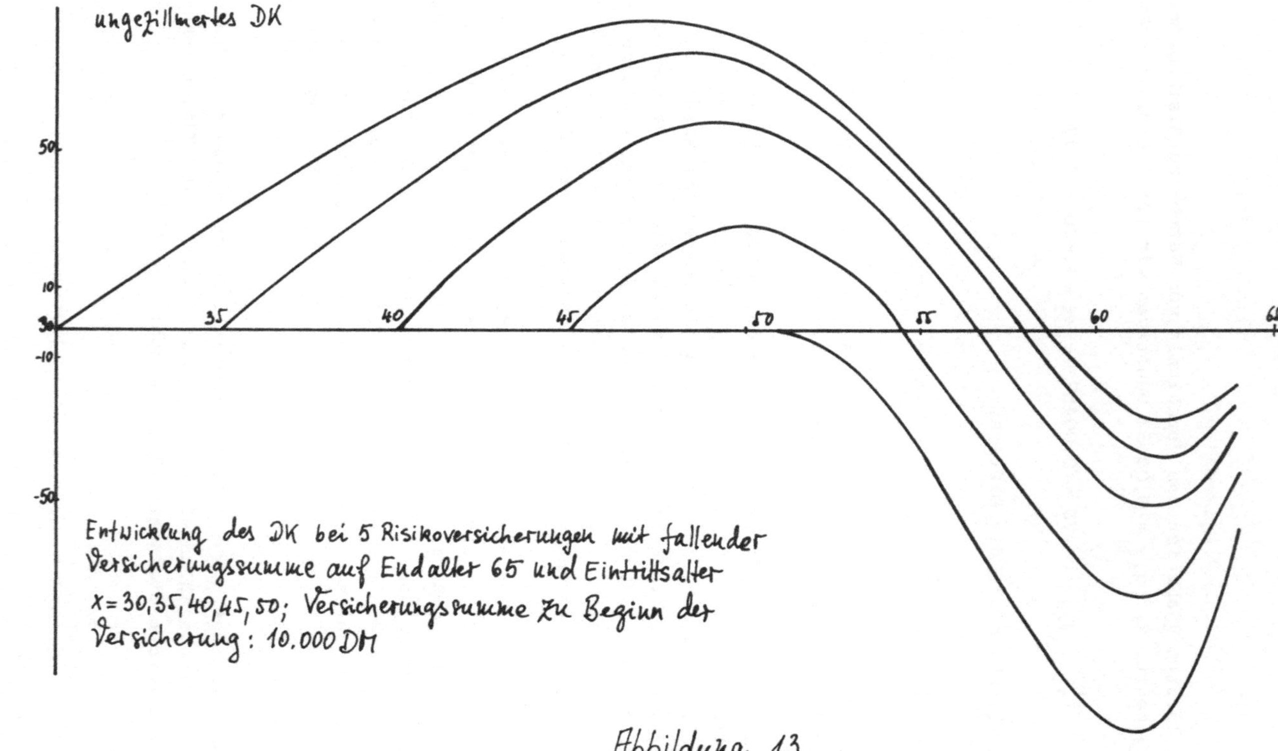

Abbildung 13

Aufgabe: 1.) Errechnen Sie für einige Kombinationen aus Beitritts-
alter/Vdauer, wie weit Sie die Betragszahlungsdauer abkürzen müssen,
damit keine negativen NettoDK auftreten! Hängt diese Dauer von der
Wahl der Rechnungsgrundlagen ab?

Ähnlich ist das Problem bei den Risiko-ZeitrentenV. Hier wird ein
Vvertrag über n Jahre abgeschlossen; stirbt der VN in dieser Zeit,
so wird bis zum Ablauf der Vdauer eine Zeitrente gezahlt. Das VU
muß im Todesfalle den Zeitrentenbarwert stellen. Mit jedem Jahr
fällt demnach die zu erbringende Todesfalleistung. Wir nehmen an,
daß es sich um eine nachschüssig zahlbare Zeitrente vom Betrage 1
handelt, erstmals zahlbar in dem Jahr, in dem der VN stirbt. Der
Leistungsbarwert für Beitrittsalter x und Vdauer n ergibt sich aus
dem Todesfallspektrum $(a_{\overline{n}|}, a_{\overline{n-1}|}, \ldots, a_{\overline{1}|})$.

$$(4) \quad L_0^x = \sum_{\nu=0}^{n-1} {}_\nu p_x \cdot q_{x+\nu} \cdot a_{\overline{n-\nu}|} \cdot v^\nu = \sum_{\nu=0}^{n-1} {}_\nu p_x \cdot q_{x+\nu} \cdot \ddot{a}_{\overline{n-\nu}|} \, v^{\nu+1}$$

Aufgabe: 2.) Geben Sie eine Darstellung des Leistungsbarwertes und
der Nettojahresprämie mit Hilfe der Kommutationswerte an. Schreiben Sie die Ausdrücke so, daß sie gut programmierbar sind.

3.) Sie wollen Risiko-ZeitrentenV maximal über 20 Jahre anbieten,
die Mindestvertragsdauer betrage 3 Jahre. Für die Beitrittsalter
gelte $20 \le x \le 60$. Wie weit müssen Sie die Beitragszahlung abkürzen,
damit keine negativen Reserven auftreten?

5.2 V MIT VARIABLEN BEITRÄGEN

Es ist keine Notwendigkeit, daß die Beiträge über alle Jahre konstant bleiben. Solange nur das Äquivalenzprinzip gewahrt bleibt,
können die Beiträge nahezu beliebig variieren. Eine Grenze ist
allerdings zu ziehen: Das DK darf während der Vdauer niemals negativ sein.

So besteht häufig das Bedürfnis nach einem hohen Vschutz von Beginn
an, allerdings können zu Beginn der Vdauer nur geringe Beiträge aufgebracht werden.

Beispiel: Eine gemischte V auf n Jahre mit reduzierter Beitragszahlung in den ersten m Jahren.
Für die ersten m Jahre wird eine RisikoV abgeschlossen, für die
restlichen n-m Jahre eine gemischte V mit Beitragsalter x+m.

Aufgabe: 4.) Angeboten werden soll eine gemischte V mit folgender
Beitragszahlungsweise: Für $1 < \nu \leq m$ gelte $B_m = 1,03 \cdot B_{m-1}$. Berechnen Sie die Nettobeiträge und geben Sie Schranken für x und n an,
so daß keine negativen Reserven entstehen! Sind diese Schranken unabhängig von den Rechnungsgrundlagen?

5.) Rechnen Sie Aufgabe 4.) für den Tarif T, E konstant und f.j.
$1 \leq m \leq n$ gelte $T_m = 2\,E_m$.

5.3 TEILAUSZAHLUNGSTARIFE

In den letzten Jahren hat diese Vform zunehmend an Bedeutung gewonnen. Es handelt sich um eine Variation der gemischten V.

Im Gegensatz zur gemischten V wird nicht nur eine Erlebensfallleistung E am Ende der Vdauer fällig.

Gegeben seien einige Teilauszahlungspunkte $t_1, t_2, \ldots, t_k$ mit
$1 < t_1 < t_2 < \ldots < t_k = n$.

Dann haben die Spektren die folgende Form;

$$(5) \qquad E_\nu \begin{cases} = 0, & \text{falls } \nu \notin \{t_1, t_2, \ldots, t_k\} \\[2mm] > 0, & \text{falls } \nu \in \{t_1, t_2, \ldots, t_k\} \end{cases}$$

$$T_\nu > 0, \quad 1 \leq \nu \leq n.$$

Weit verbreitet ist die zusätzliche Annahme

$$(6) \quad T_1 = \sum_{\nu=1}^{k} E_\nu.$$

Im weiteren werden zwei häufig vorkommende Varianten beschrieben:

Fall a: Die Todesfalleistung T bleibt die gesamte Vdauer über konstant.

Fall b: Die Todesfalleistung T fällt zu jedem Teilauszahlungszeitpunkt im selben Verhältnis wie die noch ausstehenden Erlebensfalleistungen.

Auch hier gilt wieder: Das (Netto-) DK und das gezillmerte DK nach einer Teilauszahlung darf nicht negativ werden!

Die Leistungsbarwerte werden wie folgt ermittelt;

Beitrittsalter x, Vdauer n.

Fall a):

$$(7) \quad L_o^x = \sum_{\nu=0}^{n-1} {}_\nu P_x \cdot q_{x+\nu} \cdot T \cdot v^{\nu+1} + \sum_{\mu=1}^{k} {}_{t_\mu} P_x \cdot E_{t_\mu} \cdot v^{t_\mu}$$

Fall b):

$$(8) \quad L_o^x = \sum_{\mu=1}^{k} \sum_{\nu=t_{\mu-1}}^{t_\mu} {}_\nu P_x \cdot q_{x+\nu} \cdot \left(T_1 - \sum_{t_\lambda < t_\mu} T_{t_\lambda} \right) v^{\nu+1} +$$

$$+ \sum_{\mu=1}^{k} {}_{t_\mu} P_x \cdot E_{t_\mu} \cdot v^{t_\mu}$$

mit $T_1 = \lambda E$, $\quad T_{t_\mu} = \lambda E_{t_\mu}$

Gleichbleibende Jahresprämien (Netto und Brutto) lassen sich nun mit Hilfe von (7) und (8) wie bei der gemischten V errechnen.

In der Praxis werden zumeist die folgenden Teilauszahlungstarife angeboten:

Abhängig von der Vdauer werden eine bestimmte Anzahl Teilauszahlungszeitpunkte festgelegt, wobei die erste Teilauszahlung aus steuerlichen Gründen nicht vor Ende des 12. Jahres ist. Meist erfolgt die erste Teilauszahlung auch nach 12 Jahren. Zu jedem Auszahlungszeitpunkt wird dann ein fester Prozentsatz (der Satz ist meist durch 5 teilbar) der Todesfallsumme T_1 ausgezahlt. Die beiden Fälle kommen dann vor

a) T_1 bleibt konstant,

b) nach jeder Teilauszahlung fällt T genau so wie die Erlebensfallsumme.

Aufgaben: 6.) Geben Sie die Leistungsbarwerte (7) und (8) mit Hilfe der Kommutationswerte an.

7.) Für den Fall a) soll der folgende Teilauszahlungstarif angeboten werden:

$$15 \leq x \leq 60, \qquad 12 \leq n \leq 35 , \qquad x+n \leq 85$$

Wenn $\quad 12 \leq n \leq 15$, so $\quad t_1 = 12 \quad , \quad t_2 = n.$

Wenn $\quad 16 \leq n \leq 25$, so $\quad t_1 = 12 \quad , \quad t_2 = 15, \quad t_3 = n.$

Wenn $\quad 26 \leq n \leq 35$, so $\quad t_1 = 12 \quad , \quad t_2 = 15, \quad t_3 = 25,$

$$t_4 = n.$$

Bestimmen Sie die jeweiligen Teilauszahlungen so, daß sie möglichst groß sind, aber das gezillmerte DK bei keiner Kombination nach einer Teilauszahlung negativ ist.

8.) Schreiben Sie ein Programm, das Ihnen die Netto/Bruttoprämien für den unter 7 ermittelten Teilauszahlungstarif errechnet. Berücksichtigen Sie dabei Rabatte und Zuschläge wie bei einer gemischten V.

9.) Vergleichen Sie für einige ausgewählte Kombinationen die Netto/Bruttoprämien, sowie die DK einer gemischten V mit einem Teilauszahlungstarif (ADSt 60/62 M mod, $i = 0{,}03$ - Sterbetafel 81/83, $i = 0{,}04$).

10.) Bestimmen Sie Spar- und Risikobeiträge für TeilauszahlungsV.
Wie entwickeln sich Spar- und Risikobeiträge bei den Kombinationen
aus 9.)?

5.4 FONDSGEBUNDENE LEBENSV (FLV)

Die FLV ist eine Weiterentwicklung der gemischten V mit einem
spekulativen Element. Bei der gemischten V werden jährlich für
den Sparbeitrag Werte vom VU erworben (Immobilien, Anleihen,
Hypotheken etc.), die mindestens mit dem Rechnungszins verzinst
werden müssen. Unabhängig davon, wie hoch der Zinsertrag tatsächlich ist, werden zunächst aber nur 3 % Zinsen dem DK gutgeschrieben (die aber garantiert!).

Bei den FLV aber wird kein DK gebildet. Für den Sparbeitrag werden Werte erworben, die nicht so strengen Anlagevorschriften unterliegen wie die Anlagen der gemischten V. Es darf stärker spe-
kuliert werden. Kursgewinne der erworbenen Werte (häufig Aktien)
werden dem VN am Jahresende gutgeschrieben. Allerdings hat der
VN auch das volle Kursrisiko "nach unten" zu tragen, so daß im
Extremfall all seine eingezahlten Werte verloren sein können.

Aufgabe: 10.) Schreiben Sie ein Programm für die FLV: Eingegeben
werden die Todesfalleistung und ein fester Jahresbeitrag B. Aus
B werden zunächst die Kosten herausgerechnet, die so angesetzt
werden sollen, daß sie einer gemischten V mit VS T bzw. einem
Bruttobeitrag B entsprechen. Die verbleibende Prämie wird dann
in eine Risikoprämie P_m^R und in eine Sparprämie P_m^S aufgeteilt mit

der Nebenbedingung, daß $0 < P_m^S < VS/_n$.

Erweitern Sie das Programm so, daß für Beitrittsalter x und Vdauer n
die Entwicklung der Kapitalanlagen dargestellt werden kann, wenn
für jedes Jahr ein Zinsfuß p eingegeben wird.

5.5 UNIVERSAL LIFE

Universal Life ist ein neues Produkt auf dem amerikanischen Markt.
Es ist ein Konkurrenzangebot zu zahlreichen Kapitalanlageformen.
Universal Life ist eine weitere Verallgemeinerung der FLV und damit auch der gemischten V. Die meisten Eingangsgrößen hier sind
frei bestimmbar.

Bei Universal Life handelt es sich wieder um eine Kombination aus
Todesfallschutz und Sparen für den Erlebensfall. Zu Beginn der V
wird eine Todesfalleistung vereinbart, die aber in gewissen Grenzen
variieren kann auf Wunsch des VN. Der erste Jahresbeitrag darf zwar
eine Minimalprämie nicht unterschreiten, später allerdings darf die
Prämie in gewissen Grenzen variieren, der VN darf auch die Beitragszahlung unterbrechen, die Beiträge für den Todesfallschutz werden
dann aus dem vorhandenen DK genommen, solange dies positiv ist.

Die Kosten werden in Prozent der Bruttoprämie festgesetzt (etwa
5-10 % der Bruttoprämie), aus der ersten Jahresprämie werden Abschlußkosten herausgerechnet.
Der Zins für die Kapitalanlagen ist nicht konstant, er orientiert
sich am erzielten Marktzins. Garantiert werden kann aber ein Min-
destzins.

Im Gegensatz zur gemischten V kann der VN hier jederzeit über sein
Guthaben verfügen. Ein Rückkauf des gesamten DK ist möglich, ebenso wie Zuzahlungen zum DK.

Die Abschlußprovisionen werden wie folgt kalkuliert:

a) Ein Festbetrag zwischen 150 $ und 300 $ pro Police.
b) Ein Promille-Betrag von der Todesfalleistung, altersabhängig.
c) Ein Prozent-Betrag von der ersten Jahresprämie, zwischen 2 %
   und 4 %.

Dies ist in der Tat in den USA ein konkurrenzfähiges Produkt. Da
der Zins auf die eingezahlten Gelder sich an dem vom VU erzielten Zins orientiert (häufig 0,5-2 % unter dem erzielten Zins), par-
tizipiert der VN an den Gewinnen des Unternehmens. In den USA gibt
es daneben aber - was es bei uns in Deutschland nicht gibt - LV,
die nach Rechnungsgrundlagen zweiter Ordnung kalkuliert wurden, bei denen aber die VN an den erzielten Überschüssen des VU
nicht teilhaben. In Deutschland erhalten die VN über die Überschußbeteiligung aber einen Großteil der von den VU erzielten Gewinne zurück.

5.6 DYNAMIK

Die meisten kapitalbildenden V können heute mit einer Dynamik abgeschlossen werden. Die Dynamikzusage garantiert dem VN, daß er
jährlich seine VS bzw. Rente um einen gewissen Betrag erhöhen darf,
ohne sich einer erneuten Gesundheitsprüfung zu unterziehen. Läßt
der Kunde allerdings zweimal hintereinander eine mögliche Erhöhung
aus, so verwirkt er dieses Recht bzw. er muß sich dann einer erneuten Gesundheitsprüfung unterziehen.

Üblich sind zwei Erhöhungsformen:

Form A) Der Bruttobeitrag wird jährlich um einen festen, ganz-
        zahligen Prozentsatz p, $5 \leq p \leq 10$ erhöht.

Form B) Der Bruttobeitrag wird jährlich in dem Maße erhöht, in dem
        der Höchstbeitrag in der gesetzlichen RentenV der Ange-
        stellten angehoben wird.

Da die Erhöhung der Beiträge vorgegeben ist, muß nur noch die zusätzliche VS berechnet werden. Wir zeigen dies für die gemischte V.

Der Berechnung der Erhöhungssumme wird der Erhöhungsbeitrag, das
bei Beginn der Erhöhungsversicherung erreichte Alter und die restliche Vertragslaufzeit zugrunde gelegt.

Die Erhöhungssumme s_k bei einer Erhöhung nach m Jahren, wenn bereits k-1 Erhöhungen ($k \leq m$) durchgeführt wurden, ergibt sich wie folgt:

$$(9) \quad s_k = \frac{\varepsilon \cdot B + (\varphi_k - \varphi_{k-1}) \cdot S_{k-1}}{B_{x+m,\,\overline{n-m}\,|} - \varphi_k}$$

Hierbei bedeutet:

100ε Erhöhung des Höchstbeitrages in der gesetzlichen Rentenversicherung der Angestellten in Prozent

B   Vor der Erhöhung maßgeblicher Jahresbeitrag der Versicherung für die Versicherungssumme S_{k-1}

$B_{x+m,\,\overline{n-m}\,|}$ Tarifbeitrag der Hauptversicherung für das erreichte Alter x+m und die restliche Laufzeit n-m (ggf. t-m)

φ_k Summenrabatt für die Versicherungssumme S_k, wobei $S_k = S_{k-1} + s_k$, $S_o = S$.

Aufgabe: 12.) Begründen Sie (9)!

13.) Errechnen Sie für einige Kombinationen aus Beitrittsalter und Vdauer den Verlauf der Jahresbruttoprämien, VS und das gezillmerte DK der gemischten V, wenn die Beiträge jährlich um einen festen Satz $5 \leq p \leq 10$ erhöht werden! Sind die erreichbaren VS abhängig von den gewählten Rechnungsgrundlagen?

5.7 LEIBRENTE MIT PRÄMIENRÜCKGEWÄHR

In Abschnitt 3 haben wir die RentenV mit garantierter Rentenzahlung in den ersten Jahren kennengelernt. Stirbt der VN in den ersten Jahren des Rentenbezuges, so erhält er auch dann eine Leistung (die noch ausstehenden, garantierten Rentenleistungen). Stirbt der VN aber in der Aufschubzeit, so erhält er nichts.

Um auch diesem Mangel entgegenzuwirken, bieten die meisten VU aufgeschobene RentenV mit Beitragsrückgewähr an. Stirbt der VN in der Aufschubzeit, so erhält er die bis zu seinem Tode entrichteten Prämien zurück.

Es sei x das Beitrittsalter des VN, n die Aufschubzeit, RB der Brutto-Rentenbarwert der zu versichernden Rente (Anfangsrente) vom Betrage 1 und B die zu bestimmende Bruttoprämie. Dann gilt

$$(10) \quad B \cdot \ddot{a}_{x,\overline{n}} = B \cdot (I_{\overline{n}}A)_{x,\overline{n}} + RB.$$

Daraus folgt

$$(11) \quad B = \frac{RB}{\ddot{a}_{x,\overline{n}} - (I_{\overline{n}}A)_{x,n}} \, .$$

Aufgabe: 14.) Wie groß ist die jährliche Bruttoprämie für einen 40-Jährigen, der mit dem 65-sten Lebensjahr eine Leibrente über 6.000,-- DM jährlich mit 10-jähriger Rentengarantie und Prämienrückgewähr im Todesfall erhalten möchte (ADSt 49/51, i = 0,03)?

5.8 V AUF MEHRERE LEBEN

Bei den bisher behandelten Varten wurde stets ein Vvertrag auf das Leben einer Person abgeschlossen. Häufig werden aber auch Vverträge auf das Leben mehrerer Personen abgeschlossen. Beispiele sind RentenV mit einer zusätzlichen Witwenrente (wird bei PensionsV behandelt),oder die AussteuerV, die ein Vater für seine Tochter abschließt (der Vater zahlt Beiträge solange er lebt, höchstens bis die Tochter 25 Jahre alt ist oder bis sie heiratet; diese V behandeln wir später).

5.8.1 Verbundene Leben

Üblich ist auch die V auf verbundene Leben. m Personen ($m \geq 2$) schließen eine KapitalV ab und zahlen Beiträge, solange mindestens (m-k) Personen leben ($0 \leq k < m$), höchstens bis zum Ende der Vdauer. Die VS wird fällig, wenn nur noch (m-k) Personen leben, $1 \leq k \leq m$ spätestens am Vertragsende.

Wenn solch eine V auf verbundene Leben verkauft wird, so ist meist
m=2. Wir beschränken uns daher hier auf diesen Fall. Allgemeiner
ist die V auf verbundene Leben, dargestellt in

5.8.2 Absterbeordnung.

Wir nehmen im folgenden an, daß für die beiden versicherten Personen **dieselbe** Absterbeordnung gilt (das ist nicht zwingend, vereinfacht aber die Darstellung, **so** wird es in Deutschland ausschließlich
gehandhabt).

Das Eintrittsalter der einen Person bezeichnen wir mit x, das der
anderen Person mit y (häufig schließen **Ehepaare** V auf **verbundene Leben**
ab). Dann lassen sich nach der Sterbetafel $l_x l_y$ (lebende) Paare bilden. Diese Zahl wird abgekürzt dargestellt durch

$$(12) \quad l_{xy} := l_x \cdot l_y.$$

Nach t Jahren erwartet man noch $l_{x+t,y+t}$ "lebende" Paare.

Die folgenden Werte werden als bekannt vorausgesetzt und können zur
Übung nachgerechnet werden.

Aufgabe: 15.) Beweisen Sie:

a) Die Wahrscheinlichkeit $_tp_{xy}$, daß ein Paar vom Alter x und y nach
   t Jahren noch lebt ist

$$(13) \quad _tp_{xy} = \frac{l_{x+t,y+t}}{l_{xy}} = {}_tp_x \cdot {}_tp_y.$$

b) Die Wahrscheinlichkeit $_tq_{xy}$, daß wenigstens eine Person aus dem
   Paar in den nächsten t Jahren stirbt, ist

$$(14) \quad _tq_{xy} = 1 - {}_tp_{xy}.$$

c) Die Wahrscheinlichkeit $_t q_{\overline{xy}}$, daß beide Personen in den nächsten t Jahren sterben ist.

$$(15) \quad _t q_{\overline{xy}} = {_t q_x} \cdot {_t q_y}.$$

d) Die Wahrscheinlichkeit $_t p_{\overline{xy}}$, daß nach t Jahren noch mindestens eine Person lebt, ist

$$(16) \quad _t p_{\overline{xy}} = 1 - {_t q_{\overline{xy}}} = {_t p_x} + {_t p_y} - {_t p_{xy}}.$$

e) Die Wahrscheinlichkeit $_t p^1_{xy}$, daß nach t Jahren noch genau eine Person lebt, ist

$$(17) \quad _t p^1_{xy} = {_t p_x} + {_t p_y} - 2{_t p_{xy}}.$$

f) Die Wahrscheinlichkeit $_t(qp)_{xy}$, daß im (t+1)-ten Jahr die Person x stirbt und y am Ende des Jahres noch lebt, ist

$$(18) \quad _t(qp)_{xy} = {_t p_{xy}} q_{x+t} p_{y+t}.$$

g) Die Wahrscheinlichkeit $_{t|}q_{xy}$, daß der erste Tod des Paares (x,y) in das Jahr t fällt, ist

$$(19) \quad _{t|}q_{xy} = {_t p_{xy}} - {_{t+1} p_{xy}}.$$

h) Die Wahrscheinlichkeit $_t q_{\overline{xy}}$, daß der Überlebende von (xy) im (t+1)-ten Jahr stirbt, ist

$$(20) \quad _t q_{\overline{xy}} = {_{t|}q_x} + {_{t|}q_y} - {_{t|}q_{xy}}.$$

i) Die Wahrscheinlichkeit $_t(pp)_{xy}$, daß weder x noch y im (t+1)-ten Jahr stirbt, ist

$$(21) \quad _t(pp)_{xy} = (1 - {_{t|}q_x})(1 - {_{t|}q_y}).$$

5.8.3 Kommutationswerte

Analog der Vformen auf ein Leben können wir Kommutationswerte für V auf verbundenem Leben definieren.

Es sind dies:

$$(22) \quad D_{xy} = v^{\frac{1}{2}(x+y)} \, l_{xy}$$

Bemerkung: In der Literatur findet sich auch die Definition $D_{xy} = v^{\max(x,y)} \, l_{xy}$. Bei dieser Definition sind die Kommutationswerte nicht symmetrisch, haben dafür aber keine gebrochenen Exponenten.

$$(23) \quad N_{xy} = D_{xy} + D_{x+1,y+1} + \cdots$$

Die Summation geht bis $\max(x+i,y+i) = \omega$.

$$(24) \quad C_{xy} = v^{\frac{1}{2}(x+y)+1} \, d_{xy}$$

$$d_{xy} = l_{xy} - l_{x+1,y+1} .$$

$$(25) \quad M_{xy} = C_{xy} + C_{x+1,y+1} + \cdots$$

Die Summation läuft auch hier wieder so lange, bis die größere der beiden Zahlen x und y das Schlußalter erreicht hat.

5.8.4 Erlebensfall- und Rentenversicherungen

5.8.4.1 Erlebensfallversicherung eines Personenpaares x und y

Das VU bezahlt einem Personenpaar x und y nach n Jahren den Betrag 1, sofern in diesem Zeitpunkt noch beide Personen leben. Der Barwert dieser Erlebensfallversicherung werde mit $_nE_{xy}$ bezeichnet.

Es gilt für die Spektren

$$E_\nu = \begin{cases} 0, & 1 \le \nu < n \\ 1, & \nu = n \end{cases}$$

$$T_\nu = 0, \qquad 1 \le \nu \le n .$$

Mit (13) gilt dann

$$(26) \quad {}_n E_{xy} = {}_n p_{xy} \cdot v^n .$$

Wegen

$$(27) \quad {}_n E_{xy} = {}_n p_{xy} \cdot v^n = \frac{l_{x+n} \cdot l_{y+n}}{l_x \, l_y} \cdot v^n = \frac{v^{\frac{1}{2}(x+y+2n)} \, l_{x+n} \cdot l_{y+n}}{v^{\frac{1}{2}(x+y)} \, l_x \, l_y}$$

gilt

$$(28) \quad {}_n E_{xy} = \frac{D_{x+n,y+n}}{D_{xy}} .$$

Die Spektren sind bei den V auf verbundene Leben ebenso definiert wie bei
den V auf ein Leben. Diese V unterscheidet sich nur dadurch von der auf
ein Leben, daß hier andere Verteilungen anzusetzen sind.

5.8.4.2 Vorschüssig n-jährige Verbindungsrente auf zwei Leben

In einem solchen Falle zahlt das VU an zwei Personen jährlich vorschüssig so lange den Betrag 1, wie beide Personen noch leben,
längstens jedoch n Jahre. Der Barwert einer solchen Verbindungsrente wird mit $\ddot{a}_{xy,n\rceil}$ bezeichnet. Seine Berechnung erfolgt, indem die
sukzessiven Rentenzahlungen als Erlebensfallversicherungen betrachtet werden. Aufgrund von (26) und (23) erhalten wir deshalb

$$(29) \quad \ddot{a}_{xy,n\rceil} = \sum_{\nu=0}^{n-1} {}_\nu p_{xy} \cdot v^\nu$$

$$(30) \quad \ddot{a}_{xy,\overline{n}\rceil} = \frac{D_{xy} + D_{x+1,y+1} + \cdots + D_{x+n-1,y+n-1}}{D_{xy}} = \frac{N_{xy} - N_{x+n,y+n}}{D_{xy}} .$$

Im Falle, daß diese Rente in m gleiche Jahresraten, zahlbar nach je 1/m Jahren, zerfällt, bezeichnen wir den Barwert einer solchen unterjährigen Verbindungsrente mit $\ddot{a}^{(m)}_{xy,\overline{n}\rceil}$. In Analogie zu den Überlegungen in Abschnitt 3 erhalten wir in diesem Falle

$$(31) \quad \ddot{a}^{(m)}_{xy,\overline{n}\rceil} \sim \ddot{a}_{xy,\overline{n}\rceil} - \frac{m-1}{2m} \left(1 - \frac{D_{x+n,y+n}}{D_{xy}} \right) .$$

Der Barwert der lebenslänglichen Verbindungsrente, zahlbar bis zum Tode des ersten Versicherten des Versichertenpaares, werde mit $\ddot{a}_{xy}$ bezeichnet. Es gilt

$$(32) \quad \ddot{a}_{xy} = \sum_{\nu=0}^{\min(\omega-x,\omega-y)} {}_{\nu}p_{xy} \cdot v^{\nu}$$

$$(33) \quad \ddot{a}_{xy} = \frac{N_{xy}}{D_{xy}} .$$

Schließlich definieren wir noch die um n Jahre aufgeschobene lebenslängliche Verbindungsrente und bezeichnen ihren Barwert mit $_{n|}\ddot{a}_{xy}$.

$$(34) \quad _{n|}\ddot{a}_{xy} = \sum_{\nu=0}^{\min(\omega-x-n,\omega-y-n)} {}_{\nu+n}p_{xy} \cdot v^{\nu}$$

$$(35) \quad _{n|}\ddot{a}_{xy} = \frac{N_{x+n,y+n}}{D_{xy}}$$

5.8.4.3 Vorschüssige Verbindungsrente auf das letzte Leben eines Personenpaares

In diesem Falle wird die Rente vom jährlichen Betrage 1 so lange bezahlt, wie noch eine Person des versichterten Personenpaares lebt. Der Barwert dieser Verbindungsrente werde mit $\ddot{a}_{\overline{xy}}$ bezeichnet.

Aufgrund von (16) erhalten wir

$$(36) \quad \ddot{a}_{\overline{xy}} = \sum_{\nu=0}^{\max(\omega-x,\omega-y)} {}_{\nu}p_{\overline{xy}} \cdot v^{\nu} = \sum_{\nu=0}^{\max(\omega-x,\omega-y)} ({}_{\nu}p_x + {}_{\nu}p_y - {}_{\nu}p_{xy}) v^{\nu}$$

$$(37) \quad \ddot{a}_{\overline{xy}} = \ddot{a}_x + \ddot{a}_y - \ddot{a}_{xy}.$$

Häufig werden Verbindungsrenten mit der Bedingung abgeschlossen, daß die frühere Verbindungsrente vom Betrage 1 auf den Betrag r reduziert werden soll bei Tod des ersten Versicherten, mit $0 < r < 1$. Der Barwert einer solchen Rente beträgt

$$(38) \quad \ddot{a}_{\overline{xy}}(r) = r(\ddot{a}_x + \ddot{a}_y) + (1 - 2r)\ddot{a}_{xy}.$$

Aufgabe: 16.) Begründen Sie (38).

5.8.4.4 Überlebensrente

Nach dem Tode der Person x soll ab Beginn des nächsten Versicherungsjahres die überlebende Person y die lebenslängliche Rente vom jährlichen Betrage 1 erhalten. Der Barwert dieser Rente werde mit $\ddot{a}_{x|y}$ bezeichnet.

$$(39) \quad \ddot{a}_{x|y} = \ddot{a}_y - \ddot{a}_{xy}.$$

Aufgabe: 17.) Beweisen Sie (39)!

5.8.5 Todesfall- und gemischte Versicherungen für zwei verbundene Leben

5.8.5.1 n-jährige Todesfallversicherungen

In diesem Falle bezahlt das VU beim ersten Tod eines Versicherten des Versichertenpaares den Betrag 1 aus, wenn dieser Tod im Laufe der n ersten Jahre nach Versicherungsabschluß erfolgt. Der Barwert einer solchen Versicherung werde mit $_{|n}A_{xy}$ bezeichnet.

Wegen (19) gilt

$$(40) \qquad {}_{|n}A_{xy} = \sum_{\nu=0}^{n-1} {}_{\nu}q_{xy}\, v^{\nu+1}.$$

Somit

$$(41) \qquad {}_{|n}A_{xy} = \sum_{\nu=0}^{n-1} ({}_{\nu}p_{xy} - {}_{\nu+1}p_{xy})\, v^{\nu+1}$$

$$= \sum_{\nu=0}^{n-1} \left(\frac{l_{x+t}\, l_{y+t}}{l_x\, l_y} - \frac{l_{x+t+1}\, l_{y+t+1}}{l_x\, l_y} \right) v^{\nu+1}$$

$$(42) \qquad {}_{|n}A_{xy} = v\, \ddot{a}_{xy,\overline{n}|} - a_{xy,\overline{n}|}.$$

Andererseits gilt

$$(43) \qquad {}_{|n}A_{xy} = \frac{C_{xy} + C_{x+1,y+1} + \dots + C_{x+n-1,y+n-1}}{D_{xy}} = \frac{M_{xy} - M_{x+n,y+n}}{D_{xy}}.$$

Aufgabe: 18.) Beweisen Sie (42) und (43).

5.8.5.2 Gemischte Versicherung über n Jahre für zwei verbundene Leben

Die Versicherungsgesellschaft verpflichtet sich, den Betrag 1 auszubezahlen, sofern eine der versicherten Personen im Laufe von n Jahren nach Abschluß der Versicherung stirbt. Erleben beide Versicherte diese n Jahre, so wird der Betrag nach Ablauf dieser Zeit ausbezahlt. Der Barwert einer solchen gemischten Versicherung wird mit $A_{xy,\overline{n}|}$ bezeichnet und setzt sich aus einer temporären Todesfallversicherung und einer Erlebensfallversicherung zusammen. Nach (28) und (42) erhalten wir deshalb

$$(44) \qquad A_{xy,\overline{n}|} = v\, \ddot{a}_{xy,\overline{n}|} - a_{xy,\overline{n}|} + \frac{D_{x+n,y+n}}{D_{xy}} =$$

$$= v\, \ddot{a}_{xy,\overline{n}|} - a_{xy,\overline{n-1}|} = v\, \ddot{a}_{xy,\overline{n}|} + 1 - \ddot{a}_{xy,\overline{n}|} \ ,$$

$$(45) \quad A_{xy,\overline{n}|} = 1 - d\, \ddot{a}_{xy,n} \ ,$$

und als Spezialfall für die lebenslängliche Todesfallv auf zwei verbundene Leben

$$(46) \quad a_{xy} = 1 - d\, \ddot{a}_{xy} \ .$$

5.8.5.3 Ablebensversicherung auf zwei Leben, zahlbar bei Tod des zweiten Versicherten

Der Barwert einer solchen Versicherung werde mit $A_{\overline{xy}}$ bezeichnet.

$$(47) \quad A_{\overline{xy}} = A_x + A_y - A_{xy} = 1 - d\, \ddot{a}_{\overline{xy}} \ .$$

Aufgabe: 19.) Beweisen Sie (47).

5.8.5.4 Überlebenskapitalversicherung - Einseitige Todesfallversicherung

In diesem Fall wird bei Tod des Versicherten x vor dem Versicherten y dem Letzteren die Todesfallsumme 1 ausbezahlt. Der Barwert einer solchen Todesfallversicherung werde mit A^1_{xy} bezeichnet.

$$(48) \quad A^1_{xy} = \frac{v}{2}\, \ddot{a}_{xy} + \frac{v}{2}\, p_y\, \ddot{a}_{x,y+1} - \frac{v}{2}\, p_x\, \ddot{a}_{x+1,y} - \frac{a_{xy}}{2} \ .$$

In analoger Weise bezeichnen wir den Barwert der Todesfallversicherung zugunsten von x bei früherem Tod von y mit $A_{xy}^{\,1}$.

$$(49) \quad A_{xy}^{\,1} = \frac{v}{2}\, \ddot{a}_{xy} + \frac{v}{2}\, p_x\, \ddot{a}_{x+1,y} - \frac{v}{2}\, p_y\, \ddot{a}_{x,y+1} - \frac{a_{xy}}{2} \ .$$

Aufgabe: 20.) Beweisen Sie (48) und (49).

5.8.5.5 Ablebensversicherung auf zwei Leben, zahlbar bei Tod von
        y, wenn x vorher gestorben ist.

Der Barwert einer solchen Todesfallversicherung werde mit A^2_{xy} bezeichnet.

$$(50) \quad A^2_{xy} = A_y - A^1_{xy},$$

und ganz analog

$$(51) \quad A_{xy}{}^2 = A_x - A_{xy}{}^1.$$

Aufgabe: 21.) Beweisen Sie (50) und (51).

5.8.5.6 Berechnung der Jahresprämie

Bei der Berechnung der jährlich gleichbleibenden Nettoprämie für
diese Versicherungen hat man lediglich darauf zu achten, ob die
Prämienbezahlung davon abhängig sei, ob x oder y oder beide Personen x und y noch leben. Je nach dieser Bedingung hat man bei der
Berechnung der Nettoprämie den temporären Leibrentenbarwert der
Person x oder y oder eventuell den verbundenen Leibrentenbarwert
zu benutzen.

5.8.6 Vereinfachte Darstellung der verbundenen Sterbewahrschein-
       lichkeiten

Läßt man sämtliche Kombinationen von Beitrittsaltern bei V auf verbundene Leben zu, so gibt es insgesamt 100^2 Sterbe- und ebensoviele
Erlebensfallwahrscheinlichkeiten. Die Bildung der Kommutationswerte erreicht noch größere Werte.

Unter der Annahme, daß die Sterbetafel nach Gompertz-Makeham ausgeglichen ist, läßt sich zu jedem Alterspaar (x,y) ein Zentralal-
ter $\bar{x}$ finden, so daß $p_{xy} \approx p_{\overline{xx}}$ und $q_{xy} \approx q_{\overline{xx}}$. Es müssen dann nur
noch jeweils 100 Sterbe- und 100 Erlebensfallwahrscheinlichkeiten
ermittelt werden. Die versicherungsmathematischen Ausdrücke aus
5.8.1 bis 5.8.5 mit den Zentralaltern haben die gleiche Form wie
die entsprechenden Ausdrücke auf ein Leben.

Aufgabe: 22.) Verifizieren Sie für einige Leistungsbarwerte für verbundene Leben die letzte Aussage.

Obwohl wir aus Abschnitt 2 wissen, daß die ADSt 60/62 M mod nicht nach Gompertz-Makeham ausgeglichen ist, unterstellen wir dies trotzdem. Wir wählen dann die Parameter für Gompertz-Makeham so, daß die ADSt 60/62 M mod in einem wesentlichen Bereich (etwa 30-60) gut durch den Gompertz-Makeham'schen Sterblichkeitsverlauf angenähert ist.

Es sei

$$(52) \quad l_x = k \cdot s^x \cdot g^{c^x}.$$

Dann gilt

$$(53) \quad p_x = \frac{l_{x+1}}{l_x} = \frac{k \, s^{x+1} \, g^{c^{x+1}}}{k \, s^x \, g^{c^x}} = s \cdot g^{c^{x+1} - c^x}.$$

Damit aber gilt

$$(54) \quad p_x \cdot p_y = \left(s \cdot g^{c^{x+1} - {}^1 c^x} \right) \cdot \left(s \, g^{c^{y+1} - c^y} \right) = s^2 \cdot g^{c^x(c-1) + c^y(c-1)} =$$

$$s^2 \cdot g^{(c^x + c^y)(c-1)}.$$

Gesucht ist nun $\bar{x}$ mit

$$(55) \quad p_{\bar{x}} \cdot p_{\bar{x}} = p_x \cdot p_y, \qquad \text{d.h.}$$

$$s^2 \cdot g^{2c^{\bar{x}}(c-1)} = s^2 \, g^{(c^x + c^y)(c-1)}.$$

Dies führt zur Gleichung

$$(56) \quad 2c^{\bar{x}} = c^x + c^y.$$

Daraus folgt

$$(57) \quad \bar{x} = \log_c\left(\frac{c^x + c^y}{2}\right) \, .$$

Da $\bar{x} \in \mathbb{R}$, wird man eine geeignete Approximation wählen. Häufig verwendet man auch ein Zentralalter $\bar{x}$, das nur von der Altersdifferenz abhängig ist.

Aufgabe: 23.) Gleichen Sie die

   a) ADSt 60/62 M mod,

   b) Sterbetafel 81/83

nach Gompertz-Makeham aus, und finden Sie zu den Alterspaaren (x,y), $20 \leq x,y \leq 70$ geeignete Zentralalter! Geben Sie für ein m und für alle Paare (x,y) mit $|x-y| \leq m$ Zentralalter an, die sich aus der Differenz $|x-y|$ und $\min(x,y)$ ermitteln lassen und

   1.) das tatsächliche Zentralalter im Mittel gut approximieren
       oder

   2.) stets zu Sterbewahrscheinlichkeiten führt, die für das VU
       günstiger sind als die exakt Ermittelten?

24.) Ermitteln Sie

   a) Nettoprämien,

   b) Bruttoprämien

für

   1.) gemischte V,

   2.) aufgeschobene LeibrentenV,

auf verbundene Leben nach

   A) ADSt 60/62 M mod, $i = 0,03$,
   B) Sterbetafel 81/83, $i = 0,04$.

25.) Geben Sie die nicht-rekursiven und die rekursiven Formeln zur Berechnung der Reservewerte für die in 5.8.4 und 5.8.5 angegebenen Vtarife an!

26.) Ermitteln Sie für einige Kombinationen aus zentralen Beitrittsaltern $\bar{x}$ und Dauer n die Reserveverläufe der in 24.) genannten Vtarife.

27.) Konstruieren Sie Teilauszahlungstarife auf verbundene Leben! Geben Sie Prämien und Reserven an.

5.9   MODIFIZIERTE BEITRÄGE

5.9.1 Todesfalleistungen, die sofort nach dem Tode fällig werden

Sollen die Todesfalleistungen sofort nach dem Tode fällig werden, so müssen die entsprechenden Leistungsbarwerte um ein halbes Jahr aufgezinst werden, wenn wir annehmen, daß sämtliche Todesfälle in der Jahresmitte auftreten. Die so veränderten Barwerte werden mit einem Querstrich versehen, z.B.

$$(58) \qquad {}_{|n}\bar{A}_x = \sqrt{r}\ {}_{|n}A_x \qquad \text{oder bei linearer Approximation}$$

$$(50) \qquad {}_{|n}\bar{A}_x \approx 1 + \frac{i}{2}\ {}_{|n}A_x.$$

Die entsprechenden Kommutationswerte werden ebenfalls um ein halbes Jahr aufgezinst, die Formeln für die Barwerte und Prämien bleiben dann mit diesen neuen Kommutationswerten gleich.

$$(60) \qquad \bar{C}_x = \sqrt{r}\ C_x$$

$$(61) \qquad \bar{M}_x = \sqrt{r}\ M_x$$

$$(62) \qquad \bar{R}_x = \sqrt{r}\ R_x.$$

5.9.2 Verwendung abgestufter Sterbetafeln

Bisher haben wir unterstellt, daß bei der Berechnung der Barwerte, Prämien und des DK Aggregattafeln verwendet werden. Analog sind die Formeln zu benutzen, wenn Selektionstafeln verwendet werden. Je nach Selektionsdauer hat man aber für die verschiedenen Alter mehrere Kommutationswerte zu ermitteln.

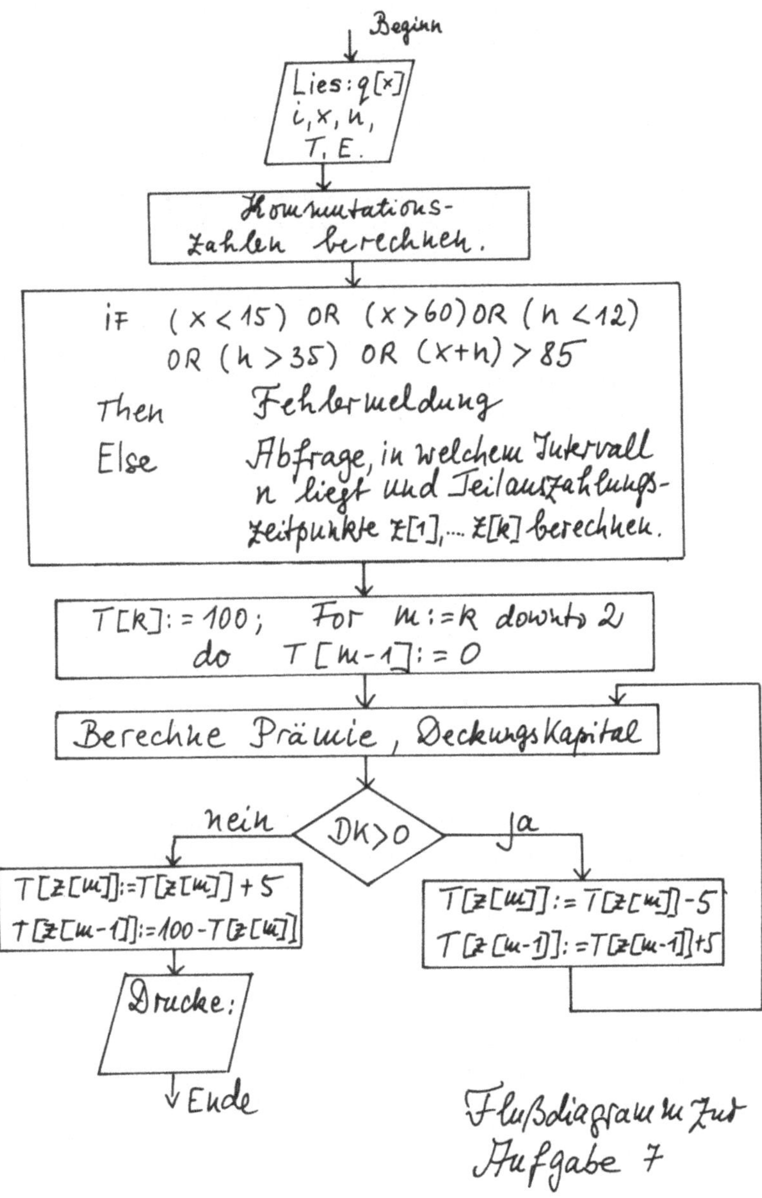
Beginn
Lies: q[x] i, x, n, T, E.
Kommutations-Zahlen berechnen.
if (x < 15) OR (x > 60) OR (n < 12) OR (n > 35) OR (x+n) > 85
Then Fehlermeldung
Else Abfrage, in welchem Intervall n liegt und Teilauszahlungs-zeitpunkte z[1],... z[k] berechnen.
T[k] := 100; For m := k downto 2 do T[m-1] := 0
Berechne Prämie, Deckungskapital
DK > 0
nein
ja
T[z[m]] := T[z[m]] + 5
T[z[m-1]] := 100 - T[z[m]]
T[z[m]] := T[z[m]] - 5
T[z[m-1]] := T[z[m-1]] + 5
Drucke:
Ende
Flußdiagramm zur Aufgabe 7

6   VERTRAGSÄNDERUNGEN

6.1 RÜCKKAUF EINER VERSICHERUNG

Und Sie arbeiten jeden Tag? fragte August
Kommt euch seltsam vor, wat?
Nee, arbeeten nich mehr, ausbessern,
überall ausbessern.
Günter Bruno Fuchs, Herrn Eules
Kreuzberger Kneipentraum

Nach dem VVG (§§ 165-178) steht es dem VN frei, während der Laufzeit seiner Versicherung den Vertrag zu kündigen.

Hat nun im Falle der Kündigung der VN bereits Prämien gezahlt, so erwartet er von dem VU eine gewisse Rückerstattung aus seinen gezahlten Beiträgen. Diese Erwartungen reichen von O (keine Rückerstattung, äußerst selten) bis hin zu den aufsummierten Beiträgen mit Zins und Zinseszins (dieser Fall kommt eher vor). Womit darf der VN tatsächlich rechen?

Die Annahme, daß das VU keine Leistung erbracht habe, da er ja noch lebe (etwa im Falle der gemischten V), ist falsch. In der Tat hat das VU etwas für den VN geleistet: In Höhe des jeweils riskierten Kapitals hat es über die gesamte bisherige Vdauer Vschutz geleistet. Somit sind aus den gezahlten Beiträgen die Risikoprämien als Gegenleistung abzuziehen. Auch die Zuschläge für laufende Verwaltungslasten sind als verbraucht anzusehen, da das VU bisher den Vvertrag verwaltete, und auch die erwarteten Kosten, die eingerechnet wurden, aufgezehrt sind. Übrig bleiben die Zuschläge für die Abschlußkosten und die Sparbeiträge, die Zillmerprämie. Unterstellen wir, daß die Zuschläge für die Abschlußkosten für die Aufwendungen benötigt wurden, die beim Abschluß des Vvertrages entstanden, so verbleiben aus den gezahlten Beiträgen die Sparpämien.

Der Betrag, den ein VN bei Kündigung seines Vvertrages nach m Jahren maximal beanspruchen kann, ist das Nettodeckungskapital ${}_mV_x$.

Der Betrag, den ein VN bei Kündigung vom VU erstattet bekommt, heißt *Rückkaufswert*. Der Rückkaufswert nach m Jahren werde mit R k (m) bezeichnet. Es gilt offenbar

(1) $R\,k(m) \leq {}_mV_x$.

Den maximalen Rückkaufswert wird man dann erstatten können, wenn
die Aufwendungen für den Abschluß des Vvertrages durch die bisher
bezahlten Abschlußkostenzuschläge getilgt wurden. Sind dem Unternehmen bei Vertragsabschluß aber Aufwendungen in Höhe von $\alpha \cdot VS$,
α sei der Zillmersatz, entstanden, und können diese Aufwendungen
nur vom VN ausgeglichen werden, so wird man den Rückkaufswert $R\,k\,(m)$
begrenzen müssen durch

$$(2) \quad R\,k\,(m) \leq {}_{m}V_{x}^{z}.$$

(Weshalb?)

(2) gilt nur unter der Annahme, daß ausschließlich der VN für die
Tilgung der Abschlußkosten zuständig sei. Der größte Teil der Abschlußkosten aber entsteht durch die an den Außendienst gezahlten
Provisionen. Fordert das VU nun von dem Vagenten, der den Vvertrag
mit dem VN vermittelt hat, teilweise zurück, so kann der Rückkaufswert für den VN entsprechend verbessert werden. Die Rückkaufswerte
sind demnach nicht durch (2) begrenzt, wie heute noch vielfach angenommen wird, sondern durch (1), wenn entsprechende Rückforderun-
gen der geleisteten Abschlußprovisionen an den Vaußendienst möglich
sind.

Einige VU gewähren einen Rückkaufswert in Höhe der gezillmerten
Reserve. Häufig aber, und auch dies ist durch das VVG gedeckt, wird
nicht die volle gezillmerte Reserve (sofern diese positiv ist) an
den VN ausgezahlt. Der Differenzbetrag $St(m)$,

$$(3) \quad St(m) = {}_{m}V_{x}^{z} - R\,k\,(m)$$

heißt Stornoabzug.

Der Stornoabzug wurde in der Vergangenheit begründet mit einer Erhöhung der relativen Schwankung des Risikos, eines Verlustes bei
der Auflösung von Kapitalanlagen oder auch mit einer negativen Ri-

sikoauslese. Hiervon überzeugt lediglich das letzte Argument. Nur
in Katastrophenfällen, wenn ein großer Anteil der Vverträge storniert werden, erhöhen sich die relativen Schwankungen des Risikoergebnisses, und auch nur in diesen Fällen müssen Teile der Kapitalanlagen vorzeitig aufgelöst werden.

Für kapitalbildende LV mit überwiegendem Todesfallcharakter (wie
diese Vtarife zu bestimmen sind, behandeln wir später), etwa die
gemischte V, TermefixV, TodesfallV, wird heute zumeist ein Stornoabzug von maximal 5 % der Zillmerreserve in Deutschland zugelassen.
Gelegentlich werden auch in den ersten m Vjahren Stornoabzüge von
10 % erhoben, dieser Stornosatz fällt dann jährlich um 1 % Punkt
(0,5 % Punkte) bis auf 2 %. Stornoabzüge von 25 %, wie sie früher
vorkamen, sind heute nicht mehr zulässig. Die Tendenz geht aber dahin, Stornoabzüge ganz abzuschaffen.

Welchem VN aber darf ein Rückkaufswert gezahlt werden? Einsichtig
ist, daß bei den eben genannten Tarifen im Stornofalle ein Teil des
DK ausgezahlt wird .

Sicherlich einzuschränken ist der Rückkauf bei V auf den Erlebensfall. Hat jemand eine aufgeschobene LeibrentenV abgeschlossen (Altersrente), und erfährt er während der Beitragszahlungsdauer, daß er
bald sterben wird, so wird er wenig geneigt sein, weiter Beiträge
für diesen Vvertrag zu zahlen. Er wird vielmehr versuchen, das DK
zu erhalten.

Handelt es sich um eine AltersrentenV ohne Beitragsrückgewähr und
ohne Rentengarantie, so wird man dem VN nichts zurückzahlen können,
da bei der Kalkulation der Beiträge mit dem Ableben einiger VN gerechnet wurde. Ist allerdings im Todesfalle eine Leistung vorgesehen (Beitragsrückgewähr, Zeitrente), so wird es zulässig sein, daß
ein Teil des DK rückkauffähig ist, allerdings nicht mehr, als der
VN im Todesfalle erhielte.

Aufgaben: 1.) Bei den Vverträgen zur gemischten V, die nach dem
Vermögensbildungsgesetz abgeschlossen wurden, ist durch das Gesetz
vorgesehen, im Stornofall mindestens die halbe (Brutto-) Beitragssumme bis zum Stornozeitpunkt als Rückkaufswert auszuzahlen. Ist

bei dieser Regelung die Bedingung

a) (2)
b) (1)

erfüllt, wenn die ebenfalls vorgeschriebene Begrenzung der Vdauer von 35 Jahren eingehalten wird?

2.) Welche Vdauern sind in Aufgabe 1 möglich, so daß für sämtliche Beitrittsalter x die Bedingung (1) erfüllt ist?

6.2 PRÄMIENFREIE REDUKTION VON VERSICHERUNGEN

Möchte oder kann ein VN die vereinbarte Prämienzahlung nicht mehr leisten, dann besteht die Möglichkeit, auf Antrag die Versicherungssumme so zu reduzieren, daß der Leistungsbarwert der Versicherung durch die vorhandenen Mittel finanziert ist. Der VN zahlt keine Prämien mehr, der Vvertrag wird prämienfrei gestellt.

Als Leistungsbarwert steht im Zeitpunkt der Prämienfreistellung maximal der Rückkaufswert zur Verfügung. Meist bleibt durch die Prämienfreistellung der Vtarif erhalten, lediglich die Erlebensfall- und Todesfalleistungen werden mit einem Faktor b reduziert. Gelegentlich, wie etwa bei den Teilauszahlungstarifen, wird bei Prämienfreistellung auf einen verwandten, einfacheren Tarif umgestellt (z.B. gemischte V).

Statt einer Erlebensfalleistung E_m im Zeitpunkt m werde bE_m, statt einer Todesfalleistung T_m im Zeitpunkt m werde bT_m vorgesehen. Den Faktor b nennen wir *Reduktionswert* der Versicherung und bezeichnen ihn für eine Prämienfreistellung im Zeitpunkt m mit Red(m).

Wir nehmen an, daß nach einer Prämienfreistellung nun mehr summenabhängige Verwaltungskosten anfallen.

Es sei für den betrachteten Vtarif L_m^x der Leistungsbarwert für eine Person (x) m Jahre nach Vertragsbeginn, die die V über n Jahre abschloß, Rk(m) der vorhandene Rückkaufswert nach m Jahren. Dann erhalten wir für den Reduktionswert b:

$$(4) \quad RK(m) = b(L^x_m + \gamma\ddot{a}_{x+m,\overline{n-m}\,\rceil}) .$$

$$(5) \quad C_{x,\overline{n}\rceil} = L^x_{m,\overline{n}\rceil} + \gamma\ddot{a}_{x,\overline{n}\rceil}$$

heißt in der älteren Literatur *einmalige Inventarprämie*. Damit gilt

$$(6) \quad b = Red(m) = \frac{Rk(m)}{C_{x+m,\overline{n-m}\rceil}} .$$

In (6) wird b maximal. Früher wurden auch gelegentlich geringere Reduktionswerte b ermittelt.

Aufgabe: 3.) Was halten Sie von dem folgenden Reduktionswert

$$b = Red(m) = \frac{m}{n}?$$

6.3 UMWANDLUNG VON V

Wir behandeln hier technische Vertragsänderungen bei gemischten V. Auf andere Vtarife lassen sich diese Überlegungen leicht übertragen.

6.3.1 Verminderung der VS

Gegeben sei eine gemischte Versicherung eines x-Jährigen auf n Jahre mit n-jähriger Prämienzahlung. Die jährliche Prämie sei $(BP_{x,\overline{n}\rceil})$.
Die letzte Prämie sei zum Ende des (m-1)-ten Vjahres gezahlt worden, zum Ende des m-ten Vjahres möchte der VN die Versicherungssumme reduzieren. Hier gibt es zwei häufig vorkommende Möglichkeiten:

1.) Der VN möchte die *Versicherungssumme* S auf einen gegebenen Wert S' < S reduzieren. Zu bestimmen ist die ab m zu zahlende Prämie.

Es sei Red(m) die im Fall der Beitragsfreistellung zum Zeitpunkt
m beitragsfreie VS. Wir unterscheiden weiter zwei Fälle:

1.1) $S' > \text{Red}(m)$. Einerseits ist es möglich, den Vvertrag beitragsfrei zu stellen, und für den Differenzbetrag $S' - \text{Red}(m)$ einen neuen
Vvertrag mit Beginnalter x+m und Dauer n-m abzuschließen. Es gilt
dann für die zu zahlende Nettoprämie (oder Zillmerprämie) P

(7) $P = (S - \text{Red}(m)) \cdot P_{x+m,\overline{n-m}|}$,

wenn $P_{x,n}$ die Netto-(Zillmer-)prämie für einen x-Jährigen mit n-
jähriger Vdauer der VS 1 bedeutet.

Andererseits kann aber auch angenommen werden, daß von Beginn an
eine gemischte V über die VS S' abgeschlossen wurde , und die Netto-
(Zillmer-)prämie $P_{x,\overline{n}|} \cdot S'$ gezahlt wurde , und das DK $_m V_x \cdot S'$ vor-
handen ist. Der Beitrag $P_{x,\overline{n}|} \cdot S'$ ist dann weiter fällg, der vorhan-
dene "Überschuß" im DK von $_m V_x \cdot S - _m V_x \cdot S'$ wird in Form einer temporären Leibrente über n-m Jahre dem VN gutgebucht, mit den fälligen
Prämien verrechnet. Es ergibt sich somit eine zu zahlende Prämie

(8) $P = P_{x,\overline{n}|} \cdot S' - \dfrac{_m V_x (S-S')}{\ddot{a}_{x+m,\overline{n-m}|}}$.

Aufgabe: 4.) Vergleichen Sie (7) mit (8).

1.2) $S' \leq \text{Red}(m)$. Wenn $S' = \text{Red}(m)$, so handelt es sich um eine ge-
wöhnliche Beitragsfreistellung. Gilt aber $S' < \text{Red}(m)$, so wird die
V beitragsfrei gestellt, und den Teil des Rückkaufswertes R k(m)
zum Zeitpunkt m, der nicht als Einmalbeitrag für die V mit VS S' benötigt wird, erstattet das VU dem Kunden.

Aufgabe: 5.) Welchen Wert erhält in diesem Falle der VN?

2.) Der VN möchte die *Prämie* $P_{x,\overline{n}|}$ auf einen Wert $P < P_{x,\overline{n}|}$ reduzie-
ren. Zu bestimmen bleibt die neue Versicherungssumme. Wir können die
bisherige V beitragsfrei stellen und eine neue V mit der Netto-

(Zillmer-)prämie P für eine Person (x+m) über n-m Jahre einrichten mit der VS T. Die neue VS S' ergibt sich durch

(9) $S' = \text{Red}(m) + T$.

Wir können aber auch annehmen, daß der $\dfrac{P}{P_{x,\overline{n}|}}$ - te Teil des Vvertrages weiter wie bisher läuft, und aus dem Betrag $\dfrac{P_{x,\overline{n}|} - P}{P_{x,\overline{n}|}} = {}_{m}V_{x}$ eine beitragsfreie V gebildet wird.

Aufgaben: 6.) Ermitteln Sie die neue VS nach der im letzten Absatz beschriebenen Methode, und vergleichen Sie diese VS mit (9)! Welche Methode ist für den Kunden günstiger?

7.) Wir haben unterstellt, daß die Nettoprämien reduziert wurden. In der Praxis aber werden die Bruttoprämien reduziert. Wie müssen diese Überlegungen modifiziert werden, wenn

a) ein Stückkostenzuschlag,
b) ein Summenrabatt,

bei den Bruttoprämien vorgesehen ist?

6.3.2 Erhöhung der VS

Eine Erhöhung der VS ist bei TodesfallV im allgemeinen nur nach neuerlicher Gesundheitsprüfung zulässig. Wir nehmen an, der VN möchte die bisherige VS S auf $S' \geqslant S$ erhöhen. Zur Lösung dieses Problems geben wir vier Methoden an:

1.) Neuabschluß
Zum Zeitpunkt m schließt (x+m) einen neuen Vvertrag über n-m Jahre auf die VS (S' - S) ab. Die ab m zu zahlende Netto-(Zillmer-)prämie P erhalten wir durch

(10)   P = S(Altvertrag) + (S' — S)(Neuvertrag)

Hierbei ist zu beachten, daß das DK nach der Vertragsänderung kleiner sein kann als vor der Vertragsänderung.

Aufgabe: 8.) Geben Sie Beispiele an für den eben beschriebenen Effekt! Wie lange kann das neue DK kleiner sein als das alte DK, das sich ergäbe, hätte der VN seine VS <u>nicht erhöht</u>?

2. Zuzahlung zum DK

Wir unterstellen, daß der Vvertrag von Beginn an über die höhere VS S' abgeschlossen war, und auch die höhere Prämie $S' \cdot P_{x,\overline{n}|}$ bezahlt wurde. Der VN muß in diesem Falle die Differenz $(S' - S) \cdot {}_m V_x$ und die Abschlußkosten auf den Teil der VS, für den noch keine Abschlußkosten entrichtet wurden, nachzahlen.

Sind die Abschlußkosten ausschließlich proportional der VS festgesetzt, so sind mithin vom VN zu entrichten

$$(11) \quad EP = (S' - S)\frac{{}_m V_x + \alpha}{1 - \beta}.$$

Der VN zahlt dann weiter die Prämie $S' \cdot P_{x,\overline{n}|}$.

Aufgabe: 9.) Welche Modifikationen sind notwendig, wenn die Beitragszahlungsdauer kürzer als die Vdauer ist?

3. Deckungskapitalvergleich

Es wird wieder angenommen, daß eine V von Beginn an in der gewünschten Form bestand mit der VS S'. Gesucht ist ein fiktives Beitrittsalter $x+T$, so daß, hätte die Person $(x+T)$ eine gemischte V über $n-T$ Jahre zur VS S' abgeschlossen, zum Umwandlungstermin dieser fiktive Vvertrag den gleichen Reservewert hat wie die existierende gemischte V. Gesucht ist demnach ein T, das die Gleichung

$$(12) \quad S \cdot {}_m V_x = S' \cdot {}_{m-T} V_{x+T} + \alpha \cdot (S' - S)$$

löst.

Hierbei wird unterstellt, daß sich der Ablauftermin nicht ändert.

Bei der diskontinuierlichen Betrachtung gibt es nicht notwendigerweise eine Lösung zu (12), da die Reservefunktion nicht stetig ist.
Außerdem ist bei den meisten Unternehmen der Versicherungsbeginn
stets der Erste eines Monats. Somit ist auch bei kontinuierlicher
Betrachtung keine Lösung von (12) gesichert. Da in der Praxis die
Vdauern meist über ganze Jahre gehen, kommt es bei dieser Methode
auch häufig zu einer Verschiebung des Ablauftermins.

In der Praxis geht man dann häufig wie folgt vor: Gesucht wird ein
fiktives Beitrittsalter $x + T$ und ein fiktives Ablaufalter $x + n + \varepsilon$,
$|\varepsilon| < 1$, so daß sich die beiden Terme in der Gleichung (12) rechts
und links des Gleichheitszeichens um einen minimalen Betrag unterscheiden. Der Differenzbetrag wird bei der folgenden Prämienzahlung
verrechnet.

4. Berechnung konstruktiver Beiträge

Bei der Methode der Berechnung konstruktiver Beiträge handelt es
sich um die unmittelbare Anwendung des versicherungsmathematischen
Äquivalenzprinzips, wonach der Barwert aller zukünftigen Leistungen
des Versicherers gleich dem Barwert aller zukünftigen Prämienzahlungen sein muß. Die Anwendung bei einer technischen Vertragsänderung
besteht darin, daß als Leistungsbarwert des VU der Barwert einer
im Änderungstermin neu abzuschließenden Versicherung in der gewünschten neuen Form angesetzt wird, während der Prämienbarwert des
VN aus den im Änderungstermin vorhandenen Werten der anzurechnenden
Versicherung, und den künftig zu zahlenden Prämien besteht. Aus dieser Beziehung läßt sich dann der vom Änderungstermin an zu zahlende
Beitrag berechnen.

Bezeichnen wir den Leistungsbarwert mit B, so erhalten wir für die
künftigen Nettoprämien P

$$(13) \quad B = {_m}V_x \cdot S + P \cdot \ddot{a}_{x+m,\,\overline{n-m}|}.$$

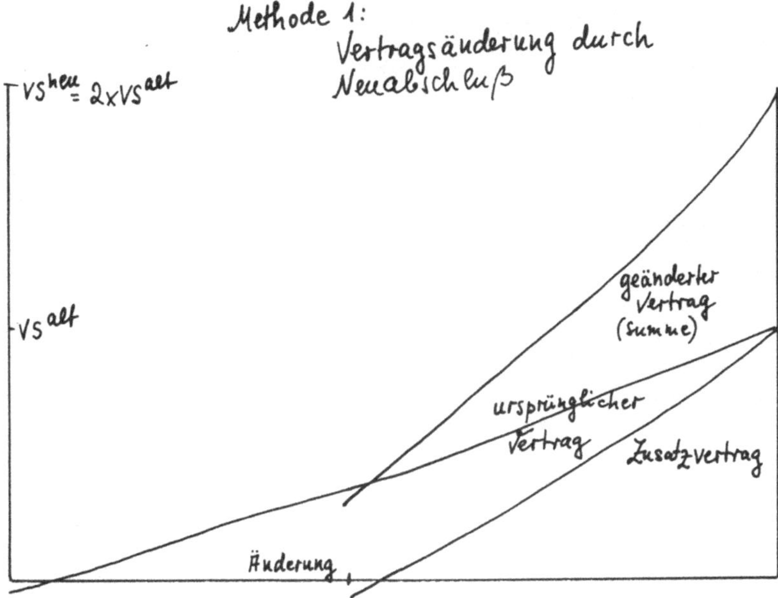

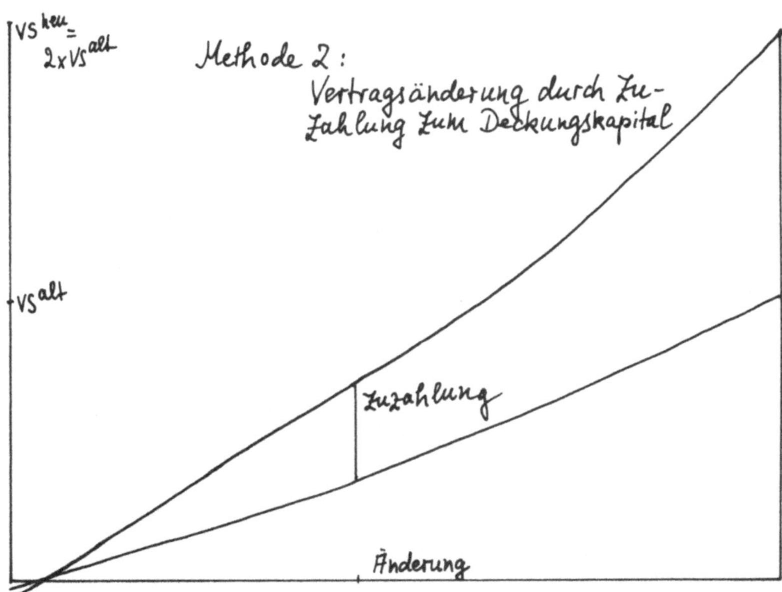

Abbildung 14

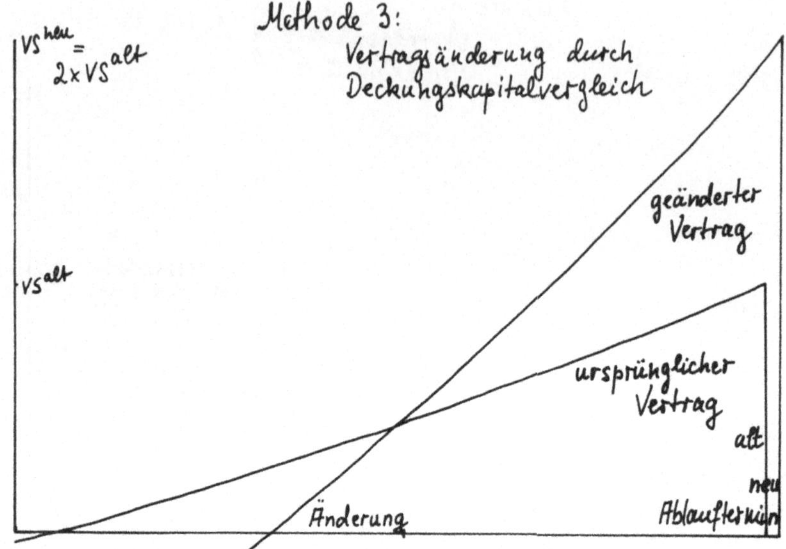

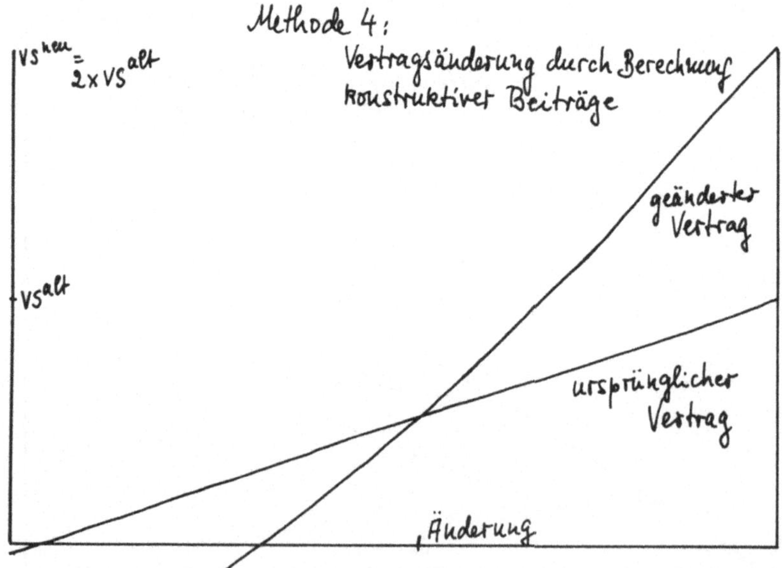

Abbildung 15

6.3.3 Wiederinkraftsetzungen und Änderung der Laufzeit

Zahlt ein VN seine fälligen Prämien nicht mehr, so erlischt nach
dem VVG nach einer gewissen Frist der Vschutz. Dem VN wird gekündigt
(§§ 38 und 39 VVG). Entschließt sich der Kunde innerhalb einer ihm
gesetzten Frist weiterhin Prämien zu zahlen, so müßte er die in
der Vergangenheit nicht gezahlten Sparprämien nachzahlen, und die
Zinsen auf diese Beträge dem VU vergüten, so daß der Vertrag fort-
geführt werden kann. Da aber in den meisten Fällen die Prämien in
der Vergangenheit nicht gezahlt wurden, weil der Kunde nicht über
ausreichende Mittel verfügte, sind Nachzahlungen häufig nicht möglich.

Es wird daher ein neuer Beginntermin und ein neuer Ablauftermin so
festgesetzt, daß bei dieser Kombination, bei gleichbleibender VS,
die vorhandenen Mittel abzüglich eines Betrages für die Arbeiten
gleich sind dem derzeitigen DK.

Analog verfährt man, wenn die Laufzeit der V um eine gewisse Anzahl
von Jahren abgekürzt oder verlängert werden soll.

Wir geben nun einen Algorithmus zur Berechnung eines neuen Eintrittsalters, der nun zu zahlenden Prämie und des neuen Ablauftermins an,
wenn eine Laufzeitverkürzung beantragt ist. Dieser Algorithmus läßt
sich leicht übertragen auf Laufzeitverlängerungen und Wiederinkraftsetzungen.

Angenommen wird, daß eine Person (x) eine gemischte V mit der VS S
über n Jahre abgeschlossen hat. Nach m Jahren soll der Vertrag um
k Jahre abgekürzt werden. Die neue Laufzeit beträgt dann

$$(14) \quad n' = n - k$$

Jahre.

An Kosten für diese Umstellung wird ein Betrag von K berechnet.

Gesucht sind nun ein neues Beitrittsalter x' und eine neue abgelaufene Vdauer m', so daß

$$(15) \quad S \cdot {}_{m'}V^z_{x',\overline{n'}|} = S \cdot {}_{m}V^z_{x,\overline{n}|} - K$$

gilt.

Gegeben seien für jedes Beitrittsalter $y < x+n'$ und $(x+n') - y'$ die Reserveverläufe zur VS S.

Beschreibung des Verfahrens:

1.) Zunächst sucht man unter sämtlichen Reservewerten $(x+m) - y$
$V^z_{y,m,\overline{x+n'-y}|} \cdot S$ den DK-Wert, der den vorhandenen Mitteln $S \cdot {}_{m}V_{x,\overline{n}|} - K$ am nächsten ist.

2.) Ist dies der Wert ${}_{(x+m)-y}V_{y,x+n'-y}$ nach 1.) ermittelt, so wird

$$(16) \quad \begin{aligned} x' &= y \text{ und} \\ t &= x + n' - x' \text{ gesetzt.} \end{aligned}$$

x' ist das neue technische Eintrittsalter und t' die neue technische Vertragslaufzeit.

3.) Wenn

$$S \cdot {}_{m'}V_{x',\overline{t}|} < S \cdot {}_{m}V_{x,\overline{n}|} - K,$$

so ist die abgelaufene technische Vdauer (exakt) $\tilde{m}$ zwischen m' und (m'+1) Jahren. Andernfalls ist die abgelaufene technische Vdauer zwischen (m-1) und m Jahren.

(17) $m' = x + m - x'$ ist die abgelaufene technische Vdauer (in ganzen Jahren)

4.) Durch lineare Interpolation wird der exakte Wert $\tilde{m}$ ermittelt. Falls $S \cdot {}_{m'}V_{x',\overline{t}|} < S \cdot {}_{m}V_{x,\overline{n}|} - K$, so

$$(18) \quad \tilde{m} = m' + \frac{S \cdot {}_{m}V_{x,\overline{n}|} - K - {}_{m'}V_{x',\overline{t}|}}{{}_{m'+1}V_{x',\overline{t}|} - {}_{m'}V_{x',\overline{t}|}},$$

andernfalls

$$(19) \quad \tilde{m} = m'-1 + \frac{S \cdot {}_m V_{x,\overline{n}|} - K - {}_{m'-1}V_{x',\overline{t}|}}{{}_{m'}V_{x',\overline{t}|} - {}_{m'-1}V_{x',\overline{t}|}} \; .$$

5.) Es wird l so bestimmt, daß

$$\left| \tilde{m} - \left(m' + \frac{1}{12} \right) \right| \to \min$$

bzw.

$$\left| \tilde{m} - \left(m'-1 + \frac{1}{12} \right) \right| \to \min \; .$$

6.) Der technische Vertragsbeginn ergibt sich, indem der ursprüngliche Vertragsbeginn um m' (bzw. m'-1) Jahre und l Monate verschoben wird. Die Vdauer endet dann genau t Jahre nach dem technischen Vertragsbeginn.

7.) Die fortan zu zahlende Prämie ergibt sich aus dem technischen Beginnalter x' und der Vdauer t. Danach muß zum Umstellungszeitpunkt der Betrag

$$(20) \quad {}_{m'+\frac{1}{12}}V^z_{x',\overline{t}|} = \frac{12-1}{12}\, {}_{m'}V^z_{x',\overline{t}|} + \frac{1}{12}\, {}_{m'+1}V^z_{x',\overline{t}|}$$

bzw.

$$(21) \quad {}_{m'-1+\frac{1}{12}}V^z_{x',\overline{t}|} = \frac{12-1}{12}\, {}_{m'-1}V^z_{x',\overline{t}|} + \frac{1}{12}\, {}_{m'}V^z_{x',\overline{t}|}$$

vorhanden sein.

8.) Mit der nächsten Beitragsfälligkeit wird der Differenzbetrag

$$(22) \quad \Delta = {}_m V^z_{x,\overline{n}|} - K - {}_{m'+\frac{1}{12}}V^z_{x',\overline{t}|}$$

bzw.

$$(23) \quad \Delta = {}_m V^z_{x,\overline{n}|} - K - {}_{m'-1+\frac{1}{12}}V^z_{x',\overline{t}|}$$

verrechnet.

Aufgaben: 10.) Modifizieren Sie diesen Algorithmus so, daß er auch
für Laufzeitverlängerungen und Wiederinkraftsetzungen anwendbar ist:
Worauf ist bei Laufzeitverlängerungen zu achten?

11.) Schreiben Sie nach diesem bzw. nach dem in Aufgabe 10.) modifizierten Algorithmus ein Programm und rechnen Sie einige Laufzeit-
veränderungen für gegebene Kombinationen.

Bei der eben diskutierten Methode ändert sich nach dem Änderungstermin die zu zahlende Prämie. Möchte der VN die Laufzeit abkürzen
und dennoch die gleiche Prämie wie bisher zahlen, so ist eine Zuzahlung zum DK notwendig. Unterstellen wir, daß der Zahlbetrag mit
Kosten belastet wird, so muß die Summe

$$(24) \quad N = \frac{S}{1-\beta} \left(A_{x+m,\overline{n'-m}|} - {}_mV^z_{x,\overline{n}|} - P^z_{x,\overline{n}|} \cdot \ddot{a}_{x+m,\overline{n'-m}|} \right)$$

vóm VN aufgebracht werden.

Mit

$$(25) \quad P^z_{x,\overline{n}|} = \frac{A_{x,\overline{n}|}}{\ddot{a}_{x,\overline{n}|}} + \frac{\alpha}{\ddot{a}_{x,\overline{n}|}}$$

und

$$(26) \quad {}_mV^z_{x,\overline{n}|} = (1 + \alpha) \quad 1 - \frac{\ddot{a}_{x+m,\overline{n-m}|}}{\ddot{a}_{x,\overline{n}|}} - \alpha$$

und

$$(27) \quad A_{x+m,\overline{n'-m}|} = 1 - d\,\ddot{a}_{x+m,\overline{n'-m}|}$$

erhalten wir für die gesuchte Zuzahlung den Ausdruck

$$(28) \quad N = S\frac{(1+\alpha)}{(1-\beta)} \frac{(\ddot{a}_{x+m,\overline{n-m}|} - \ddot{a}_{x+m,\overline{n'-m}|})}{\ddot{a}_{x,\overline{n}|}} \ .$$

Etwas komplizierter ist das Verfahren, wenn der VN bei einer gewünschten Laufzeitverkürzung nicht das neue Endalter vorgibt und
die bisherige Prämie weiterzahlen möchte, sondern wenn er den Zu-
zahlungsbetrag N vorgibt, die bisherige Prämie weiter entrichten
möchte, und aus diesen Werten das neue Ablaufalter bestimmt werden soll.

Aufgabe: 12.) Geben Sie einen Algorithmus zur Lösung dieses Problems an, und schreiben Sie dazu ein Programm.

6.4 POLICENDARLEHEN

Steht zum Zeitpunkt m einem VN ein Rückkaufswert Rk(m) zu, so hat der VN zu diesem Zeitpunkt die Möglichkeit, ein Darlehen bis zum Betrage Rk(m) aufzunehmen. Die Zinsen für derartige Darlehen liegen meist in der Nähe des erzielten Durchschnittszinses und sind daher niedriger als die Schuldzinsen bei einer Bank. Technisch ändert sich an den Vvertrag nichts.

Aufgaben: 13.) Schreiben Sie ein Programm zur Erhöhung der VS, wahlweise nach einem der beschriebenen Verfahren. Konstruieren Sie das Programm so, daß es auf recht viele Vtarife (gemischte V, Teilauszahlung, TermefixV etc.) anwendbar ist.

14.) Geben Sie entsprechend der vier Methoden aus 6.3.2 vier Methoden zur Erhöhung der Rente während der Aufschubzeit an.

15.) Schreiben Sie entsprechend 6.3.3 ein Programm zur Veränderung des Rentenbeginntermins bei aufgeschobenen RentenV mit einer eventuellen Veränderung des Rentenbetrages.

7 GESCHÄFTSPLAN

Gebt acht! Wir setzen eine
Formel auf!

Jedes LVU muß dem BAV gegenüber erklären, wie die Tarife gestaltet sind. Dies wird in einem Geschäftsplan festgelegt. Die Aufstellung eines Geschäftsplans ist durch das VAG vorgeschrieben.

Auf den nächsten Seiten werden Auszüge des Musters für den Großlebensgeschäftsplan abgedruckt. Dieser Mustergeschäftsplan von Claus [13] enthält die wichtigsten Regelungen, die ein Geschäftsplan enthalten muß.

Geschäftsplan für die Großlebensversicherung

Gliederung		4	Rechnungsgrundlagen
1	Allgemeines	4.1	Ausscheideordnungen
2	Tarifbeschreibung	4.2	Rechnungszinsfuß
2.1	Tarifformen und versicherte Leistungen	4.3	Kostenzuschläge
		4.4	Summenzuschläge und -rabatte
2.2	Beitragszahlung	4.5	Ratenzuschläge
3	Allgemeine Tarifbestimmungen	5	Tarifbeiträge, Erhöhungssummen
3.1	Eintrittsalter		
3.2	Versicherungs- und Beitragszahlungsdauer	6	Deckungskapital
3.3	Mindest- und Höchstversicherungssumme	7	Garantiewerte, Zuzahlungen
3.4	Gesundheitsprüfung	7.1	Rückkaufwerte
3.5	Zusatzversicherungen	7.2	Beitragsfreie Versicherungssummen
3.6	Versicherungsbedingungen und geschäftsplanmäßige Erklärungen	7.3	Unterrichtung der Versicherungsnehmer
3.7	Gebühren	7.4	Zuzahlungen
3.8	Anpassung von Beitrag und Versicherungsleistungen	8	Bilanzdeckungsrückstellung
		9	Überschußbeteiligung
		10	Anlagenverzeichnis

1 Allgemeines

Dieser Geschäftsplan ersetzt den Geschäftsplan für die Großlebens-Einzelkapitalversicherung nach den Tarifen ...(zuletzt genehmigt am ... Gesch.-Z.: ...) einschl. der Ergänzung dieses Geschäftsplans betreffend die planmäßige Erhöhung des Versicherungsschutzes ohne erneute Gesundheitsprüfung (zuletzt genehmigt am ... Gesch.Z.:...).

Mit Inkrafttreten des vorliegenden Geschäftsplans werden die Tarife der genannten Geschäftspläne für den Neuzugang geschlossen.

2 Tarifbeschreibung

2.1 Tarifformen und versicherte Leistungen

Tarif K 1 Kapitalversicherung auf den Todesfall.
Die Versicherungssumme wird beim Tode des Versicherten fällig.

Tarif K 2 Kapitalversicherung auf den Todes- und Erlebensfall.

Die Versicherungssumme wird beim Tode des Versicherten, spätestens beim Ablauf der Versicherungsdauer fällig.

Tarif K 3 Kapitalversicherung auf den Todes- und Erlebensfall für 2 verbundene Leben.

Die Versicherungssumme wird beim Tode des zuerst sterbenden Versicherten, spätestens beim Ablauf der Versicherungsdauer fällig. Bei gleichzeitigem Tod beider Versicherten wird die Versicherungssumme nur einmal fällig.

Tarif K 4 Kapitalversicherung mit festem Auszahlungszeitpunkt (Termefixversicherung).

Die Versicherungssumme wird beim Ablauf der Versicherungsdauer fällig.

Tarif K 5 Kapitalversicherung auf den Heiratsfall (Aussteuerversicherung).

Die Versicherungssumme wird bei Heirat des zu versorgenden Kindes (Mädchen oder Knabe), spätestens beim Ablauf der Versicherungsdauer fällig. Stirbt das zu versorgende Kind vor Fälligkeit der Versicherungssumme, so werden die gezahlten Beiträge, höchstens die Versicherungssumme, erstattet. War die Versicherung durch Tod des versicher-

ten Versorgers oder durch vorzeitige Einstellung der Beitragszahlung beitragsfrei, so wird das Deckungskapital gezahlt.

Bei Versicherungen mit laufender Beitragszahlung nach den Tarifen
K 2 bis K 5 kann vereinbart werden, daß der Beitrag jährlich im
gleichen Verhältnis wie der Höchstbeitrag in der gesetzlichen Rentenversicherung der Angestellten erhöht wird. Nach Maßgabe des erreichten Lebensalters und der Restlaufzeit erhöht sich alsdann die
Versicherungssumme.

Die Erhöhung des Beitrags und die entsprechende Erhöhung der Versicherungsleistungen erfolgen jeweils zu Beginn des Versicherungsjahres in dem Kalenderjahr, für das der Höchstbeitrag in der gesetzlichen Rentenversicherung der Angestellten erhöht worden ist.

Die letzte Erhöhung von Beitrag und Versicherungsleistung erfolgt,
wenn der Versicherte das rechnungsmäßige Alter von 65 Jahren oder
wenn das zu versorgende Kind bei Tarif K 5 das rechnungsmäßige Alter von 15 Jahren erreicht.

Bei diesen Versicherungen wird die Tarifbezeichnung durch den Buchstaben A ergänzt.

2.2 Beitragszahlung

Der Versicherungsnehmer zahlt Jahresbeiträge oder bei den Tarifen
K 1 bis K 3 einen Einmalbeitrag. Bei einmaliger Beitragszahlung
wird die Tarifbezeichnung durch den Buchstaben E ergänzt.

Die Jahresbeiträge werden zu Beginn eines jeden Versicherungsjahres
fällig; sie können auch in unterjährigen Raten gezahlt werden (vgl.
Ziff. 4.5).

Die laufenden Beiträge sind bis zum Ende des Versicherungsjahres zu
entrichten, in dem der Versicherte - bei Tarif K 3 der erste Versicherte - stirbt, längstens bis zum Ablauf der Beitragszahlungsdauer. Bei Tarif K 5 sind die laufenden Beiträge bis zum Ende des
Versicherungsjahres zu zahlen, in dem der versicherte Versorger

stirbt oder das zu versorgende Kind heiratet oder stirbt, längstens
bis zum Ablauf der Versicherungsdauer.

3   Allgemeine Tarifbestimmungen

3.1 Eintrittsalter

Das rechnungsmäßige Eintrittsalter x ist das Alter des Versicherten
am Beginn der Versicherung, wobei ein bereits begonnenes, aber noch
nicht vollendetes Lebensjahr hinzugerechnet wird, falls davon mehr
als 6 Monate verstrichen sind.

Ist das Eintrittsalter des Versicherten zu niedrig oder zu hoch
angegeben, so wird die Versicherungssumme entsprechend dem Beitrags-
unterschied herabgesetzt oder erhöht.

Bei Tarif K 3 wird aus den Eintrittsaltern der beiden Versicherten
zur Berechnung der Beiträge und Deckungskapitale ein mittleres Eintrittsalter $\bar{x}$ nach den bekannten Formeln berechnet unter der Annahme,
daß die Sterbetafel nach dem Gompertz-Makehamschen Gesetz verläuft
(vgl. Anlage 3).

3.2 Versicherungs- und Beitragszahlungsdauer

Bei Versicherungen mit laufender Beitragszahlung - mit Ausnahme der
Versicherungen nach Tarif K 1 - stimmt die Versicherungsdauer mit
der Beitragszahlungsdauer stets überein.

Für die Versicherungsdauer n bzw. die Beitragszahlungsdauer t werden nachstehende Begrenzungen festgelegt:

Mindestdauer:	n,t	= 5 Jahre
Höchstendalter:		
Tarif K 1	$x + t$	= 85 Jahre
Tarife K2-K5	$x + n$	= 85 Jahre
Endalter des zu versorgenden Kindes		
bei Tarif K 5:	$y + n$	= 25 Jahre

Bei Tarif K 1 wird das Endalter $x + n$ = 100 zugrunde gelegt.

3.3 Mindest- und Höchstversicherungssumme

Die Mindestversicherungssumme beträgt bei den Tarifen

K 1 - K 5	2.000,-- DM
K 1 E - K 3 E	3.000,-- DM
K 2 A - K 5 A	10.000,-- DM
und bei beitragsfrei gestellten Versicherungen	1.000,-- DM.

Die Höchstversicherungssumme beträgt bei
den Tarifen K 5 und K 5 A   100.000,-- DM
und ist bei den übrigen Tarifen unbeschränkt.

Bei unterjähriger Beitragszahlung beträgt die Mindestbeitrags-
rate   10,-- DM.

3.4 Gesundheitsprüfung

Hierzu wird auf die gesondert dem BAV vorgelegten "Geschäftsplan-
mäßigen Bestimmungen für die Gesundheitsprüfung in der Einzelver-
sicherung" in der jeweils gültigen Fassung verwiesen.

3.5 Zusatzversicherungen

Auf Antrag können Zusatzversicherungen nach folgenden Geschäfts-
plänen eingeschlossen werden:

3.6 Versicherungsbedingungen und geschäftsplanmäßige Erklärungen

3.7 Gebühren

Für die Gebührenerhebung gelten nachstehende Regelungen:

3.8 Anpassung von Beitrag und Versicherungsleistungen

4 Rechnungsgrundlagen

4.1 Ausscheideordnungen

Grundlage für die Sterbewahrscheinlichkeiten ist die Sterbetafel
1967 (Männer) und

für die Heiratswahrscheinlichkeiten die Heiratstafel 1960/62 für
Ledige (weibliche Personen).

Die Grundwerte $(q_x, l_x, d_x, w_y, l'_y, h_y, d'_y)$ sowie die zugehörigen
Kommutationswerte für ein bzw. zwei verbundene Leben sind in der
Anlage 2 aufgeführt. Eine Zusammenstellung der Bezeichnungen und
Grundformeln enthält die Anlage 1.

Bemerkung:
  Wird die Sterbetafel ausgeglichen, so sind das Ausgleichsverfahren und die ausgeglichenen Werte anzugeben.

4.2 Rechnungszinsfuß

Der Rechnungszinsfuß beträgt 3 % p.a.

4.3 Kostenzuschläge

4.3.1 Abschlußkosten

α = ... ‰ der Versicherungssumme.
Bei einmaligen Zuzahlungen gemäß Ziff. 7.4 wird statt dessen ein
Zuschlag von
α' = ... % der Zuzahlung
für einmalige Kosten erhoben.

4.3.2 Laufende Verwaltungskosten

  β = ... % des Bruttojahresbeitrages

  γ_1 = ... ‰ der Versicherungssumme für jedes Jahr der
        Versicherungsdauer

  γ_2 = ... ‰ der Versicherungssumme

        für jedes Jahr der Beitragszahlungsdauer.

Bei Versicherungen, die durch vorzeitige Einstellung der Beitragszahlung beitragsfrei gestellt werden, beträgt der Zuschlag für Ver-

waltungskosten

$$Y_3 = \ldots \text{‰ der Versicherungssumme}$$
$$\text{für jedes Jahr der Versicherungsdauer.}$$

4.4 Summenzuschläge und -rabatte

Bei Versicherungen mit laufender Beitragszahlung werden die jährlichen Bruttobeiträge im Summenbereich

    von 2.000,-- DM bis unter 3.000,-- DM um ... ‰

    von 3.000,-- DM bis unter 4.000,-- DM um ... ‰

    von 4.000,-- DM bis unter 5.000,-- DM um ... ‰

    von 5.000,-- DM bis unter 10.000,-- DM um ... ‰

der Versicherungssumme erhöht und im Summenbereich

    von 15.000,-- DM bis unter 20.000,-- DM um ... ‰

    von 20.000,-- DM bis unter 30.000,-- DM um ... ‰

    von 30.000,-- DM bis unter 60.000,-- DM um ... ‰

                 ab 60.000,-- DM um ... ‰

der Versicherungssumme ermäßigt.

Bei der Festsetzung der Summenzuschläge und - rabatte werden alle
von einem Versicherungsnehmer abgeschlossenen Versicherungen berücksichtigt, sofern die versicherte Person und der Tarif übereinstimmen.

Überschreitet bei den Tarifen K 2 A - K 5 A die Versicherungssumme
bei einer Erhöhung eine Summenrabattgrenze, dann wird die Differenz
zwischen dem alten und dem neuen Summenrabatt als Beitrag für eine
zusätzliche Erhöhung verwendet.

4.5 Ratenzuschläge

Für die Zahlung unterjähriger Beiträge werden folgende Zuschläge auf
den Jahresbeitrag erhoben:

bei halbjährlicher Zahlung   ... % des Jahresbeitrags
bei vierteljährlicher Zahlung   ... % des Jahresbeitrags
bei monatlicher Zahlung   ... % des Jahresbeitrags

5   Tarifbeiträge, Erhöhungssummen

5.1   Tarifbeiträge

Die Beiträge für die Versicherungssumme 1000 werden mit den in der
Anlage 1 zusammengestellten Bezeichnungen und Grundformeln wie folgt
berechnet:

Tarif K 1

Nettoeinmalbeitrag:

$$A_x = 1000(1 - da_x)$$

Nettojahresbeitrag (gezillmert):

$$P_{x,1^\daleth} = \frac{A_x + \alpha}{a_{x,1}}$$

Bruttoeinmalbeitrag:

$$E_x = A_x + \alpha + \gamma_1 a_x$$

Bruttojahresbeitrag:

$$B_{x,t} = \frac{A_x + \alpha + \gamma_1 a_x + \gamma_2 a_{x,t^\daleth}}{(1 - \beta)\, a_{x,1}}$$

Tarif K 2

Nettoeinmalbeitrag:

$$A_{x,n^\daleth} = 1000\,(1 - da_{x,n^\daleth})$$

Nettojahresbeitrag (gezillmert):

$$P_{x,n^\daleth} = \frac{A_{x,n^\daleth} + \alpha}{a_{x,n^\daleth}}$$

Bruttoeinmalbeitrag:

$$E_{x,n^\daleth} = A_{x,n^\daleth} + \alpha + \gamma_1 a_{x,n^\daleth}$$

Bruttojahresbeitrag:

$$B_{x,n_1^\daleth} = \frac{A_{x,n} + \alpha + (\gamma_1 + \gamma_2) a_{x,n^\daleth}}{(1 - \beta) a_{x,n^\daleth}}$$

Tarif K 3

Es gelten die gleichen Formeln wie für Tarif K 2, jedoch ist der Index "x" durch "$\overline{xx}$" zu ersetzen. $\overline{x}$ ist das mittlere Eintrittsalter.

Tarif K 4

Nettojahresbeitrag (gezillmert):

$$P_{x,n\rceil} = \frac{1000 \; v^n + \alpha}{a_{x,n\rceil}}$$

Bruttojahresbeitrag:

$$B_{x,n\rceil} = \frac{1000 \; v^n + \alpha + \gamma_1 \, a_{n\rceil} + \gamma_2 \, a_{x,n\rceil}}{(1-\beta) \; a_{x,n\rceil}}$$

Tarif K 5

Nettoeinmalbeitrag:

$$A'_y = 1000 \; \frac{H_y + D_{25}}{D'_y}$$

Nettojahresbeitrag (gezillmert):

$$P_{xy} = \frac{A'_y + B_{xy} \; \overline{T}_{xy} + \alpha}{a'_{xy}}$$

Bruttojahresbeitrag:

$$B_{xy} = \frac{A'_y + \alpha + \gamma_1 \, a'_y + \gamma_2 \, a'_{xy}}{(1-\beta) \; a'_{xy} - T_{xy}}$$

5.2 Erhöhungssummen bei den Tarifen K 2 A - K 5 A

Der Berechnung der Erhöhungssumme wird der Erhöhungsbeitrag, das bei Beginn der Erhöhungsversicherung erreichte Alter und die restliche Vertragslaufzeit zugrunde gelegt.

Die Erhöhungssumme s_k bei einer Erhöhung nach m Jahren, wenn bereits $k-1$ Erhöhungen ($k \leq m$) durchgeführt wurden, ergibt sich wie folgt:

$$s_k = \frac{\varepsilon \cdot B + (\rho_k - \rho_{k-1}) \cdot S_{k-1}}{B_{x+m,\,\overline{n-m}} - \rho_k}$$

Hierbei bedeuten:

100ε — Erhöhung des Höchstbeitrages in der gesetzlichen Rentenversicherung der Angestellten in Prozent

B — Vor der Erhöhung maßgeblicher Jahresbeitrag der Versicherung für die Versicherungssumme S_{k-1} (einschließlich der Jahresbeiträge evtl. eingeschlossener Zusatzversicherungen)

$B_{x+m,\,\overline{n-m}}$ — Tarifbeitrag der Hauptversicherung (einschließlich evtl. eingeschlossener Zusatzversicherungen) für das erreichte Alter $x+m$ und die restliche Laufzeit $n-m$ (ggf. $t-m$)

ρ_k — Summenrabatt für die Versicherungssumme S_k, wobei $S_k = S_{k-1} + s_{k_1}\,S_o = S.$

5.3 Zuzahlungstarif gemäß Ziff. 7.4

Bei einem erreichten Alter $x+m$ beträgt die Zuzahlung Z für eine zusätzliche Versicherungssumme 1000:

$$Z = \frac{1}{1-\alpha'}\, {}_mV_x$$

Dabei ist für ${}_mV_x$ das jeweilige Deckungskapital "bei vorzeitiger Einstellung der Beitragszahlung" gemäß Ziff. 6 einzusetzen.

Bei Aufstockung innerhalb eines Versicherungsjahres wird die Zuzahlung linear interpoliert.

5.4 Rundungen

Die einmaligen und laufenden Bruttobeiträge für 1000,-- DM Versicherungssumme werden auf volle 0,10 DM (auf- bzw. ab-)gerundet (Tariftabellen). Der gesamte Bruttojahresbeitrag und die Bruttobeitragsraten (einschließlich der Erhöhungsbeiträge bei den Tarifen K 2 A bis K 5 A) werden auf volle 0,10 DM gerundet. Die Gesamt-Bruttoeinmalbeiträge, die Zuzahlungen und die Erhöhungssummen werden auf volle DM gerundet.

Zahlenbeispiele für die Berechnungen enthält die Anlage 4; Auszüge aus den Tariftabellen für die Bruttojahresbeiträge, die Bruttoeinmalbeiträge und die Zuzahlungen enthält die Anlage 5.

6 Deckungskapital

Das Deckungskapital nach m Versicherungsjahren $(0 \leq m \leq n)$ für die Versicherungssumme 1000 wird wie folgt berechnet:

Tarif K 1
für beitragspflichtige Versicherungen

$$_m V_x = A_{x+m} - P_{x,t\rceil} a_{x+m,\overline{t-m}\rceil} + \Upsilon_1 \left(a_{x+m} - \frac{a_x}{a_{x,t\rceil}} a_{x+m,\overline{t-m}\rceil} \right)$$

für beitragsfreie Versicherungen

$$_m V_x = A_{x+m} + \begin{cases} \Upsilon_3 a_{x+m} & \text{bei vorzeitiger Einstellung der Beitragszahlung} \\ \Upsilon_1 a_{x+m} & \text{sonst} \end{cases}$$

Tarif K 2
für beitragspflichtige Versicherungen

$$_m V_x = A_{x+m,\overline{n-m}\rceil} - P_{x,n\rceil} a_{x+m,\overline{n-m}\rceil}$$

für beitragsfreie Versicherungen

$$_m V_x = A_{x+m,\overline{n-m}|} + \begin{cases} \Upsilon_3\, a_{x+m,\overline{n-m}|} & \text{bei vorzeitiger Einstellung der Beitragszahlung} \\[2ex] \Upsilon_1\, a_{x+m,\overline{n-m}|} & \text{sonst} \end{cases}$$

Tarif K 3

Es gelten die gleichen Formeln wie für Tarif K 2, jedoch ist der Index "x" durch "$\overline{xx}$" und der Index "x + m" durch "$\overline{x+m}\ \overline{x+m}$" zu ersetzen. $\overline{x}$ ist das mittlere Eintrittsalter.

Tarif K 4

für beitragspflichtige Versicherungen

$$_m V_x = 1000\, v^{n-m} - P_{x,\overline{n}|}\, a_{x+m,\overline{n-m}|} + \Upsilon_1 \left(a_{\overline{n-m}|} - \frac{a_{\overline{n}|}}{a_{x,\overline{n}|}}\, a_{x+m,\overline{n-m}|} \right)$$

für beitragsfreie Versicherungen

$$_m V = 1000\, v^{n-m} + \begin{cases} \Upsilon_3\, a_{\overline{n-m}|} & \text{bei vorzeitiger Einstellung der Beitragszahlung} \\[2ex] \Upsilon_1\, a_{\overline{n-m}|} & \text{sonst} \end{cases}$$

Tarif K 5

für beitragspflichtige Versicherungen

$$_m V_{xy} = A'_{y+m} + B_{xy}(_m T_{x+m,y+m} + \overline{T}_{x+m,y+m}) - P_{xy}\, a'_{x+m,y+m} +$$

$$+ \Upsilon_1 \left(a'_{y+m} - \frac{a'_y}{a'_{xy}}\, a'_{x+m,y+m} \right)$$

für beitragsfreie Versicherungen

$$_m V_y = A'_{y+m} + \begin{cases} \Upsilon_3\, a'_{y+m} & \text{bei vorzeitiger Einstellung der Beitragszahlung} \\[2ex] \Upsilon_1\, a'_{y+m} & \text{sonst} \end{cases}$$

Bei Versicherungen nach den Tarifen K 2 A - K 5 A werden die Erhöhungssummen technisch wie selbständige Nachversicherungen behandelt. Das Gesamtdeckungskapital einer Versicherung ist somit die Summe der Deckungskapitale der Anfangsversicherungssumme und der Erhöhungssummen.

Bei einer Aufstockung einer beitragsfreien Versicherung durch eine einmalige Zuzahlung gemäß Ziff. 7.4 bildet die Versicherungssumme aus der Zuzahlung mit der Versicherungssumme aus der Grundversicherung eine Einheit.

Rundung
Die Deckungskapitale werden auf volle 0,10 DM gerundet. Zahlenbeispiele für die Berechnung der Deckungskapitale sind in der Anlage 4 beigefügt.

Bemerkung:

Die Formeln für die beitragsfreien Versicherungen umfassen auch die Einmalbeitragsversicherungen.

7   Garantiewerte, Zuzahlungen

7.1 Rückkaufwerte

Im Falle einer Kündigung durch den Versicherungsnehmer gemäß § 4 Ziff. 1 der AVB wird ein Rückkaufswert gewährt, sofern die Beiträge für mindestens drei Jahre oder für mindestens 1/10 der Beitragszahlungsdauer gezahlt sind.

Der Rückkaufwert für die Versicherungssumme 1000 beträgt

$$R = g \, _mV_x,$$

wobei für $_mV_x$ das jeweilige Deckungskapital nach Ziff. 6 einzusetzen ist und für g folgende Werte gelten:

für beitragspflichtige Versicherungen:

$$1,0 \quad \text{wenn } n - m \leq 5 \text{ und } x + m \geq 60$$
$$0,95 \quad \text{sonst}$$

für durch Ablauf der Beitragszahlungsdauer beitragsfreie Versicherungen und Einmalbeitragsversicherungen: 0,98

für durch vorzeitige Einstellung der Beitragszahlung beitragsfreie Versicherungen: 1,0.

Beträgt die Summe aus Rückkaufwert und Überschußanteilen weniger als 20 DM, werden der Rückkaufswert und/oder die Überschußanteile nicht ausgezahlt, sofern kein weiterer Zahlungsvorgang (z.B. eine Beitragsrückzahlung) erfolgt.

7.2 Beitragsfreie Versicherungssummen

Der Versicherungsnehmer kann gemäß § 4 Ziff. 2 der AVB verlangen, daß die Versicherung in eine beitragsfreie umgewandelt wird, sofern sich eine beitragsfreie Versicherungssumme von mindestens 1000,-- DM ergibt. Für die beitragspflichtige Versicherungssumme 1000 beträgt die beitragsfreie Versicherungssumme S' unter Zugrundelegung des Rückkaufswertes R

$$S' = 1000 \; \frac{R}{{_m}V_x},$$

wobei für ${_m}V_x$ das jeweilige Deckungskapital nach Ziff. 6 für Versicherungen, die durch vorzeitige Einstellung der Beitragszahlung beitragsfrei gestaltet sind, einzusetzen ist.

Rundung und Interpolation

Für die einzelne Versicherung werden Rückkaufwert und beitragsfreie Versicherungssumme auf volle DM gerundet.

Liegt der Berechnungszeitpunkt innerhalb eines Versicherungsjahres, so wird der Rückkaufswert und die beitragsfreie Summe aus den entsprechenden Werten am Ende des vergangenen und des angefangenen Versicherungsjahres durch lineare Interpolation ermittelt.

Bemerkung:

Für die Festsetzung des Stornoabzugs sind unterschiedliche Verfahren möglich. Auf einen Stornoabzug kann auch ganz verzichtet werden.

7.3 Unterrichtung der Versicherungsnehmer

7.4 Zuzahlungen

8 Bilanzdeckungsrückstellung

Die Bilanzdeckungsrückstellung ist die Gesamtheit der Deckungskapitale aller am Ende eines Kalenderjahres bestehenden Versicherungen. Das Deckungskapital einer Versicherung am Ende des Kalenderjahres ergibt sich aus den Deckungskapitalien am Ende des m-ten und des m+1-ten Versicherungsjahres (m = Kalenderjahr ./. Beginnjahr) nach der Formel

$$_m V_x^B = \frac{h-1}{12}\ _m V_x + \frac{13-h}{12}\ _{m+1} V_x,$$

wobei h der Monat des Versicherungsbeginns ist. Negative Werte von $_m V_x^B$ werden dabei durch Null ersetzt.

9 Überschußbeteiligung

Die nach diesem Geschäftsplan abgeschlossenen Versicherungen gehören zum Abrechnungsverband K. Der Rückstellung für Beitragsrückerstattung des Abrechnungsverbandes K werden mindestens 90 % des auf diesen Abrechnungsverband entfallenden Überschusses vor Dotierung von Rücklagen zugewiesen.

10 Anlagenverzeichnis

1. Zusammenstellung der Bezeichnungen und Grundformeln

2. Tabelle der Grundwerte sowie der zugehörigen Kommutationswerte

3. Ermittlung des mittleren Eintrittsalters bei Tarif K 3

4. Zahlenbeispiele für die Berechnung der Beiträge, der Erhöhungssummen, der Zuzahlungen, der Deckungskapitale und der Garantiewerte

5. Auszüge aus den Tariftabellen

6. Muster der Garantiewerttabellen

7. Allgemeine Versicherungsbedingungen für die Großlebensversiche-
   rung

8. Besondere Bedingungen für die planmäßige Erhöhung der Versicherungsleistungen

9. Entfällt.

10. Muster des Versicherungsantrages

11. Muster des Versicherungsscheins

12. Muster des Nachtrags zum Versicherungsschein für Tarif K 5

13. Muster für Erhöhungsnachtrag und Anschreiben

14. Zuschläge K_n und Nachweis für die näherungsweise Berechnung des
    Beitrages und des Deckungskapitals bei Tarif K 5

    (Die Muster gem. Anlagen 10-13 sind nicht Bestandteil des Ge-
    schäftsplans)

<u>Anlage 1</u>

Zusammenstellung der Bezeichnungen und Grundformeln

i = 0,03 jährlicher Zins der Einheit

v = $\frac{1}{1+i}$ Diskontierungsfaktor

$a_{\overline{n}|}$ = $\frac{1 - v^n}{d}$ vorschüssige Zeitrente

(d = 1 - v = 0,0291262)

$\genfrac{}{}{0pt}{}{x}{y}$ = rechnungsmäßige Alter

ω = Schlußalter

q_x = Wahrscheinlichkeit eines x-Jährigen, zwischen den Altern
x und x + 1 zu sterben

w_y = Wahrscheinlichkeit eines ledigen y-Jährigen, zwischen den
Altern y und y + 1 zu heiraten

d_x = Anzahl der Toten zwischen den Altern x und x + 1

l_x = Anzahl der Lebenden des Alters x

$$D_x = l_x v^x; \qquad N_x = \sum_j D_{x+j}$$

(Summation über j stets mit j = 0,1,...,ω-x)

$$D_{xx} = l_x l_x v^x; \qquad N_{xx} = \sum_j D_{x+j,x+j}$$

$$a_x = \frac{N_x}{D_x}; \qquad a_{x,n^\daleth} = \frac{N_x - N_{x+n}}{D_x}$$

$$a_{xx} = \frac{N_{xx}}{D_{xx}}; \qquad a_{xx,n^\daleth} = \frac{N_{xx} - N_{x+n,x+n}}{D_{xx}}$$

h_y = Anzahl der vom Alter y bis zum Alter y + 1 heiratenden Ledigen

d_y' = Anzahl der vom Alter y bis zum Alter y + 1 gestorbenen Ledigen

l_y' = Anzahl der verbleibenden Ledigen im Alter y

$$h_y = l_y' \cdot w_y$$

$$d_y' = l_y' \cdot q_y$$

$$l_{y+1}' = l_y' - d_y' - h_y$$

$$D_y' = l_y' v^y; \qquad N_y' = \sum_i D_{y+1}'$$

(Summation über i stets mit i = 0,1,...,24 - y)

$$D_{xy}' = l_x D_y'; \qquad N_{xy}' = \sum_i D_{x+1,y+i}'$$

$$a_y' = \frac{N_y'}{D_y'}; \qquad a_{xy}' = \frac{N_{xy}'}{D_{xy}'}$$

$$M_{xy}' = \sum_i l_{x+i} d_{y+i}' v^{y+i+1}; \qquad R_{xy}' = \sum_i M_{x+i,y+i}'$$

$$T_{xy} = \frac{M_{xy}'}{D_{xy}'}; \qquad \overline{T}_{xy} = \frac{R_{xy}'}{D_{xy}'}$$

$$H_y = \sum_i h_{y+i} v^{y+i+1};$$

8   ÜBERSCHUSS

8.1 ÜBERSCHUSSERMITTLUNG

Im Kreis
Manche gehen gradlinig vorwärts.
Das wird empfohlen. Ich gehe im Kreis.
Das wird nicht sehr geschätzt,
aber es hat den Vorteil,
daß ich Ziele erreiche, die hinter mir liegen.
Klaus Wessels, Sage und schreibe.

Jeder Kaufmann möchte wissen, wie groß der Gewinn ist, den er in
einer gewissen Periode mit seinem Unternehmen erwirtschaftete. Als
Gewinn bezeichnet man die Differenz zwischen der Summe der Erträge
in dieser Periode und der Summe der Aufwendungen in dieser Periode.
Falls diese Differenz positiv ist, spricht man von einem Gewinn,
andernfalls bezeichnet man diese Differenz als Verlust. Bereits in
dem Bilanzschema (4.) haben wir gesehen, daß Gewinne bzw. Verluste
ausgewiesen werden. Neben dem Eigeninteresse wird der Kaufmann aber
auch durch einschlägige Gesetze zur Ermittlung seines Gewinns ge-
drängt.

Die Gewinnermittlung erfolgt durch eine Gewinn- und Verlustrechnung
(G.u.V.). Zusammen mit der Bilanz bildet die G.u.V. den Jahresabschluß eines Unternehmens (§ 148 Aktiengesetz).

8.1.1 Überschußermittlung bei LVU

Zunächst gilt wie für die Bilanz, daß auch die G.u.V. gewissen Mindestanforderungen, die die Versicherungsaufsicht stellt, genügen muß.
Das betrifft zunächst die Form der G.u.V.. Das derzeit gültige
Schema für eine G.u.V. für unter Bundesaufsicht stehende LVU ist auf
den folgenden Seiten abgebildet.

Bemerkenswert ist aber eine Besonderheit bei LVU. Als Gewinn definierten wir die Differenz aus der Summe der Erträge und der Summe
der Aufwendungen. Ein Industrieunternehmer etwa kann in der Regel
diesen Gewinn nach eigenem Gutdünken verwenden: Er kann den Gewinn
in seinem Unternehmen investieren oder privat verbrauchen.

Anders ist die Situation bei den LVU. Hier entsteht ein Großteil des
Gewinns aufgrund aufsichtsamtlicher Erfordernisse: So verlangt die
Versicherungsaufsicht zur Sicherung der dauernden Erfüllbarkeit der
Verträge, daß die LVU mit Rechnungsgrundlagen erster Ordnung kalku-

lieren. Nun sind die Rechnungsgrundlagen so vorsichtig gewählt, daß
wegen der vorsichtig kalkulierten Annahmen über Sterblichkeit, Zins
und Kosten beträchtliche Gewinne bei den LVU anfallen. Die Gewinne
schwankten in den letzten Jahren bei den meisten Unternehmen zwischen 30 % und 50 % der gesamten Buttoeinnahmen.

Es ist einleuchtend, daß diese Gewinne, die "staatlich verordnet"
sind, nicht dem Unternehmen zur freien Disposition stehen. Die Versicherungsaufsicht muß dann auch dafür sorgen, daß die hohen Überschüsse wieder zu einem Großteil den VN gutgeschrieben werden.

Ein kleiner Teil des Gewinns steht auch den Aktionären zu, die einen
Anspruch auf Dividende aus dem Gewinn besitzen.

Der vom VU ermittelte Überschuß wird nun in zwei Komponenten zerlegt:
Ein Teil steht dem Unternehmer zur Verfügung und wird am Ende der
G.u.V. ausgewiesen. Ein zweiter, größerer Teil steht den VN zu und
wird in die Position "Rückstellung für Beitragsrückerstattung" (RfB)
eingestellt.

Die RfB hat im wesentlichen zwei Funktionen:

Zum einen kann in einem Jahr, in dem ein Verlust ausgewiesen werden muß, dieser durch Mittel aus der RfB gedeckt werden. Dieser Fall
hat derzeit keine praktische Bedeutung. Zum anderen werden aus der
RfB Mittel entnommen, um sie dem VN (individuell) gutzuschreiben.
In der Regel werden die Mittel aus der RfB herausgenommen (bis dahin gehören sie keinem einzigen VN, d.h. kein VN kann auf Mittel
aus der RfB bestehen, solange sie ihm nicht zugeteilt werden) und
einem Konto des VN gutgeschrieben (von da ab hat der VN einen Anspruch auf seinen Überschuß).

Wie das "einem Konto des VN gutschreiben" aussieht, behandeln wir
unter der Überschrift "Überschußverteilungssysteme".

Seit 1984 gibt es eine weitere Komponente als Überschuß: Da die RfB
bei den LVU als Schwankungsreserve nicht benötigt wird, ist bei derart hohen Überschüssen nicht einzusehen, weshalb die individuell
vom VN erwirtschafteten Überschüsse ihm erst entzogen werden durch

L II

Posten

1. Beiträge einschließlich Nebenleistungen ....

2. Beiträge aus der Rückstellung für Beitragsrückerstattung ....

3. Veränderung der Beitragsüberträge ....

4. Erträge aus der Verminderung versicherungstechnischer Rückstellungen, soweit sie nicht zu Nummer 3 gehören:
    a) Deckungsrückstellung ....
    b) übrige Rückstellungen ....

5. Erträge aus Kapitalanlagen:
    a) Erträge aus Grundstücken und grundstücksgleichen Rechten ....
       davon aus eigener Nutzung: DM ....
    b) Erträge aus Beteiligungen ....
    c) Erträge aus Gewinngemeinschaften, Gewinnabführungs- und Teilgewinnabführungsverträgen
    d) Zinsen und ähnliche Erträge ....
    e) Erträge aus dem Abgang von Kapitalanlagen, aus Zuschreibungen und aus der Auflösung von Wertberichtigungen zu Kapitalanlagen ....

6. Erträge aus dem in Rückdeckung gegebenen Versicherungsgeschäft:
    a) Vergütungen der Rückversicherer für Versicherungsfälle und Rückkäufe ....
    b) sonstige ....

7. sonstige versicherungstechnische Erträge ....

Zwischensumme 1 ....

8. Aufwendungen für Versicherungsfälle (einschließlich Regulierungsaufwendungen) ....

9. Aufwendungen für Rückkäufe (einschließlich Regulierungsaufwendungen) ....

10. Aufwendungen für Beitragsrückerstattung ....

11. Aufwendungen aus der Erhöhung versicherungstechnischer Rückstellungen, soweit sie nicht zu Nummer 3 gehören:
    a) Deckungsrückstellung ....
    b) übrige Rückstellungen ....

12. Aufwendungen für rechnungsmäßig gedeckte Abschlußkosten ....

13. Aufwendungen für den Versicherungsbetrieb:
    a) Aufwendungen für Abschlußkosten, soweit sie nicht zu Nummer 12 gehören ....
    b) sonstige ....

14. Aufwendungen für Kapitalanlagen:
    a) Abschreibungen und Wertberichtigungen ....
    b) Aufwendungen aus Verlustübernahme ....
    c) Verluste aus dem Abgang von Kapitalanlagen ....
    d) Verwaltungsaufwendungen und sonstige ....

15. Rückversicherungsbeiträge ....

16. sonstige versicherungstechnische Aufwendungen ....

Zwischensumme 2 ....

L II

Posten	gesamtes Versicherungsgeschäft	
	DM	DM

17. Erträge aus der Herabsetzung bzw. Auflösung von

   a) Pauschalwertberichtigungen zu Forderungen, soweit sie nicht zu Nummer 5 Buchstabe e gehören ....

   b) nichtversicherungstechnischen Rückstellungen ....

   c) Sonderposten mit Rücklageanteil ....

18. sonstige Erträge ....

   davon außerordentliche: DM ....

19. Erträge aus Verlustübernahme ....

                                Zwischensumme 3 ....

20. Aufwendungen für Altersversorgung und Unterstützung ....

21. sonstige Abschreibungen und Wertberichtigungen ....

22. Zinsen und ähnliche Aufwendungen, soweit sie nicht zu Nummer 16 gehören ....

23. Steuern

   a) vom Einkommen, vom Ertrag und vom Vermögen ....

   b) sonstige ....

24. Einstellungen in Sonderposten mit Rücklageanteil ....

25. sonstige Aufwendungen ....

26. auf Grund einer Gewinngemeinschaft, eines Gewinnabführungs- und eines Teilgewinnabführungsvertrages abgeführte Gewinne ....

27. Jahresüberschuß/Jahresfehlbetrag ....

28. Gewinnvortrag/Verlustvortrag aus dem Vorjahr ....

29. Entnahmen aus offenen Rücklagen

   a) aus der gesetzlichen Rücklage [1]) ....

   b) aus freien Rücklagen ....

30. Einstellungen aus dem Jahresüberschuß in offene Rücklagen

   a) in die gesetzliche Rücklage [1]) ....

   b) in freie Rücklagen ....

31. Bilanzgewinn/Bilanzverlust ....

---

[1]) Bei Versicherungsvereinen auf Gegenseitigkeit: Verlustrücklage gemäß § 37 VAG,
bei öffentlich-rechtlichen Versicherungsanstalten: Sicherheitsrücklage

Abb. 16: Muster G.u.V. nach Rechnungslegungsverordnung

eine Einstellung in die RfB, um sie ihm mit einer ein- bis zwei-
jährigen Verzögerung wieder gutzuschreiben. Man stellt daher jetzt
einen geringeren Teil in die RfB und verbucht noch im Geschäftsjahr
den anderen Teil, der früher in die RfB gebucht worden wäre, direkt
auf die Konten der VN. Dieses Verfahren heißt Direktgutschrift.

Die VU haben sich verpflichtet, mindestens 90 % vom gesamten Überschuß den VN durch Zuweisungen zur RfB und durch die Direktgutschrift gutzuschreiben. Tatsächlich erhalten die VN aber im Branchendurchschnitt über 98 % des Überschusses.

8.1.2 Gewinnzerlegung

Die im vorigen Absatz vorgestellte G.u.V. wird zusammen mit der Bilanz von den VU jährlich im Geschäftsbericht veröffentlicht. Diese
Ermittlung des Gewinns steht somit der interessierten Öffentlichkeit,
demnach auch der Konkurrenz, zur Einsichtnahme zur Verfügung.

Die Unternehmensleiter sind aber an einer weiteren Analyse ihres Gewinns interessiert. Auch die Versicherungsaufsicht möchte wissen,
wie sich der Gewinn zusammensetzt. Daher müssen die unter Bundesaufsicht stehenden LVU ihre G.u.V. weiter aufschlüsseln, und diese
erweiterte G.u.V., interne Rechnungslegung, dem BAV vorlegen. Veröffentlicht wird diese Analyse nicht.

Der Gesamtgewinn des Unternehmens wird nach zwei Hauptkriterien zerlegt:
1) Zerlegung des Gewinns nach Teilbeständen,
2) Zerlegung des Gewinns nach Ergebnisquellen.

8.1.2.1 Zerlegung des Gewinns nach Teilbeständen

Der gesamte Bestand an Vverträgen wird partitioniert in Klassen. Jede Zerlegungsklasse heißt *Abrechnungsverband (AV)*. Die Einteilung des
Bestandes in AV ist unternehmensabhängig, mit einigen aufsichtsbe-
hördlichen Einschränkungen.

Vverträge des gleichen Tarifs werden in einem AV geführt. Eine Einteilung des Bestandes in AV kann etwa wie folgt aussehen:

AV Großleben: Sämtliche kapitalbildende Versicherungen auf den To-
des- und Erlebensfall. Verträge mit einer alten Sterbetafel
können separat abgerechnet werden. Risikoversicherungen.

AV Vermögensbildende V: Vverträge, die nach dem 624,-- DM-Gesetz
(936,--DM-Gesetz) abgeschlossen wurden, werden separat abgerechnet, da sich diese Verträge in einigen Punkten von den gewöhnlichen kapitalbildenden V unterscheiden, z.B. in den Kosten-
zuschlägen.

AV Renten: RentenV. Unterschiedliche Rechnungsgrundlagen "Sterblichkeit" bei Renten und kapitalbildende V.

AV Fondsgebundene LV: Unterschied bei den Kapitalanlagen.

AV Sondertarife: Gruppensondertarife haben niedrigere Kostenzuschläge
als Einzelverträge: möglicherweise unterteilen in kapitalbildende V und RentenV.

AV für spezielle Tarife: V ohne ärztliche Untersuchung, Restschuld
V, FremdwährungsV etc..

Jeder einzelne AV wird nun behandelt wie ein VU. Es werden für jeden
AV die Erträge und Aufwendungen ermittelt und eine eigene G.u.V. erstellt. Jeder AV erhält somit durch Aufstellung einer eigenen G.u.V.
seinen Überschuß, der zu mindestens 90 % den VN gutgebucht werden
muß.

Die Summe der Gewinne der einzelnen AV muß gleich dem Gesamtgewinn
des VU sein.

8.1.2.2 Zerlegung des Gewinns nach Ergebnisquellen

Die folgenden Gewinn- und Verlustquellen tragen zum Gesamtgewinn
oder -verlust eines AV bzw. des VU bei:

1) Risikoergebnis: Da die Todes- und Erlebensfalleistungen zufällige
Ereignisse sind, die von den Erwartungswerten abweichen können,
entstehen durch die Abweichungen von den Erwartungswerten Risi-

kogewinne oder Verluste.

Beim Todesfallrisiko entstehen heute Risikogewinne, beim Erlebensfallrisiko entstehen gelegentlich Verluste, die allerdings durch die hohen Todesfallgewinne kompensiert werden. Kleinere "Nebenrisiken" (Heiratsrisiko, Unfallrisiko, Invaliditätsrisiko) können ebenfalls zu Verlusten führen, werden aber von den hohen Gewinnen aus dem Todesfallrisiko kompensiert.

2) Kapitalergebnis:

a) Zinsergebnis: Die Differenz aus dem tatsächlich erwirtschafteten Zins und dem Rechnungszins führt, falls positiv, zu einem Gewinn, falls negativ, zu einem Verlust.

Da der Durchschnittszins bei den LVU bei etwa 7,6 % liegt, erwirtschaften die Unternehmen beachtliche Zinsgewinne. Diese Gewinnquelle ist heute die bedeutenste.

b) Ergebnis aus Kapitalanlagen: Da die Kapitalanlagen des VU (Aktiva!) jährlich zum Bilanzstichtag neu bewertet werden, ergeben sich Buchgewinne oder Verluste. Gewinn oder Verlust aus diesen beiden Quellen faßt man zusammen zu dem Kapitalgewinn oder -verlust.

3) Stornoergebnis: Durch das Storno eines Vertrages können Gewinne oder Verluste entstehen. Kündigt ein VN seine gemischte V kurz nach Vertragsabschluß, so entstehen dem VU Verluste, da der VN ein negatives DK hinterläßt. Kündigt der Kunde allerdings kurz vor Vertragsende, so entstehen möglicherweise beträchtliche Gewinne, da dem Kunden von seinem DK ein Stornoabschlag abgezogen wird, sofern er nicht älter als 60 Jahre ist.

Diese Ergebnisquelle führt in der Regel zu Verlusten, da das Frühstorno (Storno bei negativem DK) das Spätstorno meist überwiegt. Die Situation kann allerdings in den einzelnen AV recht unterschiedlich sein.

4) Kostenergebnis:

a) Abschlußkosten: Die Differenz aus den eingerechneten Abschlußkosten und den tatsächlich entstandenen Abschlußkosten ergibt das Abschlußkostenergebnis. Bei den meisten Un-

unternehmen ist das eine Verlustquelle, insbesondere bei
expandierenden Unternehmen.

    b) Laufende Verwaltungskosten: Hier wird die Differenz aus den
       Beitragsteilen für die Kosten (β- und γ-Anteil, Stückkosten
       zuschläge) und den tatsächlich entstandenen Kosten gebil-
       det. Dies ist im Branchendurchschnitt eine Gewinnquelle.

5) RückV-Ergebnis: Ein Teil des Geschäfts wird an RückV weiterge-
    geben. Die Abrechnung aus diesen Verträgen führt zu Gewinnen
    oder Verlusten, meist zu sehr geringen Verlusten.

6) Sonstiges Ergebnis: Hier werden die Einnahmen und Ausgaben er-
    faßt, die nicht unter die anderen Positionen subsummierbar
    sind (Abschreibungen auf Vertreterprovisionen, Steuern etc.)

7) Eine weitere denkbare Ergebnisquelle, die aber in Deutschland
    keine Rolle spielt, ist die Abrechnung aus Gewinnzuschlägen.
    Wenn Prämien nach Rechnungsgrundlagen zweiter Ordnung kalku-
    liert werden, dann werden gelegentlich Gewinnzuschläge in die
    Prämien eingerechnet, um den VN einen Gewinnanteil zahlen zu
    können.

Um die Ergebnisse der einzelnen Gewinnquellen zu ermitteln, müssen
sämtliche Beiträge zerlegt werden nach Risikoanteil, Sparprämie und
Kostenanteil.

In der Abb. 18 wird zunächst dargestellt, wie entsprechend der
Nachweisung (Nw) 191 die Beiträge zerlegt werden. In der Abb. 19
Nw 192 ist exemplarisch angegeben, wie das Sterblichkeitsrisiko
ermittelt wird. In der Nw 190 (Abb. 17) werden dann für jeden AV
und für den Gesamtbestand die Ergebnisse der einzelnen Nw zusammen-
getragen, und der Rohüberschuß ermittelt.

selbst abgeschlossenes Versicherungsgeschäft:			Ergebnis
Risiko:			
Sterblichkeit	192	01	
sonstiges	193	02	
Kapitalanlagen:			
Zins	194²)	03	
übriges	194³)	04	
Summe der Zeilen 01 bis 04:		05	
vorzeitiger Abgang:	195⁴)	06	
Kosten:			
Abschluß	196	07	
laufende Verwaltung	197	08	
Rückversicherung:			
Sterblichkeit	198⁵)	09	
übriges	198⁶)	10	
sonstiges Ergebnis	199	11	
in Rückdeckung übernommenes Versicherungsgeschäft	150⁷)	12	
Rohüberschuß/Rohfehlbetrag	150⁸)	13	
davon Zuweisung an die Rückstellung für Beitragsrückerstattung	150⁹)	14	
Rückerstattungsquote		15	

Abb. 17: Muster der Nw 190 nach
Interner Rechnungslegung

Sparbeiträge [1][2] – Nw. 191 Z. 13[3] –	01
Risikobeiträge [1][4] für das	
Todesfallrisiko bei Kapitalversicherungen mit Todesfallcharakter – Nw. 192 Z. 07 – . . .	02
sonstige Risiko – Nw. 193 Z. 07 –	03
Beitragszuschläge für laufende Verwaltungskosten (ohne Ratenzuschläge) [1] – Nw. 197 Z. 09 –	04
Ratenzuschläge [1]	
für das Todesfallrisiko[5] – Nw. 192 Z. 10 –	05
für das sonstige Risiko[6] – Nw. 193 Z. 10 –	06
für Zinsausfall – Nw. 194 Z. 02 –	07
für Verwaltungskosten – Nw. 197 Z. 10 –	08
Abschlußkostenzuschläge der Versicherungen gegen Einmalbeitrag[1] – Nw. 196 Z. 08 – . .	09
laufende Amortisationszuschläge[1][7] – Nw. 196 Z. 09 –	10
Sonstiges[8]	11
verdiente Brutto-Beiträge[2] – Fb. 150 Z. 005 Sp. 2 zuzüglich Z. 006 Sp. 2 –	12

Abb. 18: Muster der Nw 191 nach der
Internen Rechnungslegung

Nw 192

Aufwendungen für Todesfälle des Geschäftsjahrs (ohne Regulierungsaufwendungen) – Fb. 150 Z. 200, 202 Sp. 1 T	01	
Aufwendungen aus der Erhöhung der Deckungsrückstellung sowie aus der Verminderung der aktivierten Ansprüche für geleistete, rechnungsmäßig gedeckte Abschlußkosten durch Eintritt des Todesfalls – Nw. 191 Z. 15 –	02	+
freigewordene Deckungsrückstellung abzüglich der Aufwendungen aus der Verminderung der aktivierten Ansprüche für geleistete, rechnungsmäßig gedeckte Abschlußkosten für Todesfälle – Nw. 191 Z. 17 –	03	–
Ergebnis aus der Abwicklung der Rückstellung für noch nicht abgewickelte Versicherungsfälle des Vorjahrs, soweit sie Todesfälle betrifft (ohne Regulierungsaufwendungen) – Fb. 150 Z. 204 Sp. 2 T –	04	±
Sonstiges	05	+
tatsächlicher Aufwand für Sterblichkeit	06	=
Risikobeiträge des Geschäftsjahrs: aus den Beiträgen – Nw. 191 Z. 02 –	07	
aus der Deckungsrückstellung – Nw. 191 Z. 22 –	08	+
rechnungsmäßige Zinsen auf Risikobeiträge – Nw. 194 Z. 11 –	09	+
Ratenzuschläge für das Todesfallrisiko – Nw. 191 Z. 05 –	10	+
Sonstiges	11	+
rechnungsmäßiger Ertrag zur Deckung der Sterblichkeit	12	=
Sterblichkeitsergebnis (Z. 12 abzüglich Z. 06)	13	
Relationen (Z. 06 in vH von Z. 12)		%
Geschäftsjahr	14	
1. Vorjahr	15	
2. Vorjahr	16	

Abb. 19: Muster der Nw 192 nach Interner Rechnungslegung

8.2 DIE ÜBERSCHÜSSE DER LVU (BRANCHENERGEBNISSE) DER LETZTEN JAHRE

Ertragslage aus dem Geschäftsbericht 1984 des BAV [23]

In den Geschäftsjahren 1980 bis 1983 sind die Ergebnisse der unter
Bundesaufsicht stehenden Lebensversicherungsunternehmen (einschl.
des deutschen Versicherungsgeschäfts der Niederlassungen ausländischer LVU) auf folgende Entstehungsgründe zurückzuführen (jeweils
im Verhältnis zu den verdienten Brutto-Beiträgen des gesamten Versicherungsgeschäfts, ohne Beiträge aus der Rückstellung für Beitragsrückerstattung und ohne Nebenleistungen der Versicherungsnehmer):

Ergebnisquellen	1980	1981	1982	1983
Risiko	9,8	9,7	9,6	10,0
Kapitalanlagen	25,5	29,8	35,6	38,2
Abschlußkosten	- 5,5	- 5,1	- 5,5	- 5,0
lfd. Verwaltungs- kosten	3,6	4,0	4,1	4,0
Rückversicherung	- 0,4	- 0,5	- 0,4	- 0,5
sonstiges Ergebnis	- 0,9	- 1,3	- 1,9	- 1,6
Gesamtergebnis	32,1	36,6	41,5	45,1

Das positive Ergebnis aus Kapitalanlagen hat weiter an Gewicht gewonnen; es trägt nunmehr zu fast 85 % zum Gesamtergebnis bei. Diese Entwicklung ist zum einen auf die stetig wachsenden und älter
werdenden Versicherungsbestände mit entsprechend zunehmenden Kapitalanlagen und Kapitalerträgen zurückzuführen. Zum anderen waren im
Geschäftsjahr 1983 augenfällig höhere Erträge aus dem Abgang von Kapitalanlagen und aus Zuschreibungen zu verzeichnen.

Der negative Saldo aus dem Abschlußkostenverlust und dem Überschuß
aus den Verwaltungskostenbeiträgen gegenüber den tatsächlichen Aufwendungen für die Verwaltung der Versicherungsbestände hat sich weiter vermindert, so daß der Gesamtverlust aus dem Kostenbereich wieder zurückgegangen ist und den Rohüberschuß nur noch in geringerem
Maße schmälert.

Rohüberschuß

Die Rohüberschüsse der unter Bundesaufsicht stehenden deutschen Lebensversicherungsunternehmen sind auch im Geschäftsjahr 1984 weiter ge-
stiegen; sie betrugen 15,2 Mrd. DM nach 14,0 Mrd. DM in 1983.

Rohüberschuß in diesem Sinne ist der Überschuß der Erträge über die
Aufwendungen einschließlich derjenigen für Steuern vom Einkommen, Ertrag und Vermögen, jedoch vor den Aufwendungen für die Direktgutschrift von Überschußanteilen an die Versicherungsnehmer und vor den
Aufwendungen für Beitragsrückerstattung (Zuweisung zur RfB).

Im Verhältnis zu den verdienten Brutto-Beiträgen einschließlich der
Nebenleistungen der Versicherungsnehmer (ohne Beiträge aus der Rückstellung für Beitragsrückerstattung) machten die Rohüberschüsse
48,3 % nach 45,4 % im Geschäftsjahr 1983, 41,8 % in 1982 und 36,7 %
in 1981 aus. Damit ist der Umfang der Rohüberschüsse an den Beiträgen gemessen weiter stetig gewachsen. Die Ergebnisse der einzelnen
Lebensversicherungsunternehmen weichen - u.a. bedingt durch das unterschiedliche Alter und die verschiedenartige Zusammensetzung der
Versicherungsbestände - teilweise erheblich von den genannten Bran-
chenmittelwerten ab.

Der weitaus größte Teil der Rohüberschüsse ist auf Zinsgewinne - der
Differenz zwischen rechnungsmäßig kalkulierten und tatsächlich erwirtschafteten Zinsen - und auf übrige Gewinne aus Kapitalanlagen,
u.a. Realisierung stiller Reserven, zurückzuführen. Die danach be-
deutendste Gewinnquelle ist der Überschuß aus den Risikobeiträgen;
der Sterblichkeitsverlauf und der Verlauf sonstiger Risiken war
günstiger als erwartet.

Die tatsächlichen Abschlußkosten überstiegen die rechnungsmäßig zur
Verfügung stehenden Beträge, so daß sich hieraus Verluste ergaben;
diese wurden jedoch weitgehend durch die gegenüber den eingerechneten Zuschlägen für die Kosten der laufenden Verwaltung geringeren
tatsächlichen Aufwendungen ausgeglichen.

Zu dem erhöhten Risikoüberschuß haben ein leicht verbessertes Ergebnis aus der Sterblichkeit, aber auch das günstigere Ergebnis aus
sonstigen Risiken, z.B. der Berufsunfähigkeitsversicherung beigetragen.

Deutlich verringerte sich der Verlust aus dem vorzeitigen Abgang
von Versicherungen, so daß sich beim sonstigen Ergebnis, das auch
die Ergebnisse aus der passiven Rückversicherung und aus übrigen
Gründen umfaßt, gegenüber dem Vorjahr ein gesunkener Verlust ergab.

8.3 DIE KONTRIBUTIONSFORMEL

In 8.1.1 haben wir den Gewinn des Gesamtbestandes ermittelt, in
8.1.2 haben wir dann den Gewinn aufgeteilt auf Abrechnungsverbände
und die Gewinnquellen untersucht.

Hat man detaillierte Kenntnisse über die Rechnungsgrundlagen zweiter Ordnung, so kann man auch individuell den Überschuß pro Police
ermitteln und nach seinen Ursachen aufteilen.

Nehmen wir zunächst an, daß Untersuchungen über den tatsächlichen
Verlauf der Sterblichkeit angestellt wurden. q'_x sei dann die Sterbewahrscheinlichkeit für einen x-Jährigen im Bestand. Die sich daraus
ergebende Sterbetafel sei l'_0, l'_1, l'_2,... . Der erwirtschaftete Zins
sei i'. K^x_m seien die tatsächlich entstandenen Kosten für eine Police
eines VN mit Beitrittsalter x im m-ten Vjahr. Zu berücksichtigen ist
hierbei eventuell noch die VS, da die entstandenen Kosten nicht proportional zur VS sein werden.

Für einen VN mit Beitrittsalter x und Vdauer n seien zu einem gegebenen Vtarif die Spektren E, T, B und P^Z gegeben (s. Abschnitt 4)
mit

B^x_m ist der Bruttobeitrag im m-ten Vjahr,

P^x_m ist die Zillmerprämie im m-ten Vjahr,

E^x_m ist die Erlebensfalleistung zum Ende des m-ten Vjahres,

T^x_m ist die Todesfalleistung zum Ende des m-ten Vjahres.

q_x, l_x, i, α, β, γ und σ sind die Rechnungsgrundlagen erster Ordnung, mit denen die Beiträge und die Reserven berechnet wurden.

q'_x, l'_x, i', K^x_m sind die Rechnungsgrundlagen zweiter Ordnung.

Für die Einnahmen E'_m aus dem m-ten Vjahr, aufgezinst auf das Jahresende, gilt

$$(1) \quad E'_m = (_{m-1}V_x + B^x_m)(1 + i'),$$

für die Ausgaben A'_m erhalten wir

$$(2) \quad A'_m = (1 - q'_{x+m}) \, E^x_m + q'_{x+m} \cdot T^x_m + K^x_m (1 + i') + (1 - q'_{x+m}) \, _mV_x.$$

Die Differenz

$$(3) \quad g^x_m = E'_m - A'_m$$

ist dann der Gewinn (falls positiv, sonst Verlust) des VN im m-ten Vjahr.

Sind die Erwartungswerte nach Rechnungsgrundlagen erster Ordnung eingetroffen, so ist der Gewinn 0 und es gilt mit

$$(4) \quad E_m = (_{m-1}V_x + B^x_m)(1 + i)$$

und

$$(5) \quad A_m = (1 - q_{x+m}) \, E^x_m + q_{x+m} \cdot T^x_m + (B^x_m - P^{x,z}_m)(1 + i) + (1 - q_{x+m}) \, _mV_x,$$

$$(6) \quad 0 = E_m - A_m.$$

Subtrahieren wir (6) von (3), so erhalten wir

$$(7) \quad g^x_m = E'_m - E_m + A_m - A'_m$$

$$= (_{m-1}V_x + B^x_m)\Big[(1 + i') - (1 + i)\Big] +$$

$$+ \left[(1 - q_{x+m}) \, E_m^x + q_{x+m} \cdot T_m^x + (B_m^x - P_m^{x,z})(1 + i) + (1 - q_{x+m}) \, _mV_x \right] -$$

$$- \left[(1 - q'_{x+m}) \, E_m^x + q'_{x+m} \cdot T_m^x + K_m^x (1 + i') + (1 - q'_{x+m}) \, _mV_x \right]$$

$$= (_{m-1}V_x + B_m^x)(i' - i) + E_m^x (q'_{x+m} - q_{x+m}) + T_m^x (q_{x+m} - q'_{x+m}) +$$

$$+ (B_m^x - P_m^{x,z})(1 + i) - K_m^x (1 + i') + (q'_{x+m} - q_{x+m}) \, _mV_x.$$

Wir können nur den Gesamtgewinn g_m^x aufteilen in einen Zinsgewinn $g_m^{x,z}$, einen Risikogewinn $g_m^{x,R}$ und einen Kostengewinn $g_m^{x,K}$ wie folgt:

$$(8) \quad g_m^{x,R} = (q_{x+m} - q'_{x+m})(T_m^x - E_m^x - _mV_x),$$

$$(9) \quad g_m^{x,K} = (B_m^x - P_m^{x,z} - K_m^x)(1 + i),$$

$$(10) \quad g_m^{x,z} = (_{m-1}V_x + B_m^x - K_m^x)(i' - i).$$

Gleichung (7) nennt man *Kontributionsformel*.

Bemerkung:

1.) Wir haben hier die erwarteten Gewinne zum Jahresende pro VN am Anfang des Vjahres ermittelt. Dies ist dann erforderlich, wenn am Jahresanfang der erwartete Gewinn ausgeschüttet werden soll. Häufiger aber möchte man am Jahresende den erwirtschafteten Gewinn pro (lebenden) VN wissen. Dann müssen in den Gleichungen (3) und (7) bis (10) die linken Seiten jeweils mit $(1 - q'_{x+m})$ multipliziert werden, die Gewinne pro VN werden demnach größer.

2.) Wir haben nichts darüber gesagt, wie die Kosten K_m^x ermittelt wurden. Die Kostenermittlung ist häufig eine Domäne der Betriebswirte, aber auch Mathematiker werden mit solchen Aufgaben betraut. Diese Probleme sollen aber nicht Gegenstand dieses Buches sein.

3.) Bei einer reinen betriebswirtschaftlichen Betrachtung müßten die
Abschlußkosten in der Kontributionsformel im ersten Jahr in voller
Höhe als Kosten angesetzt werden, und demnach muß der Betrag K_1^x, ver-
glichen mit den folgenden Werten K_i^x, sehr hoch sein.

Das aber ist aus der Sicht des Aktuars falsch. Jeder VN wird über
die Zillmerprämie mit seinen eingerechneten Abschlußkosten belastet.
Die darüber hinausgehenden Kosten muß der gesamte Vbestand gemeinsam tragen, da dieser ein Interesse an Neuabschlüssen hat. Einerseits ist ein absterbender Vbestand zum Ende nicht mehr selbst trag-
fähig (bei einem einzigen VN macht es keinen Sinn mehr mit dem Erwartungswert zu rechnen), andererseits verbessern die Neuzugänge
durch die Selektionswirkung die Sterbewahrscheinlichkeiten im Bestand.

Die Sterbewahrscheinlichkeiten zweiter Ordnung können in großen Beständen ebenso ermittelt werden wie in der Bevölkerung. Allerdings
wählt man hier häufig etwas einfachere Methoden. Z.B. wird die Anzahl der Policen beobachtet. Es kann dabei aber vorkommen, daß ein
VN mehrere Policen besitzt, und sein Überleben bzw. Ableben mehrfach gezählt wird. Die erfaßten Todesfälle sind nicht voneinander
unabhängig.

Einen Überblick über die Problematik der Erstellung einer Vsterbe-
tafel gibt [53].

4.) Zur Feststellung des Zinsgewinns benötigen wir den tatsächlich
erwirtschafteten Zins i', er wird gemeinhin errechnet nach der Zinsformel von Hardy. Es wird dabei angenommen, daß innerhalb eines
Jahres das Kapital einfach verzinst wird, d.h., daß sich das Kapital
innerhalb eines Jahres durch Zinserträge linear ändert.

Es seien:

K_o := Kapital am Jahresanfang

K_1 := Kapital am Jahresende

I := Zinsertrag

$\Delta K := K_1 - K_o$

$\Delta K \cdot \delta :=$ Kapitalzuwachs nach t Zeiteinheiten im Intervall $[t, t + \delta]$

$(0 \leq t \leq 1)$; dieser Zuwachs wird verzinst mit $(1 - t) \cdot j$.

$j \quad :=$ Zinssatz

Es gilt dann

$$(11) \quad I := K_o \cdot j + \int_o^1 \Delta K (1 - t)\, j\, dt.$$

Somit gilt

$$(12) \quad I = K_o j + \frac{1}{2} \Delta K j \; = \frac{j}{2}(2 K_o + K_1 - K_o - I) \rightarrow$$

$$(13) \quad j = \frac{2\,I}{K_o + K_1 - I} \; .$$

(13) heißt *Zinsformel von Hardy*. Der Zinssatz kann danach aus den Bilanzwerten Kapital am Jahresanfang, Kapital am Jahresende und Zinsertrag errechnet werden.

Aufgaben: 1.) Ermitteln Sie die jährlichen Überschüsse einer gemischten V mit Beitrittsalter x, Vdauer n und Beitragszahlungsdauer t unter den folgenden Annahmen:

a) $q! = 0,5 \cdot q.$, q. aus ADSt 60/62 M mod

b) $i' = 0,076$

c)   Kosten: Stückkosten 30,-- DM

   $\gamma' = 2$ ‰ der VS

   $\beta' = 2$ % des Bruttobeitrages.

Rechnungsgrundlagen für Prämien und Reserve: ADSt 60/62 M mod, $i = 0,03$, $\alpha = 35$ ‰, $\beta = 3$ %, $\gamma = 4,25$ ‰, Summenrabatte entsprechend Abschnitt 3, Aufgabe 48.

2.) Vergleichen Sie die Gewinne für unterschiedliche Vsummen und spalten Sie die Gewinne auf nach Zins-, Sterblichkeits- und Kostengewinne.

3.) Modifizieren Sie die Kontributionsformel für unterjährige Zahlweisen. Wie ändern sich die Überschüsse bei den in Aufgabe 1 untersuchten Kombinationen, wenn die Prämien unterjährig gezahlt werden?

4.) Wie ändern sich die jährlichen Überschüsse in 2, wenn wir die folgende Modifikation annehmen:

c') Kosten: I) $\gamma' = 1 \%$ der VS

          II) Stückkosten 30,-- DM

       $\gamma'' = 1 \%$ der VS

       $\beta' = 2 \%$ des Bruttobeteitrages,

die Kostenanteile aus II werden maximiert auf 200,-- DM.

d) Wenn die riskierte Summe größer als 500.000,-- DM im m-ten Vjahr ist, dann wird der die 500.000,-- DM übersteigende Teil des riskierten Kapitals an einen Rückversicherer abgegeben. Aus der Nettoprämie

$$v \cdot q_{x+m} \cdot \text{riskiertes Kapital}$$

entsteht ein erwarteter Verlust von 20 % der Nettoprämie für den RückV.

5.) Rechnen Sie Aufgabe 1 für eine gemischte V gegen Einmalbeitrag. Kosten werden hier wie folgt festgelegt:

    $\alpha' = 45 \%o$
    $\beta' = 0 \%$
    Stückkosten 30,-- DM
    $\gamma' = 2 \%o$ der Vsumme

6.) Rechnen Sie die Aufgabe 1 mit der folgenden Modifikation:

    a) $q_x' = 0,2 \cdot q_x$, q_x aus ADSt 60/62 M mod

b)

$$q'_{x+t} = \begin{cases} 0,7\ q_{x+t}, & q_x \text{ aus ADSt } 60/62 \text{ M mod,} \\ & \text{falls } t \geq 10 \\[2ex] m \cdot q_{x+t}, & m \text{ linear steigend von } 0,2 \text{ bis } 0,7, \\ & \text{falls } t < 10 \end{cases}$$

7.) Ermitteln Sie entsprechend den Angaben aus 1 - 4 den Überschuß einer TermefixV für beitragspflichtige, und nach $0 \leq m \leq n$ Jahren durch Tod des VN beitragsfrei gestellte V.

8.) Errechnen Sie den Überschuß entsprechend 1 für einen Teilauszahlungstarif, sowohl mit gleichbleibender als auch mit fallender Todesfallsumme zu den folgenden Werten:

$n = t = 30$ $20 \leq x \leq 50$

Teilauszahlungen t_1	% der gesamten Erlebensfallsumme
12	20
18	20
24	20
30	40

9.) Wie ändern sich die Überschüsse, wenn die Rechnungsgrundlagen zweiter Ordnung entsprechend 1 (5) gewählt werden, die Bruttoprämie und Reserven aber nach den folgenden Rechnungsgrundlagen erster Ordnung berechnet wurden:

     a) $i = 0,035$
     b) Sterbetafel 81/83
     c) $\alpha = 50\ \%_0$
        $\beta = 6\ \%$
        $\sigma = 30,-- \text{ DM}$
        Zillmersatz $\tilde{\alpha} = 35\ \%_0$?

10.) Geben Sie die Kontributionsformel für die aufgeschobene RentenV an! Ermitteln Sie einige Kontributionsgewinne nach:

I) Rechnungsgrundlagen erster Ordnung:

   a) $i = 0,03$,

   b) ADSt 49/51 M, Altersverschiebung nach Rueff, Selektionsab-
      schlag,

   c) $\alpha = 175$ ‰ der Jahresrente

      $\beta = 3$ % des Beitrages

      $\gamma_1 = 1$ % der Rente während der Vdauer

      $\gamma_2 = 1,5$ % der Rente während der Rentenbezugszeit

II) Rechnungsgrundlagen zweiter Ordnung:

   a) $i' = 0,076$

   b) $0,5\, q_x$, q_x aus ADSt 60/62 M mod,

   c) $\beta' = 2$ %

      $\sigma' = 30,-- $ DM

      Während der Rentenzahlung:

      $\gamma' = 1$ % der Rente

8.4 ÜBERSCHUSS ZUM BILANZTERMIN

In 8.1 und 8.2 haben wir den Überschuß zum Bilanztermin ermittelt. Der Kontributionsgewinn aus 8.3 aber bezieht sich auf das Ende eines Vjahres. Es gibt nun verschiedene Möglichkeiten, die einzelnen Gewinnergebnisse zum Bilanztermin weiter aufzuschlüsseln.

1.) Der Kontributionsgewinn wird einzelvertraglich zum Ende eines jeden Vjahres ermittelt. Die Teilgewinne der beiden Vjahre, die in das Bilanzjahr fallen, werden auf den Bilanztermin auf- bzw. abgezinst.

2.) Es wird angenommen, daß sämtliche Vverträge zum 1.7. bzw. zur Mitte des Bilanzjahres abgeschlossen wurden. Die halben Kontributionsgewinne sind jeweils um ein halbes Jahr auf- bzw. abzuzinsen.

3.) Der Vbeginn der Verträge, die in der ersten Hälfte des Bilanzjahres den Vjahrestag haben, werden auf den ersten Tag des Bilanzjahres mit dem Vbeginn verlegt, die anderen Verträge auf den ersten Tag des folgenden Bilanzjahres.

In den Fällen 2.) und 3.) muß der gesamte Bestand zerlegt werden
in die folgenden Klassen:

A) Vverträge, die das gesamte Bilanzjahr über im Bestand waren
   ohne Änderungen.

   A wird unterteilt in Unterklassen $A(.,.,.)$, $A(T,x,t)$ ist die Menge der Vverträge des Tarifs T, die in A liegen mit Beitrittsalter x und im Bilanzjahr den t-ten Vjahrestag haben.

B) Neuzugang im Bilanzjahr

C) Abgang durch Tod im Bilanzjahr

   C kann unterteilt werden in zwei Teilmengen C_o und C_1 nach

   "Tod vor dem Vjahrestag" und "Tod nach dem Vjahrestag".

D) Abgang durch Storno

   D kann wie C unterteilt werden.

E) Verträge, die das gesamte Bilanzjahr im Bestand waren, bei denen
   aber im Laufe des Jahres eine Vertragsänderung durchgeführt wurde.

8.5 ÜBERSCHUSSVERTEILUNG

Es ist ein Charakteristikum der IndividualV, daß jeder VN für seine
erwarteten Schäden bzw. für die erwarteten Todes- und Erlebensfall-
leistungen und die erwarteten, von ihm verursachten Kosten aufkommt.
Das hat zur Folge, daß andererseits auch jeder VN den von ihm erzeugten erwarteten Gewinn erhalten muß.

Eine gerechte Verteilung des Überschusses ist die *streng natürliche
überschußbeteiligung*. Hierunter wollen wir das Überschußbeteiligungssystem verstehen, bei dem jeweils zum Ende eines Vjahres der Kontributionsgewinn, oder zum Beginn eines Vjahres der erwartete Kontributionsgewinn dem VN gutgeschrieben wird.

Streng natürliche Überschußbeteiligungssysteme sind selten, auf dem deutschen LV-Markt derzeit nicht vorhanden.

Es ist einerseits Intention der Vaufsicht, andererseits eine Folge des Wettbewerbs der LVU auf dem Felde der Überschußbeteiligung, daß durch die Überschußbeteiligungssysteme die Überschüsse möglichst zeitnah und möglichst gerecht an die VN verteilt werden.

Daß die streng natürliche Überschußbeteiligung sich nicht durchgesetzt hat, liegt im wesentlichen an den beiden folgenden Gründen:

1.) Wie wir sahen, wird zunächst ein Großteil der erwirtschafteten Überschüsse der RfB zugewiesen, von dort dann später (gelegentlich viele Jahre später) den VN individuell gutgeschrieben. Um diese Zeitverzögerung in ihren Folgen zu mildern, hat man die Direktgutschrift eingeführt. Danach werden am Ende des Vjahres dem Kunden ein Zinsgewinnanteil von 2 % des Zinsträgers gutgeschrieben. Die anderen Gewinne und die restlichen Zinsgewinne werden wie bisher dem VN über die RfB später gutgeschrieben.

2.) Bei einer gemischten V z.B. entwickeln sich die Gewinne während der Vdauer etwa wie folgt:

a) Die Kostengewinne bleiben konstant oder sinken (inflationsbedingt).

b) Die Risikogewinne fallen, da das riskierte Kapital fällt, und die Selektionswirkung mit wachsender Bestandszugehörigkeit abnimmt.

c) Die Zinsgewinne steigen (bei konstanten Zinssätzen).

Mit zunehmender Vertragsdauer wächst die Bedeutung der Zinsgewinne, während die anderen beiden Gewinnquellen an Bedeutung verlieren.

Bliebe während der gesamten Dauer einer V die Verzinsung der Kapitalanlagen eines VU konstant, so könnten jährlich $100 \cdot (i' - i)$ % Zinsen als Zinsüberschuß auf den Zinsträger gutgeschrieben werden. Da aber die Zinsen konjunkturabhängig schwanken, werden die Zinssätze nicht konstant bleiben. Das ist aber, zumindest in Deutschland ein unerwünschter Effekt, den die LVU vermeiden. Hier möchte

man über längere Zeiträume konstante Zinsfüße für die Ermittlung
der Zinsgewinne ausweisen. Dies geschieht unter anderem aus Wett-
bewerbsgründen.

Teilt man nun dem VN über einen längeren Zeitraum Zinsüberschüsse
aufgrund eines konstanten Zinsfußes zu, so wird man in einigen
Jahren mehr zuweisen, als man erwirtschaftet hat, in anderen
Jahren etwas weniger.

Üblich waren bzw. sind in Deutschland folgende Überschußbeteiligungssysteme:

1.) Mechanische Systeme
   a) Streng mechanisches System. Hierbei wird jährlich ein fester
   Teil des Beitrages an den VN als Überschuß überwiesen. Dieses
   System ist einfach zu handhaben, übersichtlich, leicht für
   den VN nachvollziehbar. Es ist aber weit davon entfernt, gerecht zu sein.

   b) Halbmechanisches System. Es wird jährlich ein Prozentsatz
   der Beitragssumme (Summe der bisher gezahlten Beiträge) als
   Überschuß gewährt. Hier muß der VN schon einige Tasten mehr
   auf seinem Taschenrechner drücken, wenn er seinen Überschuß
   nachrechnen möchte. Allerdings sollte ein durchschnittlich ge-
   bildeter Mensch auch dieses System noch nachvollziehen können.

Beide Systeme sind weit davon entfernt, gerecht zu sein. Bei gewissen Kombinationen aus Beitrittsalter und Vdauer wird man nachwei-
sen können, daß der Barwert der ausgeschütteten Überschüsse etwa
gleich dem Barwert der erwirtschafteten Überschüsse ist. Allerdings
findet man bei extremen Kombinationen aus Beitrittsalter und Vdauer
meist erhebliche Abweichungen. Im Zeitalter der EDV haben derartige Systeme ihre Existenzberechtigung verloren.

2.) Kennzahlsysteme. Hierbei wird für jedes n ein Vektor
$(a_1, a_2, \ldots, a_n)$ definiert, bei dem für ein mittleres Beitrittsalter
x das Deckungskapital $_m V_x^z$ durch a_m approximiert wird. Der Zinsüberschuß wird dann in Prozent von a_m gewährt.

Diese Kennzahlsysteme lassen sich häufig so verfeinern, daß für recht viele Kombinationen aus Beitrittsalter und Vdauer der Reserveverlauf gut durch einen geeigneten Kennzahlvektor approximiert wird. Bei immer weiterer Verfeinerung allerdings werden die Systeme so kompliziert, daß eine Vereinfachung nicht vorhanden ist. Auch diese Systeme haben ihre Existenzberechtigung verloren.

3.) Natürliche Systeme. ·Hier wird ein Zinsgewinnanteil, ein Risiko- und Kostengewinnanteil und ein Schlußgewinnanteil gezahlt.

Der Zinsgewinnanteil wird in Prozent eines aktuellen Reservewertes ermittelt. Der Prozentsatz bleibt möglichst über Jahre hinweg konstant. Beim Zinsträger DK sind Variationen denkbar. So kann die Zillmerprämie addiert werden, oder es wird das arithmetische Mittel aus dem DK $_{m-1}V_x$ und $_mV_x$ gebildet.

Die Risiko- und Kostengewinnanteile werden in Promille der VS an die VN ausgeschüttet. Hierbei wird nicht berücksichtigt, daß diese Gewinnteile mit der Zeit abnehmen. Daher wird gelegentlich auch das riskierte Kapital statt der VS oder die Risikoprämie zugrunde gelegt.

Ein Teil des Risikoüberschusses wird gelegentlich auch über den Todesfallbonus ausgeschüttet. Im Todesfall wird die garantierte Todesfalleistung um einen gewissen Prozentsatz erhöht.

Diese Überschußanteile werden jährlich den VN zugeteilt bzw. der Todesfallbonus wird jährlich zugesagt. Die Überschußanteilsätze werden aber "nicht ganz scharf kalkuliert". Daher sammeln sich Überschüsse der VN im Laufe der Vdauer in den RfB an, die den Kunden nicht zugeteilt wurden. Diese Anteile werden bei Ablauf der Vdauer (gelegentlich auch anteilig bei Tod oder Storno) durch einen Schlußüberschußanteil ausgeschüttet.

Die Überschußanteilsätze (Promille- oder Prozentanteile) werden von allen LVU jährlich im Geschäftsbericht veröffentlicht. Vergleicht man die Sätze von mehreren VU miteinander, so kann es auch bei Gleichheit der Sätze zu unterschiedlichen Ergebnissen kommen. Einerseits sind die Bezugsgrößen für die Überschußanteilsätze nicht

einheitlich. Andererseits unterscheiden sich die Systeme auch durch
den Beginn der Überschußbeteiligung und den Zuteilungszeitpunkt
(Beginn/Ende eines Vjahres/Bilanzjahres).

Aufgaben: 11.) Gegeben sei das folgende Überschußbeteiligungssystem
für gemischte V, TermefixV und Teilauszahlungstarife.

Zuteilung:	Zu Beginn des Vjahres
Beginn:	Ab 2. Vjahr
Direktgut- schrift:	2 % von der Summe aus DK des Vorjahres (Anfang) und Zillmerprämie
Zinsüberschuß- anteil:	2,5 % auf das DK des Vorjahres (Anfang)
Risiko und Kosten:	3 %o der Vsumme
Schlußüber- schußanteil:	$n \cdot p$ %o der Vsumme, n = Vdauer

$$\text{mit } p = \begin{cases} 10, & \text{falls } n \leq 12 \\ 7, & \text{falls } 13 < n \leq 20 \\ 4, & \text{falls } 21 \leq n \end{cases}$$

Ermitteln Sie für einige Tarife und einige Kombinationen aus Beitrittsalter und Vdauer den Verlauf der jährlichen Überschüsse, getrennt nach den einzelnen Komponenten. (Rechnungsgrundlagen für Beiträge und Reserven: ADSt 60/62 M mod, $i = 0{,}03$, $\alpha = 35$ %o, $\beta = 3$ %,
$\gamma = 4{,}25$ %o)

12.) Vergleichen Sie für einige ausgewählte Kombinationen aus Beitrittsalter und Vdauer (auch extreme Kombinationen) die Entwicklung
der erwirtschafteten Überschüsse nach Aufgabe 1, 3 und 6 mit dem
Verlauf der zugeteilten Überschüsse nach Aufgabe 11. Errechnen Sie
den Erwartungswert der Summe der Barwerte der jährlichen Differenzen aus erwirtschafteten Überschüssen und zugeteilten Gewinnen.

13.) Modifizieren Sie Aufgabe 11 wie folgt:

a) Risiko und Kosten: 3 %o des riskierten Kapitals.
b) Es wird ein Todesfallbonus von 20 % gewährt.

14.) Rechnen Sie Aufgabe 12 mit den Modifikationen aus 13.

Hinweis: Sind Bezugsgrößen (DK, riskiertes Kapital) negativ, so
werden keine negativen Überschüsse ausgewiesen. Die entstehende
Komponente ist dann 0 zu setzen.

15.) Wie entwickeln sich die jährlichen Überschüsse in Aufgabe 11,
wenn die Prämien und Reserven nach den folgenden Rechnungsgrundlagen gebildet werden:

a) $i = 0,035$
b) Sterbetafel 81/83
c) $\alpha = 50$ ‰

$\beta = 6$ %

$\sigma = 30,-- $ DM

Zillmersatz $\tilde{\alpha} = 35$ ‰

16.) Vergleichen Sie entsprechend Aufgabe 12 die Entwicklung
der jährlich zugeteilten Überschüsse aus Aufgabe 15 mit
der Entwicklung der jährlich erwirtschafteten Überschüsse, wenn die
Rechnungsgrundlagen zweiter Ordnung entsprechend den Aufgaben 1, 3
und 6 angenommen werden.

17.) Rechnen Sie die Aufgaben 11-17 für gemischte V mit einer jährlichen Steigerung des Vorjahresbeitrages um p %, $5 \leq p \leq 10$.

18.) RentenV (aufgeschobene, sofort beginnende, mit Rentengarantie,
mit Beitragsrückgewähr) werden wie folgt behandelt:

I) Prämien und Reserven

$i = 0,03$

ADSt 49/51 M

$\alpha = 35$ ‰ der 5-fachen Jahresrente

$\beta = 3$ %

$\gamma_1 = 1$ %

$\gamma_2 = 1,5$ %   (entsprechend 3.4)

II) Überschußbeteiligung

Zuteilung: Zu Beginn des Vjähres

Beginn: Ab 2. Vjahr

Direktgutschrift: 2 % von Summe aus DK des Vjahres (Anfang)
                  und Zillmerprämie

Zinsüberschußan-
teil: 2,5 % auf das DK des Vorjahres (Anfang)

Ermitteln Sie die Entwicklung der jährlich zugeteilten Überschußanteile für einige Kombinationen aus Beitrittsalter und Vdauer.

19.) Vergleichen Sie entsprechend 12 die Entwicklung der zugeteilten Überschüsse nach Aufgabe 18 mit der Entwicklung der erwirtschafteten Überschüsse nach Aufgabe 10.

8.6 ÜBERSCHUSSVERWENDUNG

Die dem VN zustehenden Überschüsse werden meist nach einer der folgenden fünf Möglichkeiten zugeteilt:

1.) <u>Barausschüttung.</u> Die Überschüsse werden zum Zuteilungszeitpunkt
an den VN überwiesen (bar oder auf ein Konto).

Dieses Verfahren ist wenig verbreitet, da es mit einem zusätzlichen
Arbeitsgang (Zahlungsüberweisung) verbunden ist.

2.) <u>Verrechnung mit den Beiträgen.</u> Die Überschüsse werden mit der
Beitragszahlung verrechnet. Diese Zuteilung wird bei RisikoV angewendet. Da bei der RisikoV meist nur Risiko- und Kostenüberschüsse
zugeteilt werden, bleiben die Überschüsse die ganze Zeit über konstant. Man kann dann einen festen Beitragsnachlaß gewähren, dieser
Beitragsnachlaß ist dann die Überschußverwendung.

Hierbei gibt es eine Besonderheit. Da der Beitragsnachlaß von Beginn an gewährt werden soll, werden von Beginn der Vdauer an Überschüsse zugeteilt, d.h. es werden am Anfang eines Jahres die erwarteten Überschüsse gezahlt.

3.) <u>Der Todesfallbonus.</u> Es wird jährlich eine erhöhte Todesfall-
leistung zugesagt. Der Todesfallbonus bei der RisikoV ist eine Al-
ternative zu der Verrechnung mit den Beiträgen. Häufig wird er
auch als Zusatzleistung bei gemischten V angeboten.

4.) <u>Verzinsliche Ansammlung.</u> Die Überschüsse werden einem Überschußkonto des VN beim VU gutgeschrieben. Das Geld wird dort wie auf einem Sparkonto verzinst.

5.) <u>Bonussystem.</u> Die Überschüsse werden als Einmalbeitrag für eine
V, eine "ÜberschußV" verwendet, die zum gleichen Zeitpunkt abläuft
wie die StammV. Der Vtarif der ÜberschußV kann gleich sein dem
Vtarif der StammV, es kann aber auch ein anderer Vtarif gewählt
werden (z.B., wenn die StammV ein Teilauszahlungstarif ist, wird
für die ÜberschußVen oftmals die gemischte V gewählt). Die ÜberschußVen sind natürlich auch wieder am Überschuß beteiligt.

6.) <u>Abkürzung der Vdauer.</u> Die Überschüsse werden in das DK gestellt
und behandelt wie eine Zuzahlung zum DK. Der Ablauftermin wird entsprechend der Zuzahlung vorverlegt.

Die verzinsliche Ansammlung und das Bonussystem sind die üblichen
Überschußverteilungsformen bei kapitalbildenden LV.

Bei RentenV wird der Überschuß meist wie folgt verteilt:
Während der Aufschubzeit werden die Überschüsse verzinslich ange-
sammelt. Das Überschußkonto wird zu Beginn der Rentenzahlung als
Einmalbeitrag für eine zusätzliche Rente verwendet.

Im Rentenbezug werden die Überschüsse verwendet, um jährlich die
Rente um einen bestimmten Prozentsatz anzuheben. Alternativ dazu
kann angeboten werden, daß sämtliche erwarteten Rentensteigerungen
von Beginn an berücksichtigt werden. Es wird dann ab Rentenbeginn
eine höhere Rente gezahlt, die dann aber nicht weiter steigt (Ren-
tenzuschlag).

8.7 DIE FINANZIERBARKEIT

Die Überschußanteilsätze können sich jährlich ändern, da sie Jahr
für Jahr neu vom Vorstand eines LVU festgelegt werden.

Das Bestreben der LVU ist es aber, die Überschußanteilsätze über
längere Zeiträume konstant zu halten. Es ist somit möglich, mit
einer gewissen Sicherheit die Entwicklung der künftig zugeteilten
Überschüsse vorherzusagen.

Ein verantwortungsvoller Aktuar muß sich nun fragen, ob ein von ihm angebotenes Überschußverteilungsystem mit den derzeit deklarierten Überschußanteilsätzen bei unveränderter Überschußlage finanzierbar ist.

Es wird angenommen, daß ein VN (x) einen Vvertrag nach einem gegebenen Vtarif über n Jahre abgeschlossen hat. Bekannt seien neben den Rechnungsgrundlagen erster Ordnung zur Berechnung der Beiträge und der Reserven die Rechnungsgrundlagen zweiter Ordnung, mit denen die jährlichen Kontributionsgewinne ermittelt werden. Gegeben sei ein Überschußverteilungsystem U mit den deklarierten Überschußsätzen S. Die Überschußbeteiligung (U,S) ist für (x) *individuell finanzierbar* gdw der Barwert der erwarteten Kontributionsgewinne größer oder gleich dem Barwert der nach (U,S) jährlich zugeteilten Gewinnanteile ist. Die Barwerte werden zum Vertragsbeginn gebildet. Es sei B ein Bestand von Neuabschlüssen der verschiedensten Vtarife. Es seien $U_1,\ldots,U_k$ die Überschußverteilungsysteme und $S_1,\ldots,S_k$ die zu den jeweiligen Überschußverteilungsystemen zugehörenden Überschußsätze. Die Überschußbeteiligung $(U_1,\ldots,U_k; S_1,\ldots,S_k)$ ist für den Bestand B *global finanzierbar* gdw der Barwert der erwarteten Kontributionsgewinne des Bestandes größer oder gleich dem Barwert der nach $(U_1,\ldots,U_k; S_1,\ldots,S_k)$ jährlich zugeteilten Gewinnanteile ist. Auch hier werden die Barwerte zum Vertragsbeginn gerechnet.

Hierzu ist folgendes anzumerken:

1.) Auch wenn die Überschußbeteiligung für einen Bestand global finanzierbar ist, so muß die Überschußbeteiligung keinesfalls für jeden einzelnen Vertrag individuell finanzierbar sein. Beispiele hierfür sind einfach anzugeben.

2.) Auch wenn die Überschußbeteiligung eines Vvertrages individuell finanzierbar ist, so kann dieses System zum Konkurs des LVU führen, wie das folgende triviale Beispiel zeigt: n = 2

Jahr	erzeugte Überschüsse	gezahlte Überschüsse
1	0	4
2	10	4

Kündigen sämtliche VN ihren Vertrag nach einem Jahr, so entstehen
dem VU erhebliche Verluste. Diese Gefahr besteht bei mechanischen
Überschußbeteiligungsystemen.

Wenn ein Bestand an Vverträgen vorhanden ist, wie ist die globale
Finanzierbarkeit in diesem Falle zu definieren? Wie die individuelle Finanzierbarkeit eines jeden einzelnen Vertrages?

Es wäre einfach, wenn die Definitionen der individuellen und der
globalen Finanzierbarkeit nur so abgewandelt werden, daß die Barwerte auf den Zeitpunkt des Finanzierbarkeitsnachweises gebildet
werden. Damit aber erhalten wir ein falsches Bild.

Wie wir sahen, werden Teile der erzeugten Überschüsse der RfB zugewiesen und später den VN gutgeschrieben. Bei dem Nachweis der Finanzierbarkeit einer Überschußbeteiligung werden auch diese bereits
vorhandenen Mittel zu berücksichtigen sein, und zu den erwarteten
künftigen Überschüssen addiert werden.

Die Frage nach einer sinnvollen Definition der Finanzierbarkeit einer Überschußbeteiligung stellte sich, als das BAV die Forderung
aufstellte, daß in der Werbung der künftige Verlauf der Überschußbeteiligung nur dann dargestellt werden darf, wenn durch ein geeignetes Verfahren die Finanzierbarkeit der Überschußbeteiligung
nachweisbar ist. Vorschläge wurden viele unterbreitet ([19], [26],
[27], [28], [29], [31], [32], [39], [40], [51], [52],
[65], [68], [70], [82], [85], [92]). Die Literaturauswahl
zeigt zum einen, wie kontrovers dieses Thema in der Vergangenheit
diskutiert wurde und andererseits, welche Vorschläge für einen sinnvollen Finanzierbarkeitsnachweis unterbreitet wurden.

Es sollen im weiteren einige Ursachen genannt werden, die zu den
Schwierigkeiten führen, einen sinnvollen Finanzierbarkeitsnachweis
zu definieren.

1.) In der oben angegebenen Definition der Finanzierbarkeit werden
die Barwerte der erzielten Überschüsse und der zugeteilten Gewinne
bis zum Vertragsende des einzelnen Vertrages bzw. sämtlicher Verträge gebildet. Im Extremfall müssen demnach Annahmen über die Zins-

entwicklung in den nächsten 100 Jahren getroffen werden. Wie realistisch ist es, mit einem Zinsfuß, der in der Vergangenheit beobachtet wurde oder aus beobachteten Werten gemittelt oder extrapoliert wird, Kapitalanlagen in 50 Jahren zu verzinsen? Wie wir in Abschnitt 1 sahen, ist unser Zinsmodell nur in relativ kurzen Zeitintervallen realistisch.

Unterstellt man, daß ein Großteil der Wertpapiere eines VU nach durchschnittlich 7 Jahren abläuft, so können wir noch Aussagen über den Zinsfuß der nächsten Jahre mit einiger Sicherheit treffen, Aussagen über die Verzinsung der Kapitalanlagen in 10 oder 20 Jahren sind aber dann weitgehend Spekulation. Auch stochastische Zinsmodelle helfen hier nicht weiter.

2.) Die Annahmen über die Sterbewahrscheinlichkeiten sind von allen Unwägbarkeiten noch die sichersten. Die erhebliche Verbesserung der Überlebenswahrscheinlichkeiten in allen Altersbereichen, die seit dem 19. Jahrhundert beobachtet wurde, ist im letzten Drittel dieses Jahrhunderts weitgehend gestoppt. In einigen Altersbereichen wurde bei den letzten Messungen der Bevölkerungssterblichkeit sogar ein geringes Anwachsen der einjährigen Sterbewahrscheinlichkeit beobachtet. Die Schwankungen sind hier aber sehr gering, so daß man für die Zukunft von den derzeitig beobachteten Verhältnissen ausgehen kann.

Unwägbarkeiten sind aber auch bei den Annahmen über die Sterblichkeit festzustellen. Nachhaltig kann das Sterblichkeitsergebnis durch Katastrophen beeinflußt werden (Krieg, Terroranschläge, Unfälle in Industrieanlagen, Nuklearunfälle, Epidemien). Von diesen Katastrophen ereignete sich in den letzten Jahrzehnten, seit Beginn der systematischen Beobachtung der Bevölkerungssterblichkeit, nur eine: der Krieg. Sterbefälle, die eine Folge von Kriegsereignissen sind, führen aber in Deutschland nach den Vbedingungen nicht zu einer Leistung. Über Anzahl und Ausmaß weiterer Katastrophen liegen bisher keine Erfahrungen vor. Daher sind auch Vorsichtsmaßnahmen zur Abwendung eines Verlustes, etwa in Form von Sicherheitszuschlägen, unrealistisch.

3.) Sehr unsicher sind wieder die künftigen Annahmen über die Kosten. Inflationsbedingte Kostensteigerungen können teilweise wieder durch

Rationalisierungsmaßnahmen kompensiert werden. Dies gilt aber allenfalls bei moderaten Inflationsraten wie sie derzeit beobachtet werden (unter 3 %). Wie aber ist die Situation bei zwei- oder gar dreistelligen Inflationsraten?

Eine weitere Schwierigkeit bei den Finanzierbarkeitsnachweisen ist die Behandlung der Abschlußkosten. Sind die "rechnungsmäßig nicht gedeckten Abschlußkosten" dem neu hinzukommenden VN zu Beginn der Vdauer individuell in voller Höhe anzulasten? Sind sie ihm individuell über die gesamte Vdauer anzulasten, oder müssen diese Kosten vom gesamten Bestand getragen werden? Zu dieser Diskussion siehe etwa [12].

Die "richtige" Behandlung der Kosten in einem Finanzierbarkeitsnachweis war auch der Hauptstreitpunkt in den 70er Jahren, als diskutiert wurde, wie ein allgemeingültiger Finanzierbarkeitsnachweis formuliert werden soll. Gessner schlug vor [28], in der Vergangenheit beobachtete Steigerungsraten des Kostenergebnisses in die Zukunft zu extrapolieren. Dieses Verfahren stieß weitgehend auf Ablehnung (siehe hierzu die Angaben auf S.319). Sicherlich ist dieses Verfahren dann problematisch, wenn Kostensteigerungssätze in Zeiten mit einem starken Neugeschäft (hohe rechnungsmäßig nicht gedeckte Abschlußkosten) beobachtet wurden und auf Zeitabschnitte extrapoliert werden, in denen das Kostenergebnis ausgeglichen ist.

Weiterhin ergibt sich ein Problem bei der sachgerechten Zuordnung der Kosten. Stellt man die Frage nach der individuellen Finanzierbarkeit eines Vertrages, so muß geklärt werden, welche Kosten diesem Vertrag zuzuordnen sind. Auch bei Teilbeständen ist es ein Problem, das Gesamtkostenergebnis vernünftig auf die einzelnen Teilbestände zu schlüsseln.

4.) Stellen wir die Frage nach der Finanzierbarkeit der Überschußbeteiligung für einen Bestand oder individuell für einen im Bestand befindlichen Vvertrag, so sind bereits vorhandene Mittel angemessen dem Bestand bzw. dem einzelnen Vvertrag zuzuordnen. Da die Reservewerte und die Überschußguthaben heute einzeln vertraglich erfaßt sind, gibt es bei diesen Positionen keine Schwierigkeiten. Problematisch ist die Aufteilung der RfB auf einzelne Vverträge oder auf

Teilbestände.

Die RfB steht zunächst dem Gesamtbestand eines AV zu. Einen Anspruch
hierauf kann ein VN nicht erheben (im Gegensatz dazu hat er ein Anrecht auf sein DK und sein Überschußguthaben im Kündigungsfalle).
Allerdings werden den VN Teile der RfB zugeordnet. So werden etwa
die Schlußüberschußanteile, die keineswegs im letzten Vjahr verdient
werden, in der RfB für die einzelnen Vverträge über die gesamte Vdauer finanziert.

5.) Last not least stellt sich das Problem der sachgerechten Behandlung des vorzeitigen Abgangs. Die Kündigung eines Vvertrages ist für
ein LVU keineswegs kostenneutral. Wird gezillmert, so verursacht die
Kündigung eines Vvertrages in den ersten Jahren einen Verlust. Kündigt ein Kunde nach mehreren Bestandsjahren, so kann dies für das
Unternehmen, bedingt durch den Stornoabzug, einen Gewinn bedeuten.
Da darüber hinaus die Überschußbeteiligung in den meisten Fällen
nicht streng natürlich ist, verteilen sich die Zeiten, in denen im
Kündigungsfall ein Verlust bzw. ein Gewinn eintritt, abhängig vom
Überschußbeteiligungsystem und den Überschußanteilsätzen. Es ist daher notwendig, Annahmen über die künftige Entwicklung des Storno-
verhaltens zu treffen. Da das Stornoverhalten der VN unternehmensabhängig ist (Güte des Außendienstes; Bevölkerungsgruppen, die bevor-
zugt angesprochen werden); müßten die Stornowahrscheinlichkeiten
unternehmensindividuell ermittelt werden. Dies ist aber sicherlich
nur bei großen LVU sinnvoll.

Ob die in der Vergangenheit beobachteten Wahrscheinlichkeiten auch
für die Zukunft Gültigkeit haben, bleibe, ebenso wie die Annahmen
über Zins oder Kosten, dahingestellt.

Trotz der zahlreichen Schwierigkeiten werden wir ein mögliches Verfahren zum Nachweis der Finanzierbarkeit angeben. Dieses Verfahren
wurde von Gessner [28] entwickelt. Weitere Verfahren bzw. Variationen
sind der Literatur (s. Angaben auf S. 319) zu entnehmen.

Die Mindestenanforderung an einen Finanzierbarkeitsnachweis für die
Überschußbeteiligung sind in der Arbeit von Tröblinger zusammengefaßt [92].

Hierin ist das sogenannte "Verbandsverfahren" beschrieben, bei dem neben Annahmen für Zins, Sterblichkeit und Storno nur Positionen der Gewinnzerlegung bzw. der Bilanz eingehen.

8.8 EIN FINANZIERBARKEITSNACHWEIS

Hierbei gehen sämtliche Rechnungsgrundlagen zweiter Ordnung in die Rechnung ein als Parameter mit Ausnahme des Zinses. Es ist dann ein *innerer Zins i'* so zu bestimmen, daß die mit dem inneren Zins erwirtschafteten Überschüsse ausreichen, um die vorgesehene Überschußbeteiligung leisten zu können. Ist der innere Zins kleiner oder gleich dem erwirtschafteten Zins, so ist die Überschußbeteiligung finanzierbar.

8.8.1 Individuelle Betrachtung

Für die weiteren Überlegungen werden wir die in Abschnitt 4 definierten Erlebensfall-, Todesfall- und Beitragsspektren noch um ein *Rückkaufspektrum R* erweitern. Außerdem definieren wir *Stornowahrscheinlichkeiten* s.

Gegeben sei ein Beitrittsalter x, eine Vdauer n und Erlebensfall-, Todesfall- und Beitragsspektren E, T und B. Für jedes $m < n$ ist s_m die Wahrscheinlichkeit, daß (x) den Vvertrag im m-ten Vjahr kündigt. R_m^x ist dann die Leistung, die der VN im Falle der Kündigung im m-ten Vjahr erhält. R_m^x enthält sowohl den von Beginn an garantierten Rückkaufwert als auch die in den Vorjahren angesammelten und noch nicht ausgezahlten Überschußanteile.

Bei dieser Definition der s_m sind wir vom gegebenen Beitrittsalter x und gegebener Vdauer n ausgegangen. Demnach ist s_m zunächst abhängig von x und n. Tatsächlich ist die Stornowahrscheinlichkeit nicht nur von der abgelaufenen Vdauer abhängig. Die Kündigungsbereitschaft der VN wird auch abhängig sein von den Vtarifen.

Wir erweitern nun die in Abschnitt 4 definierten Erlebensfall- und

Todesfallspektren E und T. Waren dort E_m und T_m die zu Beginn des Vvertrages garantierten Erlebensfall- bzw. Todesfalleistungen für das m-te Vjahr, die sich im Laufe der Vdauer nicht änderten, so enthalten fortan E_m und T_m auch die in den ersten (m-1) Vjahren erworbenen Überschußanteile, wobei wir ein Überschußbeteilungsystem mit gewissen Überschußanteilsätzen und eine Verwendung der Überschüsse unterstellen.

Gegeben seien nun ein Beitrittsalter x, Vdauer n sowie Todesfall-, Erlebensfall-, Rückkaufsfall- und Beitragsspektren T, E, R und B. Zu gegebenen Rechnungsgrundlagen zweiter Ordnung ist A_m das DK zweiter Ordnung nach m Vjahren. A_m ist der Kapitalwert, der zu Beginn des m-ten Vjahres vorhanden sein muß, um die künftigen Leistungen unter Berücksichtigung der künftigen Einnahmen finanzieren zu können.

Mit den Bezeichnungen aus 8.3 erhalten wir dann das folgende Gleichungssystem:

$$(14) \quad A_0 = - \alpha$$

$$(1 - s_m)(1 - q'_{x+m-1}) \cdot A_m =$$

$$A_{m-1}(1 + i') + (B_m - K_m)(1 + i') - q'_{x+m-1} \cdot T_m -$$

$$- (1 - q'_{x+m-1})\Big((1 - s_m) E_m + s_m \cdot R_m\Big) , \qquad 1 \leq m \leq n$$

Es gilt nun, für sämtliche $0 \leq m \leq n$ die Erwartungswerte A_m zu bestimmen.

Der *innere Zins* i' ist genau der Zins, der benötigt wird, um sämtliche erwarteten Leistungen bei Tod, Storno oder Erleben zu finanzieren, und daß $A_n = 0$ gilt.

Lösen wir nun Gleichung (14) auf, so erhalten wir

$$A_0 = - \alpha .$$

$$(15) \quad A_1 = \frac{(-\alpha + B_1 - K_1)(1 + i') - q_x' \cdot T_1 - (1 - q_x') \cdot ((1 - s_1)E_1 + s_1 \cdot R_1)}{(1 - s_1)(1 - q_x')}$$

$$A_2 = \frac{\left((-\alpha + B_1 - K_1)(1 + i') - q_x' \cdot T_1 - (1 - q_x') \cdot ((1 - s_1) E_1 + s_1 \cdot R_1)\right)(1 + i')}{(1 - s_1)(1 - q_x')(1 - s_2)(1 - q_{x+1}')}$$

$$+ \frac{(B_2 - K_2)(1 + i') - q_{x+1}' \cdot T_2 - (1 - q_{x+1}')((1 - s_2) E_2 + s_2 \cdot R_2)}{(1 - s_2)(1 - q_{x+1}')}$$

$$A_m = \sum_{j=1}^{m} \frac{(1 + i')^{m-j}}{\prod\limits_{k=j}^{m} (1 - s_k)(1 - q_{x+k-1}')} \cdot \Big(\widetilde{B}_j (1 + i') - q_{x+j-1}' \cdot T_j -$$

$$- (1 - q_{x+j-1}') \cdot ((1 - s_j) E_j + s_j \cdot R_j) \Big)$$

mit $\widetilde{B}_1 = B_1 - K_1 - \alpha$.

$$(16) \quad \widetilde{B}_j = B_j - K_j, \qquad 1 < j \leq n$$

Bezeichnen wir weiter mit

$$(17) \quad {}_m p_{x+j}' = \prod_{k=1}^{m} (1 - s_{k+j})(1 - q_{x+k-1+j}')$$

die m-jährige *Verbleibenswahrscheinlichkeit* , so erhalten wir aus (15)
für m = n

$$(18) \quad A_n = \sum_{j=1}^{n} \frac{(1 + i')^{n-j}}{{}_{n-j+1} p_{x+j-1}'} \Big(\widetilde{B}_j (1 + i') - q_{x+j-1}' \cdot T_j - (1 - q_{x+j-1}') \cdot$$

$$((1 - s_j) \cdot E_j + s_j \cdot R_j) \Big)$$

$$= \sum_{j=1}^{n} \frac{(1 + i')^{n-j} \cdot {}_{j-1}P'_x}{{}_{n-j+1}P'_{x+j-1} \cdot {}_{j-1}P'_x} \left(\widetilde{B}_j (1 + i') - q'_{x+j-1} \, T_j - \right.$$

$$\left. - (1 - q'_{x+j-1}) \cdot ((1 - s_j) \, E_j + s_j \cdot R_j) \right)$$

$$= \sum_{j=1}^{n} \frac{(1 + i')^{n-j}}{{}_{n}P'_x} \cdot {}_{j-1}P'_x \left(\widetilde{B}_j (1 + i') - q'_{x+j-1} \cdot T_j - (1 - q'_{x+j-1}) \cdot \right.$$

$$\left. \cdot ((1 - s_j) \cdot E_j + s_j \cdot R_j) \right).$$

Bezeichnen wir mit

$$(19) \quad EL_j := {}_{j-1}P'_x \left(q'_{x+j-1} \cdot T_j + (1 - q'_{x+j-1}) \cdot ((1 - s_j) \, E_j + s_j \cdot R_j) \right)$$

die erwartete Leistung zum Ende des j-ten Vjahres, so erhalten wir aus (18) und (19)

$$(20) \quad {}_{n}P'_x \cdot A_n = \sum_{j=1}^{n} (1 + i')^{n-j} \cdot \left({}_{j-1}P'_x \cdot \widetilde{B}_j \, (1 + i') - EL_j \right).$$

Zur Bestimmung des inneren Zinses benötigen wir die Gleichung

$$(21) \quad A_n = 0.$$

Demnach ist

$$(22) \quad \sum_{j=1}^{n} (1 + i')^{n-j} \left({}_{j-1}P'_x \cdot \widetilde{B}_j (1 + i') - EL_j \right) = 0$$

zu lösen.

Gesucht ist eine Nullstelle des Polynoms

$$(23) \quad f(i) = \sum_{j=1}^{n} (1 + i)^{n-j} \left({}_{j-1}P'_x \cdot \widetilde{B}_j (1 + i) - EL_j \right) =$$

$$= \sum_{j=1}^{n} (1+i)^{n-j+1} \cdot {}_{j-1}p_x' \cdot \tilde{B}_j - \sum_{j=1}^{n} (1+i)^{n-j} \, EL_j.$$

Substituiert man nun

(24) $\quad u = 1+i \quad$ bzw. $\quad i = u-1$, so erhalten wir

$$(25) \quad F(u) = \sum_{j=0}^{n-1} u^{n-j} \cdot {}_j p_x' \cdot \tilde{B}_{j+1} - \sum_{j=1}^{n} u^{n-j} \, EL_j$$

$$= u^n \cdot \tilde{B}_1 + \sum_{j=1}^{n-1} u^{n-j} \left({}_j p_x' \cdot \tilde{B}_{j+1} - EL_j \right) - EL_n.$$

Da die erwartete Leistung (bei realistischen Vtarifen) im n-ten Jahr
positiv ist, gilt

$$(26) \quad F(o) = -EL_n < O.$$

Zur Bestimmung des inneren Zinses sind nunmehr die Nullstellen des
Polynoms F anzugeben. Da F vom Grade n ist, gibt es höchstens n Nullstellen. Zur Problematik der Nullstellenbestimmung für Polynome
siehe etwa Stoer [83], S. 211 ff, Werner [97], S. 110 ff., Wilkinson
[99], S. 61 f.

Es stellt sich hier zunächst die Frage, wie viele Nullstellen ein
gegebenes Polynom hat, und welche Bedeutung die einzelnen Nullstellen für die Frage nach dem inneren Zins haben.

Das Polynom ist durch seine Koeffizienten bestimmt. Die aber sind
durch die Rechnungsgrundlagen zweiter Ordnung und die Leistungs-,
Rückkaufs- und Beitragsspektren gegeben. Da wir weder etwas über
das Gewinnbeteiligungssystem noch über die Spektren der garantierten Leistungen und das Spektrum der Beitragszahlung voraussetzen,
können die Koeffizienten zunächst recht willkürlich gewählt werden,
so lange das Äquivalenzprinzip für die Beiträge und die garantierten Leistungen nicht verletzt wird.

Viele in der Vpraxis vorkommenden Fälle führen aber zu Polynomen F,
die eine oder zwei reelle einfache Nullstellen besitzen. Die Anzahl
der reellen Nullstellen ergeben sich meist aus Anwendungen der Sätze
von Budan-Fourier, Descartes oder des Satzes über Sturmsche Ketten
([97], S. 127 ff.). Für einige Spezialfälle wurde diese Frage auch
in [80] und [81] untersucht.

Bei V mit kurzen Dauern oder bei V gegen Einmalbeitrag reicht die
erste Jahresprämie aus, um die Abschlußkosten zu decken. Dann gilt

$$(27) \quad \widetilde{B}_1 > 0.$$

Nach dem Mittelwertsatz muß es mindestens eine positive Nullstelle
geben, da

$$(28) \quad \lim_{u \to \infty} F(u) = + \infty.$$

Wissen wir aufgrund der Anzahl der Vorzeichenwechsel der Koeffizienten von F, daß F höchstens eine Nullstelle besitzt, so existiert in
diesem Fall genau eine Nullstelle u. Für erwirtschaftete Zinssätze
i mit $1 + i < u$ ist das Überschußbeteiligungssystem nicht finanzierbar. Für erwirtschaftete Zinssätze i mit $1 + i > u$ bleibt noch ein
Gewinn für das LVU bzw. Spielraum für Verbesserungen der Überschußbeteiligung.

Bei längeren Vdauern reicht die erste Jahresprämie zur Deckung der
Kosten möglicherweise nicht aus $(n > 12)$. Dann gilt

$$(29) \quad \widetilde{B}_1 < 0 \quad \text{und somit}$$

$$(30) \quad \lim_{u \to \infty} F(u) = - \infty.$$

Gibt es in diesem Fall genau zwei Nullstellen $0 < u < u'$, so gilt für
die erwirtschafteten Zinssätze i mit $1 + i < u$ oder $1 + i > u'$, daß das
Überschußbeteiligungssystem nicht finanzierbar ist, und für die erwirtschafteten Zinssätze i mit $u \le 1 + i \le u'$ ist das Überschußbeteiligungssystem finanzierbar. Bei Zinssätzen i mit $1 + i > u'$ ist die

Verzinsung der in den ersten Vjahren vorhandenen negativen Kapital-
werte so stark, daß durch die (positiven) Zahlungen in den Folgejahren dieser Verlust nicht mehr kompensiert werden kann.

Eine Abschätzung für die Anzahl der Vorzeichenwechsel für gemischte V erhalten wir durch die folgende Überlegung:

a) In den ersten 12 Vjahren gibt es keine Erlebensfalleistungen.

b) Die Todesfalleistung zu Anfang ist klein (selbst bei einem Todesfallbonus von 100 % ist die erwartete Todesfalleistung nach Rechnungsgrundlagen zweiter Ordnung durch die erwartete Todesfall-
   leistung nach Rechnungsgrundlagen erster Ordnung begrenzt), die
   Nettoprämie ist in den ersten Jahren größer als die einjährige
   Risikoprämie.

c) Die gezahlten Rückkaufwerte am Anfang sind klein, die Stornowahrscheinlichkeiten fallen mit wachsendem j rasch ab.

Da bei Vformen, bei denen eine Erlebensfalleistung nur bei Ablauf
der V fällig wird, angenommen werden kann, daß EL_j monoton steigt
(bei realistischen Annahmen über den Verlauf von q'_{x+j} exponentiell
steigend), T_j (nicht fallend), s_j (nach einigen Jahren fast konstant,
allenfalls linear fallend, nahe bei O) und R_j (exponentiell steigend)
und $\tilde{B}_j$ vom zweiten Vjahr an konstant bleibt (oder fällt, falls die
Kosten steigen), kann mit den obigen Annahmen geschlossen werden,
daß die Koeffizienten der Monome u^{n-1}, u^{n-2},...,u^1 zunächst positiv
sind, später negativ. Wir haben dann mit (29) zwei Vorzeichenwechsel
bei den Koeffizieten des Polynoms F. Nach dem Nullstellensatz von
Descartes besitzt das Polynom entweder keine positive Nullstelle
oder genau 2 positive Nullstellen. Sie sind durch ein numerisches
Verfahren zu bestimmen.

Aufgaben: 20 .) Geben Sie zu
   a) gemischter V,
   b) Teilauszahlungstarifen,
   c) gemischter V mit doppelter Todesfallsumme,
   d) RisikoV,

e) aufgeschobener LeibenrentenV

die Erlebensfall-, Todesfall-, Rückkaufs- und Beitragsspektren an
unter Berücksichtigung der Überschußbeteiligung. Die Überschüsse
sollen entsprechend den Beispielen in den Aufgaben aus 8.5 zugeteilt und entsprechend den Beispielen in 8.6 verwendet werden.

21.) Schreiben Sie ein Programm zur numerischen Lösung der in 20
gestellten Aufgaben!

Für die folgenden Aufgaben gehen Sie von den Stornowahrscheinlichkeiten s aus:

$$s_1 = 0,16$$

$$s_2 = 0,14$$

$$s_3 = 0,12$$

s_m, $4 \leq m \leq n$, linear fallend auf $s_n = 0$.

22.) Wie viele Nullstellen sind bei dem Polynom F möglich, wenn
die Koeffizienten aus den in Aufgabe 20 und 21 ermittelten Spektren
gebildet werden?

23.) Gibt es zu Rechnungsgrundlagen zweiter Ordnung Grenzen für
die einzelnen Spektren, so daß die Anzahl der Nullstellen von F in-
variant bleibt bei Variation der Spektren innerhalb der Grenzen?

In (14) haben wir angenommen, daß die Finanzierbarkeit der Überschußbeteiligung für einen Vvertrag zu Beginn der Vdauer geprüft
wird. Wird nun für eine V, die bereits einige Jahre im Bestand ist,
nach der Finanzierbarkeit der künftigen Überschußbeteiligung gefragt,
so beginnt diese Iteration nicht mit den Abschlußkosten. Für den VN
sind die bereits erworbenen Mittel (DK, Überschußguthaben, Anteile
an der RfB) in die Rechnung einzubringen. Sind bereits $\overline{m}$ Jahre seit
Vertragsabschluß verstrichen und ist dem VN ein Betrag A anzurech-
nen (wie dieser Betrag A ermittelt wird, soll hier nicht weiter
interessieren), so muß die erste Gleichung in (14) ersetzt werden
durch

$$(31) \quad A_{\overline{m}} = A.$$

Die folgenden Gleichungen für die Jahre $\overline{m} < m \leq n$ bleiben unverändert.

Aufgaben: 24.) Entwickeln Sie ein Polynom entsprechend (25) zur Bestimmung des inneren Zinses, um die Finanzierbarkeit der Überschußbeteiligung einer im Bestand befindlichen V zu prüfen.

25.) Welche Aussagen über die Anzahl der Nullstellen des Polynoms aus Aufgabe 24 lassen sich treffen, wenn $A > 0$, (A aus (31))?. Untersuchen Sie insbesondere die in Aufgabe 20 genannten Fälle!

26.) Überprüfen Sie die in Aufgabe 20 angegebenen Vtarife mit den dort getroffenen Annahmen über die Verwendung und die Zuteilung der Überschüsse, wenn Rechnungsgrundlagen zweiter Ordnung entsprechend den Beispielen aus 8.3 unterstellt werden. Wie ändert sich der innere Zins, wenn die Kosten jährlich um einen festen Prozentsatz gegenüber dem Vorjahr steigen?

8.8.2 Globale Betrachtung

Der innere Zins eines Vvertrages sagt noch nichts über die Finanzierbarkeit der Überschußbeteiligung eines gesamten Bestandes aus. Wir modifizieren das Verfahren daher wie folgt:

1.) Der Gesamtbestand wird in Zerlegungsklassen aufgeteilt. Dabei werden die Verträge, die das gesamte betrachtete Geschäftsjahr über ohne Vertragsänderung im Bestand waren so aufgeteilt, daß sämtliche Verträge mit gleichem Beitrittsalter, gleicher Vdauer und gleicher abgelaufener Dauer in einer Zerlegungsklasse liegen. Jede Zerlegungsklasse wird als ein Vertrag mit der Summe aller einzelner VS betrachtet.

Wir nehmen weiter an, daß diese fiktiven Verträge am 1.7. den Jahrestag haben. Da wir die Finanzierbarkeit zum Ende eines Geschäftsjahres betrachten, werden die Beiträge um ein halbes Jahr aufgezinst, die Leistungen um ein halbes Jahr abgezinst.

2.) Da wir überwiegend Verträge betrachten, die schon einige Jahre im Bestand sind, muß in (14) die erste Gleichung ersetzt werden durch

- 332 -

(32) $A_{\overline{m}}$ = Vorhandenes DK +

      vorhandenes Gewinnguthaben +

      vorhandene Beitragsüberträge +

      Anteile des Vertrages an der RfB.

3.) Wir erhalten nun für jede Zerlegungsklasse ein Gleichungssystem. Aus diesen Gleichungssystemen lassen sich nun jeweils Polynome entsprechend (25) bilden. Addiert man all diese Polynome, so erhält man entsprechend 8.8.1 ein Polynom vom Grade $e \leq 100$. Mit Hilfe eines numerischen Verfahrens ist dann wieder eine Nullstelle zu suchen. In vielen praktischen Fällen wird die Anzahl der positiven Nullstellen wieder auf 2 beschränkt sein.

Aufgaben: 27) Geben Sie für die globale Betrachtung ein Gleichungssystem entsprechend (14) und ein Polynom entsprechend (25) an.

2 8.) Unterstellen Sie, daß jeder Vertrag an die RfB einen Anspruch in Höhe der mit 10 % diskontierten Anwartschaft auf Schlußüberschußanteile besitzt. Die Anwartschaft nach m Vjahren ergibt sich bei einem Schlußüberschußanteilsatz von p ‰ der VS für jedes abgelaufene Vjahr aus

(33) $A_m := m \cdot p \cdot VS \cdot 0,001.$

Berechnen Sie unter diesen Annahmen für einen Bestand aus etwa 10 verschiedenen V den inneren Zins, wenn die Annahmen aus Aufgabe 25 Anwendung finden! Vergleichen Sie diesen inneren Zins mit den inneren Zinsen der einzelnen Vverträge.

8.8.3 Festlegung der Rechnungsgrundlagen

Die Sterbe- und Stornowahrscheinlichkeiten für die einzelnen Alter bzw. die Zugehörigkeitsdauern werden sowohl beim Verfahren von Gessner, als auch beim Verfahren des Lebensversicherungsverbandes über die betrachtete Dauer als konstant angenommen. Hier werden die in den letzten Jahren beobachteten Werte angesetzt.

Bei den Kosten unterstellt Gessner (teilweise inflationsbedingt) eine Steigerung. Die erwartete Steigerung wird wie folgt aus den Bilanzwerten ermittelt:

KA   Gesamtbetrag an Aufwendungen für Kosten des Geschäftsjahres (aus der G.u.V. ablesbar)

KE   Gesamtbetrag der eingerechneten Kosten, die im Geschäftsjahr vereinnahmt wurden (aus der Gewinnzerlegung erhältlich)

S   Vsumme des Bestandes

ΔKA, ΔKE, ΔS sind die durchschnittlichen jährlichen Wachstumsraten von KA, KE und S.

Das Kostenergebnis im Verhältnis zur VS prognostiziert für die folgenden Jahre:

$$\text{Kerg}(m) := \frac{KA(1 + \Delta KA)^m - KE(1 + \Delta KE)^m}{S(1 + \Delta S)^m} \, 1.000 \, \%o$$

Aufgabe: 29.) Ermitteln Sie den inneren Zins nach den individuellen Methoden für die V aus der Aufgabe 25. Setzen Sie eine Kostensteigerung mit den folgenden Werten an:

KA = 50 Mio DM	ΔKA = 11 %
KE = 40 Mio DM	ΔKE = 8 %
S = 10.000 Mio DM	ΔS = 10 %

8.8.4 Variation der Rechnungsgrundlagen

Bei dem in 8.8.1 dargestellten Finanzierbarkeitsnachweis werden gewisse Annahmen getroffen über die künftige Entwicklung der Leistungs- und Rückkaufsspektren (abhängig von dem Überschußbeteilungs- und Zuteilungssystem), und sowohl über die künftigen Sterbe- und Stornowahrscheinlichkeiten als auch über die künftige Entwicklung der Kosten. Es stellt sich daher die Frage, wie das Ergebnis des Finanzierbarkeitsnachweises verändert wird, wenn die Parameter, Sterbe- und Stornowahrscheinlichkeiten sowie Kosten variieren.

Nehmen wir nun für jede der Rechnungsgrundlagen Sterblichkeit, Storno und Kosten w ein Intervall:

$$(34) \quad I_w := [\underline{w}, \overline{w}]$$

an mit $w \in I_w$, so sollen fortan sämtliche Rechnungsgrundlagen w in den Intervallen I_w schwanken.

In das Polynom F aus (25) gehen die folgenden Rechnungsgrundlagen zweiter Ordnung ein

$$(35) \quad \begin{array}{l} q_x, \ldots, q_{x+n-1} \\ s_1, \ldots, s_n \\ \alpha \\ K_1, \ldots, K_n. \end{array}$$

Die Parameter (Rechnungsgrundlagen) können demnach dargestellt werden als ein Vektor $c = (q_x, \ldots q_{x+n-1}, s_1, \ldots, s_n, \alpha, K_1, \ldots, K_n) \in \mathbb{R}^{3n+1}$.

Lassen wir nun die beschriebenen Variationen zu, so können die Parameter c gewählt werden aus

$$(36) \quad c \in C := \prod_{i=0}^{n-1} I_{q_{x+i}} \times \prod_{i=1}^{n} I_{s_i} \times I_\alpha \times \prod_{i=1}^{n} I_{K_i}.$$

Nehmen wir nun weiter an, daß das Überschußbeteiligungssystem und die Intervalle I so gewählt sind, daß es stets einen Zins i gibt, unter dem das Überschußbeteiligungssystem finanzierbar ist. Auszuschließen sind demnach Annahmen, nach denen die Sterbe- oder Stornowahrscheinlichkeiten gleich 1 sein können.

Es sei nun

$$(37) \quad P : C \times \mathbb{R} \to \mathbb{R}$$

die Funktion die sich ergibt, wenn in dem Polynom F in (25) die

Parameter in C variieren.

Nach der obigen Annahme existiert zu jedem $c \in C$ ein $\eta \in \mathbb{R}$ mit

(38) $P(c,\eta) = O.$

Aus der Theorie der impliziten Funktionen ist bekannt, daß es unter gewissen Bedingungen eine stetig differenzierbare Funktion $\eta : \mathbb{R}^{3n+1} \to \mathbb{R}$ gibt mit

(39) $P(c,\eta(c)) = O,$

(s. etwa Heuser [47], S. 295 ff., sofern es mindestens eine Nullstelle $P(c,\cdot) = O$ gibt und falls

(40) $\dfrac{\partial P(c,\eta)}{\partial x} \neq O$

gilt.

Man wird nun im Einzelfall abzuschätzen haben, ob und gegebenenfalls wie viele Nullstellen $P(c,\cdot)$ besitzt. Für gemischte V hat Segerer in [81] Kriterien angegeben, nach denen die Nullstellenanzahl von $P(c,\cdot)$ bestimmt werden kann. Hierzu benötigt man die in 8.8.1 angegebenen Nullstellensätze.

Wenn nun bekannt ist, daß eine stetig differenzierbare Funktion $\eta : C \to \mathbb{R}$ existiert mit $P(c,\eta(c)) = O$, so existieren wegen der Kompaktheit von C sowohl das Minimum als auch das Maximum der Funktion η. Somit sind die Optimierungsaufgaben

(41) $\bar{c} = \max\limits_{c \in C} \left\{ \eta(c) \mid P(c,\eta(c)) = O \right\}$

und

(42) $\underline{c} := \min\limits_{c \in C} \left\{ \eta(c) \mid P(c,\eta(c)) = O \right\}$

lösbar.

Sind $\underline{c}$ und $\overline{c}$ festgelegt, so gilt für jede beliebige Wahl der Rechnungsgrundlagen, sofern die einzelnen Rechnungsgrundlagen w aus den vorgegebenen Intervallen I_w gewählt sind, daß der innere Zins i im Intervall $[\underline{c} - 1, \overline{c} - 1]$ liegen muß.

Für die weiteren Überlegungen werden wir die Gleichung (14) wie folgt modifizieren

$$A_o = -\alpha$$

(43)
$$A_m(1 - q'_{m-1} - s_m) = A_{m-1}(1 + i') + (B_m - K_m)(1 + i') - q'_{x+m-1}\, T_m -$$

$$- (1 - q_{x+m-1})\, E_m - s_m R_m.$$

Weshalb wir auf diese Form übergehen können, werden wir im Kapital II diskutieren. Bei präzisem Vorgehen müßten die Wahrscheinlichkeiten q_{x+m} und s_m modifiziert werden in der Art, daß

$$(44) \quad 1 - \tilde{q} - \tilde{s} = (1 - q)(1 - s) = 1 - q - s + sq$$

gilt.

Die notwendige Korrektur ist nicht sehr groß, bedenkt man, daß der Fehler sq sehr klein ist. So ist etwa nach ADSt 60/62 M mod $q'_{x+m} < 0,01$, falls x+m < 59 und q'_{x+m} mit der halben Wahrscheinlichkeit angesetzt wird.

$P(\cdot, \eta(\cdot))$ ist nun eine Funktion, in der die Argumente linear vorkommen. Es gilt dann

Lemma: Für jede Koordinate $\overline{c}_i$ aus $\overline{c}$ ($\underline{c}_i$ aus $\underline{c}$) gilt

$$\overline{c}_i(\underline{c}_i) \text{ ist Maximum oder Minimum von } I_{c_i}.$$

Aufgabe: 30.) Beweisen Sie das Lemma (Hinweis [81], analog Simplexsatz der Linearen Programmierung).

Wir werden im folgenden für die individuelle Finanzierbarkeit einer gemischten V einen Algorithmus angeben, der zu festen Kostensätzen einen Vektor $\bar{c}$ liefert. Dieser Algorithmus stammt von Segerer [81].

Algorithmus:

$$A_n := E_n$$

Für m = n(-1)1

1.) Wenn $R_m - A_m \geq 0$, $\bar{S}_m = \max I_{s_m}$

sonst $\bar{S}_m = \min I_{s_m}$

2.) Wenn $T_m - A_m > 0$, $\bar{q}_{x+m-1} = \max I_{q_{x+m}}$

sonst $\bar{q}_{x+m-1} = \min I_{q_{x+m}}$

3.) $A_{m-1} = A_m(1 - s_m - q_{x+m-1}) - (B_m - K_m)(1 + i)$

$$+ q'_{x+m-1}T_m + s_m R_m .$$

Mit den Werten $\bar{s}$, $\bar{q}$ erhält man den maximalen inneren Zins $\eta(\tau)$, $P(\bar{c},\eta(\tau)) = 0$. Analog erhält man auch eine untere Grenze $\underline{c}$.

Aufgaben: 31.) Formulieren Sie einen entsprechenden Algorithmus zur Konstruktion eines Wertes $\underline{c}$, so daß $\eta(\underline{c})$ minimal wird und beweisen Sie, daß diese Algorithmen extreme Werte liefern.

32.) Formulieren Sie analoge Algorithmen für

a) Teilauszahlungstarife,
b) aufgeschobene RentenV.

33.) Wie ändert sich das Ergebnis des Finanzierbarkeitsnachweises aus Aufgabe 25, wenn die Rechnungsgrundlagen Storno und Sterblichkeit um jeweils 30 % nach oben oder unter schwanken?

Der Algorithmus ist nicht anwendbar, wenn die Rechnungsgrundlagen in einem globalen Finanzierbarkeitsnachweis variieren. Für Bestände bestehend aus gemischten V hat Segerer [81] auch hier Algorithmen angegeben. Verwendet werden dabei Methoden der Dynamischen Programmierung (siehe etwa [30]).

Durch Linearisierung erhält man mit geringem Aufwand bereits brauchbare Näherungen. Wir beschreiben dieses Verfahren ([28]).

Wegen

$$(45) \quad P(\tau + \Delta c, \eta(\tau) + \Delta\eta) = P(\tau, \eta(\tau)) + \frac{\partial P}{\partial c}(\tau, \eta(\tau))^T \cdot \Delta c +$$

$$+ \frac{\partial P}{\partial \eta}(\tau, \eta(\tau)) \cdot \Delta\eta + O(\Delta c, \Delta\eta)$$

gilt mit

$$(46) \quad \frac{\partial P}{\partial c}(\tau, \eta(\tau))^T \Delta c + \frac{\partial P}{\partial \eta}(\tau, \eta(\tau)) \Delta\eta = 0:$$

Wenn

$$(47) \quad P(\tau, \eta(\tau)) = 0, \text{ so}$$

$$P(\tau + \Delta c, \eta(\tau) + \Delta\eta) = 0 + O(\Delta c, \Delta\eta) \ .$$

Um nun zu einem gegebenen Variantenbereich C den maximalen inneren Zins zu erhalten, wird die folgende lineare Optimierungsaufgabe gelöst:

$\Delta\eta$ soll maximiert werden unter den Bedingungen

$$A) \quad \frac{\partial P}{\partial c}(\tau, \eta(\tau))^T \cdot \Delta c + \frac{\partial P}{\partial \eta}(\tau, \eta(\tau)) \cdot \Delta\eta = 0,$$

$$B) \quad \tau + \Delta c \varepsilon C.$$

Aus A erhalten wir

$$(48) \qquad \Delta\eta = \frac{-\frac{\partial P}{\partial c}(\tau,\eta(\tau))^T \cdot \Delta c}{\frac{\partial P}{\partial}(\tau,\eta(\tau))} \ .$$

Gilt nun $\frac{\partial P}{\partial}(\tau,\eta(\tau)) > 0$ (dies ist im Einzelfall zu prüfen, gilt aber meist bei der globalen Betrachtung), so wird das Maximum angenommen für

$$(49). \quad \Delta c_i := \begin{cases} \max I_{c_i} - \tau_i, & \frac{\partial P}{\partial c_i}(\tau,\mu(\tau)) \leq 0 \\[2ex] \min I_{c_i} - \tau_i, & \frac{\partial P}{\partial c_i}(\tau,\mu(\tau)) > 0. \end{cases}$$

$$(50) \qquad \tilde{\mu} := \mu(\tau) + \Delta\mu$$

ist eine lineare Näherung des maximalen inneren Zinses.

Aufgabe: 33.) Geben Sie Variationsbereiche für die Rechnungsgrundlagen Sterblichkeit, Storno und Kosten vor. Wie kann sich das Ergebnis des Finanzierbarkeitsnachweises aus Aufgabe 27 ändern?

Abschließend betrachten wir noch ein numerisches Beispiel aus [81]. Für einen Bestand wurde zu gegebenen Rechnungsgrundlagen zweiter Ordnung ein Finanzierbarkeitsnachweis gerechnet. Der innere Zins betrug $i_0 = 0,06496$ (p = 6,496 %). Bei Variation der Rechnungsgrundlagen Sterblichkeit um 20 %, Storno um 20-100 % und Kosten um 25 % erhielt man ein Intervall I für den Innenzins

$$(51) \qquad I = [0,06357; \ 0,06635].$$

Für die lineare Approximation ergab sich ein Intervall I'

$$(52) \qquad I' = [0,06354; \ 0,06638].$$

Das Ergebnis der Finanzierbarkeit konnte demnach unter den schlechtestmöglichen Annahmen bei diesen relativ großen Schwankungen um 0,139 Prozentpunkte auf höchstens 6,635 % ansteigen.

Große Schwankungen bei den Eingangsgrößen (um 20 % und mehr) führen nur zu geringen Schwankungen bei dem Ergebnis (etwa 2 %). Diese Robustheit des Finanzierbarkeitsnachweises gegenüber Schwankungen bei den Annahmen über Sterblichkeit, Storno und Kosten zeigt, daß die Rechnungsgrundlage Zins bei den kapitalbildenden V die anderen Rechnungsgrundlagen dominiert.

8.9 RENTABILITÄT EINES LVVERTRAGES

Ist zu einem LVvertrag ein Überschußbeteiligungssystem gegeben und die Finanzierbarkeit gesichert, so stellt sich die Frage nach dem Wert dieses Vertrages. Zum einen möchten sowohl die LVU als auch die VN die Angebote der Konkurrenzunternehmen trotz unterschiedlicher Überschußbeteiligungssysteme miteinander vergleichen, andererseits sollen auch die konkurrierenden Kapitalanlageformen mit dem Produkt LV verglichen werden.

Zur Bewertung eines LVvertrages eignen sich die von Brommler vorgeschlagenen Rentabilitäts- und Renditedefinitionen [10].

Die *Rentabilität* einer Lebensversicherung ist jener Zinsfuß, der einheitlich über die gesamte Versicherungsdauer gelten müßte, damit für einen Bestand von Versicherten die Leistungen des Lebensversicherungsunternehmens genau aus der verzinslichen Ansammlung der gezahlten Versicherungsbeiträge finanziert werden können.

Bommler unterscheidet weiter, welche Leistungen bei der Rentabilitätsbetrachtung einbezogen werden. Werden sämtliche Leistungen des LVU berücksichtigt (Erlebensfall-, Todesfall-, Rückkaufsleistung, Kosten), so nennt man diese Rendite den *Effektivzinsfuß*. Offenbar ist der Effektivzinsfuß der in 8.8 definierte innere Zins.

In (14) bzw. (25) haben wir nur die Nettobeiträge verzinst. Die Teile der Bruttobeiträge, die für die Kosten des LVU verwendet wurden, haben wir bei der Rentabilitätsbetrachtung außer acht gelassen.

Dieses Vorgehen ist dann unzulässig, wenn die LV mit anderen Kapitalanlageformen verglichen werden soll, denn dort werden sämtliche ein-

gezahlten Beiträge verzinst. Allerdings gibt es bei der LV eine Besonderheit, die andere Kapitalanlageformen nicht aufweisen: Mit dem
Sparvorgang untrennbar verbunden ist ein Versicherungsschutz im
Todesfall. Neben der Nettoprämie für diesen Vschutz sind auch noch
die Kosten zu berücksichtigen, die mit der Gewährung des Vschutzes
in unmittelbarem Zusammenhang stehen, da diese Kosten bei anderen
Kapitalanlageformen nicht entstehen.

In der Praxis wird es allerdings recht mühsam sein, die Kosten aufzuteilen in Kosten, die auf die Risikoabdeckung entfallen und Kosten,
die auf den Sparvorgang entfallen. So wird man ohne Probleme die
Lohnkosten der Mitarbeiter der Kapitalanlageabteilung und der Risikoprüfung auf die beiden Bereiche sachgerecht aufteilen können.
Wie aber wird man die Einkünfte der Vorstandsmitglieder auf die beiden Bereiche aufteilen?

Berücksichtigt man nun von den Kosten nur die Teile, die auf den
Risikovorgang entfallen, so nennt man die Rentabilität die *Gesamtrendite* .

Die Gesamtrendite wird offenbar ebenso ermittelt wie der Effektivzinsfuß. Es sind lediglich verminderte Kosten anzusetzen.

Eine weitere Rentabilität ist die *Erlebensfallrendite*. Hierbei wer-
den nur die Erlebensfalleistungen des LVU berücksichtigt. Diese
Rendite, auch *Minimalrendite* genannt, ist ein untaugliches Mittel zur
Bewertung der Kapitalanlage LV, da mit einer LV nicht nur eine Ka-
pitalanlage gekauft wird, sondern darüber hinaus auch Todesfall-
Versicherungsschutz. Dieser Renditebegriff wird gelegentlich von
"Kritikern" der LV benutzt um "nachzuweisen", daß LVverträge
schlechte Kapitalanlagen sind.

Möchte ein VN einen LVvertrag bewerten, so sind hierbei auch seine
Steuervorteile zu berücksichtigen. So wird einerseits für die gezahlten Vbeiträge bis zu einem jährlichen Höchstbetrag Einkommens-
steuerfreiheit gewährt, wenn gewisse Nebenbedingungen erfüllt sind.

Zahlt ein VN einen Jahresbeitrag von B DM und müßte er ohne diesen
Vvertrag ε % von B an Einkommensteuer bezahlen, so ist sein tat-

sächlicher Aufwand für den LVvertrag nur $B \cdot \left(1 - \frac{\varepsilon}{100}\right)$, da er den Betrag $B \frac{\varepsilon}{100}$ durch eine Steuerersparnis aufbringt.

Andererseits sind Kapitalerträge zu versteuern. Ausgenommen hiervon sind die Kapitalerträge von LVverträgen, wenn ebenfalls wieder gewisse Nebenbedingungen erfüllt sind.

Ist $\tilde{\varepsilon}$ der Steuersatz, der für Kapitalerträge Anwendung findet, und ist i eine ermittelte Rentabilität, so muß eine vergleichbare Kapitalanlage, deren Zinserträge versteuert werden, eine Rentabilität von $i^* = \frac{i}{1-\tilde{\varepsilon}}$ besitzen, um ebenso günstig zu sein wie ein LVvertrag mit einer Rentabilität i^*. i^* heißt *Bruttorentabilität*.

Aufgaben: 35.) Geben Sie entsprechend (14) und (25) Ausdrücke an, um den Effektivzinsfuß und die Gesamtrendite unter Berücksichtigung der Steuerfreiheit der eingezahlten Bruttobeiträge zu errechnen.

36.) Eine Familie mit zwei Kindern verfügt über ein Jahreseinkommen von 80.000,-- DM. Die Eheleute sind in der gesetzlichen Rentenversicherung versicherungsfrei (z.B. Beamte). Der Mann (30 Jahre alt) möchte eine gemischte V über 150.000,-- DM auf das Endalter 65 abschließen. Das Überschußbeteiligungssystem sei entsprechend Aufgabe 10, die Überschüsse werden verzinslich angesammelt.

Errechnen Sie für diese Familie die Gesamtrendite, wenn

   a) die Hälfte der eingerechneten Kosten für die Risikoabdeckung
      verwendet werden,
   b) Sie die folgenden Auszüge aus dem Einkommensteuergesetz kennen:
   1) Sonderausgaben sind die folgenden Aufwendungen, wenn sie
      weder Betriebsausgaben noch Werbungskosten sind:
      a) Beiträge zu Kranken-, Unfall- und Haftpflichtversicher-
         ungen, zu den gesetzlichen Rentenversicherungen und an
         die Bundesanstalt für Arbeit;
      b) Beiträge zu den folgenden Versicherungen auf den Erle-
         bens- oder Todesfall:

    aa) Risikoversicherungen, die nur für den Todesfall
        eine Leistung vorsehen,
    bb) Rentenversicherungen ohne Kapitalwahlrecht,
    cc) Rentenversicherungen mit Kapitalwahlrecht gegen
        laufende Beitragsleistung, wenn das Kapitalwahl-
        recht nicht vor Ablauf von zwölf Jahren seit Ver-
        tragsabschuß ausgeübt werden kann,
    dd) Kapitalversicherungen gegen laufende Beitragslei-
        stung mit Sparanteil, wenn der Vertrag für die Dau-
        er von mindestens zwölf Jahren abgeschlossen wor-
        den ist.

Fondsgebundene Lebensversicherungen sind ausgeschlossen;

2)   Vorsorgeaufwendungen (Absatz 1 Nr. 2 und 3) können je Ka-
     lenderjahr bis zu den folgenden Höchstbeträgen abgezogen
     werden:

    1. Beiträge im Sinne des Absatzes 1 Nr. 2 und 3 zusammen
       bis zu   2.340,-- DM,
       im Fall der Zusammenveranlagung von Ehe-
       gatten bis zu   4.680,-- DM.

       Diese Beträge erhöhen sich für jedes Kind des Steuer-
       pflichtigen im Sinne des § 32 Abs. 4 bis 7 um 600,-- DM.

    2. Beiträge im Sinne des Absatz 1 Nr. 2 zusätz-
       lich bis zu   3.000,-- DM,
       im Fall der Zusammenveranlagung von Ehe-
       gatten bis zu   6.000,-- DM.

       Diese Beträge vermindern sich

    a) bei Steuerpflichtigen, die während des ganzen Kalen-
       derjahres
       aa) in der gesetzlichen Rentenversicherung versicher-
          ungsfrei oder auf Antrag des Arbeitgebers von der
          Versicherungspflicht befreit waren,und denen für den
          Fall ihres Ausscheidens aus der Beschäftigung auf Grund
          des Beschäftigungsverhältnisses eine lebenslängliche
          Versorgung oder an deren Stelle eine Abfindung zusteht,
          oder die in der gesetzlichen Rentenversicherung nach-
          zuversichern sind,

bb) um 9 v.H. der Einnahmen aus der Beschäftigung oder
Tätigkeit, höchstens des Jahresbetrages der Beitragsbe-
messungsgrenze in der gesetzlichen Rentenversicherung der
Angestellten.

b) Beiträge im Sinne des Absatzes 1 Nr. 2 und 2, die die nach den
Nummern 1 und 2 beziehbaren Beträge übersteigen, zur Hälfte,
höchstens bis zu 50 v.H. des Höchstbetrags nach Nummer 1.

c) sie die ersparte Steuer der Splittingtabelle entnehmen. Wie
hoch ist die Bruttorentabilität, wenn bei einer alternativen
Kapitalanlage ein Steuersatz von 56 % der Kapitalerträge berechnet wird?

KAPITEL II

Den lieben Gott laß ich nur walten;
Der Bächlein, Lerchen, Wald und Feld
und Erd und Himmel will erhalten,
Hat auch mein' Sach aufs best' bestellt!

Joseph Freiherr von Eichendorff,
Aus dem Leben eines Taugenichts

PENSIONSVERSICHERUNG

Unter einer *Pension* verstehen wir ein komplexes Leistungsversprechen
zur Absicherung gegen die wirtschaftlich nachteiligen Folgen gewisser Lebensrisiken.

Bei der in Deutschland überwiegend kapitalbildenden Lebensversicherung wird einmal im Todesfall oder im Erlebensfall eine Leistung
fällig. Durch eine Pensionszusage aber soll der Lebensunterhalt
ganz oder teilweise nach gewissen unvorhersehbaren Ereignissen abgesichert werden. So kann eine Pensionszusage kombiniert werden
aus einer Altersrente, einer *Invaliden- oder Berufsunfähigkeits-*
rente, einer *Witwen-/Witwerrente,* einer *Waisenrente,* einem *Sterbe-*
geld und gewisser Modifikationen dieser Leistungsarten.

Ein derartiges Leistungsversprechen kann von den verschiedensten
Einrichtungen gegeben werden. Zunächst können Pensionsversicherungs-
verträge sowohl einzelvertraglich als auch im Rahmen eines Gruppen-
vertrages bei einem LVU abgeschlossen werden. Hier sind verschiedene Gestaltungsmöglichkeiten der Verträge denkbar (Rückdeckungs-
versicherung, Direktversicherung), die lediglich die rechtliche
Seite der Verträge berühren, die Mathematik aber nicht weiter tan-
gieren.

Daneben werden Pensionszusagen auch von *Pensionskassen* gegeben.
Dies sind meist einem Betrieb oder einer Branche zugeordnete Institutionen, die die Versorgung der Mitarbeiter des Betriebs oder
der Beschäftigten der Branche über die Grundversorgung der gesetzlichen Rentenversicherung absichern. Die Pensionskassen können
häufig aus verschiedenen Gründen kostengünstiger arbeiten als die
LVU.

Darüber hinaus besteht ferner die Möglichkeit, daß ein Betrieb unabhängig von derartigen Versorgungseinrichtungen den Mitarbeitern eine Versorgungszusage direkt geben kann.

Nicht unerwähnt bleiben soll in diesem Zusammenhang die Sozialversicherung, die beruflichen und ständischen Vereinigungen, die öffentlich-rechtlichen Institutionen.

Der Aufbau dieses Kapitels entspricht der Gliederung des ersten Kapitels. Da dort bereits viele Dinge, die auch hier von Bedeutung sind, behandelt wurden, kann deren Darstellung hier entfallen bzw. stark gekürzt werden.

Außer den bereits im ersten Kapitel empfohlenen Titeln sei hier noch die Darstellung von N. Müller [62] empfohlen.

Nachdem die Arbeiten zu diesem Kapitel abgeschlossen waren, stieß ich auf die Arbeiten von H.-W. Müller und U. Rehfeld ([61 a], [61 b], [61 c], [61 d]). Mit den Ergebnissen dieser Arbeiten und den statischen Auswertungen des Verbandes der Rentenversicherungsträger ([93], [94], [95]) war es möglich, die Ausscheidewahrscheinlichkeiten der W-Tafel zu errechnen.

1. RECHNUNGSZINS

Der Rechnungszins, mit dem die erwarteten zukünftigen Leistungen
und künftigen Prämieneinnahmen diskontiert werden, ist bei den einzelnen Versorgungsunternehmen unterschiedlich. Die Lebensversicherungsunternehmen rechnen natürlich auch hier wie bei den anderen Ver-
sicherungsverträgen mit einem Rechnungszins von 3 %. Bei den Pensionskassen ist seit langem ein Rechnungszins von 3,5 % üblich. Mit
einem noch höheren Zins müssen die Betriebe rechnen, die ihren Arbeitnehmern direkt eine Pensionszusage gewähren und die Rückstellungen für diese Anwartschaften im Unternehmen reservieren. Diese Unternehmen müssen derzeit die Reserven mindestens mit einem Zins von
6 % errechnen, sofern sie ihren Sitz im Bundesgebiet haben, mit
mindestens 4 %, falls der Sitz des Betriebes im Land Berlin ist und
Betriebe in Österreich kalkulieren gar mit einem Zins von 8 %.

2. AUSSCHEIDEWAHRSCHEINLICHKEITEN

Im Gegensatz zur Lebensversicherung haben wir es hier mit mehreren
Ausscheidewahrscheinlichkeiten zu tun. Hatten wir dort lediglich
das Risiko Tod zu berücksichtigen, so kommt hier als weitere Ausscheideursache noch das Risiko,berufsunfähig zu werden,hinzu. In
2.1 werden wir das Modell erläutern, von dem wir ausgehen, in 2.2
wird die Sterbewahrscheinlichkeit und in 2.3 die Berufsunfähigkeits-
wahrscheinlichkeit näher untersucht.

2.1 PERSONENGESAMTHEIT

Das Modell von dem wir ausgehen, ist auf Seite 348 graphisch dargestellt und basiert auf einer Arbeit von Schärtlin [79]. Basis ist
eine Personengesamtheit P aktiver Menschen. Wir betrachten nun die
Entwicklung dieser Personengesamtheit P Jahr für Jahr und nehmen
dabei an, daß diese Personengesamtheit geschlossen ist, d.h., es
kommen von außen keine neuen Personen in die Personengesamtheit hinzu, und es verlassen auch keine Personen diese Gesamtheit. Die Ver-

TOT_1
TOT_2
TOT_3
ALTI_2
ALTI_3
INV_1
INV_2
INV_3
P(aktiv)
AK_1
AK_2
AK_3
ALTA_1
ALTA_2
ALTA_3
STO_1
STO_2
STO_3

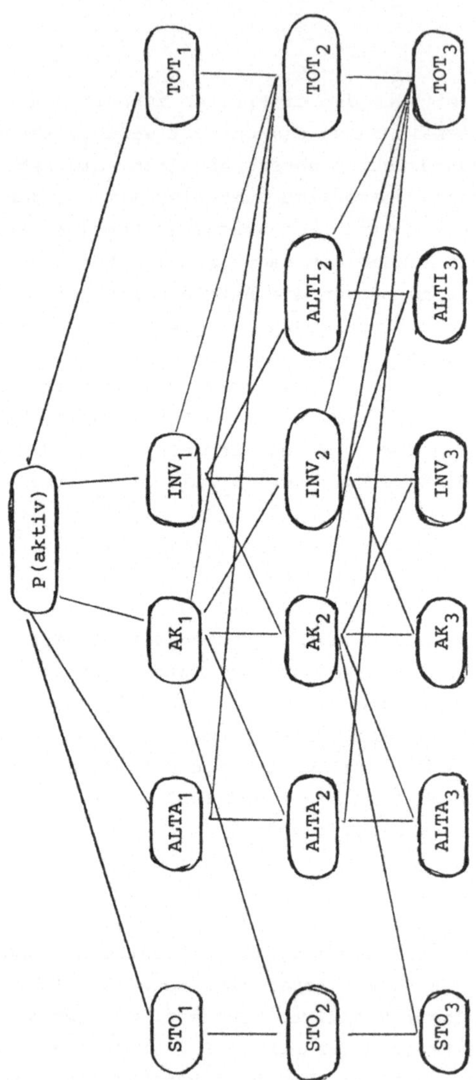

Abbildung 1

einigung sämtlicher Gesamtheiten einer Zeile ist gleich P, der
Durchschnitt zweier verschiedener Gesamtheiten einer Zeile ist leer.
Der Index n gibt den Zustand n Jahre nach Beginn unserer Betrachtung
an. Es bedeuten hierbei:

STO: Die Gesamtheit derer, die storniert haben.
ALTA: Die Gesamtheit der Altersrentner, die als Aktive in den
         Altersruhestand getreten sind.
AK: Die Gesamtheit der Aktiven.
INV: Die Gesamtheit der Berufsunfähigen (Invaliden).
ALTI: Die Gesamtheit der Altersrentner, die als Invalide in
         den Altersruhestand getreten sind.
TOT: Die Gesamtheit der Toten.

Für eine Person aus der Personengesamtheit P ist nicht klar, in welcher Gesamtheit sie sich nach n Jahren befinden wird. Sicher ist
lediglich, da es sich um eine geschlossene Gesamtheit handelt, daß
diese Person nach n Jahren in einer der einzelnen Gesamtheiten sein
muß. Mit wenigen Ausnahmen ist der Übergang von einer Gesamtheit in
eine andere Gesamtheit ein stochastischer Vorgang, wir haben hier
nun die Übergangswahrscheinlichkeiten von einer Gesamtheit in eine
andere Gesamtheit zu betrachten. Determiniert sind lediglich die
Übergänge aus zwei Gesamtheiten. So nehmen wir an, daß jemand, der
seinen Vertrag storniert hat, nicht wieder in eine andere Gesamtheit zurückkehren kann. Die Übergangswahrscheinlichkeit von STO_n
nach STO_{n+1} ist demnach 1. Ebenso wollen wir in unserem Modell die
Wiederauferstehungswahrscheinlichkeit der Toten gleich Null setzen.
Die Übergangswahrscheinlichkeit von der Gesamtheit der Toten eines
Jahres in die Gesamtheit der Toten des folgenden Jahres ist demnach
gleich 1.

Im weiteren definieren wir nun die möglichen Übergangswahrscheinlichkeiten aus den Gesamtheiten.

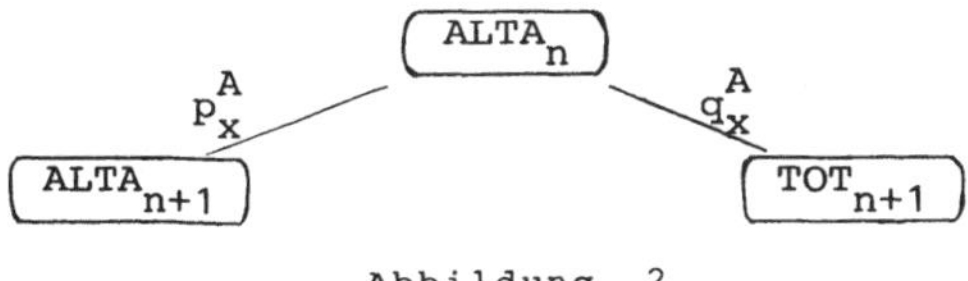

Abbildung 2

Aus der Gesamtheit der Altersrentner, die diesen Zustand als Aktive erreicht haben, kann eine Person nur innerhalb des nächsten Jahres in die Gesamtheit der Toten übergehen, oder in dieser Gesamtheit bleiben. Die einzelnen Wahrscheinlichkeiten hierbei sind:

q_x^A ist die Wahrscheinlichkeit für einen x-Jährigen aus der Personengesamtheit ALTA im nächsten Jahr zu sterben,

p_x^A ist die Wahrscheinlichkeit für einen x-Jährigen aus der Personengesamtheit ALTA zu überleben.

Es gilt offenbar $q_x^A + p_x^A = 1$.

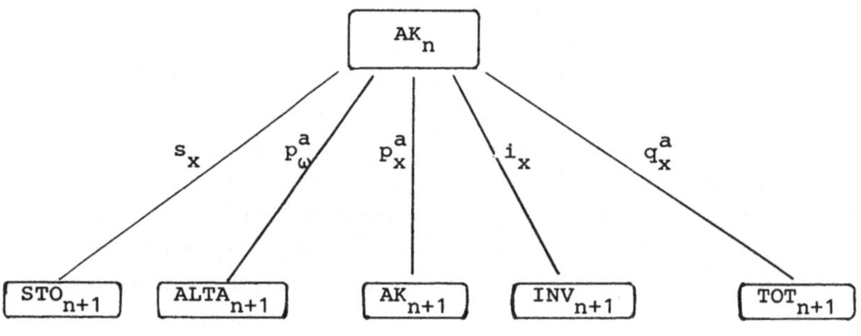

Abbildung 3

Die Personengesamtheit der Aktiven des n-ten Jahres zerfällt in fünf Gesamtheiten. Ein Aktiver kann seinen Vertrag stornieren, als Altersrentner ausscheiden, weiter aktiv bleiben, berufsunfähig werden oder sterben. Die einzelnen Wahrscheinlichkeiten hierfür bezeichnen wir mit:

q_x^a ist die Wahrscheinlichkeit für einen x-jährigen Aktiven, im nächsten Jahr zu sterben.

i_x ist die Wahrscheinlichkeit eines x-jährigen Aktiven, im nächsten Jahr berufsunfähig (Invalide) zu werden.

p_x^a ist die Wahrscheinlichkeit eines x-jährigen Aktiven, auch das folgende Jahr über aktiv, d.h., arbeitsfähig zu sein.

In unserem Modell gehen wir davon aus, daß die Personen bis zu einem
Endalter ω arbeitsfähig sind. Mit dem Endalter ω gehen sie dann in
den Altersruhestand. Bisher konnte in der Bundesrepublik dieses
Grenzalter auf 60 oder 65 angenommen werden. Mit der Einführung des
vorzeitigen Ruhestandes ist dieses Modell nicht ohne weiteres anwendbar. Trotzdem gehen wir zunächst davon aus, daß sämtliche Aktiven bis zu einem festen Endalter ω arbeiten oder berufsunfähig sind
und erst mit dem Alter ω in den Altersruhestand treten können. Wir
bezeichnen dann mit

p_ω^a die Wahrscheinlichkeit eines ω-Jährigen, dieses Alter als
Aktiver zu erreichen und nun in den Altersruhestand zu treten.

s_x die Wahrscheinlichkeit eines x-Jährigen, den Pensionsversicherungsvertrag im folgenden Jahr zu kündigen.

Bei einer Zwangsmitgliedschaft einer Versorgungseinrichtung fallen
natürlich die Personengesamtheit STO und die Stornowahrscheinlichkeit s weg.

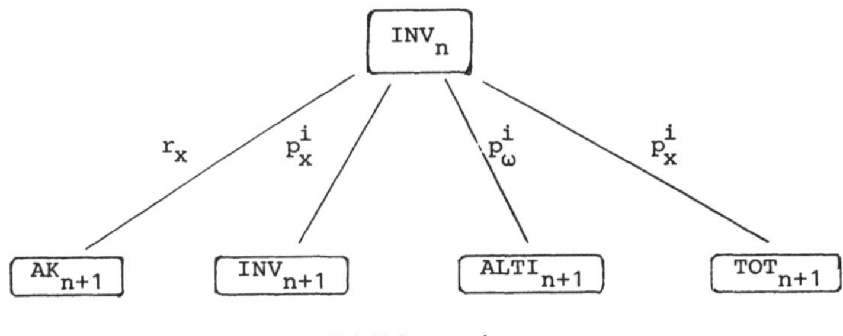

Abbildung 4

Die Übergangswahrscheinlichkeiten sind wie folgt definiert:

r_x ist die Wahrscheinlichkeit eines x-jährigen Invaliden, wieder
aktiv zu werden. Man nennt r die Reaktivierungswahrscheinlichkeit.

Da die Reaktivierungswahrscheinlichkeiten sehr schwer zu ermitteln
sind, betrachtet man in dem Modell häufig die Möglichkeit des Über-
ganges aus der Personengesamtheit der Invaliden in die Personenge-

samtheit der Aktiven nicht. Da aber die Reaktivierung zu einer Verminderung der Aufwendungen des Unternehmens führt (die Berufsunfähigkeitsrenten entfallen dann), berücksichtigt man gelegentlich die Möglichkeit der Reaktivierung durch einen pauschalen Abschlag bei der Prämie.

p_x^i ist die Wahrscheinlichkeit eines x-jährigen Invaliden, das nächste Jahr zu überleben und weiter Invalide zu bleiben.

p_ω^i ist die Wahrscheinlichkeit eines ω-Jährigen, dieses Alter als Invalide zu erreichen und nun in den Altersruhestand zu gehen.

q_x^i ist die Wahrscheinlichkeit eines Invaliden, im nächsten Jahr zu sterben.

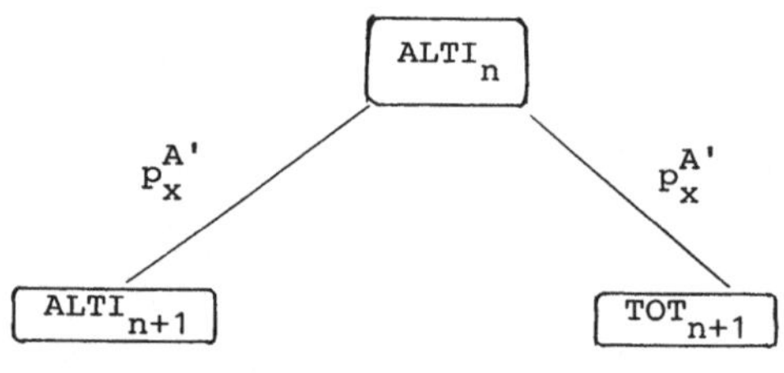

Abbildung 5

Hierbei bedeuten

$p_x^{A'}$ die Wahrscheinlichkeit eines x-jährigen Altersrentners, der diesen Zustand als Invalide erreicht hat, das nächste Jahr zu überleben.

$q_x^{A'}$ die Wahrscheinlichkeit eines x-jährigen Altersrentners, der diesen Zustand als Invalide erreicht hat, im nächsten Jahr zu sterben.

Die Gesamtheit der Aktiven nennen wir in diesem Modell die *Hauptgesamtheit*, die anderen Gesamtheiten die *Nebengesamtheiten*. Die Entwicklung der Hauptgesamtheit P haben wir in Abbildung 1 dargestellt. Nunmehr können aber auch die Entwicklungen der einzelnen Nebengesamtheiten betrachtet werden.

Untersuchen wir etwa die Gesamtheit INV_n der Invaliden eines Jahres

n, so sind hier zwei Betrachtungsweisen sinnvoll. Zum einen können
wir die Gesamtheit INV_n entsprechend Abbildung 1 zerlegen. Die Gesamtheit INV_{n+1} wird aber nicht nur aus der verbleibenden Invaliden
der Gesamtheit INV_n gebildet, vielmehr kommen noch aus AK_n die
"Neuinvaliden" hinzu. Hier wird die erwartete Entwicklung der Nebengesamtheiten berechnet in Abhängigkeit der Entwicklung anderer
Gesamtheiten.

Andererseits können wir aber auch INV_n in jedem Jahr als Ausgangs-
gesamtheit für einen neuen Zufallsprozeß betrachten. Hierbei wird
die Gesamtheit der Invaliden INV_n, die sinnvollerweise wieder auf
eine Zehnerpotenz normiert wird, in den Folgejahren entsprechend
Abbildung 4 zerlegt. "Neuinvalide", die aus der Gesamtheit der
Aktiven in die Gesamtheit der Invaliden überwechseln, betrachtet
man in dieser Nebengesamtheit nicht.

Die einzelnen Ausscheidewahrscheinlichkeiten werden in verschiedenen
Gesamtheiten beobachtet. Dabei muß berücksichtigt werden, daß bei
der Ermittlung der einzelnen Ausscheidewahrscheinlichkeiten in der
Regel jeweils nur ein Ausscheidegrund beobachtet wird (Tod, Invalidität). Diese Ausscheidewahrscheinlichkeiten, die andere Ausscheide-
ursachen außer Betracht lassen, heißen *partielle Ausscheidewahrscheinlichkeiten*. Da aber bei der Ermittlung der partiellen Ausscheidewahrscheinlichkeiten die Personen, die aus zwei oder mehreren Gründen aus einer Gesamtheit ausscheiden, mehrmals gezählt werden,
müssen die partiellen Ausscheidewahrscheinlichkeiten zum Schluß
korrigiert werden. In den folgenden Abschnitten behandeln wir zunächst nur die partiellen Ausscheidewahrscheinlichkeiten.

2.2 STERBEWAHRSCHEINLICHKEIT

Die Ermittlung der Sterbewahrscheinlichkeiten und die Erstellung
einer Sterbetafel haben wir in I.2 bereits ausführlich besprochen.
In unserem Modell haben wir es insgesamt mit vier Sterbewahrscheinlichkeiten zu tun: Die Alterssterblichkeit der Aktiven und Invaliden
und die Sterblichkeit der im arbeitsfähigen Alter befindlichen Personen, unterschieden nach Aktiven und Invaliden.

Daß die Aktiven- und Invalidensterblichkeit der im arbeitsfähigen
Alter befindlichen Personen stark voneinander abweichen ist offensichtlich, denn Personen, die Invalide geworden sind, leiden in
aller Regel an einer schweren Krankheit. Kranke Menschen hingegen
haben aber eine höhere Sterbewahrscheinlichkeit als Personen, die im
Vollbesitz ihrer Gesundheit und Arbeitskraft sind.

Möchte man sehr präzise vorgehen, muß die Invalidensterblichkeit
nach Dauer der Invalidität abgestuft werden. Verschiedene Untersuchungen haben gezeigt, daß die Invalidensterblichkeit erheblich
höher als die Aktivensterblichkeit bei den Personen ist, die erst
seit einer geraumen Zeit berufsunfähig sind. Hingegen unterscheidet
sich die Sterbewahrscheinlichkeit der Invaliden, die schon mehr als
15 Jahre berufsunfähig sind, kaum von der Sterbewahrscheinlichkeit
der Aktiven. Da einerseits sämtliche Zahlenangaben der Invaliden-
bestände mit erheblichen Unsicherheiten behaftet sind, und andererseits das Arbeiten mit doppelt abgestuften Sterbewahrscheinlichkeiten sehr kompliziert ist, beschränkt man sich in der Praxis auf
eine zusammengesetzte Invalidensterblichkeit [66].

Da Altersrentner per definitionem nicht berufsunfähig werden können,
sind folglich die Altersrentner, die als Invalide in den Altersruhestand traten, vor längerer Zeit berufsunfähig geworden. Nach den Ausführungen im letzten Absatz scheint es daher vertretbar bei den Altersrentnern lediglich mit einer Sterbewahrscheinlichkeit q_x^A zu arbeiten.

In der Praxis wird nun häufig wie folgt verfahren: Pensionskassen
und Betriebe mit einer Direktzusage arbeiten in der Regel nach den
Richttafeln von Heubeck/Fischer [45] bzw. nach eigenen Tafeln wie etwa
der W-Tafel in Tabelle 1-3. Hier wird für die Altersrentner eine einheitliche Sterbewahrscheinlichkeit angenommen, bei den Personen im
arbeitsfähigen Alter wird unterschieden nach Aktiven- und Invalidensterblichkeit.

Die Lebensversicherungsunternehmen arbeiten mit einer Sterbetafel
für sämtliche Alter. Ausgegangen wird hier von der Allgemeinen
Deutschen Sterbetafel 49/51 mit der in I.2.5.2.1 beschriebenen
Methode der Altersverschiebung von Rueff.

Alter	Invalidenwahrscheinlichkeit	Invalidensterbewahrscheinlichkeit	Wahrscheinlichkeit verheiratet bei Tod	Altersdifferenz
x	$1000 \cdot i_x$	$1000 \cdot q_x^i$	$1000 \cdot h_x$	$y(x)$
20	0,15927	26,865	20	1
21	0,25499	14,634	23	1
22	0,30339	70,785	46	1
23	0,41178	51,219	69	1
24	0,57828	53,595	93	1
25	0,68571	43,623	116	1
26	0,75485	39,744	139	1
27	0,92139	46,244	162	1
28	0,96636	37,287	187	1
29	1,03865	34,119	209	1
30	1,22894	27,072	232	2
31	1,29541	29,727	256	2
32	1,37799	33,237	281	2
33	1,69164	29,385	301	2
34	1,85811	32,706	324	2
35	2,00958	32,184	348	2
36	2,35999	29,763	371	2
37	2,65055	36,864	394	2
38	3,28108	37,845	417	2
39	3,15159	30,132	440	2
40	3,84808	36,252	457	2
41	4,11144	36,621	487	2
42	4,08804	34,848	510	2
43	4,90142	43,461	535	2
44	5,78357	39,852	556	2
45	6,69125	41,553	580	2
46	7,77274	43,704	601	2
47	8,71454	46,548	626	2
48	10,14926	46,899	651	2
49	12,31176	48,591	673	2
50	24,42260	41,598	695	2
51	19,68638	41,571	718	2
52	21,14850	40,203	741	2
53	24,26400	40,167	766	2
54	30,39504	40,149	788	2
55	39,21389	41,454	810	2
56	50,19107	42,552	824	2
57	62,75475	40,356	827	2
58	81,82555	38,124	829	2
59	110,8593	37,305	832	2
60	152,0286	30,726	828	2

W-Tafel Männer

Ausscheideordnung: Männer, aktiv

Tabelle 1

Alter	Invalidenwahrscheinlichkeit	Invalidensterbewahrscheinlichkeit	Wahrscheinlichkeit verheiratet bei Tod	Altersdifferenz
y	$1000 \cdot i_y$	$1000 \cdot q_y^i$	$1000 \cdot h_y$	x_y
20	0,026894	105,88	20	1
21	0,042339	0	23	1
22	0,138514	0	46	1
23	0,214746	24,658	69	1
24	0,367691	24,658	93	1
25	0,508959	36,610	116	1
26	0,648040	45,918	139	1
27	0,772757	40,191	162	1
28	0,709812	34,123	187	1
29	1,47764	28,125	209	1
30	1,47273	27,729	232	2
31	1,73906	16,081	256	2
32	1,99229	33,621	281	2
33	2,37645	29,850	301	2
34	2,47311	25,302	324	2
35	2,80239	27,232	348	2
36	3,00134	29,105	371	2
37	3,39896	28,526	394	2
38	3,85723	27,610	417	2
39	3,56007	25,438	440	2
40	4,04239	27,750	457	2
41	4,58510	27,742	487	2
42	4,55032	32,365	510	2
43	5,16431	32,396	535	2
44	5,78739	32,369	556	2
45	6,29282	26,271	580	2
46	7,66699	28,281	601	2
47	9,04050	26,731	626	2
48	10,73371	34,183	651	2
49	13,22066	31,325	673	2
50	18,61747	29,978	695	2
51	21,53947	31,616	718	2
52	25,87676	31,946	741	2
53	31,01128	28,517	766	2
54	42,70887	27,836	788	2
55	59,78159	26,709	810	2
56	81,50217	26,380	824	2
57	103,4333	22,117	827	2
58	134,6474	21,414	829	2
59	203,7474	18.848	832	2
60	235,0637	13,624	828	2

W-Tafel Frauen

Ausscheideordnung: Frauen, aktiv

Tabelle 2

Alter x/y	Sterbewahrscheinlich- keit $1000\ q_x$	$1000\ q_y$	Wahrscheinlichkeit: verheiratet bei Tod: $1000\ h_x$	Altersdiffe- renz y(x)
60	17,35	8,28	828,79	2
61	19,13	9,04	834,70	2
62	21,32	10,16	831,68	3
63	22,75	10,57	823,76	3
64	25,15	11,64	826,55	3
65	27,07	13,19	827,28	3
66	30,20	14,52	819,07	3
67	33,53	15,79	810,29	3
68	37,12	18,10	805,38	4
69	41,38	20,23	791,97	4
70	45,99	22,94	782,20	4
71	50,90	25,94	767,73	4
72	55,89	29,26	758,74	4
73	61,16	32,40	747,67	4
74	67,42	37,12	730,56	5
75	73,57	42,14	712,58	5
76	80,99	47,51	687,74	5
77	87,52	53,57	673,57	5
78	95,17	59,29	646,03	5
79	104,33	67,07	618,72	6
80	113,07	74,70	592,61	6
81	122,98	84,37	566,23	6
82	131,76	94,91	531,03	6
83	142,16	105,44	503,13	6
84	152,06	117,04	481,63	7
85	163,77	129,23	454,02	7
86	175,89	142,11	432,78	8
87	187,63	156,67	401,45	8
88	198,12	170,42	376,06	8
89	207,53	187,06	341,46	9
90	219,52	200,68	313,45	10
91	242,54	215,98	282,02	10
92	256,28	240,97	263,00	11
93	270,90	251,74	243,41	12
94	281,01	266,69	220,03	12
95	286,96	270,29	197,36	12
96	286,63	295,62	177,44	14
97	246,64	288,23	145,86	15
98	238,10	268,56	130,88	16
99	304,28	383,21	162,41	16
100	388,24	462,89	125,00	16

W-Tafel Altersrentner

Tabelle 3

In beiden Fällen wird unterschieden nach Männer- und Frauensterb-
lichkeit.

2.3 INVALIDISIERUNGSWAHRSCHEINLICHKEIT

In der deutschen Rentenversicherung der Arbeiter und Angestellten
gilt ein Versicherter als *erwerbsunfähig*, wenn er auf nicht abseh-
bare Zeit eine Erwerbstätigkeit in gewisser Regelmäßigkeit nicht
mehr ausüben oder nicht mehr als nur geringfügige Einkünfte durch
Erwerbstätigkeit erzielen kann.

Berufsunfähig ist dagegen nach der Definition der deutschen Sozialversicherung ein Versicherter schon, wenn seine Erwerbsfähigkeit
infolge von Krankheit oder anderen Gebrechen oder Schwäche seiner
körperlichen und geistigen Kräfte auf weniger als die Häfte derjenigen eines körperlich oder geistig gesunden Versicherten mit
ähnlicher Ausbildung und gleichwertigen Kenntnissen und Fähigkeiten
herabgesunken ist [2].

Zunächst einmal muß ein Versicherungsunternehmen oder eine Pensionskasse festlegen, was es versichert: Das Risiko Erwerbsunfähigkeit
oder das Risiko Berufsunfähigkeit. Da der Begriff Erwerbsunfähigkeit
strenger ist als der Begriff Berufsunfähigkeit, sind die Invalidisierungswahrscheinlichkeiten im ersten Falle wohl niedriger anzusetzen als im zweiten Falle.

Sucht das VU nun geeignete Rechnungsgrundlagen für die Invalidisierungswahrscheinlichkeiten, Invalidentafeln, so muß zunächst geklärt
werden, ob die in solchen Tabellen enthaltenen Werte auf der Basis
der vom Unternehmen gewählten Definition der Invalidität ermittelt
wurden. Selbst wenn aber diesen Invalidisierungswahrscheinlichkeiten die gleiche Definition der Invalidität zugrunde lag wie vom
VU gewählt, ist immer noch nicht sicher, ob die gewählten Rechnungsgrundlagen die Zustände beim VU genügend beschreiben.

Festzuhalten ist, daß bei der Abgrenzung der Invalidität, auch wenn
ihr eine präzise Definition zugrunde liegt, eine gewisse Unsicher-
heit gegeben ist, ein Freiraum, den die untersuchenden Ärzte aus-

schöpfen können. So ist es durchaus möglich, daß einer Person von
verschiedenen Ärzten Berufsunfähigkeit als auch Arbeitsfähigkeit
bescheinigt wird.

Bedeutender sind aber andere Einflüsse. Zunächst sind hier die individuellen Faktoren zu nennen. Neben Alter und Geschlecht beeinflussen Beruf und das Maß der Eignung für die ausgeübte Berufs-
tätigkeit das Invaliditätsrisiko [2]. Nahezu sämtliche Statistiken
ergeben, mit Ausnahme neuerer Untersuchungen aus der Schweiz, daß
Frauen ein wesentlich höheres Invaliditätsrisiko darstellen, als
Männer [61]. Generell gilt, daß das Invaliditätsrisiko mit zunehmendem Alter steigt.

Bei Personen mit einem hohen Ausbildungsstand und mit überwiegend
geistiger Tätigkeit kann von einer niedrigeren Invalidisierungswahrscheinlichkeit ausgegangen werden als bei Personen, die körperlich arbeiten oder die nur eine geringe Qualifikation besitzen.
Eine hohe Anpassungsfähigkeit an veränderte Situationen führt zu
einer Reduktion der Invalidisierungswahrscheinlichkeit. Ein weiterer
Aspekt sind die noch zu erwartenden Berufs- und Einkommensentwick-
lungen der Versicherten. Darüber hinaus beeinflußt die Identifika-
tion des Versicherungsnehmers mit seinem Beruf die Invalidisierungswahrscheinlichkeit [2].

Im weiteren sind auch noch die wirtschaftlichen und sozialen Einflüsse zu nennen. In Zeiten einer Vollbeschäftigung kann es für
einen latent Invaliden durchaus noch attraktiv sein, auf Invali-
disierungsleistungen zu verzichten, da er als Aktiver möglicherweise ein sehr viel höheres Einkommen erzielt. Andererseits kann in
wirtschaftlich schlechten Zeiten ein latent Invalider oder gar ein
noch nicht Invalider geneigt sein, eine möglicherweise höhere Inva-
liditätsleistung in Anspruch zu nehmen statt eine Arbeitslosenunter-
stützung. Rechtsprechung und das Verhältnis der Bürger zu den Versorgungseinrichtungen (Sozialversicherung, Pensionskassen, LVU)
können die Höhe der Invalidisierungsfälle erheblich beeinflussen
[2], [45].

Aus all den genannten Gründen ist es nun sehr schwer, für einen gegebenen Bestand eine geeignete Invalidentafel zu erstellen. Konnten

wir noch bei den Sterbetafeln feststellen, daß häufig Perioden-
oder auch Generationensterbetafeln durch Verschiebung ineinander
übergingen, so ist dies bei Invalidentafeln kaum möglich.

Allerdings lassen sich die gängigen Invalidentafeln grob in zwei
Klassen einteilen: Eine Klasse mit einem steilen Anstieg und hohen
Invalidisierungswahrscheinlichkeiten bei den Endaltern (Endalter
60 oder 65), und Invalidentafeln mit einem geringen Anstieg und
niedrigeren Invalidisierungswahrscheinlichkeiten bei den höheren
Altern. Die Tafeln der ersten Kategorie sind zumeist den Beständen
zuzuordnen, die aus Personen mit einer vorwiegend körperlichen Beschäftigung bestehen. Hier ist der Zenit der Karriere bereits sehr
früh erreicht, größere Einkommenssteigerungen sind in der Zukunft
nicht zu erwarten. Wenn nach einigen Jahren eine angemessene Anwartschaft auf Invalidenrente erreicht ist, ist möglicherweise bei
auch geringeren Leiden die Neigung vorhanden, die Leistungen aus der
Invalidenversicherung zu beanspruchen. Andererseits sind auch die
Versicherungsnehmer dieses Personenkreises häufig nur schwer auf
andere Tätigkeiten umzusetzen. Darüber hinaus sind bei diesen Personen körperliche Verschleißerscheinungen eher anzunehmen als bei
Arbeitnehmern, die überwiegend einer geistigen Tätigkeit nachgehen.

Die Invalidentafeln mit einem schwächeren Anstieg der Invalidisierungswahrscheinlichkeiten sind zumeist den Personenständen mit einem
höheren Ausbildungsgrad zuzuordnen. Hier wird der Karrierezenit in
der Regel sehr viel später erreicht, so daß ein Verbleiben im Beruf
trotz möglicher Behinderungen einen erheblichen finanziellen Anreiz
darstellen kann. Auch sind in der Regel hier die Ausweichmöglichkei-
ten auf andere Tätigkeiten sehr viel größer als bei der ersten
Personengruppe [2].

Starke Unterschiede bei den Invalidisierungswahrscheinlichkeiten
wurden auch bei vergleichenden Untersuchungen der Tafeln aus verschiedenen Ländern festgestellt [2], [72].

Aus all den genannten Gründen muß ein Aktuar nun zunächst entscheiden, welcher Typ von Invalidentafel für seinen Bestand geeignet
ist. Für Lebensversicherungsunternehmen, die überwiegend den letzt-
genannten Personenkreis versichern, wird eine Invalidentafel mit

geringem Anstieg zu wählen sein. Hingegen arbeiten Pensionskassen
häufig mit einer stark ansteigenden Invalidisierungswahrscheinlichkeit.

Im folgenden sind einige Invalidisierungswahrscheinlichkeiten aus
verschiedenen Tafeln angegeben. Die LVU verwenden in der Regel die
Invalidisierungswahrscheinlichkeiten der Spalte 2. Dabei werden
die Werte i_{60} bis i_{64} durch quadratische Extrapolation so bestimmt,
daß i_{64} = 48,00 gilt. Es sind dies die Invalidisierungshäufigkeiten
nach Untersuchungen von 11 amerikanischen Gesellschaften aus den
Jahren 1935-1939 Männer und Frauen zusammen. Diese Invalidisierungswahrscheinlichkeiten gelten für Männer. Für Frauen werden diese Werte um 50 % erhöht.

Die Pensionskassen bedienten sich früher meist der Richttafeln von
Heubeck/Fischer [45], die heute durch die neueren Tafeln ersetzt
werden.

Die Untersuchungen von Heubeck/Fischer und die Werte der W-Tafeln
basieren weitgehend auf Beobachtungen in Beständen der gesetzlichen
Rentenversicherungsträger.

Interessant ist die Entwicklung der Invalidisierungswahrscheinlichkeiten dieser beiden Tafeln. So sind die Invalidenwerte der W-
Tafel aus Tafel 1 bis zum Alter von 29 Jahren geringer als die der
alten Tafel von Heubeck/Fischer, die neuen Zahlen der W-Tafel (aus
den 70er und Anfang 80er Jahren) sind ab dem Alter 29 höher als die
alten Invalidisierungswahrscheinlichkeiten (aus den 30er und 40er
Jahren) der Richttafel von Heubeck/Fischer.

Verschiedene Invalidisierungshäufigkeiten in ‰

11 amerikanische Gesellschafen 1935/39

Alter	11 amerikanische Gesellschaften	Gesamte RV 1960/62 Männer	Gesamte RV 1960/62 Frauen
25	1,44	1,29	0,81
26	1,44	1,38	0,93
27	1,44	1,48	1,05
28	1,44	1,60	1,19
29	1,44	1,72	1,33
30	1,45	1,85	1,49
31	1,47	1,98	1,65
32	1,52	2,12	1,82
33	1,59	2,28	2,00
34	1,69	2,47	2,18
35	1,38	2,68	2,38
36	2,01	2,90	2,58
37	2,22	3,13	2,82
38	2,47	3,40	3,11
39	2,75	3,74	3,45
40	3,04	4,15	3,83
41	3,35	4,63	4,27
42	3,67	5,17	4,76
43	4,00	5,77	5,30
44	4,33	6,43	5,90
45	4,68	7,17	6,55
46	5,07	8,02	7,27
47	5,52	9,01	8,08
48	6,05	10,16	8,98
49	6,68	11,49	9,97
50	7,43	13,02	11,10
51	8,31	14,75	12,50
52	9,35	16,70	14,30
53	10,57	19,15	16,70
54	11,99	22,40	20,00
55	13,65	26,55	24,50
56	15,56	32,00	30,50
57	17,76	38,50	38,40
58	20,24	46,10	49,00
59	23,02	54,60	63,80

Tabelle 4

2.4 PARTIELLE AUSSCHEIDEWAHRSCHEINLICHKEITEN

In 2.1 sind wir von einem Modell ausgegangen, in dem die Personen
einer Personengesamtheit aus mehreren Gründen im Laufe des nächsten
Jahres aus dieser Gesamtheit ausscheiden können. Dabei haben wir angenommen, daß jede Person innerhalb eines Jahres nur aus einem Grund
aus einer Personengesamtheit ausscheiden kann und in eine andere
Personengesamtheit überwechselt. Die Wahrscheinlichkeiten, mit der
eine Person aus einer Gesamtheit in eine andere Personengesamtheit
überwechselt, nannten wir *übergangswahrscheinlichkeiten*, diese Wahrscheinlichkeiten werden auch *Ausscheidewahrscheinlichkeiten* genannt.

Zur Ermittlung dieser Ausscheide- oder Übergangswahrscheinlichkeiten
werden Personengesamtheiten über einen gewissen Zeitraum beobachtet.
Nun ermittelt man in aller Regel aber nur jeweils eine Übergangswahrscheinlichkeit. D.h., die Personen werden jeweils in dem Beobachtungszeitraum nur daraufhin untersucht, ob sie ein bestimmtes
Attribut behalten oder verlieren (z.B. leben, aktiv, storniert).
Die so ermittelten Ausscheidewahrscheinlichkeiten unterscheiden sich
aber von den in unserem Modell zu verwendenden Wahrscheinlichkeiten
aus folgendem Grunde: Es gilt für eine Personengesamtheit aktiver
Männer P mit l_x^a vielen Personen des Alters x, daß nach den Wahrscheinlichkeiten unseres Modells die erwartete Personenzahl l_{x+1}^a im
nächsten Jahr gleich

$$(1) \quad l_{x+1}^a = l_x^a (1 - q_x^a - i_x)$$

sein wird.

Bezeichnen wir die durch Beobachtung nur eines Attributs gewonnenen
Ausscheidewahrscheinlichkeiten als *partielle Ausscheidewahrschein-
lichkeiten* (in der älteren Literatur wird auch von unabhängigen
Wahrscheinlichkeiten gesprochen), und versehen die entsprechenden
Ausscheidewahrscheinlichkeiten mit einem Stern, so gilt

$$(2) \quad l_{x+1}^a = l_x^a (1 - q_x^{a*} - i_x^* + q_x^{a*} \cdot i_x^*).$$

Der letzte Summand gibt die Wahrscheinlichkeit an, daß eine Person aus den beiden Gründen Invalidität und Tod ausgeschieden ist. Allgemein wird mit l_x^a die Anzahl der aktiven x-Jährigen einer Personengesamtheit bezeichnet.

Lemma 1 [78]: Es seien α und β Ausscheidewahrscheinlichkeiten, α^* und β^* die entsprechenden partiellen Ausscheidewahrscheinlichkeiten. Dann gelten die folgenden Beziehungen:

$$(3) \quad \alpha^* = \frac{\alpha}{1 - \frac{\beta}{2}} \approx \alpha\left(1 + \frac{\beta}{2}\right)$$

$$(4) \quad \beta^* = \frac{\beta}{1 - \frac{\alpha}{2}} \approx \beta\left(1 + \frac{\alpha}{2}\right)$$

$$(5) \quad \alpha = \frac{\alpha^*\left(1 - \frac{\beta^*}{2}\right)}{1 - \frac{\alpha^* \cdot \beta^*}{4}} \approx \alpha^*\left(1 - \frac{\beta^*}{2}\right)$$

$$(6) \quad \beta = \frac{\beta^*\left(1 - \frac{\alpha^*}{2}\right)}{1 - \frac{\alpha^* \cdot \beta^*}{4}} \approx \beta^*\left(1 - \frac{\alpha^*}{2}\right)$$

Zum Beweis nehmen wir an, daß sich die Ausscheidefälle über das ganze Jahr gleichmäßig verteilen.
Beweis von (3): Nach der letzten Bemerkung gehen wir aus von

$$(7) \quad \alpha^* = \alpha + \beta\frac{\alpha^*}{2} \ .$$

Durch arithmetische Umformung erhält man nun die Gleichung (3).

Die Approximation erhält man dann wie folgt:

Faßt man die Gleichung als Funktion von β auf und berechnet die ersten Glieder der Taylor-Reihe, so erhält man die Approximation.□

Hat man eine Tafel mit mehreren Ausscheidewahrscheinlichkeiten, so
ist zunächst zu prüfen, ob es sich hier um partielle Ausscheidewahrscheinlichkeiten handelt. Bei den W-Tafeln in Tabelle 1 bis 3 sind
die partiellen Ausscheidewahrscheinlichkeiten entsprechend Lemma 1
umgerechnet. Wählt man aber, wie bei der Individualversicherung
die Invalidisierungswahrscheinlichkeiten und die Sterbewahrscheinlichkeiten aus verschiedenen Beständen, so handelt es sich hier mit
Sicherheit um partielle Ausscheidewahrscheinlichkeiten. Sie müßten
eigentlich nach Lemma 1 umgerechnet werden. Da aber die Sterbewahrscheinlichkeiten, mit denen die LVU derzeit rechnen, stark überhöht sind, ist der Fehler den man begeht, wenn bei der Ausscheideordnung das Korrekturglied nicht berücksichtigt wird und so tut,
als wären die partiellen Ausscheidewahrscheinlichkeiten zusammen
ermittelt, nicht groß im Verhältnis zu dem Fehler, der in den Sterb-
lichkeitsannahmen enthalten ist. Daher erspart man sich gelegentlich
beim Rechnen das Korrekturglied, was zu vertreten ist, da ohnedies
mit ungenauen Rechnungsgrundlagen kalkuliert wird und die Überschüsse den VN erstattet werden.

Aufgaben: 1.) Erweitern Sie die Tabelle 1 um die Werte i_{60} bis i_{64}.

2.) Führen Sie den Beweis von (3) aus und beweisen Sie (4), (5)
und (6).

3.) Wie muß Lemma 1 modifiziert werden, wenn es n viele Ausscheide-
ursachen gibt?

3 LEISTUNGSBARWERTE DER RENTEN

3.1 ENTWICKLUNG DER PERSONENBESTÄNDE

Im weiteren gehen wir davon aus, daß wir partielle Ausscheidewahrscheinlichkeiten umgerechnet haben.

Zwar ist es möglich, allein durch Kenntnis des Zinses und der Wahrscheinlichkeiten über die Erwartungswertbildung die Barwerte der Versicherungsleistungen direkt zu ermitteln, dennoch wird auch hier, wie bei den LVU, mit Kommutationswerten gerechnet. Obwohl es nicht sehr zeitgemäß ist, wollen wir, da die Methode der Kommutationswerte in der Praxis weit verbreitet ist, jene auch hier behandeln. Dazu benötigen wir zunächst die Kenntnis über die Entwicklung der einzelnen Gesamtheiten. Wir bezeichnen mit L_x^a die Personengesamtheit der x-jährigen Aktiven. Da im folgenden Storno und Reaktivierungen nicht betrachtet werden, entwickelt sich diese Personengesamtheit, ausgehend von einem Beginnalter x_o (meist gilt $15 \leq x_o \leq 20$).

$$\#L_{x_o}^a = 1\ 000\ 000$$

(1)

$$\#L_{x+1}^a = \#L_x^a\left(1 - q_x^a - i_x\right), \qquad x_o \leq x < \omega,$$

wobei ω das Endalter der Aktivitätszeit darstellt.

Für die Invaliden nehmen wir an, daß die Gesamtheit zu Beginn der Betrachtung leer ist, d.h.

(2) $\quad \#L_{x_o}^{(i)} = 0.$

Die Gesamtheit der Invaliden entwickelt sich nun wir folgt:
Im Laufe des Jahres treten einige Invalide aus dieser Gesamtheit durch Tod aus, andere kommen neu aus der Gesamtheit der Aktiven durch Invalidisierung hinzu. Damit ergibt sich

(3) $\#L_{x+1}^{(i)} = \#L_x^{(i)} \cdot (1 - q_x^i) + \#L_x^a \cdot i_x, \quad x_o \leq x < \omega.$

Mit $L_x^{(i)}$ bezeichnen wir die Gesamtheit der x-jährigen Invaliden und verabreden die folgenden üblichen Abkürzungen:

(4) $l_x^a := \#L_x^a,$

(5) $l_x^{(i)} := \#L_x^{(i)}.$

Aufgabe: 1.) Wie lauten die Gleichungen (1) bis (3) für partielle Ausscheideordnungen?

Betrachten wir die Gesamtheit der Invaliden L^i als eine Nebengesamtheit, in die keine Personen eintreten sondern nur Personen durch Tod ausscheiden, so erhalten wir mit

(6) $\#L_{x_o}^i := 100.000$

und

(7) $\#L_{x+1}^i = \#L_x^i(1 - q_x^i), \quad x_o \leq x < \omega$

die Nebengesamtheit der Invaliden. Hier kürzen wir für alle $x_o \leq x < \omega$ ab:

(8) $l_x^i = \#L_x^i.$

Wird die Altersrente bis zum Alter $\overline{\omega}$ gezahlt, dann entwickelt sich die Personengesamtheit L^A der Altersrentner, sofern wir nicht nach dem Status des Versicherungsnehmers zum Rentenbeginn unterscheiden nach

(9) $\#L_{x+1}^A = \#L_x^A(1 - q_x^A), \quad \omega \leq x < \overline{\omega}.$

Dabei wird häufig

(10) $\#L_\omega^A = \#L_\omega^a$

gesetzt.

Hierbei wählen wir die Abkürzung

$$(11) \quad 1^A_x := \#L^A_x .$$

Aufgabe: 2.) Schreiben Sie ein Programm, das

  a) für die W-Tafeln
  b) für die Sterbewahrscheinlichkeiten nach der ADSt 49/51 und
     den Invalidisierungswahrscheinlichkeiten der 11 amerikanischen
     Gesellschaften

die Entwicklung der Gesamtheit der Aktiven und Invaliden angibt!

3.2 RENTENBARWERTE UND ANWARTSCHAFTEN

In der Regel werden bei der Pensionsversicherung Beiträge nur von
den aktiven Versicherungsnehmern gezahlt. Die laufenden Beiträge
sind daher als eine Rente, gebunden an die Aktivität der Versicherungsnehmer, aufzufassen. Wir berechnen daher zunächst den Barwert
der *Aktivitätsrenten*.

3.2.1 Aktivitätsrenten

Eine *Aktivitätsrente* ist eine periodisch wiederkehrende Geldzahlung,
die höchstens bis zu einem festzusetzenden Endalter zu leisten ist
<kleiner als ω> (das Endalter der Aktiven), höchstens aber so lange
die Person aktiv ist. Wir bezeichnen mit a^a_x den Barwert einer Aktivitätsrente für einen x-Jährigen der Höhe 1, jährlich nachschüssig
bis zum Endalter ω zahlbar. Der Barwert der entsprechenden vorschüssig zahlbaren Rente wird mit $ä^a_x$ bezeichnet.
Bezeichnen wir mit $_np^a_x$ die Wahrscheinlichkeit für einen x-jährigen
Aktiven, die nächsten n Jahre als Aktiver zu überleben, so gilt

$$(12) \quad _np^a_x = \frac{1^a_{x+n}}{1^a_x} .$$

Der Barwert des Erwartungswertes der Zahlung, die nach n Jahren
fällig ist, ist demnach

$$(13) \quad {}_nE_x^a = {}_np_x^a \, v^n.$$

Somit ergeben sich für die Aktivitätsrenten-Barwerte die folgenden
Gleichungen:

$$(14) \quad a_x^a = \sum_{\nu=1}^{\omega-x} {}_\nu p_x^a \, v^\nu,$$

$$(15) \quad \ddot{a}_x^a = \sum_{\nu=0}^{\omega-x-1} {}_\nu p_x^a \, v^\nu.$$

Führt man die Kommutationswerte

$$(16) \quad D_x^a := l_x^a \, v^x$$

und

$$(17) \quad N_x^a = \sum_{\nu=0}^{\omega-x-1} D_{x+\nu}^a$$

ein, so erhält man den Barwert einer vorschüssig zahlbaren Aktivitätsrente nach

$$(18) \quad \ddot{a}_x^a = \frac{N_x^a}{D_x^a}.$$

Aufgaben: 3.) Beweisen Sie (18).

4.) Schreiben Sie ein Programm zur Ermittlung der Kommutationswerte D_x^a und N_x^a.

Mit $\ddot{a}_{x,n\rceil}^a$ bezeichnet man den Barwert einer vorschüssig zahlbaren
temporären Aktivitätsrente, die höchstens n Jahre geleistet wird.
Diesen Barwert erhält man nach

$$(19) \quad \ddot{a}_{x,n\rceil}^a = \frac{N_x^a - N_{x+n}^a}{D_x^a}.$$

Auch bei den Aktivitätsrenten und bei den temporären Aktivitätsrenten kann eine jährliche Steigerung um den Betrag 1 vereinbart
werden. Den Barwert einer temporären vorschüssig zahlbaren Aktivitätsrente, beginnend mit dem Betrage 1 und einer jährlichen Steigerung um den Betrag 1 bis der Betrag m erreicht ist, der dann bis
zum Ende der Aktivität gezahlt wird, höchstens aber über eine Ge-
samtrentendauer von n Jahren, wird mit $(I_{m\urcorner}\ddot{a})^a_{x,n\urcorner}$ bezeichnet. Den
Barwert errechnen wir nach

$$(20) \quad (I_{m\urcorner}\ddot{a})^a_{x,n\urcorner} = \sum_{\nu=0}^{m-1} (\nu+1) \; _\nu p^a_x \; v^\nu + m \sum_{\nu=m}^{n-1} \; _\nu p^a_x \; v^\nu.$$

Führt man auch hier doppelt aufsummierte Kommutationswerte

$$(21) \quad S^a_x = \sum_{\nu=0}^{\omega-x-1} N^a_{x+\nu}$$

ein, so erhält man den Aktivitätsrenten-Barwert für die steigende
Aktivitätsrente nach

$$(22) \quad (I_{m\urcorner}\ddot{a})^a_{x,n\urcorner} = \frac{S^a_x - S^a_{x+n} - {_m}N^a_{x+n}}{D^a_x}.$$

Aufgabe: 5.) Berechnen Sie die doppelt aufsummierten Kommutationswerte!

In Kapitel I.3.2.2 hatten wir mit (67), (68) und (69) Approximationen für unterjährige Leibrenten angegeben und zur Herleitung
dieser Approximation die Ausscheideordnung der Toten benutzt, an
keiner Stelle aber den Ausscheidegrund betrachtet. Da die unterjährigen Renten in der Pensionsversicherung häufig verwendet werden, bedienen wir uns hier einer ähnlichen Approximation. Es seien
$\ddot{a}^{a(m)}_x$ und $\ddot{a}^{a(m)}_{x,n\urcorner}$ die Barwerte der m-tel jährlich vorschüssig zahlbaren Aktivitätsrenten der Höhe 1, zahlbar bis zum Ende der Aktivi-
tätszeit bzw. n Jahre, höchstens, solange der VN aktiv ist. Dann
gelten die folgenden Approximationen

(23) $\quad \ddot{a}_x^{a(m)} \approx \ddot{a}_x^a - \dfrac{m-1}{2m}$

(24) $\quad \ddot{a}_{x,\overline{n}|}^{a(m)} \approx \ddot{a}_{x,\overline{n}|}^a - \dfrac{m-1}{2m}.$

Aufgabe: 6.) Zeigen Sie, daß (23) und (24) sinnvolle Approximationen sind.

3.2.2 Barwerte laufender Invaliden- und Altersrenten

Ist ein VN Invalide geworden oder in den Altersruhestand getreten, so sind für die nun laufenden Rentenzahlungen die Barwerte zu reservieren. Betrachten wir zunächst die Invalidenrente.

Es sei $_np_x^i$ die Wahrscheinlichkeit für einen x-jährigen Invaliden, die nächsten n Jahre als Invalider zu überleben. Da wir eine Reaktivierung in unserem Modell nicht weiter betrachten, ist dies gleich der n-jährigen Überlebenswahrscheinlichkeit für einen x-jährigen Invaliden. Diese Wahrscheinlichkeit erhalten wir aus der Nebengesamtheit der Invaliden entsprechend

(25) $\quad _np_x^i = \dfrac{l_{x+n}^i}{l_x^i}.$

Bezeichnen wir mit $\ddot{a}_x^i$ den Barwert einer vorschüssig zahlbaren Invalidenrente der Höhe 1 für einen x-Jährigen, zahlbar bis zum Tode, höchstens bis zum Endalter ω (Endalter der Aktivitätszeit), so erhalten wir

(26) $\quad \ddot{a}_x^i = \displaystyle\sum_{\nu=0}^{\omega-x-1} {}_\nu p_x^i \, v^\nu.$

Führen wir auch hier Kommutationswerte

(27) $\quad D_x^i = l_x^i \, v^x \qquad$ und

$$(28) \quad N_x^i = \sum_{\nu=0}^{\omega-x-1} D_{x+\nu}^i$$

ein, so läßt sich der Invalidenrentenbarwert nach

$$(29) \quad \ddot{a}_x^i = \frac{N_x^i}{D_x^i}$$

ermitteln. Für die Barwerte temporärer Invalidenrenten gilt

$$(30) \quad \ddot{a}_{x,n\urcorner}^i = \frac{N_x^i - N_{x+n}^i}{D_x^i}.$$

Barwerte temporärer Invalidenrenten, die in den ersten m Jahren jeweils um den Betrag 1 steigen, erhalten wir mit

$$(31) \quad (I_{m\urcorner}\ddot{a})_{x,n\urcorner}^i := \frac{S_x^i - S_{x+m}^i - {}_mN_{x+n}^i}{D_x^i},$$

wobei

$$(32) \quad S_x^i := \sum_{\nu=0}^{\omega-x-1} N_{x+\nu}^i$$

gilt.

Für unterjährige (m-tel jährlich zahlbare) Invalidenrenten haben wir auch hier die Approximation

$$(33) \quad \ddot{a}_x^{i\,(m)} \approx a_x^i - \frac{m-1}{2m}.$$

Aufgaben: 7.) Schreiben Sie ein Programm zur Berechnung der Invalidenkommutationswerte.

8.) Beweisen Sie die Gleichungen (29) und (31).

Ganz analog verfährt man bei den Altersrentnern. Bezeichnet man mit $_n p_x^A$ die Wahrscheinlichkeit für einen x-jährigen Altersrentner (d.h. $x > \omega$) die nächsten n Jahre zu überleben, so erhält man ausgehend von diesen Wahrscheinlichkeiten die Rentenbarwerte für die Altersrenten. In den Formeln (25) bis (33) sind jeweils die "Exponenten" i durch A zu ersetzen.

Aufgabe: 9.) Entwickeln Sie die Ausdrücke entsprechend (25) bis (33) für die Altersrentner.

10.) Schreiben Sie ein Programm zur Errechnung der Kommutationswerte für die Altersrentner.

11.) Berechnen Sie die Invaliden- und Altersrentenbarwerte für Männer und Frau nach

     a) W-Tafel, i = 0,035
     b) ADSt 49/51, 11 amerikanische Gesellschaften, i = 0,03

3.2.3 Anwartschaft eines Aktiven auf Invaliden- und Altersrenten

Die Wahrscheinlichkeit für eine aktive Person (x) im n-ten Jahr nach dem jetzigen Beobachtungszeitpunkt Invalide zu werden, setzt sich zusammen aus der Wahrscheinlichkeit, die nächsten n-1 Jahre als Aktiver zu überleben und im darauffolgenden Jahr Invalide zu werden. Da wir die beiden Ereignisse als voneinander unabhängig annehmen, können wir diese Wahrscheinlichkeit darstellen durch den Ausdruck $_{n-1} p_x^a \cdot i_{x+n-1}$. Da beim Eintritt der Invalidität für das Versorgungswerk der Invalidenrentenbarwert als Leistung fällig wird, ist der Erwartungswert der Leistung für das Unternehmen gleich dem Produkt aus der eben beschriebenen Wahrscheinlichkeit mit dem Invalidenrentenbarwert. Weil der Invalide einen Rentenanspruch in der Regel sofort nach Eintritt der Invalidität hat, können wir hier nicht wie bei der Todesfallversicherung annehmen, daß die Leistung erst am Ende des Versicherungsjahres fällig wird, in dem der Schaden eingetreten ist. Unterstellen wir nun in erster Näherung, daß die Schäden (die Invalidisierungsfälle) gleichmäßig über das Jahr verteilt sind, so ergibt sich der Erwartungswert für die Leistung im n-ten

Jahr für einen x-Jährigen durch

$$_{n-1}p_x^a \cdot i_{x+n-1} \cdot \ddot{a}_{x+n-0,5}^i.$$

Dabei werden die unterjährigen Rentenbarwerte hier wie auch im folgenden durch

$$(34) \qquad \ddot{a}_{x+n-0,5}^i \approx \frac{\ddot{a}_{x+n-1}^i + \ddot{a}_{x+n}^i}{2}$$

approximiert. Bezeichnen wir mit $\ddot{a}_x^{ai}$ die Anwartschaft eines x-Jährigen auf eine Invalidenrente der Höhe 1, so gilt

$$(35) \qquad \ddot{a}_x^{ai} = \sum_{\nu=1}^{\omega-x} {}_{\nu-1}p_x^a \cdot i_{x+\nu-1} \cdot \ddot{a}_{x+\nu-0,5}^i \cdot v^{\nu-0,5}.$$

Unterstellt man bei den Invalidenleistungen unterjährige m-tel-jährige Rentenzahlungen, so ändert sich die Anwartschaft entsprechend

$$(36) \qquad \ddot{a}_x^{ai(m)} = \sum_{\nu=1}^{\omega-x} {}_{\nu-1}p_x^a \cdot i_{x+\nu-1} \cdot \ddot{a}_{x+\nu-0,5}^{i(m)} \cdot v^{\nu-0,5}.$$

Auch hier setzt man für den Invalidenrentenbarwert das arithmetische Mittel der beiden benachbarten Barwerte ein.

Wir bedienen uns wieder der Kommutationswerte. Für die Anwartschaften benutzt man

$$(37) \qquad D_x^{ai} := l_x^a \cdot v^{x+0,5} \cdot i_x \cdot \ddot{a}_{x+0,5}^i$$

und

$$(38) \qquad N_x^{ai} := \sum_{\nu=0}^{\omega-x-1} D_{x+\nu}^{ai}.$$

Wird bei der Invalidenzahlung eine unterjährige Rentenfälligkeit vereinbart, so ersetzt man in (37) den Invalidenrentenbarwert durch den entsprechenden unterjährigen Rentenbarwert und erhält dann die Kommutationswerte $D_x^{ai(m)}$ und $N_x^{ai(m)}$. Mit diesen Kommutationswerten lassen sich die Anwartschaften aus (35) und (36) wie folgt schreiben

$$(39) \qquad \ddot{a}_x^{ai} = \frac{N_x^{ai}}{D^a} \, ,$$

$$(40) \qquad \ddot{a}_x^{ai(m)} = \frac{N_x^{ai(m)}}{D_x^a} \, .$$

Aufgaben: 12.) Beweisen Sie (39) und (40).

13.) Wie sieht die Anwartschaft für eine Invalidenrente aus, bei der in dem Jahr, in dem die Invalidität eintritt, der pro rata temporis-Anteil des Betrages 1 fällig wird, und in den folgenden Jahren die Beträge 2, 3, 4 ... fällig werden?

Zu unterscheiden von dem in Aufgabe 13 beschriebenen Fall sind die steigenden Anwartschaften. Hierbei bleiben die zu zahlenden Invalidenrenten nach Eintritt des Vfalles konstant, allerdings ist die Höhe der Invalidenleistung abhängig von der bereits verstrichenen Vdauer. Die Anwartschaft für eine Invalidenrente der Höhe 1 bei Invalidität im ersten Vjahr, der Höhe 2 bei Invalidität im zweiten Vjahr usw. bis zum m-ten Vjahr, dann aber konstant m bleibend bei Eintritt der Invalidität nach dem m-ten Vjahr bezeichnen wir mit

$$(I_{m\urcorner}\ddot{a})_m^{ai} \, .$$

Aufgabe: 14.) Beschreiben Sie den Leistungsbarwert (Anwartschaft) für steigende Invalidenanwartschaften. Benutzen Sie dazu auch die Kommutationswerte

$$(41) \qquad S_x^{ai} = \sum_{\nu=0}^{\omega-x-1} N_{x+\nu}^{ai} \, .$$

Die Anwartschaft eines Aktiven auf Altersrente läßt sich prinzipiell
nach 2 Methoden ermitteln. Zum einen können wir annehmen, daß eine
Invalidenrente, da wir Reaktivierungen nicht weiter betrachten,
nicht nur bis zum Ende der Aktivitätszeit gezahlt wird, sondern
nahtlos in eine Altersrente übergeht. Wir müssen dann den Invaliden-
rentenbartwert (26) dahingehend abändern, daß wir nicht nur die
Leistungen bis zum Endalter ω betrachten, sondern darüber hinaus
sämtliche abgezinsten Altersrentenleistungen, multipiziert mit den
Überlebenswahrscheinlichkeiten der Rentner. Bei der Errechnung der
Überlebenswahrscheinlichkeiten der Altersrentner ist aber zu berücksichtigen, daß zunächst die Personengesamtheiten der Invaliden
und die Personengesamtheiten der Altersrentner nicht nahtlos ineinander übergehen. Die Personengesamtheit der Altersrentner ist demzufolge so zu modifizieren, daß deren Ausgangsbestand gleich dem
Endbestand der Invaliden ist und dieser sich entsprechend den einjährigen Überlebenswahrscheinlichkeiten der Altersrentner entwickelt.
Neben dieser lebenslänglich zahlbaren Invalidenrente ist dann noch
die Anwartschaft eines Aktiven auf Altersrente für den Fall vorgesehen, daß er als Aktiver in den Altersruhestand tritt. Diese Anwartschaft wird beim zweiten Verfahren besprochen.

Das zweite Verfahren hat den Vorteil, daß bei steigenden Anwartschaften, bei denen häufig die Invalidenrente in gleicher Höhe in
eine Altersrente übergeht, die Altersrente, die einen Höchstbetrag
nicht übersteigt, leichter zu ermitteln ist. Bei diesem Verfahren
wird zunächst entsprechend der Ausscheideordnung der Altersrentner
der Barwert $\ddot{a}_\omega$ bzw. $\ddot{a}_\omega^{(m)}$ für einen ω-Jährigen ermittelt, wobei ω
das Eintrittsalter in den Altersruhestand ist. Diese Altersrente
soll gezahlt werden, wenn der VN als Aktiver in den Ruhestand tritt.
Der Rentenbarwert ist demnach mit der Überlebenswahrscheinlichkeit
für Aktive zu multiplizieren und zu diskontieren. Die Anwartschaft
erhält man nun nach

$$(42) \quad \ddot{a}_x^{aA} = {}_{\omega-x}p_x^a \cdot \ddot{a}_\omega \cdot v^{(\omega-x)}.$$

Bei m-tel jähriger Rentenzahlung erhalten wir

$$(43) \quad \ddot{a}_x^{aA(m)} = {}_{\omega-x}p_x^a \cdot \ddot{a}_\omega^{(m)} \cdot v^{(\omega-x)}.$$

Es ist hier nicht ohne weiteres der aufgeschobene Leibrentenbarwert
entsprechend Kapitel I.3.1.1.5 zu wählen, da sich die Ausscheideordnung der Aktiven von der der Altersrentner unterscheidet.

Mit (42) bzw. (43) erhält man lediglich die Anwartschaft auf Altersrente für VN, die als Aktive in den Altersruhestand gehen. Da aber
auch invalide Personen eine Altersrente erhalten sollen, muß bei
Eintritt der Invalidität berücksichtigt werden, daß nicht nur eine
Invalidenrente, sondern später auch noch eine Altersrente fällig
wird. Die Anwartschaft eines Aktiven auf Altersrente für den Fall,
daß er als Invalider in den Altersruhestand tritt, erhalten wir durch

$$(44) \quad \ddot{a}_x^{aiiA} := \sum_{\nu=1}^{\omega-x} {}_{\nu-0,5}p_x^a \cdot i_{x+\nu-1} \cdot {}_{\omega-(x+\nu)}p_{x+\nu-0,5}^i \cdot \ddot{a}_\omega \cdot v^{\omega-(x+\nu)-0,5}$$

mit

$$(45) \quad {}_{n-0,5}p_x = \frac{{}_{n-1}p_x + {}_n p_x}{2}$$

und

$$(46) \quad {}_n p_{x+0,5} = \frac{{}_n p_x + {}_{n-1}p_{x+1}}{2}.$$

Betrachtet man nun (35) und (44), so ist ersichtlich, daß die beiden
Summen leicht zusammengefaßt werden können. Entwickelt man nun den
Endbestand der Invaliden entsprechend den Sterbewahrscheinlichkeiten
der Altersrentner fort, so lassen sich auch ohne Mühe die Rentenbar-
werte für die Altersrente und für die Invalidenrente zusammenfassen.
In diesem Falle aber ist man wieder bei der ersten Methode angelangt.

Aufgabe: 15.) Beweisen Sie die letzte Aussage.

Bezeichnen wir die Anwartschaft eines Aktiven auf Invaliden- und
Altersrente mit $\ddot{a}_x^{aiA}$, so erhalten wir

$$(47) \quad \ddot{a}_x^{aiA} = \ddot{a}_x^{aA} + \ddot{a}_x^{ai} + \ddot{a}_x^{aiiA}.$$

Aufgaben: 16.) Beweisen Sie (47).

17.) Schreiben Sie die Anwartschaft auf Invaliden- und Altersrente eines Aktiven nach der Methode 1 auf.

18.) Berechnen Sie die Anwartschaften auf Invaliden- und Altersrenten für aktive Männer und Frauen nach

   a) W-Tafel, $i = 0,035$
   b) ADSt 49/51, 11 amerikanische Gesellschaften, $i = 0,03$.

3.2.4 Ein Beispiel für eine Pensionszusage

Häufig sieht ein Pensionsversicherungsvertrag folgende Regelung vor: Wenn ein x-Jähriger der Pensionskasse beitritt, so muß er eine Karenzzeit von k Jahren warten, bis er Anspruch auf eine Leistung erhält. Gelegentlich wird der Anspruch auf eine Leistung auch von einem Mindestalter x' abhängig gemacht. Nach dieser Karenzzeit wird bei Invalidität eine Rente von jährlich IR fällig. Die Anwartschaft auf Invaliditätsrente steigt dann in den nächsten m Jahren jährlich um ΔIR an. Somit ist m Jahre nach Ablauf der Karenzzeit eine Invaliditätsanwartschaft von $IR + m \cdot \Delta IR$ entstanden. Diese Anwartschaft auf Invaliditätsrente bleibt konstant bis zum Erreichen der Altersgrenze, sofern diese vorher nicht bereits erreicht wurde. Die Anwartschaft auf Altersrente beträgt nach Beendigung der Karenzzeit AR. Hier kann in den nächsten m' Jahren eine jährliche Steigerung der Anwartschaft von ΔAR unterstellt werden, so daß m' Jahre nach Ablauf der Karenzzeit eine Anwartschaft auf Altersrente von $AR + m' \cdot \Delta AR$ erreicht ist, die bis zum Eintritt in den Altersruhestand konstant bleibt, sofern der Versicherungsnehmer nicht bereits in der Anstiegsphase der Anwartschaft in den Altersruhestand getreten ist.

In vielen praktischen Fällen stimmen IR und AR, ΔIR und ΔAR sowie m und m' überein.

Aufgaben: 19.) Ermitteln Sie die Barwerte für Invaliden- und Altersrenten in den einzelnen Phasen dieser Pensionszusage.

20.) Ermitteln Sie die Anwartschaften auf Invaliden- und Altersrenten in den einzelnen Phasen dieser Pensionszusage.

21.) Schreiben Sie ein Programm, mit dem Sie die Anwartschaften
und Barwerte dieser Pensionszusage für beliebige m, m', IR, AR, ΔIR
und ΔAR berechnen.

22.) Geben Sie die Entwicklung der Anwartschaften und Rentenbarwerte nach **W-Tafel** an für die folgenden Fälle:

   (x) = 20,27,30,38; (y) = 22,25,32,37;
   k = 5, IR = AR = 100; ΔIR = ΔAR = 2, m = m' = 30

3.3 BARWERTE UND ANWARTSCHAFTEN DER HINTERBLIEBENENVERSORGUNG

Zu der Hinterbliebenenversorgung zählen die Witwen- bzw. Witwerrenten, Waisenrente und ein Sterbegeld. Einen Anspruch auf eine derartige Leistung hat selbstverständlich nur derjenige, der bei seinem
Tode eine Witwe oder Waisen hinterläßt. Ein Sterbegeld kann auch,
da es in der Regel nicht die Höhe der durchschnittlichen Beerdi-
gungskosten übersteigt, auch dann gewährt werden, wenn keine zu
versorgenden Angehörigen beim Tode vorhanden sind.

Man unterscheidet in der Pensionsversicherung zwei Methoden zur Ermittlung der Anwartschaften auf Hinterbliebenenleistungen. Zum einen
arbeitet man nach der Individualmethode. Es haben nur die VN einen
Anspruch auf eine Hinterbliebenenleistung, die verheiratet sind bzw.
zu versorgende Kinder haben. Hier wird, ausgehend von dem tatsächlichen Alter des VN und dem Altersunterschied zwischen den beiden
Ehegatten, sowie der Anzahl und den Altern der Kinder die Anwartschaft auf Hinterbliebenenleistung individuell ermittelt. Hierzu
wird der Leistungsbarwert sämtlicher zukünftiger Hinterbliebenenleistungen errechnet. Die Finanzierung dieser Hinterbliebenenleistung obliegt dann selbstverständlich auch nur den VN, die verheiratet sind.

Dem steht die Kollektivmethode gegenüber. Hierbei wird für jeden
VN die Wahrscheinlichkeit ermittelt, mit der er verheiratet ist,
der durchschnittliche Altersunterschied zwischen Ehegatten und die

durchschnittliche Anzahl der Kinder mit den Durchschnittsaltern gemessen. Ausgehend von diesen Parametern werden dann die erwarteten
Hinterbliebenenleistungen für den gesamten Bestand errechnet. Die
Versorgung ist dann nicht nur von den verheirateten VN zu tragen,
sondern von dem gesamten Bestand. Jeder VN hat, unabhängig davon,
ob er verheiratet ist oder nicht, eine Durchschnittsprämie für die
Hinterbliebenenversorgung zu entrichten.

Die Kollektivmethode entspricht ebenfalls dem Äquivalenzprinzip.

Wir wollen nun die Anwartschaft auf Hinterbliebenenleistungen nach
den beiden o.g. Methoden vorstellen.

3.3.1 Anwartschaften auf Hinterbliebenenleistungen nach der Indi-
       vidualmethode

3.3.1.1 Leistungen für die Witwe

Wir untersuchen hier nur die Witwenrenten. Analoge Überlegungen
gelten dann auch für die Witwerrenten.

Zunächst betrachten wir die Personengesamtheit der Witwen. Eine
Witwe kann im Laufe des folgenden Jahres ihren Status behalten,
sterben oder sich wieder verheiraten. Die Sterbewahrscheinlichkeit
einer y-jährigen Witwe bezeichnen wir mit q_y^w. Hierbei kann die Sterbewahrscheinlichkeit aus einer gewöhnlichen Bevölkerungssterbetafel
genommen werden, es kann aber durchaus sinnvoll sein, hier eine
eigene Witwensterbetafel zu erstellen, da sich die Sterblichkeit
der Witwen von der Sterblichkeit der Frauen in der Gesamtbevölkerung
unterscheidet. Da allerdings die Sterbewahrscheinlichkeiten für Witwen höher liegen als die durchschnittlichen Sterblichkeitswerte
[21], wird man bei Verwendung der Sterblichkeitswerte aus der Be-
völkerungstafel "auf der sicheren Seite sein". Wollte man allerdings sehr exakt vorgehen, so müßte man hier abgestufte Sterbetafeln verwenden, abgestuft nach dem Zeitpunkt des Eintritts in die
Personengesamtheit der Witwen.

Wir bezeichnen mit h_y^w die Wahrscheinlichkeit für eine y-jährige Witwe, sich im nächsten Jahr wieder zu verheiraten.

Ausgehend von einem nichtleeren Witwenbestand L_y^W erwarten wir die folgende Entwicklung der Witwengesamtheit in den nächsten Jahren:

$$(48) \qquad \#L_{y+t+1}^W = \#L_{y+t}^W \left(1 - q_{y+t}^W - h_{y+t}^W\right), \qquad 0 \le t < \overline{\omega} - y.$$

Wir unterstellen hierbei, daß es sich nicht um partielle Ausscheidewahrscheinlichkeiten handelt und erhalten somit die Verbleibenswahrscheinlichkeit p_y^W wie folgt:

$$(49) \qquad p_y^W := 1 - q_y^W - h_y^W.$$

Mit

$$(50) \qquad l_y^W := \#L_y^W$$

gilt

$$(51) \qquad p_y^W = \frac{l_{y+1}^W}{l_y^W}.$$

Unmittelbar daraus erhalten wir die Wahrscheinlichkeit des Verbleibs einer Witwe im Witwenbestand über die nächsten n Jahre nach

$$(52) \qquad {}_n p_y^W = \frac{l_{y+n}^W}{l_y^W} = \prod_{\nu=0}^{n-1} p_{y+\nu}^W.$$

${}_n p_y^W$ gibt die Wahrscheinlichkeit für eine y-jährige Witwe an, in den nächsten n Jahren nicht zu sterben und sich nicht wieder zu verheiraten. Damit ist der Leistungsbarwert für die y-jährige Witwe für die Leistung nach n Jahren

$$(53) \qquad {}_n E_y^W = {}_n p_y^W \cdot v^n,$$

falls jährlich eine Rente der Höhe 1 gezahlt wird.

Hinterläßt nun ein VN bei seinem Tode eine y-jährige Witwe, so ist
für ihre Rente der Höhe 1 der Rentenbarwert

$$(54) \quad \ddot{a}_y^w := \sum_{\nu=0}^{\overline{\omega}-y-1} {}_\nu p_y^w \cdot v^\nu$$

zu stellen. Mit $\ddot{a}_y^{w(m)}$ bezeichnen wir den Witwenrentenbarwert der
Höhe 1 bei m-tel jähriger Zahlungsweise. Auch hier gilt die Approximation

$$(55) \quad \ddot{a}_y^{w(m)} \approx \ddot{a}_y^w - \frac{m-1}{2m}.$$

Aufgabe: 23.) Wie läßt sich der Witwenrentenbarwert mit Hilfe geeigneter Kommutationswerte D_y^w und N_y^w darstellen?

Häufig wird den Witwen bei Wiederverheiratung eine Abfindung in Höhe
der k-fachen Jahresrente gewährt. Zu Beginn der Witwenrentenzahlung
muß dann auch für diese mögliche Abfindung der Barwert ermittelt und
reserviert werden. Diese Abfindung hat den Charakter einer Risikoversicherung (Risiko des Wiederverheiratens). Unterstellen wir, daß
die Witwen jeweils in der Mitte des Jahres heiraten, und der Ab-
findungsbetrag sofort fällig wird, so ist der Leistungsbarwert der
Abfindungsleistung 1 im (n+1)-ten Jahr für eine y-jährige Witwe

$$(56) \quad {}_nE_y^{wh} = {}_np_y^w \cdot h_{y+n}^w \cdot v^{n+0.5}.$$

Somit beträgt der Leistungsbarwert einer Abfindungsleistung der
Höhe 1

$$(57) \quad A_y^{wh} = \sum_{\nu=0}^{\overline{\omega}-y-1} {}_\nu p_y^w \cdot h_{y+\nu}^w \cdot v^{\nu+0.5}.$$

Aufgabe: 24.) Errechnen Sie den Barwert des Erwartungswertes der
Abfindungsleistung mit den folgenden Kommutationswerten

$$(58) \quad C_y^{wh} = l_y^w \cdot h_y^w \cdot v^{y+0.5},$$

$$(59) \quad M_y^{wh} = \sum_{\nu=0}^{\overline{\omega}-y-1} C_{y+\nu}^{wh} \; !$$

Bezeichnen wir mit $\ddot{a}_y^W$ den Barwert einer Witwenrente der Höhe 1 mit
einer Abfindung der Höhe k bei Wiederverheiratung, berechnet für
eine heute y-jährige Witwe, so gilt

$$(60) \quad \ddot{a}_y^W = \ddot{a}_y^w + k \, A_y^{wh} \, .$$

Analog gilt für unterjährige Witwenleistungen

$$(61) \quad \ddot{a}_y^{W(m)} = \ddot{a}_y^{w(m)} + k \, A_y^{wh} \, .$$

Da wir nun die Barwerte für die Witwenrenten bzw. für Witwerrenten
mit Abfindung bei Wiederverheiratung kennen, können wir die Anwartschaft der Aktiven, Invaliden- und Altersrentner auf eine Witwenrente ermitteln. Bei den Hinterbliebenenleistungen handelt es sich
um eine Todesfallversicherung. Geleistet wird beim Tod des Versorgers, das LVU bzw. die Pensionskasse muß bei Eintritt des Todes den
Witwenrentenbarwert stellen. Da aber die Leistung nicht nur vom Tod
des Versorgers, sondern darüber hinaus auch vom Erleben der zu Versorgenden abhängt, haben wir es hier mit einer RisikoV auf verbundene Leben zu tun. Derartige Versicherungen sind uns bereits aus
Kapitel I.5.8 bekannt.

Für den Fall, daß wir eine gemeinsame Ausscheideordnung der Aktiven
und Invaliden betrachten (durchschnittliche Sterbewahrscheinlichkeit für Aktive und Invalide), und der Fall gleicher Leistungen an
Hinterbliebene unabhängig vom Status beim Tode (aktiv oder invalide)
vorliegt, können die Anwartschaften auf Witwenrenten leicht aus den
Ergebnissen in I.5.8 abgeleitet werden. Da aber gelegentlich die
Hinterbliebenenleistungen abhängig davon sind, ob der Verstorbene
aktiv oder invalide war, werden wir die Anwartschaften auf Witwenrenten getrennt für Aktive und Invalide ermitteln.

Wir müssen beachten, daß für Frauen zwei verschiedene Ausscheideordnungen verwendet werden. Solange die Frauen mit dem Versorger

verheiratet sind, lassen wir als Ausscheideursache nur den Tod zu.
Eine Scheidung wird nicht betrachtet. Für die Sterbewahrscheinlichkeit der verheirateten Frauen setzen wir die Werte einer Bevölke-
rungstafel an. Sind die Versorger aber gestorben, so unterliegen
die Frauen einer anderen Ausscheideordnung. Einerseits muß die Möglichkeit der Wiederverheiratung betrachtet werden, andererseits
wählt man hier auch häufig eine andere Sterbetafel für die Witwen,
da die Sterbewahrscheinlichkeiten für Witwen höher sind als die
entsprechenden Sterbewahrscheinlichkeiten verheirateter Frauen.
Wählt man dennoch die Sterbewahrscheinlichkeiten aus der Bevölke-
rungstafel, hat man in den Barwerten der Witwenrente einen Sicherheitszuschlag einkalkuliert.

Wir bezeichnen im folgenden mit q_y die Sterbewahrscheinlichkeit aus
einer Bevölkerungssterbetafel für eine y-jährige Frau. Ermitteln
wir zunächst die Anwartschaft auf eine Witwenrente für einen invaliden Mann und nehmen dabei an, daß ein x-jähriger Mann mit einer
y-jährigen Frau verheiratet ist. Falls der Mann Invalide ist, ergibt sich der Leistungsbarwert für die Hinterbliebenenversorgung
bei Tod des Mannes im (n-1)-ten Jahr (wir nehmen hier wieder an,
daß der Tod in der Mitte des Jahres eintritt) aus

$$(62) \qquad {}_nE^{iw}_{x|y} = {}_np^i_x \cdot q^i_{x+n} \cdot {}_{n+0.5}p_y \cdot \ddot{a}^w_{y+n+0.5} \cdot v^{n+0.5}.$$

Es ist nun ein Leichtes, die Anwartschaft eines Invaliden auf Witwenrente bei vorgegebenen Altern x und y zu bestimmen. Wir erhalten
für die Witwenrentenanwartschaft

$$(63) \qquad \ddot{a}^{iw}_{x|y} = \sum_{\nu=0}^{\omega-x-1} {}_\nu p^i_x \cdot q^i_{x+\nu} \cdot {}_{\nu+0.5}p_y \cdot \ddot{a}^w_{y+\nu+0.5} \cdot v^{\nu+0.5}.$$

Bei unterjähriger Zahlungsweise bezeichnen wir die Witwenrentenan-
wartschaft mit $\ddot{a}^{iw(m)}_{x|y}$. Hierbei ist der Rentenbarwert in Gleichung
(62) durch den entsprechenden unterjährigen Rentenbarwert zu ersetzen. Es ist nun eine leichte Übung, die Anwartschaft auf eine
Abfindung der Höhe 1 bei Wiederverheiratung festzulegen, wenn der
x-jährige Invalide mit einer y-jährigen Frau verheiratet ist. Wir

erhalten

$$(64) \quad A^{iwh}_{x|y} = \sum_{\nu=0}^{\omega-x-1} {}_{\nu}p^{i}_{x} \cdot q^{i}_{x+\nu} \cdot {}_{\nu+0.5}p_{y} \cdot A^{wh}_{y+\nu+0.5} \cdot v^{\nu+0.5} .$$

Somit errechnen wir die Anwartschaft auf eine Witwenrente der Höhe 1 mit Abfindung der Höhe k bei Wiederverheiratung für einen x-jährigen Invaliden, der mit einer y-jährigen Frau verheiratet ist, nach

$$(65) \quad \ddot{a}^{iW}_{x|y} = \ddot{a}^{iw}_{x|y} + k \cdot A^{iwh}_{x|y} .$$

Auch für diese Anwartschaft kann man Kommutationswerte einführen.

$$(66) \quad C^{iw}_{x|y} = v^{\frac{x+y+1}{2}} l^{i}_{x} \cdot q^{i}_{x} \cdot l_{y+0.5} \cdot \ddot{a}^{w}_{y+0.5},$$

$$(67) \quad D^{i}_{x|y} = v^{\frac{x+y}{2}} l^{i}_{x} l_{y},$$

$$(68) \quad M^{iw}_{x|y} = \sum_{\nu=0}^{\omega-x-1} C^{iw}_{x+\nu|y+\nu} .$$

Aufgaben: 25.) Geben Sie die Anwartschaft eines Invaliden auf Witwenrente mit Hilfe der eben definierten Kommutationswerte an!

26.) Definieren Sie analoge Kommutationswerte $C^{iwh}_{x|y}$ und $M^{iwh}_{x|y}$ für die Abfindungsleistung bei Wiederverheiratung und ermitteln Sie die Anwartschaft auf eine Abfindung mit Hilfe dieser Kommutationswerte!

27.) Wie lauten die Anwartschaften auf Witwenrente und Abfindung bei Wiederverheiratung für einen x-jährigen Altersrentner? Geben Sie die Barwerte der erwarteten Leistungen direkt und mit Hilfe geeigneter Kommutationswerte an!

28.) Schreiben Sie ein Programm, daß bei Eingabe der Werte x und y den Verlauf der Witwenrentenbarwerte und Anwartschaften auf Witwenrenten für x-jährige Invalide bzw. Altersrentner errechnet!

Betrachten wir nun den Fall eines aktiven VN. Für ihn müssen wir zwei Fälle unterscheiden.

Fall 1: Der jetzt Aktive stirbt als Invalider. In diesem Fall müssen wir bei Eintritt der Invalidität nicht nur den Barwert für seine Invalidenrente stellen, sondern darüber hinaus auch die Anwartschaft auf die Witwenrente entsprechend (65), falls eine Abfindung bei Wiederverheiratung vorgesehen ist, bzw. (63), falls keine Abfindung vorgesehen ist. Demzufolge ist der Barwert der erwarteten Leistung auf Witwenrente in diesem Fall für einen x-jährigen Aktiven, der mit einer y-Jährigen verheiratet ist, bei Eintritt der Invalidität nach n Jahren

$$(69) \quad {}_n E_{x|y}^{aiW} = {}_n p_x^a \cdot {}_{n+0.5}p_y \cdot i_{x+n} \cdot \ddot{a}_{x+n+0.5|y+n+0.5}^{iW} \cdot v^{n+0.5}.$$

Die gesamte Anwartschaft eines Aktiven auf die Hinterbliebenenanwartschaft im Falle der Invalidität ist demnach

$$(70) \quad \ddot{a}_{x|y}^{aiW} = \sum_{\nu=0}^{\omega-x-1} {}_\nu p_x^a \cdot {}_{\nu+0.5}p_y \cdot i_{x+\nu} \cdot \ddot{a}_{x+\nu+0.5|y+\nu+0.5}^{iW} \cdot v^{\nu+0.5}.$$

Aufgabe: 29.) Konstruieren Sie zu dieser Anwartschaft die entsprechenden Kommutationswerte $C_{x|y}^{aiW}$, $M_{x|y}^{aiW}$ und $D_{x|y}^{a}$ und berechnen Sie die Anwartschaft aus (70) mit Hilfe dieser Kommutationswerte.

Fall 2: Der Aktive stirbt als Aktiver. Die Anwartschaft für eine Witwenrente in diesem Falle erhalten wir nach

$$(71) \quad \ddot{a}_{x|y}^{aaW} = \sum_{\nu=0}^{\omega-x-1} {}_\nu p_x^a \cdot q_{x+\nu}^a \cdot {}_{\nu+0.5}p_y \cdot \ddot{a}_{y+\nu+0.5}^{W} \cdot v^{\nu+0.5}.$$

Aufgaben: 30.) Beweisen Sie (71).

31.) Entwickeln Sie die Anwartschaften aktiver VN auf Witwenrente bei Tod als Altersrentner.

32.) Definieren Sie geeignete Kommutationswerte $C_{x|y}^{aaW}$ und $M_{x|y}^{aaW}$ zur Berechnung der Anwartschaften aus (71).

Die totale Anwartschaft eines Aktiven auf Witwenrente erhalten wir
nach

$$(72) \quad \ddot{a}^{aW}_{x|y} = \ddot{a}^{aaW}_{x|y} + \ddot{a}^{aiW}_{x|y} \, .$$

Mit der Gleichung (72) ist es nun leicht, Anwartschaften auf Witwenrenten mit unterschiedlicher Rentenhöhe in Abhängigkeit vom Status des Versorgers beim Tode anzugeben.

Aufgaben: 33.) Erweitern Sie das Programm aus Aufgabe 28 dergestalt, daß sämtliche Anwartschaften ermittelt werden.

34.) Rechnen Sie mit dem Programm aus Aufgabe 33 die Entwicklung
der Anwartschaften auf Witwenrenten für den Bestand aus Aufgabe 22,
wenn die Männer verheiratet sind mit den Frauen (y_x) = 19,24,31,30!

Nach der Karenzzeit betrage die Zusage auf die Witwen- bzw. Witwerrente 60 % der Zusage auf die Invaliden- bzw. Altersrente. Bei
Wiederverheiratung wird die Hinterbliebene mit der 3-fachen Jahresrente abgefunden. Die Invaliden- und Altersrenten sollen hier konstant bleiben.

35.) Entwickeln Sie die Anwartschaften auf Hinterbliebenenrenten
entsprechend den Rentenbarwerten für verbundene Leben (I.5.8).

Wir haben bisher nur die Anwartschaften auf Witwenrenten für ver-
heiratete Männer ermittelt. Dennoch kann aber ein Pensionsplan vorsehen, daß auch heute noch ledige Männer einen Anspruch auf eine
Witwenleistung haben, sofern sie bis zu ihrem Tode oder bis zu einem
bestimmten Alter heiraten. Hierzu benötigt man die Wahrscheinlichkeiten lediger Männer, sich zu verheiraten. Im Falle der Heirat
sind dann die Anwartschaften auf Witwenrente, je nach Status des
Mannes bei Heirat, aktiv oder invalide, zu berücksichtigen. Mit Hilfe dieser Wahrscheinlichkeit und der entsprechenden Anwartschaften
auf Witwenrenten kann für ledige Männer eine Anwartschaft auf Witwenrente als Erwartungswert definiert werden. Dieser Erwartungswert wird entsprechend der RisikoV gebildet:

Überlebt der Mann die nächsten n Jahre und heiratet er im folgenden
Jahr, so wird in diesem Falle die Anwartschaft auf eine Hinterbliebenenversorgung fällig. Der Betrag muß dann noch abgezinst werden.
Da wir das Alter der Frauen bei Heirat nicht kennen, müssen wir bei
den Anwartschaften erwartete Heiratsalter ansetzen.

Aufgaben: 36.) Ermitteln Sie die Anwartschaft eines ledigen Mannes
auf Witwenrente bei gegebenen Verheiratungswahrscheinlichkeiten h_x^1.

Bei den obigen Überlegungen zur Witwenrente hatten wir angenommen,
daß der Mann bei seinem Tode noch mit der Frau verheiratet ist, mit
der er zum Zeitpunkt der Ermittlung der Anwartschaft verheiratet
war. In diesem Fall erhält nur diese Frau eine Witwenrente. Stirbt
die Frau vor dem Mann oder hat sich das Ehepaar scheiden lassen und
hat der Mann zum zweiten Mal geheiratet, so geht die zweite Ehefrau
beim vorzeitigen Tode des Mannes leer aus. Sie erhält keine Witwenrente. Um nun der zweiten Ehefrau eine Altersversorgung zu gewähren,
kann man auch eine Hinterbliebenenanwartschaft verheirateter Männer
auf Witwenrenten für Witwen der Nachehen vorsehen. Hierbei muß man, möglicherweise für Witwer und Geschiedene getrennt, Wiederverheiratungs-
wahrscheinlichkeiten der Männer ansetzen. Mit diesen Wiederverhei-
ratungswahrscheinlichkeiten und den entsprechenden Anwartschaften
auf Witwenrenten ermittelt man dann die Anwartschaften auf Witwenrenten der ersten Nachehe.

Auch hier müssen wir wieder erwartete Heiratsalter der Ehefrauen
ansetzen. Dabei ist nach der Erfahrung der Altersunterschied zwischen den Ehegatten bei einer ersten Ehe kleiner als bei einer zweiten Ehe.

Aufgabe: 37.) Ermitteln Sie die Anwartschaft verheirateter Männer
auf Witwenrenten für Witwen der ersten Nachehe.

Da in der Regel geeignetes statistisches Material zur Ermittlung
der Wahrscheinlichkeiten einer zweiten Nachehe fehlt, behandelt man
diesen Fall in der Regel nicht, dennoch gewährt man den Versorgern
auch eine Witwenrente für Witwen der zweiten Nachehe. Dies kann
durch pauschale Zuschläge berücksichtigt werden, in jedem Fall aber

sind die Anwartschaften für derartige Leistungen sehr gering.

3.3.1.2 Waisenrenten

In der Pensionsversicherung unterscheidet man zwei Arten von Waisen.
Ist nur der Vater gestorben und lebt noch die Mutter, so spricht
man von einer *Vaterwaise*, nach dem Tode von Vater und Mutter ist
das Kind eine *Vollwaise*. Den Fall der Mutterwaise betrachten wir in
der Pensionsversicherung nicht, wenn die Pensionszusage auf das Leben des Vaters, sofern er der Versorger ist, abgestellt ist.

In der Regel unterscheiden sich die Waisenleistungen für Vater- und
Vollwaisen voneinander. Meist sind die Renten der Vollwaisen doppelt
so hoch wie die Renten der Vaterwaisen. Selbstverständlich erhält
jede Waise eine eigene Rente. Die Höhe der Leistungen für Waisen
hängt demzufolge von der Anzahl der Kinder ab. Häufig allerdings
gibt es gewisse Maximierungsvorschriften in den Pensionszusagen.
So wird vereinbart, daß bei Tod des Vaters als Invalider oder als
Altersrentner die Gesamthöhe der Hinterbliebenenleistungen (Witwen-
und Waisenrenten) nicht größer sein darf als die letzte Invaliden-
bzw. Altersrente.

Von einem Beginnalter z (Beginn der Waisenleistungen) wird die Rente bis zu einem fest vereinbarten Alter gezahlt, je nach Art der Pensionskasse oder der Hinterbliebenenzusage, liegt dieses Endalter
meist bei 15, 18 oder 21 Jahren. Gelegentlich wird auch vereinbart,
daß die Waisenleistungen bis zur Beendigung eines eventuellen Stu-
diums, höchstens bis zum 27. Lebensjahr erbracht werden. Im letzten
Fall kann nun nicht von einem festen Endalter ausgegangen werden,
das man aus der Wahrscheinlichkeit, daß eine Waise studiert und der
mittleren Studiendauer errechnet. In den folgenden Betrachtungen
gehen wir von einem Endalter s für die Waisenleistungen aus.

Unterstellen wir, daß sich die Sterblichkeit der Waisen entsprechend
einer Bevölkerungssterblichkeit verhält, so ist der Barwert einer
Waisenrente der Höhe 1 für eine z-jährige Waise, zahlbar bis zum
Endalter s gerade $\ddot{a}_{z,\overline{s-z}|}$. Es ist dies der temporäre Leibrentenbar-
wert. Da die Sterblichkeit bei den Kindern außer in den ersten bei-
den Lebensjahren gering ist, scheint es vertretbar, den temporären

Leibrentenbarwert durch den Zeitrentenbarwert $\ddot{a}_{\overline{s-z}|}$ zu ersetzen.

Um die Anwartschaft einer Vaterwaisen auf eine Vollwaisenrente zu errechnen, werden wir zunächst den Rentenbarwert für eine Verbindungsrente zwischen Waise und Mutter ermitteln. Den Barwert einer Vollwaisenrente der Höhe 1, zahlbar nach Tod der Mutter für eine heute z-jährige Waise mit einer y-jährigen Mutter erhalten wir nach I.5.8 (39) durch

$$(73) \qquad \ddot{a}_{y|z,\overline{s-z}|} = \ddot{a}_{y,\overline{s-z}|} - \ddot{a}_{yz,\overline{s-z}|}.$$

Hierbei sind die Leibrentenbarwerte aus (39) durch die temporären Leibrentenbarwerte für verbundene Leben zu ersetzen. Die Anwartschaft einer Vaterwaisen auf eine zusätzliche Vollwaisenrente der Höhe 1 nach Tod der Mutter ergibt sich nun aus

$$(74) \qquad \ddot{a}^{d}_{\overline{s-z}|} = \ddot{a}_{z,\overline{s-z}|} - \ddot{a}_{y|z,\overline{s-z}|}.$$

Ausgehend von den Barwerten einer Waisenrentenversicherung und der Anwartschaft auf Verdoppelung der Waisenrente bei Tod der Mutter können wir nun die Anwartschaft eines Aktiven, Invaliden oder Altersrentners auf Waisenrenten für seine zu versorgenden Kinder ermitteln. Dabei können allerdings nur die Kinder eine Hinterbliebenenversorgung erhalten, die bei Abschluß des Vertrages leben. Dies ist natürlich unbefriedigend, da selbstverständlich auch die Kinder eine Waisenrente erhalten sollen, die nach Abschluß des Vertrages bzw. der Pensionszusicherung geboren werden. Da die Anzahl der zu versorgenden Kinder beim Tode des Vaters bei Vertragsabschluß nicht feststeht, müssen wir aus statistischem Material die erwartete Anzahl der Kinder beim Tode des Versorgers ermitteln. Da auch das Alter der Waisen beim Tode des Vaters nicht bekannt ist, sind wir auch hier auf Mittelwerte angewiesen. Um die Anwartschaft eines x-jährigen Versorgers auf Waisenrenten zu ermitteln, bezeichnen wir mit $z(x)$ das erwartete Alter der zu versorgenden Kinder beim Tode des Vaters (alle Kinder haben das gleiche Alter), und mit $k_{z(x)}$ bezeichnen wir die erwartete Anzahl der zu versorgenden Kinder beim Tode des Vaters. Diese Werte hängen sehr stark von der sozialen Struktur des betrachteten Personenbestandes ab.

Wollen wir nun die Anwartschaft eines Versorgers auf eine Waisenrente ermitteln, so müßten wir, exakt vorgehend, wieder unterscheiden, in welchem Status der Versorger sich befindet. Da bereits die
Witwenrentenanwartschaften sehr ausführlich beschrieben wurden,
lassen sich mit den nachfolgenden Überlegungen und den Betrachtungen aus 3.3.1.1 die exakten Anwartschaften, unterscheiden nach Status des Versorgers, leicht herleiten.

Unterstellen wir, daß der Versorger des Alters x der Bevölkerungssterblichkeit unterliegt, so ist der Barwert der erwarteten Waisenleistungen bei seinem Tode nach n Jahren

$$(75) \qquad {}_n E_x^k = {}_n p_x \cdot q_{x+n} \cdot k_{z(x+n)} \cdot \ddot{a}_{\overline{s-z(x+n)}\,|} \cdot v^{n+0.5}.$$

Wir unterstellen hier wieder das Ableben der Versorger jeweils in
der Jahresmitte. Da der Ausdruck s(x) in der Regel nicht ganzzahlig
ist, wird der Zeitrentenbarwert $\ddot{a}_{\overline{s-z(x)}\,|}$ durch die beiden benachbar-
ten Werte mit ganzzahligem Index interpoliert. Wir erhalten somit
die Anwartschaft eines x-Jährigen auf Waisenrenten nach

$$(76) \qquad \ddot{a}_x^k = \sum_{\nu=0}^{\overline{\omega-x-1}} {}_\nu p_x \cdot q_{x+\nu} \cdot k_{z(x+\nu)} \cdot \ddot{a}_{\overline{s-z(x+\nu)}\,|} \cdot v^{\nu+0.5}.$$

Aufgabe: 38.) Schreiben Sie die Anwartschaft auf Waisenrenten mittels
geeigneter Kommutationswerte $C_{x|s}^k$ und $M_{x|s}^k$.

Für die Erhöhung der Waisenrente nach dem Tode der Mutter müssen wir
zunächst die Barwerte der Waisenrenten ermitteln, die so lange gezahlt werden, wie die Mutter lebt. Den Barwert erhalten wir
nach

$$(77) \qquad \ddot{a}_{x|y}^k = \sum_{\nu=0}^{\overline{\omega-x-1}} {}_\nu p_x \cdot q_{x+\nu} \cdot {}_\nu p_y \cdot k_{z(x+\nu)} \cdot \ddot{a}_{y+0.5\,|\,z(x+\nu)+0.5} \cdot v^{\nu+0.5}$$

Aufgabe: 39.) Verifizieren Sie (77).

Die Anwartschaft eines x-Jährigen auf Waisenrente der Höhe 1 für
eine Vollwaise erhalten wir demnach aus

$$(78) \quad \ddot{a}^k_x - \ddot{a}^k_{x\,|\,y}.$$

Aufgaben: 40.) Ermitteln Sie die Anwartschaften auf Waisenrenten
für einen x-jährigen Versorger mit einer y-jährigen Ehefrau getrennt
nach dem Status des Versorgers (aktiv, invalide, Altersrentner).

41.) Schreiben Sie die Barwerte und Anwartschaften auf Waisenrenten,
die hier als Differenzen einzelner Barwerte dargestellt sind, als
Erwartungswerte.

Wie das Ergebnis aus Aufgabe 40 zeigt, läßt sich das System der Anwartschaften auf Waisenrenten noch differenzierter darstellen, als
wir es in diesem Abschnitt taten. In der Praxis geht man aber eher
den umgekehrten Weg. Sind schon die Witwenrenten in der Regel kleiner als die Invaliden- oder Altersrenten der Versorger (meist betragen die Witwenrenten 60 % der Invaliden - bzw. Altersrenten),
so sind die Waisenrenten in der Regel nochmals erheblich geringer
als die Witwenrenten (die Waisenrenten haben häufig einen Anteil
von 10 % der Witwenrenten). Vollwaisenrenten werden meist gegenüber
den Halbwaisenrenten verdoppelt. In diesem Falle betragen die Anwartschaften auf Vollwaisenrenten etwa 3 bis 4 % der Anwartschaften
auf Vaterwaisenrenten. Dies wird gelegentlich durch einen Pauschal-
zuschlag der Waisenrenten berücksichtigt, so daß allenfalls die
Anwartschaften auf einfache Waisenrenten ermittelt werden. Da andererseits auch die Waisenrenten nur einen geringen Anteil an den
Witwenrenten haben, werden häufig keine gesonderten Anwartschaften
auf Waisenrenten gestellt, die Anwartschaften werden durch einen
pauschalen Zuschlag bei den Witwenrenten berücksichtigt. Da die
Waisenrente im Verhältnis zur Witwen/Witwerrente nur eine unterge-
ordnete Rolle spielt, wird die Anwartschaft einer Waisenrente dadurch berücksichtigt, daß die Witwenrentenanwartschaft um einen
festen Prozentsatz (etwa 3 bis 5 %) angehoben wird.

3.3.1.3 Witwerrente

Es soll hier nicht der Eindruck erweckt werden, die Versicherungsmathematik sei patriarchalisch oder verstoße gar gegen das Grundge-
setz Artikel 3 Absatz 2 (Männer und Frau sind gleichberechtigt).
Selbstverständlich können auch Frauen für ihre Familie sorgen und
Pensionsanwartschaften für ihre Hinterbliebenen (Witwer, Mutter-
waisen und Vollwaisen) erwerben. In sämtlichen Barwerten und Anwartschaften der vorangegangenen Abschnitte müssen dann die Männerster-
be- und Invalidisierungswahrscheinlichkeiten ersetzt werden und umgekehrt. Da aber auch heute noch in den meisten Fällen die Männer
die Hauptlast der Versorgung tragen, wurden ihre Versorgungsanwart-
schaften ausführlich dargestellt.

Selbstverständlich sind aufgrund der unterschiedlichen Sterbe- und
Invalidisierungswahrscheinlichkeiten die Anwartschaften für Männer
und Frauen, auch bei gleich hohen Versorgungszusagen, unterschiedlich. Dies ist nun wohl begründet; die einzelnen Zahlenwerte wurden
in großen Beständen gemessen. Es ist aber damit zu rechnen, daß
sich hier im Laufe der nächsten Jahre eine Änderung ergibt. Einige
Richter in Europa und in den Vereinigten Staaten sind der Ansicht,
daß es gegen die in den einzelnen Verfassungen festgelegten Gleich-
heitsgrundsätze für Mann und Frau verstoße, wenn unterschiedliche
Ausscheidewahrscheinlichkeiten für Männer und Frauen angenommen
werden. Es ist dies nicht die Stelle, die Weisheit derartiger Entscheidungen zu diskutieren, lediglich hingewiesen sei auf die Möglichkeit, daß man demnächst mit Unisex-Tarifen kalkulieren muß, d.h.,
daß gleiche Ausscheidewahrscheinlichkeiten für Männer und Frauen anzusetzen sind.

Der Vmathematik wird durch derartige Entscheidungen "keine Gewalt an-
getan". Beachtet man weiterhin das Äquivalenzprinzip (I.3), so sind
auch die Unisex-Tarife richtig kalkuliert, sofern die Rechnungsgrundlagen dann in gemeinsamen Beständen beobachtet werden. Es bleibt
dennoch die Frage, ob das Äquivalenzprinzip für Bestände, die nur
nach dem Alter getrennt sind, gelten soll oder für Bestände, die zusätzlich nach dem Geschlecht unterschieden sind. Einerseits ist es
unbefriedigend, daß durch geringere Unterscheidung nach weiteren
Merkmalen vorhandene Informationen nicht genutzt werden. Anderer-

seits bleibt ein geringer Zweifel, ob das Geschlecht ein hinreichen-
des Unterscheidungsmerkmal darstellt.

3.3.1.4 Weitere Pensionszusagen

In der Literatur findet man häufig Darstellungen der Rentenbarwerte
und Anwartschaften auf Renten, die sich von den hier benutzten Darstellungen unterscheiden. Da aber, sofern nach dem Äquivalenzprinzip und nach der Individualmethode gerechnet wird, sich natürlich bei
Verwendung gleicher Rechnungsgrundlagen die gleichen Barwerte der
Erwartungswerte unabhängig von der gewählten Darstellung ergeben
müssen, handelt es sich lediglich um arithmetische Umformungen der
hier benutzten Ausdrücke.

Die in den letzten Abschnitten dargestellten Barwerte der erwarteten
Leistungen sind nun von der Gestalt, daß jeder Vmathematiker auch
die Barwerte und Anwartschaften auf zusätzliche Pensionszusagen ermitteln kann. Es soll dies an einigen Beispielen erläutert werden.

Zu erwähnen sind hier die Invalidenkinderrenten. Da die Invalidenrenten in der Regel geringer sind als das letzte Arbeitseinkommen
des Invaliden, scheint es sinnvoll, den Invaliden, die noch Kinder
zu versorgen haben, eine höhere Invalidenrente so lange zu gewähren,
bis sich die Kinder selbst versorgen können. Man wählt hier sinnvollerweise als Schlußalter das Alter, mit dem auch die Waisenleistungen enden. Diese Zusatzleistung kann nun als eine Rente auf das
Leben des Kindes angesehen werden, die ab Eintritt der Invalidität
des Vaters gewährt wird. Diese Rente unterscheidet sich allerdings
insofern von der Waisenrente, als diese Rente nur so lange gewährt
wird, wie der Vater lebt. Nach dem Tode des Vaters geht diese
Invalidenkinderrente in eine Waisenrente über.

Aufgabe: 42.) Ermitteln Sie die Anwartschaften und Barwerte auf
Invalidenkinderrenten.

Vielfach ist bei Pensionskassen vorgesehen, daß ein VN erst nach
einer gewissen Karenzzeit eine Leistung erhalten kann. So entstehen
häufig Anwartschaften auf Alters-, Invaliden- und Hinterbliebenenrenten erst k Jahre nach Eintritt in die Pensionskasse. In diesem

Falle sind lediglich die Summationsgrenzen bei den Barwert- bzw.
Anwartschaftsummen angemessen zu ändern.

Aufgabe: 43.) Geben Sie einige Rentenbarwerte und Anwartschaften
unter Berücksichtigung einer Karenzzeit an.

Um die künftigen Leistungen der Geldwertentwicklung und der persön-
lichen Karriere anzupassen, sehen Pensionspläne häufig eine Steigerung der Zusagen jährlich um einen konstanten Prozentsatz der
anfänglichen Rentenanwartschaften vor. Hierbei sind dann bei den
einzelnen Summanden der jeweiligen Summe, die den Barwert bzw. die
Anwartschaft ermittelt, die Rentenerhöhungen des betreffenden Jahres
zu berücksichtigen.

Aufgabe: 44.) Geben Sie Rentenbarwerte und Anwartschaften für folgendes Pensionssystem an: Nach einer Karenzzeit von k Jahren hat
der VN einen Anspruch auf eine jährliche Invalidenrente der Höhe R
im Falle der Invalidität. In den nächsten m Jahren steigt der Anspruch auf eine Invalidenrente um den Betrag ΔR, falls der Betreffende aktiv ist. Die Rentensteigerung gilt natürlich nur so
lange, bis der VN das Endalter ω erreicht hat. Nach Eintritt der Invalidität bleibt die dann erreichte Rentenhöhe konstant. Die Altersrente ist so festzusetzen, daß sie gleich der Invalidenrente ist,
falls der VN als Invalider in den Altersruhestand tritt und gleich
der Anwartschaft auf Invalidenrente im letzten Jahr vor Eintritt in
den Ruhestand zuzüglich einer weiteren Erhöhung um ΔR, falls der
VN als Aktiver in den Altersruhestand tritt. Die Witwenrenten be-
tragen jeweils 60 % der Anwartschaft auf Invaliden- bzw. Altersrente. Waisenrenten betragen 10 % der Witwenrenten, Doppelwaisenrenten
20 % der Witwenrenten mit der zusätzlichen Beschränkung, daß die Ge-
samtheit der Hinterbliebenenrenten nicht größer ist als die beim
Tode erworbene Anwartschaft.

Gelegentlich wird auch in einer Pensionszusage ein Sterbegeld berücksichtigt. Da diese Sterbegelder als Zuschuß zu den Beerdigungs-
kosten zu verstehen sind, haben sie meist keine große Bedeutung.
In der Karenzzeit kann das Sterbegeld als eine Abfindung für die
nicht gewährten Hinterbliebenenleistungen aufgefaßt werden, wenn
man eine steigende Anwartschaft von Beginn der Pensionszusagen von

der Höhe 0 bis zur Höhe R zum Ende der Karenzzeit unterstellt. Die
Abfindung wird dann gewährt, um keine Minirenten zu zahlen.

Aufgabe: 45.) Ermitteln Sie Barwerte und Anwartschaften auf ein
konstant hohes Sterbegeld.

In den vorangegangenen Abschnitten haben Sie gesehen, wie mit Hilfe
einer Vielzahl von Kommutationswerten die Barwerte und Anwartschaften auf Leistungen ermittelt werden können. Da die Anzahl der benutzten Kommutationswerte größer ist als die verschiedenen Ausscheidewahrscheinlichkeiten, scheint es daher sinnvoll, bei Berechnungen
der Rentenbarwerte und Anwartschaften durch EDV-Anlagen direkt auf
die Ausscheidewahrscheinlichkeiten zuzugreifen.

Aufgaben: 46.) Schreiben Sie ein Programm, daß Ihnen ohne Benutzung
der Kommutationswerte die Anwartschaften für Pensionssysteme mit
und ohne Hinterbliebenenversorgung errechnet. Schreiben Sie dazu ein
Flußdiagramm.

47.) Errechnen Sie die Entwicklung der Anwartschaften für das folgende System und den folgenden Bestand:

System: Karenzzeit: 5 Jahre
        Invalidenrente: R
        Rentensteigerung: ΔR jährlich
        Max. Anzahl der
        Rentensteigerungen: 30
        Altersruhestand: 65 Jahre
        Altersrente:
        a) als Aktiver in den Ruhestand: $R(\min(30,60-x)) \cdot \Delta R$
        b) als Invalide in den Ruhestand: erreichte Invalidenrente

        Witwenrente: 60 % der erreichten Invaliden- bzw. Alters-
                             rente oder der entsprechenden Anwartschaft
        Waisenrenten: 10/20 % der Witwenrente

Bestand:

	x	y	R	ΔR
a)	20	18	100	3 %
b)	25	22	250	4 %
c)	30	28	400	5 %
d)	33	35	200	4 %
e)	40	28	1000	6 %

Die Darstellungsweise der Lebensversicherungstarife entsprechend
I.4 läßt sich auch auf die Pensionsversicherung übertragen. Die Er-
lebens- und Todesfallspektren werden hier noch erweitert um das
Invaliditäts- und Heiratsspektrum.

Das Invaliditätsspektrum $I = \left(I_1^x, I_2^x, \ldots, I_{\omega-x}^x \right)$ gibt an, welche Leistung das LVU, die Pensionskasse oder das Versorgungswerk im Falle
der Invalidität in den einzelnen Jahren erbringen muß. Die Invali-
ditätsleistungen bestehen ja nach Darstellung aus den Invalidenrentenbarwerten bzw. den Invalidenrentenbarwerten zuzüglich der Anwartschaften auf die Hinterbliebenenversorgung.

Das Heiratsspektrum $H = \left(H_1^x, H_2^x, \ldots, H_{\omega-x}^x \right)$ gibt an, welche Leistung
im Falle der Heirat des VN fällig wird. Das Heiratsspektrum ist bei
den Hinterbliebenenzusagen von Bedeutung, bei denen unabhängig vom
Zivilstand zum Abschluß der Versorgungszusage eine Hinterbliebenenversorgung garantiert wird.

Die Spektren, die zur Berechnung der Barwerte benötigt werden, sind
bereits aus I.4 bekannt. Die Spektren zur Bestimmung der Anwartschaften bestehen aus Barwerten oder aus anderen Anwartschaften.

Aufgabe: 48.) Geben Sie die Spektren einiger Anwartschaften an.

3.3.2 Kollektivmethode

Bei der individuellen Methode hatten wir zunächst für jeden
Versicherungsnehmer ermittelt, ob er verheiratet ist, Kinder
hat oder ob er im Falle seines Todes keine Person hinterläßt,
die einer Versorgung bedarf. Waren Hinterbliebene vorhanden,
so wurde im Einzelfall ermittelt, wie groß die Altersdifferenz
zwischen dem Versorger und der Ehefrau bei Vertragsabschluß
war, so daß aufgrund des Beitrittsalters und der Altersdifferenz
der Ehegatten die Anwartschaften auf Witwenpensionen errechnet
werden konnten. Bei den Waisenpensionen aber konnte die Zahl
der zu versorgenden Kinder im Falle des Todes bei Vertragsabschluß nicht gemessen werden. Hier mußte die erwartete
Anzahl der Kinder beim Tode des Versorgers und das erwartete
Alter der Waisen zur Berechnung der Anwartschaften angesetzt
werden. Ebenso verfuhren wir bei den Anwartschaften auf Witwenpensionen für Ledige.

Noch einen Schritt weiter gehen wir bei der Kollektivmethode.
Zur Ermittlung der Anwartschaften auf Witwenrenten nach der
Kollektivmethode gehen wir unabhängig vom Zivilstand des Versorgers und unabhängig von der tatsächlichen Altersdifferenz
zwischen den Ehegatten von den Wahrscheinlichkeiten aus, nach
denen ein Mann verheiratet ist und von der erwarteten Altersdifferenz der Ehegatten.

Wir bezeichnen mit h_x die Wahrscheinlichkeit, beim Tode im Alter
x verheiratet zu sein. y(x) ist das erwartete Alter der Ehefrau
beim Tode des x-jährigen Ehemannes. Die erwarteten Altersdifferenzen zwischen den Eheleuten beim Tode des Ehegatten werden mit zunehmendem Alter der Männer größer. Hinterlassen die 21-jährigen
Toten nach der W-Tafel (Tabelle 1) durchschnittlich eine 20-jährige
Witwe, so hinterlassen die 40-jährigen Verstorbenen eine 38-
jährige Witwe, die Männer, die als 99-Jährige sterben, hinterlassen
im Mittel eine 83-jährige Witwe. Die Altersdifferenzen werden deshalb größer, weil mit zunehmendem Alter die Nachehen, bei denen die
Altersdifferenzen in der Regel größer sind, einen stärkeren Einfluß
gewinnen.

Die Barwerte für die Witwenrenten werden entsprechend 3.3.1.1 er-
mittelt. Wir unterstellen hier für die Witwen eine Witwenrente der
Höhe 1 mit einer Abfindung bei Wiederverheiratung der Höhe k. Den
Barwert einer derartigen Witwenrente bezeichnen wir mit $\ddot{a}_y^W$.

Im folgenden wird angenommen, daß die Anwartschaft auf eine Witwenrente unabhängig von dem Status des Versicherungsnehmers (aktiv oder
invalide) besteht. Den Erwartungswert für die Witwenleistung beim
Tode eines VN (x) in n Jahren erhalten wir nach

$$(79) \qquad {}_n E_x^{W(coll)} = {}_n p_x \cdot q_{x+n} \cdot h_{x+n+0.5} \cdot \ddot{a}_{y(x+n)+0.5}^W \cdot v^{n+0.5} .$$

Durch Summation der einzelnen Leistungsbarwerte für die zu erbringende Witwenrente erhält man durch

$$(80) \qquad \ddot{a}_x^{W(coll)} = \sum_{\nu=0}^{\omega-x-1} {}_\nu p_x \cdot q_{x+\nu} \cdot h_{x+\nu+0.5} \cdot \ddot{a}_{y(x+\nu)+0.5}^W \cdot v^{\nu+0.5} .$$

Aufgaben: 49.) Ermitteln Sie die Anwartschaften auf Witwenrenten
nach der Kollektivmethode, wenn Sie die Anwartschaften für Invalide
und Aktive getrennt ermitteln.

50.) Ermitteln Sie einige Anwartschaften sowohl nach der Kollektiv-
als auch nach der Individualmethode und vergleichen Sie diese Werte
miteinander.

4.   FINANZIERUNGSMETHODEN

In I.3 haben wir das Äquivalenzprinzip als Axiom kennengelernt:
Der Barwert der erwarteten Leistungen muß gleich dem Barwert der
erwarteten Ausgaben sein. Natürlich müssen auch bei den Pensionskassen die Beiträge so bemessen sein, daß aus ihnen die künftigen
Leistungen finanziert werden können. Umgekehrt aber dürfen die Beträge nicht so hoch angesetzt werden, daß die Pensionskasse hohe
Gewinne erwirtschaftet. Das Äquivalenzprinzip wird deshalb hier
häufig etwas modifiziert. Ist es bei einem LVU notwendig, daß jeder VN seinen "erwarteten Schaden" selbst finanziert, d.h. seine
Beiträge so bemessen sind, daß der Barwert der erwarteten Beiträge
gleich dem "erwarteten Schaden" ist, so kann bei Pensionskassen
dieses System so modifiziert werden, daß der Barwert der Beiträge
des gesamten Bestandes ausreicht, um den Barwert der künftigen Leistungen zu finanzieren. Dabei kann die Leistungs- und Beitragszahlungsdauer durchaus als unendlich angesehen werden. Möglich ist ein
solch modifiziertes Finanzierungsverfahren natürlich nur dann, wenn
ein Neuzugang auf Dauer garantiert ist. Dies ist stets dann der
Fall, wenn die Mitgliedschaft einer Pensionskasse Bedingung zur
Ausübung eines Berufes oder zur Arbeit in einem Betrieb ist. Im
folgenden werden einige übliche Finanzierungsmethoden vorgestellt.
Für weitere Ausführungen siehe [62] und [71].

4.1   INDIVIDUELLES ÄQUIVALENZPRINZIP

Es ist dies das von den LVU her bekannte Äquivalenzprinzip. Diese
Finanzierungsmethode wird von allen LVU angewendet, wenn sie Pensionsleistungen zusagen.

Wir gehen im folgenden davon aus, daß Beiträge nur von den aktiven
Mitgliedern erbracht werden. Unterstellen wir zunächst, daß die
Pensionsleistungen über alle Jahre konstant sind, oder daß die Anwartschaften jährlich um einen bestimmten Satz steigen, der nicht
vom Gehalt abhängig ist. Die Höhe der Invaliden-, Alters- oder
Hinterbliebenenleistungen in den einzelnen Jahren ist daher zu Beginn der Pensionszusage vorhersehbar. Die folgenden Finanzierungs-

möglichkeiten entsprechen allesamt dem individuellen Äquivalenzprinzip.

Fall 1: Einmalbeitrag

Hierbei wird die gesamte Anwartschaft auf Alters-, Invaliden- und
Hinterbliebenenleistungen zu Beginn der Pensionsversicherung ermittelt. Der VN, das Unternehmen, das eine Pensionszusage gibt oder
der Staat, derjenige, der die Leistungen finanziert, bezahlt hier
zu Beginn der PensionsV einmalig einen Beitrag, der den erwarteten
künftigen Leistungen entspricht.

Dieser Fall ist ziemlich unrealistisch. Von einem Arbeitnehmer ist
kaum zu erwarten, daß er zu Beginn seines Arbeitslebens einmalig
seine ganze Invaliden-, Alters- und Hinterbliebenenversorgung finanzieren kann. Auch ein Arbeitgeber wird kaum geneigt sein, die Al-
tersleistungen für seine Arbeitnehmer so früh vorzufinanzieren.

Fall 2: Laufende Einmalbeiträge

Dieses Verfahren wird angewandt bei steigenden Anwartschaften.
Hierbei wird im ersten Jahr die gesamte Anwartschaft auf Eigenversorgung und Hinterbliebenenversorgung durch einen Einmalbeitrag finanziert, der notwendig ist, um die Invaliden-, Alters-
oder Hinterbliebenenrente zu garantieren, die zu Beginn des Vertrages vereinbart wird. Wenn im zweiten Jahr die Rentenzusage um
einen Betrag steigt, müssen zu Beginn des zweiten Jahres für die gesamte Restlaufzeit durch einen Einmalbeitrag diese Erhöhungsrenten
für die gesamte Restlaufzeit finanziert werden.

Fall 3: Laufende Beiträge

Hier wird der Beitrag entsprechend den Prämien der Lebensver-
sicherungsbeträge ermittelt. Es sei A_x der Einmalbeitrag für eine
Pensionsleistung. Da die laufenden Beiträge nur von den Aktiven
geleistet werden, erhalten wir die zu zahlende (Netto-) Prämie P
nach

$$(1) \quad A_x = P \cdot \ddot{a}_x^{aa}.$$

Es gilt somit

$$(2) \quad P = \frac{A_x}{\ddot{a}_x^{aa}}.$$

Bei allen drei Verfahren muß selbstverständlich ein Deckungskapital gebildet werden. In der Regel rechnet man das Deckungskapital prospektiv, nach den gleichen Methoden der LVU.

Es sind noch weitere Finanzierungsmethoden nach dem individuellen Äquivalenzprinzip denkbar. Meist handelt es sich dabei um Mischformen aus den Fällen 1 bis 3.

Häufig erfolgen die Steigerungen der Anwartschaften auf Hinterbliebenenleistungen nicht linear. Sie sind gelegentlich an die Gehaltsentwicklung gekoppelt. Da es nun nicht möglich ist, die Gehaltsentwicklung über mehrere Jahre, gar Jahrzehnte vorauszusagen, bieten sich bei gehaltsabhängigen Leistungszusagen die laufenden Einmalbeiträge oder die laufenden Beiträge mit nachträglichen Korrekturen an.

Aufgaben: 1.) Ermitteln Sie für die in Abschnitt 3 Aufgabe aufgeführten Fälle, die
a) Einmalbeiträge,
b) laufenden Einmalbeiträge bis zum Endalter der Aktivitätszeit (65 Jahre),
c) laufenden Beiträge.

2.) Ein 20-Jähriger tritt einer Pensionskasse bei. Er verdient heute 1.000,-- DM monatlich und erhält die Zusage, im Falle der Invalidität im ersten Jahr eine monatliche Invalidenrente in Höhe von 100,-- DM zu erhalten. Die Anwartschaft auf Invalidenrente steigt jährl. um 10,-- DM bis zu einer Höchstrente von 400,-- DM. Die Aktivitätszeit läuft bis zum Alter 65. Erreicht er dieses Alter als Aktiver, so erhält er eine Altersrente in Höhe von 400,-- DM, tritt er als Invalider in den Altersruhestand, so wird die Invalidenrente als Altersrente weitergezahlt. In welchem Verhältnis stehen Einmalbeiträge, laufende Einmalbeiträge und laufende Beiträge zum Verdienst, wenn dieser konstant 1.000,-- DM bleibt? Wie hoch

sind die Beiträge für die Hinterbliebenenversorgung, wenn ihm
eine Rentenanwartschaft von 60 % der erreichten Invalidenrenten-
anwartschaft bzw. Invalidenrente bzw. Altersrente zusteht?

4.2 RENTENDECKUNGSVERFAHREN

Beim Rentendeckungsverfahren werden jährlich für die neu hinzukommenden Invaliden, Altersrentner, Witwen und Waisen die Rentenbarwerte ermittelt. Das Unternehmen muß hier nur die Barwerte für die tatsächlich fälligen Leistungen reservieren,
nicht aber die Anwartschaften. Die Veränderung der Deckungsrückstellung, d.h. der Saldo aus dem am Jahresende zu
stellenden Deckungskapital und den vorhandenen Deckungskapitalien muß durch Beiträge aufgebracht werden. Es ist denkbar, daß
jeder Versicherungsnehmer einen gleich hohen Beitrag zahlt, einen gestaffelten Beitrag entsprechend der zugesagten Rentenhöhe
oder aber, daß das Trägerunternehmen der Pensionskasse den fälligen
Betrag finanziert.

Wenn sich die Gesamtheit der Versicherten in einem gewissen Gleich-
gewichtszustand befindet (dies wird näher in der Erneuerungs-
theorie erläutert), wenn die Struktur der Leistungsempfänger und
der Beitragszahler in etwa gleich bleiben, dann haben bei unveränderter Leistungszusage die aktiven Versicherten hier stets
einen gleich hohen Beitrag zu leisten. Sind auf der aktiven Seite große Zugänge zu verzeichnen, sinken die Beiträge der Aktiven,
bleiben diese Zugänge aber aus und wächst lediglich der Bestand
der Leistungsempfänger, so wird die Last der Aktiven immer größer.
Im Extremfall, wenn nur noch ein Aktiver übrig bleibt, muß dieser
allein sämtliche Versicherungsleistungen tragen.

Es ist offensichtlich, daß ein derartiges Finanzierungsverfahren
nur möglich ist, wenn der Zugang an neuen Mitgliedern gesichert
ist, sei es durch gesetzliche Regelungen, sei es durch eine Pflichtmitgliedschaft für Firmen oder Branchenangehörige. Der Vorteil
dieses Finanzierungsverfahrens besteht darin, daß bei Neugründung

einer Versorgungseinrichtung auch den Personen, die kurz nach
Gründung zu Leistungsempfängern werden (wenn der Bestand nicht
ungünstig zusammengesetzt ist, so sind dies in den ersten Jahren
wenige Personen) bereits eine Leistung aus den Beiträgen der
Aktiven gewährt wird.

4.3 UMLAGEVERFAHREN

Hierbei wird kein Deckungskapital gebildet. Sämtliche fälligen
Rentenleistungen eines Jahres werden aus den Beiträgen der Aktiven
finanziert. D.h. die Beiträge der Aktiven müssen so berechnet werden, daß die erwarteten Invaliden-, Alters-, Witwen- und Waisenrenten sowie eventuell fällige Sterbegelder des Jahres gezahlt
werden können.

Das Umlageverfahren ist natürlich nur auf Bestände anwendbar, die
sehr groß sind und eine Pflichtmitgliedschaft vorsehen. Nach diesem Verfahren werden die gesetzlichen Renten in Deutschland
finanziert. Der Vorteil dieses Verfahrens liegt darin, daß bei
Einrichtung eines Versorgungswerkes hier nicht nur wie beim Rentendeckungsverfahren allen aktiven Mitgliedern sofort eine Versicherungsleistung garantiert werden kann, sondern daß auch alle
bereits invaliden Mitglieder bzw. deren Witwen und Waisen ab Beginn eine Leistung erhalten können.

Ein Nachteil dieses Verfahrens ist aber ebenfalls unverkennbar:
Wie die gegenwärtigen Diskussionen um die gesetzlichen Rentenversicherung zeigen, reagiert diese Finanzierungsmethode sehr
sensibel auf Veränderungen der Bestandszusammensetzung. So führt
eine Verringerung des Aktivenbestandes und eine Erhöhung des Bestandes an Leistungsempfängern möglicherweise zu erheblich höheren
Belastungen der Aktiven. Derartige Probleme treten beim individuellen Äquivalenzprinzip nicht auf. Hier werden die Anwartschaften, d.h. die erwarteten individuellen Leistungen für jede einzelne Person reserviert.

5 ABSCHLIESSENDE BEMERKUNGEN

5.1 KOSTEN

Die Verwaltung von Pensionsversicherungsverträgen kostet selbstverständlich ebenso Geld wie die Verwaltung von Lebensversicherungsverträgen. Dennoch werden die Kosten unterschiedlich, je nach Versorgungseinrichtung, behandelt.

Wenn ein Betrieb eine Altersversorgung garantiert, so werden häufig die individuellen Anwartschaften und Barwerte reserviert. Die Kosten für derartige Tätigkeiten fallen bei dem Unternehmen an, sie werden dort als Betriebskosten behandelt und gehen nicht in die Kalkulation der Anwartschaften ein. Hier werden auch keine Beiträge gezahlt.

Anders ist der Fall bei Pensionskassen. Ist eine Pensionskasse an ein Unternehmen gebunden, so kann sich das Unternehmen verpflichten, sämtliche Verwaltungsarbeiten für die Pensionskasse zu übernehmen. Häufig geschieht die Verwaltung des Penionskassenbestandes durch die Personalabteilung der Firma. In diesem Fall entstehen der Pensionskasse keine Kosten, es müssen auch keine Kosten kalkuliert werden. Abschlußkosten entstehen ohnedies nicht, da für den Abschluß von Pensionsversicherungsverträgen nicht geworben wird. Bei Pensionskassen, die die Mitarbeiter einer Branche versichern, fallen ebenfalls keine Abschlußkosten an. Hier allerdings werden Kosten für die laufende Verwaltung eingerechnet. In der Regel werden wie bei den Rentenversicherungen der LVU Kosten anteilig zur Rente und zum Beitrag kalkuliert.

Bei LVU hingegen fallen neben den allgemeinen Verwaltungskosten auch noch die Abschlußkosten an. Wird die Invalidenversicherung als Zusatzversicherung zur Rentenversicherung abgeschlossen, so kann auf Abschlußkosten verzichtet werden. Wird allerdings nur eine Versicherung auf den Invaliditätsfall abgeschlossen, so werden hier in der Regel 12 % der Jahresrente als Abschlußkosten fällig. Die laufenden Verwaltungskosten sind so anzusetzen, wie bei der Rentenversicherung.

Aufgabe: 1.) Berechnen Sie die Bruttoprämie für die Invaliditätsversicherung bei den LVU.

5.2 DECKUNGSKAPITAL

Mathematische Reserven werden beim reinen Umlageverfahren nicht
gebildet. Übersteigen die Erträge in einigen Jahren die Aufwendungen, so werden die nicht verbrauchten Teile reserviert, sofern
sie nicht zur Abdeckung bereits entstandener Verluste herangezogen
werden. Allerdings wird hier nicht einzelvertraglich nach mathematischen Methoden reserviert, sondern entsprechend den Ergebnissen
des Jahresabschlusses.

Bei dem Rentendeckungsverfahren werden mathematische Reserven nur
für die im Rentenbezug befindlichen Verträge errechnet. Es müssen
hier die Deckungskapitalwerte für laufende Invaliden-, Alters-,
Witwen- und Waisenrenten gerechnet werden. Es handelt sich in die-
sen Fällen um die Rentenbarwerte $\ddot{a}_x^i$, $\ddot{a}_x^A$, $\ddot{a}_y$ und $\ddot{a}_{\overline{s-z}\,\rceil}$, jeweils mu-
tipliziert mit dem Rentenbetrag.

Werden Kostenzuschläge für laufende Renten eingerechnet, so werden
diese auch mit den Nettoreserven für die Rente reserviert. Sind die
Kostenzuschläge γ in Promille der zu zahlenden Rente kalkuliert, so
ergeben sich die nachfolgenden DKwerte für die einzelnen Renten:

a)   Altersrenten vom Betrage R

$$(1) \quad {}_m V_x^A := (1+\gamma) \cdot \ddot{a}_{x+m}^A$$

b)   Invalidenrente vom Betrage R

$$(2) \quad {}_m V_x^i := (1+\gamma) \cdot \ddot{a}_{x+m}^i$$

c)   Witwenrente vom Betrage R

$$(3) \quad {}_m V_y^W := (1+\gamma) \cdot \ddot{a}_{y+m}^W$$

d)   Waisenrente vom Betrage R

$$(4) \quad {}_m V_z^{Wais} := (1+\gamma) \cdot \ddot{a}_{\overline{s-z-m}\,\rceil}$$

Nach der Definition des Umlageverfahrens sind diese Reservewerte
ausreichend. Wird aber die Invalidenrente nur bis zum Ende der Aktivitätszeit gezahlt und schließt sich dann eine (versicherungs-
technisch) separate Altersrente an, so ist dieser Reservewert nicht
ausreichend für die künftig erwarteten Leistungen. Das Rentendeckungsverfahren kann wie folgt verstanden werden: Beiträge werden von den
Aktiven gezahlt. Wird einmal für einen VN eine Rentenleistung fällig,
so soll für diesen Vertrag ein Wert reserviert werden, der ausreicht,
sämtliche erwarteten künftigen Leistungen zu finanzieren.

Bei dieser Betrachtung reicht es nicht aus, für die im Rentenbezug befindlichen Verträge lediglich die Rentenbarwerte, erhöht um
einen Kostenzuschlag, zu reservieren. Für einen im Invaliden- oder
Altersrentenbezug befindlichen Vertrag können außerdem noch Leistungen aus der Hinterbliebenenzusage fällig werden. Somit ist es gerechtfertigt, zusätzlich zu den Rentenbarwerten auch die Anwartschaften auf die Hinterbliebenenversorgung bei der Berechnung des
DK zu berücksichtigen.

Somit erhalten wir beispielsweise für eine jährliche Invalidenrente
des Betrages R, zahlbar bis zum Tode, einer Witwenrente von 60 %
der Invalidenrente mit einer Abfindung von 3 Jahresrenten bei Wiederverheiratung,ein DK nach m Jahren und Vertragsabschluß als
x-Jähriger, sofern eine Invalidenrente fällig geworden ist.

$$(5) \qquad {}_m V_x^i = R(1 + \gamma)\ddot{a}_{x+m}^i + 0,6\,R \cdot \left(\ddot{a}_{x|y}^{iw} + 3\,A_{x|y}^{iwh} \right)$$

(s. 3.3.1, (64)).

Aufgabe: 2.) Geben Sie weitere derartige Reservewerte an.

Beim individuellen Äquivalenzprinzip muß in jedem Falle ein DK gebildet werden. Hier unterscheidet man wieder zwischen Verträgen,
die im Rentenbezug sind und aktiven VN.

Verträge, die im Rentenbezug sind, werden behandelt wie eben beschrieben. Reserviert wird der Rentenbarwert und die Anwartschaft
auf zusätzliche Leistungen.

Verträge, für die noch Beiträge gezahlt werden (aktive VN bzw. Mitglieder), werden behandelt wie LVverträge. Reserviert wird hier die
Differenz aus dem Barwert der künftigen Leistungen und dem Barwert
der künftigen Prämien.

Da der Barwert der künftigen Leistungen gerade die Anwartschaft des
Aktiven auf seine Renten und die Hinterbliebenenrenten ist, erhal-
ten wir das DK für einen Aktiven, der als x-Jähriger den Pensions-
Vvertrag abgeschlossen hat, wenn m Jahre verstrichen sind:

$$(6) \quad {}_m V_x^a = \text{Anw}_{x+m} - P \cdot \ddot{a}_{x+m}^a.$$

Hierbei bedeutet Anw_{x+m} die gesamte Anwartschaft, die der VN m
Jahre nach Vertragsabschluß erworben hat und P die Nettoprämie.

So gilt etwa für die reine Invaliditätsversicherung

$$(7) \quad {}_m V_x^{ai} = \ddot{a}_{x+m}^{ai} - P \cdot \ddot{a}_{x+m}^a.$$

Aufgaben: 3.) Geben Sie für einige Pensionszusagen die Reservewerte
der Aktiven an.

4.) Berechnen Sie für diese Pensionszusagen die Reserveverläufe zu
einigen gegebenen Beitrittsaltern.

Eine Besonderheit der Invalidenversicherungen bei LVU sei noch er-
wähnt. Hier werden die Reservewerte nach [14] wie folgt ermittelt:

6 Deckungskapital

Das Deckungskapital nach m Vjahren ($0 \leq m \leq n$) für die jährliche Rente 1 wird wie folgt berechnet:

für beitragspflichtige Versicherungen

$$_m V_x^{ai} = \left(1 + \gamma_2\right) \cdot \left(a_{x+m,\overline{n-m}}^{ai} - P_{x,\overline{n}} \cdot a_{x+m,\overline{n-m}}^{aa}\right)$$

Bemerkung:

Das Deckungskapital kann auch gezillmert berechnet werden. Negative
Werte sind dann durch Null zu ersetzen.

für Versicherungen im Rentenbezug

$$_m V_x^i = \left(1 + \gamma_2\right) \cdot a_{x+m,\overline{n-m}}^{i(4)}$$

8 Bilanzdeckungsrückstellung

Die Bilanzdeckungsrückstellung ist die Gesamtheit der Bilanzdek-
kungskapitalien aller am Ende eines Kalenderjahres bestehenden Versicherungen. Das Bilanzdeckungskapital einer Versicherung am Ende
des Kalenderjahres ergibt sich aus dem Bilanzdeckungskapital am Ende des m-ten und des m+1-ten Versicherungsjahres (m = Kalenderjahr
./. Beginnjahr) nach der Formel

$$_m V_x^K = \frac{h-1}{12}\ _m V_x^B + \frac{13-h}{12}\ _{m+1} V_x^B,$$

wobei h der Monat des Vbeginns ist.

Das Bilanzdeckungskapital nach m Vjahren ($0 \leq m \leq n$) für jährlich
1 DM Rente wird wie folgt berechnet:

für beitragspflichtige Versicherungen

$$_m V_x^B = (1 - _m u_x) \cdot _m V_x^{ai} + _m u_x \cdot _m V_x^i$$

für Versicherungen im Rentenbezug

$$_m V_x^B = (1 - _m u_x) \cdot _m V_x^{ai} + _m u_x \cdot _m V_x^i$$

$$+ s_r \cdot \left(_m V_x^i - \left[(1 - _m u_x) \cdot _m V_x^{ai} + _m u_x \cdot _m V_x^i\right]\right) \ .$$

Hierbei ist

$_m V_x^{ai}$ das Deckungskapital für beitragspflichtige V

$_m V_x^i$ das Deckungskapital für Versicherungen im Rentenbezug

$$_m u_x = \frac{1_x^a - 1_{x+m}^a}{1_x^a} \quad \text{mit} \quad 1_{x+t+1}^a = 1_{x+t}^a (1 - f \cdot i_{x+t})$$

$$\text{und} \quad f = 0{,}70$$

s_r Stornokoeffizienten für die abgelaufene Rentenbezugszeit r:
Er gibt an, um welchen Prozentsatz sich ein Aktivenbestand
allein durch vorzeitiges Storno von dem Zeitpunkt an vermindert hätte, von dem an für die betreffende Versicherung Rente gezahlt wird (und sie daher keinem vorzeitigen Storno mehr
unterliegt).

Bemerkung:
Wird angenommen, daß der jährliche Stornosatz gleichbleibend gleich
s ist, so ist

$$s_r = 1 - (1 - s)^r.$$

Solange keine Erfahrungen vorliegen, dürfte für s ein Wert zwischen
0,03 und 0,05 angemessen sein.

Ergibt sich für die Gesamtheit der Bilanzdeckungskapitalien aller
am Ende eines Kalenderjahres bestehenden Versicherungen ein höherer
Wert, wenn

für beitragspflichtige Versicherungen

$$_m V_x^B = {}_m V_x^{ai}$$

für Versicherungen mit Rentenbezug

$$_m V_x^B = {}_m V_x^i$$

gesetzt wird, so wird dieser höhere Wert als Deckungsrückstellung
in die Bilanz eingesetzt. "

Weitere interessante Bemerkungen zu den Reserven der InvalidenV
findet der Leser in [4] und [84].

5.3 ÜBERSCHÜSSE

Da mit Rechnungsgrundlagen erster Ordnung gerechnet wird, fallen
mit recht hoher Wahrscheinlichkeit jährlich Überschüsse an. Bei den
Versorgungseinrichtungen, bei denen ein Betrieb sämtliche Beiträge
zahlt, werden in der Regel die in einem Jahr angefallenen Überschüsse mit den zu entrichtenden Beiträgen verrechnet. Wenn allerdings die Versicherten ihre Beiträge individuell entrichten, müssen
sie auch individuell angemessen an den Überschüssen beteiligt werden.

Wir unterstellen das von den LVU angewendete individuelle Äquivalenzprinzip. Hierbei zahlen die Aktiven laufende Beiträge, für Anwartschaften bzw. Rentenbarwerte werden Deckungsrückstellungen gebildet.

Ebenso wie bei den gemischten V können wir hier auch von einem riskierten Kapital und von Risikoprämien sprechen. Es ist aber dabei
zu beachten, daß es sowohl ein riskiertes Kapital für den Todesfall
und ein riskiertes Kapital für den Invaliditätsfall gibt. Es sind
dies jeweils die zu bildenden Rentenbarwerte bei Tod bzw. Invalidität, abzüglich des vorhandenen DK. Die Risikoprämien für das Todes-
bzw. Invaliditätsrisiko sind die Anteile der laufenden Prämie, die
innerhalb des Jahres zur Deckung des Risikos benötigt werden.

Da die Risikoprämien nach Rechnungsgrundlagen erster Ordnung kalkuliert sind, fallen hier, zumindest in den meisten Altersbereichen,
Risikogewinne an, die sich aufspalten lassen in Invaliditätsrisiko-
und Todesfallrisikogewinne. Da die DK mit 3 % (LVU) bzw. 3,5 % (Pensionskassen) kalkuliert sind, fallen auch hier Zinsgewinne an. Die
Zinsgewinne sind bei laufenden Invaliden-, Alters- oder Hinterbliebenenrenten beachtlich, auch bei AltersrentenV in der Beitragszah-

lungszeit fallen bedeutende Zinsgewinne an, da hier Kapital angesammelt wird.

Bei der reinen Invaliditätsversicherung hingegen sind die
Deckungskapitalbeträge nur bescheiden. Bei dieser Versicherung
werden bei Ablauf keine Kapitalleistungen fällig. Ein zu bil-
dendes Deckungskapital dient hier lediglich, wie bei der Risikoversicherung, dazu, einen Ausgleich für die jährlich in unterschiedlicher Höhe fällig werdenden Risikoprämien zu schaffen.
Da im Falle der Invalidität der zu stellende Rentenbarwert mit
der Vertragsdauer abnimmt, ist der Verlauf des Deckungskapitals
vergleichbar dem Deckungskapitalverlauf bei der Risikoversicherung
mit fallender Versicherungssumme. Gegen Ende der Versicherung wird
das Deckungskapital häufig negativ, so daß hier sogar negative
Zinsgewinne anzusetzen sind.

Aufgabe: 3.) Spalten Sie für einige Pensionspläne die Prämien auf
in Invaliditätsrisiko, Todesfallrisiko und Sparprämie.

Entsprechend den einzelnen Komponenten eines Pensionsplanes können
wir hier auch unterschiedliche Gewinnquellen ermitteln. Für die verschiedensten Pensionspläne lassen sich so in den verschiedenen Sta-
dien einer V Gewinnquellen definieren.

Im weiteren wollen wir für einige Fälle Kontributionsformeln angeben. Die bisher bereits verwendeten Symbole q_x, i_x, q_x^a etc. bezeichnen die zur Ermittlung der Prämie und der Reserven verwendeten
Rechnungsgrundlagen erster Ordnung. Mit i bezeichnen wir den Rechnungszins (3 %). Die entsprechenden Ausdrücke q_x', i_x', $q_x^{a'}$ etc. bezeichnen dann die im Bestand tatsächlich zu beobachtenden Rechnungsgrundlagen zweiter Ordnung. Mit i' bezeichnen wir den tatsächlich
erwirtschafteten Zins. g_x bezeichnet den erwarteten Gewinn für einen
x-Jährigen.

Betrachten wir zunächst eine V im Rentenbezug. Da wir bei den RentenV die Reaktivierungen nicht berücksichtigen, kann es sich hierbei um eine Invaliden- oder Altersrente handeln. Die einzigen Gewinnquellen hier sind Zins- und Sterblichkeitsgewinne. Nach Rech-

nungsgrundlagen erster Ordnung gilt

$$(8) \qquad (\ddot{a}_x - 1) \cdot (1 + i) = (1 - q_x) \cdot \ddot{a}_{x+1} \; .$$

Unterstellen wir nun Rechnungsgrundlagen zweiter Ordnung, so erhalten wir

$$(9) \qquad (\ddot{a}_x - 1) \cdot (1 + i') - (1 - q_x') \cdot \ddot{a}_{x+1} = (1 - q_x') \; g_x \; .$$

Subtrahieren wir nun die Gleichung (8) von Gleichung (9), so erhalten wir Gleichung

$$(10) \qquad (1 - q_x') \; g_x = (\ddot{a}_x - 1)(i' - i) + (q_x' - q_x) \cdot \ddot{a}_{x+1} .$$

Der erwartete Gewinn g_x läßt sich nun zerlegen in den Zinsgewinn

$$(11) \qquad g_x^Z(1 - q_x') = (\ddot{a}_x - 1)(i' - i)$$

und den Risikogewinn

$$(12) \qquad g_x^R(1 - q_x') = (q_x' - q_x) \; \ddot{a}_{x+1} .$$

Wir geben noch ein weiteres Beispiel für die Zerlegung des Gewinns nach Gewinnquellen an. Gegeben sei eine InvalidenV im Aktivitätsstadium. $_mV_x$ sei das Deckungskapital für eine Invalidenrente der Höhe 1, wenn der VN als x-Jähriger den Vertrag abgeschlossen hat, nun m Vertragsjahre vollendet hat und aktiv ist. P_m ist die zu Beginn des folgenden Jahres zu zahlende Prämie. Wird das DK nach den gleichen Rechnungsgrundlagen ermittelt wie die Prämien, gilt

$$(13) \qquad (_mV_x + P_m)(1 + i) - i_{x+m} \cdot \ddot{a}_{x+m}^i - (1 - q_{x+m} - i_{x+m}) \cdot {}_{m+1}V_x = 0 .$$

Dabei haben wir der Einfachheit halber unterstellt, daß die Invalidenleistung erst zum Ende des Jahres einsetzt. Mit den Rechnungsgrundlagen zweiter Ordnung erhalten wir

(14) $(_mV_x + P_m)(1 + i') - i'_{x+m} \cdot \ddot{a}^i_{x+m} - (1 - q'_{x+m} - i'_{x+m}) \cdot _{m+1}V_x =$

$$(1 - q'_{x+m}) \cdot g_{x+m}.$$

Durch Subtraktion erhalten wir dann

(15) $(1 - q'_{x+m}) \, g_{x+m} = (_mV_x + P_m)(i' - i) - (i'_{x+m} - i_{x+m}) \, \ddot{a}^i_{x+m} +$

$$+ (i'_{x+m} - i_{x+m}) \, _{m+1}V_x + (q'_{x+m} - q_{x+m}) \, _{m+1}V_x.$$

Auch hier läßt sich leicht der erwartete Gewinn zerlegen in einen Zins-, Invaliditätsrisiko- und Sterblichkeitsrisikogewinn.

Aufgaben: 4.)   Ermitteln Sie für die InvalidenV den Verlauf der Zins-, Invalidisierungs- und Sterblichkeitsgewinne für einige ausgewählte Beitrittsalter, wenn der Versicherte bis zum Ende aktiv bleibt. Nehmen Sie hierzu die Sterbewahrscheinlichkeiten aus der ADSt 60/62 M mod und die Invalidenwerte der 11 amerikanischen Gesellschaften als Rechnungsgrundlagen erster Ordnung, i = 0,03, die halben Sterbewahrscheinlichkeiten als Rechnungsgrundlagen zweiter Ordnung, 70 % der Invalidenwerte als Invalidisierungswahrscheinlichkeiten zweiter Ordnung und setzen Sie einen Zins von 7,5 % an.

5.)   Wie entwickeln sich die Zinsüberschüsse bei einigen ausgewählten Invalidenrenten auf die Endalter 60 bzw. 65?

Weitere Anmerkungen zur Entwicklung der Überschüsse sind in [   ] enthalten.

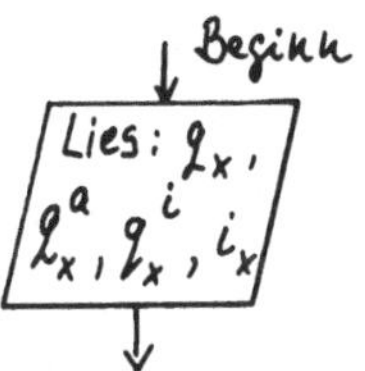


```pascal
FUNCTION NPX(Q:TAFEL;N,X:INTEGER):REAL;
   VAR I:INTEGER;
       P:REAL;
   BEGIN
   P:=1;
   FOR I:=X TO X+N-1 DO
      P:=P*(1-Q[I]);
   NPX:=P
   END; (* NPX *)

FUNCTION NPXH(Q:TAFEL;N,X:INTEGER):REAL;
   BEGIN
   NPXH:=(NPX(Q,N,X)+NPX(Q,N,X+1))/2
   END;

FUNCTION HNPX(Q:TAFEL;N,X:INTEGER):REAL;
   BEGIN
   HNPX:=(NPX(Q,N,X)+NPX(Q,N+1,X))/2
   END; (* HNPX *)

FUNCTION LBW(Q:TAFEL;X:INTEGER):REAL;
   VAR I:INTEGER,
       S:REAL;
   BEGIN
   S:=0;
   FOR I:=1 TO WA-X-1 DO
      S:=S+NPX(Q,I,X)*POWER(V,I);
   S:=S-(M-1)/(2*M);
   LBW:=S
   END; (* LBW *)

FUNCTION LBWH(Q:TAFEL;X:INTEGER):REAL;
   BEGIN
   LBWH:=(LBW(Q,X)+LBW(Q,X+1))/2
   END; (* LBWH *)

FUNCTION AX(Q:TAFEL;X:INTEGER):REAL;
   VAR I:INTEGER;
       S:REAL;
   BEGIN
   S:=0;
   FOR I:=1 TO W-X-1 DO
      S:=S+NPX(Q,I,X)*POWER(V,I);
   AX:=S
   END; (* AX *)
```

```
FUNCTION AXAGA(X:INTEGER):REAL;
   BEGIN
   AXAGA:=NPX(QXA,W-X,X)*LBW(QXA,W)*POWER(V,W-X)
   END; (* AXAGA *)

FUNCTION AXAI(X:INTEGER):REAL;
   VAR I:INTEGER;
       S:REAL;
   BEGIN
   S:=0;
   FOR I:=1 TO W-X DO
      S:=S+NPX(QXA,I-1,X)*IX[X+I-1]*LBWH(QXI,X+I)*POWER(V,I-0.5);
   AXAI:=S
   END; (* AXAI *)

FUNCTION IMAXAI(L,X:INTEGER):REAL;
   VAR I:INTEGER;
       S:REAL;
   BEGIN
   S:=0;
   FOR I:=1 TO L DO
      S:=S+I*NPX(QXA,I,X)*IX[X+I]*LBWH(QXI,X+I)*POWER(V,I+0.5);
   FOR I:=L+1 TO W-X DO
      S:=S+L*NPX(QXA,I,X)*IX[X+I]*LBWH(QXI,X+I)*POWER(V,I+0.5);
   IMAXAI:=S
   END; (* IMAXAI *)
```

```
GRUNDA:=1200*AXAI(X)+4800*AXAGA(X);
GESA:=GRUNDA+120*IMAXAI(30,X);
P:=GESA/AX(QXA,20);
```


Flußdiagramm zur
Aufgabe
nur Teil a mit ganzjährigen Barwerten.

BEITRAGSJAHR	EINMALBEITRAG	LAUFENDER EINMALBEITRAG	LAUFENDER JAHRESBEITRAG
1	2046.26%	1193.05%	94.25%
2	0%	30.72%	94.25%
3	0%	31.80%	94.25%
4	0%	32.90%	94.25%
5	0%	34.01%	94.25%
6	0%	35.16%	94.25%
7	0%	36.32%	94.25%
8	0%	37.52%	94.25%
9	0%	38.75%	94.25%
10	0%	40.00%	94.25%
11	0%	41.29%	94.25%
12	0%	42.62%	94.25%
13	0%	43.97%	94.25%
14	0%	45.34%	94.25%
15	0%	46.76%	94.25%
16	0%	48.20%	94.25%
17	0%	49.66%	94.25%
18	0%	51.17%	94.25%
19	0%	52.71%	94.25%
20	0%	54.26%	94.25%
21	0%	55.82%	94.25%
22	0%	57.41%	94.25%
23	0%	59.02%	94.25%
24	0%	60.65%	94.25%
25	0%	62.28%	94.25%
26	0%	63.89%	94.25%
27	0%	65.49%	94.25%
28	0%	67.07%	94.25%
29	0%	68.61%	94.25%
30	0%	70.11%	94.25%
31	0%	0%	94.25%
32	0%	0%	94.25%
33	0%	0%	94.25%
34	0%	0%	94.25%
35	0%	0%	94.25%
36	0%	0%	94.25%
37	0%	0%	94.25%
38	0%	0%	94.25%
39	0%	0%	94.25%
40	0%	0%	94.25%
41	0%	0%	94.25%
42	0%	0%	94.25%
43	0%	0%	94.25%
44	0%	0%	94.25%
45	0%	0%	94.25%

Ausdruck zur Aufgabe

KAPITEL III

Der Doktor, würdig wie er war,
nimmt in Empfang sein Honorar.
Der hohle Zahn, Wilhelm Busch

KRANKENVERSICHERUNG

Die private Krankenversicherung (PKV) steht in direkter Konkurrenz
zur gesetzlichen Krankenversicherung. Zwar stehen auch LVU und Ver-
sorgungswerke wie Pensionskassen in Konkurrenz zur gesetzlichen Rentenversicherung, allerdings werden die Angebote jener Institutionen
der Individualversicherung als Zusatzleistung zu einer Grundversorgung angesehen. Bei dem Hauptangebot der gesetzlichen und der
privaten Krankenversicherung, der Krankheitskostenversicherung, entscheiden die Kunden sich nur für das Angebot eines Leistungsträgers.
Da aufgrund gesetzlicher Regelungen ein großer Teil der Bevölkerung
zwangsweise der gesetzlichen Rentenversicherung angehört, bleibt
für die privaten Krankenversicherer wenig Spielraum.

Somit hängt auch das Wohl der PKV von der politischen Couleur der
Regierung ab: setzen (wirtschafts-)liberale Regierungen zumeist
auf die Eigenversorgung der Bürger, gehen sozialistische Bestre-
bungen eher in die Richtung, sämtlichen Bürgern im gleichen Maße
die Segnungen einer allgemeinen, gesetzlich oktroyierten Krankenversicherung spüren zu lassen.

Eingebunden in diesem Spannungsfeld kann die PKV nicht die wirtschaftliche Bedeutung erlangen, wie sie ihre beiden "großen Schwe-
stern", die Sparten LV und HUK-Versicherungen, besitzen. Haben im
Jahre 1984 die LVU an Beiträgen 37,8 Mrd DM und die HUK-V 29,7 Mrd
DM eingenommen, beliefen sich die Beitragseinnahmen der PKV auf
rd. 13,2 Mrd DM. Zum Jahresende 1984 waren bei den PKV-Unternehmen
Kapitalanlagen über 23,4 Mrd DM vorhanden (Angaben aus: Die private Krankenversicherung, Zahlenbericht 1984/1985 [105]).

Für die Mathematik ist dieser Vzweig aber von großem Interesse, da
Beiträge und Leistungen hier, wie bei sämtlichen Individualversiche-
rungen, nach dem Äquivalenzprinzip berechnet werden. Es kommt noch
ein weiterer Aspekt hinzu: die jährlich von den Krankenversicherungs-
unternehmen (KVU) zu erbringenden Leistungen sind für die Zukunft

nicht oder nur schwer abzuschätzen. Daher muß, zumindest bei den modernen Tarifen der PKV, alljährlich mit statistischen Methoden abgeschätzt werden, ob die bisherigen Rechnungsgrundlagen zur Ermittlung der erwarteten Schäden noch ausreichen. Die PKV teilt die Leistungen der KVU ein in Krankheitskostenversicherung, Krankenhaustagegeldversicherung und Krankentagegeldversicherung. Auf die Krankheitskostenversicherung entfallen etwa 2/3 der Beitragseinnahmen.

Wir werden daher im ersten Abschnitt dieses Kapitels aufzeigen, wie die erwarteten Schäden der nahen Zukunft abgeschätzt werden. Die weiteren Abschnitte entsprechen der Reihenfolge der Abschnitte in den vorangegangenen Kapiteln.

Einen guten Überblick über die Entwicklung der PKV nach der Währungsreform 1948 findet der Leser in der Monographie von Jäger [50]. Die Entwicklung der Krankenversicherungsmathematik kann nachvollzogen werden in den Arbeiten von Rusam ([74], [75], [76], [77]) und Tosberg ([89], [90], [91]). Es sind dies auch die Wegbereiter der modernen Krankenversicherungsmathematik. Last but not least sei dem Leser noch die Monographie von Bohn [8] empfohlen.

1   DIE ERWARTETEN SCHÄDEN

Schließt jemand einen KVvertrag ab, so erwartet er von seinem Vertragspartner, dem KVU, einen Ausgleich der wirtschaftlich nachteiligen Folgen künftiger Krankheiten, soweit gewisse Krankheiten nicht vertraglich ausgeschlossen sind. Zu den wirtschaftlich nachteiligen Folgen einer Krankheit zählen z.B. die Arzthonorare, Aufwendungen für die Heilbehandlung, Krankenhauskosten, Transportkosten zum Krankenhaus, aber auch der Verdienstausfall während der Krankheitsdauer.

1.1   Eine Krankheit bezeichnen wir nun als *Schadenfall* oder *Versicherungsfall*. Damit haben wir den ersten Unterschied zur Lebens- und Pensionsversicherungsmathematik. Dort sind die Schäden stets in gewisser Weise determiniert: Bei einigen Tarifen gibt es genau einen Schadenfall (TodesfallV - im Todesfall, gemischte V - entweder im Todesfall oder bei Ablauf), höchstens einen Schadenfall (RisikoV - im Todesfall) oder mehrere Schadenfälle, die aber nur an vorher festgesetzten Zeitpunkten eintreffen können (RentenV - Rentenzahlungstermine). Bei dieser Betrachtung haben wir die Erlebensfallleistung der gemischten V und die Rentenzahlungen als Schadenfälle betrachtet, da hier jeweils eine Leistung des VU fällig wird. Bei der KV hingegen ist sowohl die Anzahl als auch die Verteilung der Schadenfälle während der Vdauer unbestimmt.

Was ist nun ein Versicherungsfall in der KV? Ein Versicherungsfall in der KV wird nach § 1 der von den meisten KVU übernommenen Musterbedingungen MB/KK wie folgt definiert (Allgemeine Versicherungsbedingungen für die Krankheitskosten- und Krankenhaustagegeldversicherung):

(1) Der Versicherer bietet Versicherungsschutz für Krankheiten, Unfälle und andere im Vertrag genannte Ereignisse. Er gewährt im Versicherungsfall
    a) in der Krankheitskostenversicherung Ersatz von Aufwendungen für Heilbehandlung und sonst vereinbarte Leistungen,
    b) in der Krankenhaustagegeldversicherung bei stationärer Behandlung ein Krankenhaustagegeld.

(2) Versicherungsfall ist die medizinisch notwendige Heilbehandlung
einer versicherten Person wegen Krankheit oder Unfallfolgen. Der
Versicherungsfall beginnt mit der Heilbehandlung; er endet, wenn
nach medizinischem Befund Behandlungsbedürftigkeit nicht mehr
besteht. Muß die Heilbehandlung auf eine Krankheit oder Unfallfolge ausgedehnt werden, die mit der bisher behandelten nicht
ursächlich zusammenhängt, so entsteht insoweit ein neuer Versicherungsfall. Als Versicherungsfall gelten auch

    a) Untersuchungen und medizinisch notwendige Behandlung wegen
       Schwangerschaft und die Entbindung,

    b) ambulante Untersuchungen zur Früherkennung von Krankheiten
       nach gesetzlich eingeführten Programmen (gezielte Vorsorge-
       untersuchungen),

    c) Tod, soweit hierfür Leistungen vereinbart sind.

(3) Der Umfang des Versicherungsschutzes ergibt sich aus dem Versicherungsschein, späteren schriftlichen Vereinbarungen, den
Allgemeinen Versicherungsbedingungen (Musterbedingungen, Tarif
mit Tarifbedingungen) sowie den gesetzlichen Vorschriften.

und nach § 1 der Musterbedingungen MB/KT 78 (Allgemeine Versicherungsbedingungen für die Krankentagegeldversicherung):

(1) Der Versicherer bietet Versicherungsschutz gegen Verdienstausfall als Folge von Krankheiten oder Unfälle, soweit dadurch Arbeitsunfähigkeit verursacht wird. Er gewährt im Versicherungsfall für die Dauer einer Arbeitsunfähigkeit ein Krankentagegeld
in vertraglichem Umfang.

(2) Versicherungsfall ist die medizinisch notwendige Heilbehandlung
einer versicherten Person wegen Krankheit oder Unfallfolgen, in
deren Verlauf Arbeitsunfähigkeit ärztlich festgestellt wird. Der
Versicherungsfall beginnt mit der Heilbehandlung; er endet, wenn
nach medizinischem Befund keine Arbeitsunfähigkeit und keine Behandlungsbedürftigkeit mehr bestehen. Eine während der Behandlung neu eingetretene und behandelte Krankheit oder Unfallfolge,
in deren Verlauf Arbeitsunfähigkeit ärztlich festgestellt wird,
begründet nur dann einen neuen Versicherungsfall, wenn sie mit
der ersten Krankheit oder Unfallfolge in keinem ursächlichen Zusammenhang steht. Wird Arbeitsunfähigkeit gleichzeitig durch
mehrere Krankheiten oder Unfallfolgen hervorgerufen, so wird
das Krankentagegeld nur einmal gezahlt.

Nach dieser Definition wird es in der Praxis nicht immer leicht
sein, die genaue Anzahl der Schäden in einem Zeitintervall zu bestimmen, da anhand der Unterlagen (meist der vom VN eingereichten
Rechnungen) nicht ohne weiteres hervorgeht, wie viele Versicherungsfälle bei einem VN zu zählen sind.

Lassen wir die eben genannten Schwierigkeiten außer acht und unterstellen die Möglichkeit einer exakten Messung der Anzahl der Schadenfälle, so ist diese Anzahl für jedes Zeitintervall eine Zufallsvariable. Interessant für ein KVU ist die dieser ZV zugrunde liegende Verteilung (*Schadenzahlverteilung*).

Der zweite Unterschied zur Lebens- und Pensionsversicherungsmathematik besteht in der Ungewißheit über die Höhe der Schäden, d.h.
die vom KVU zu leistende Summe. In der Lebens- und PensionsV steht
jederzeit fest, welcher Aufwand für ein VU bei Eintritt eines Schadens fällig wird. Zwar kann sich die VS in der LV während der Vdauer
durch die Überschußbeteiligung ändern, dennoch bleibt nach jeder Erhöhung der versprochenen Leistung im Schadenfalle die VS über einen
Zeitabschnitt konstant.

In der KV hingegen ist auch der vom VU zu leistende Betrag, die
Schadenhöhe, eine Zufallsvariable. Die Schadenhöhe eines Schadens
kann wenige DM ausmachen (Schnupfen, einmaliger Arztbesuch), sie
kann aber auch einige Hunderttausend DM betragen (mehrmonatiger
Krankenhausaufenthalt nach einem Unfall, Dialysebehandlung). Wie bereits diese Beispiele zeigen, ist die reelle Zufallsvariable Schadenhöhe weit gestreut.

Aus der Schadenzahl und den einzelnen Schadenhöhen läßt sich nun
der Gesamtschaden ermitteln. Sind die Schadenzahl- und Schadenhöhen-
verteilung bekannt, so läßt sich daraus die *Gesamtschadenverteilung*
bestimmen. Wir werden darauf in der Risikotheorie zurückkommen.

Die Schadenzahl, Schadenhöhen und der Gesamtschaden können sowohl
für einen Bestand als auch für einen einzelnen VN (eine Police) angegeben werden. Es bezeichnen Z, H und S die Zufallsvariablen der
Schadenzahl, Schadenhöhe und Gesamtschaden für einen zugrunde liegenden Bestand und z, h und s die entsprechenden Zufallsvariablen

einer gegebenen Police.

Hat man aus einem Zeitintervall Stichproben $\hat{Z}$, $\hat{H}$ und $\hat{S}$ bzw. $\hat{z}$, $\hat{h}$ und $\hat{s}$, so nimmt man an (erwartungstreue Schätzer):

(1) $E[Z] = E[\hat{Z}]$, $E[H] = E[\hat{H}]$, $E[S] = E[\hat{S}]$

(2) $E[z] = E[\hat{z}]$, $E[h] = E[\hat{h}]$, $E[s] = E[\hat{s}]$.

Hat man mehrere Stichproben aus vergangenen Jahren, so wird man die Erwartungswerte $E[Z]$, $E[H]$ und $E[S]$ mittels einer Regression aus den Werten der Vergangenheit bestimmen. Dies ist insbesondere dann angezeigt, wenn durch inflationäre Tendenzen $E[\hat{H}]$ jährlich steigt.

Zunächst wollen wir uns aber damit begügen, daß die Werte $E[S]$ und $E[s]$ für ein Jahr bestimmt sind.

1.2 Ist der Gesamtschaden $\hat{S}$ in einem Bestand L ermittelt und unterstellen wir sämtlichen Personen der Gesamtheit L gleich gutes Schadenverhalten, so gilt

(3) $E[\hat{S}] = \#L \cdot E[\hat{s}]$.

In welchen Beständen können wir annehmen, daß die individuellen Gesamtschadenverteilungen identisch sind? In der KV unterteilt man den Gesamtbestand der VN wie in der LV und in der Pensionsversicherung nach den erreichten Altern. Da nach der Erfahrung Menschen in fortgeschrittenerem Alter eher mit Krankheiten (abgesehen von den Infektionskrankheiten) rechnen können als junge Menschen, wird man den Gesamtbestand zur Feststellung der Schadenverteilungen bzw. den individuell erwarteten Schäden aufgliedern in Teilbestände, unterschieden nach den erreichten Altern. Häufig werden, da die Gesamtbestände sehr viel kleiner sind als etwa die Bestände, aus denen die Sterbewahrscheinlichkeiten gewonnen werden, mehrere benachbarte Alter (meist 5 aufeinander folgende Alter) zu einer Altersgruppe zusammengezogen.

Weiter wird der Gesamtbestand nach dem Geschlecht getrennt. Auch
dies scheint sachgerecht, da den Frauen durch das Graviditätsrisiko
höhere erwartete Schäden zugewiesen werden (mindestens in den Altern
mit einer hohen Gebährwahrscheinlichkeit) als den Männern.

Wenn nun für einen derartigen Teilbestand L der Gesamtschaden $E[\hat{S}]$
eines Kalenderjahres bekannt ist, so gilt für den erwarteten Gesamtschaden $E[\hat{S}]$ entsprechend (3)

$$(4) \quad E[\hat{s}] = \frac{E[\hat{S}]}{\#L}.$$

Der Wert $E[\hat{S}]$ ist dem KVU spätestens ein Jahr nach Ende des betrachteten Kalenderjahres bekannt, wenn unterstellt wird, daß jeder Schaden spätestens 1 Jahr nach seinem Eintritt dem VU gemeldet wird.
Der Bestand L bleibt allerdings während eines Kalenderjahres nicht
konstant, so daß für die Praxis die Anzahl des Bestandes $\#L$ modifiziert wird durch die mittlere Bestandsgröße während des Kalenderjahres. Die mittlere Bestandsgröße wird approximiert durch das
arithmetische Mittel des Jahresanfangs- und Jahresendbestandes. Benutzen wir hierfür wieder den Ausdruck $\#L$, so gilt

$$(5) \quad \#L = \frac{L_a + L_e}{2},$$

L_a: Jahresanfangsbestand,

L_e: Jahresendbestand.

Ist darüber hinaus auch die Gesamtschadenzahl $E[\hat{Z}]$ bekannt, so gilt
entsprechend (4) für die individuelle erwartete Schadenzahl

$$(6) \quad E[\hat{z}] = \frac{E[\hat{Z}]}{\#L}.$$

1.3 Sind die eben genannten Stichprobenwerte bekannt, so weiß das
KVU die erwarteten Leistungen. Nun sind die Stichprobenwerte dem VU
für die Kalenderjahre bekannt, die mindestens ein Jahr zurückliegen.

Für die Berechnung derzeitig und künftig notwendiger Beiträge werden allerdings die erwarteten Schäden der Gegenwart und Zukunft benötigt.

War in der Vergangenheit der erwartete individuelle Gesamtschaden für die einzelnen Kalenderjahre nahezu konstant, so wird man auch für die Gegenwart und eventuell die nahe Zukunft schließen können, daß der in der Vergangenheit beobachtete individuelle Gesamtschaden gleich dem erwarteten Gesamtschaden des gegenwärtigen Kalenderjahres und der nächsten Kalenderjahre ist. Dies gilt, sofern keine Inflation, Erhöhung der Arzthonorare, Veränderung des Verhaltens der Patienten etc. festgestellt werden kann.

Wurde allerdings in der Vergangenheit beobachtet, daß die erwarteten Gesamtschäden stark schwankten oder sich in eine Richtung bewegten, so wird man für die Zukunft geeignetere Schadenerwartungen benötigen.

1.3.1 Abschätzung der Vorjahresschäden

Nehmen wir an, daß die Schäden eines Kalenderjahres k bis zum Ende des Kalenderjahres (k+1) dem KVU gemeldet werden müssen und nehmen wir weiter an, daß das KVU bereits seit einigen Jahren beobachtet, wie die Schadenmeldungen der einzelnen Kalenderjahre zeitlich verteilt sind.

Bezeichnen wir mit [8]

$\hat{S}_j$:   Gesamtschaden des Kalenderjahres j

$\hat{S}_{j|j}$:   Schadensumme des Kalenderjahres j der Schäden, die bereits im Kalenderjahr j bekannt waren

$\hat{S}_{j+1|j}$:   Schadensumme des Kalenderjahres j der Schäden, die erst im Kalenderjahr j+1 gemeldet wurden

$\hat{S}^m_{j+1|j}$:   Schadensumme des Kalenderjahres j der Schäden, die erst im Kalenderjahr j+1 bis einschließlich Monat m gemeldet wurden.

Es gelten

$$(8) \quad \hat{s}_j = \hat{s}_{j|j} + \hat{s}_{j+1|j}.$$

Definieren wir

$$(9) \quad e_j^m := \frac{\hat{s}_{j|j} + \hat{s}_{j+1|j}^m}{\hat{s}_j},$$

so gibt e_j^m den prozentualen Anteil der im Jahre j eingetretenen und bis zum Monat m des Jahres j+1 bekannten Schäden an.

Betrachten wir e_j^m als eine Zufallsvariable, so fällt (in der Praxis) auf, daß die Werte e_j^m um den Erwartungswert e^m geringer streuen, je größer m ist.

Für das Kalenderjahr k können wir daher im Monat m+1 des Kalenderjahres k+1 den Gesamtschaden S_k nach

$$(10) \quad \hat{s}_k^{(m)} = 100 \, \frac{\hat{s}_{k|k} + \hat{s}_{k+1|k}^m}{\hat{e}^m} \quad \text{mit } \hat{s}_{k+1|k}^o = 0$$

abschätzen. Nach der Bemerkung im letzten Absatz wird der Schätzwert genauer mit wachsendem m. Die Bemerkung ist nur dann richtig, wenn sich in dem Kalenderjahr keine wesentlichen Änderungen in der Bestandszusammensetzung, dem Verhalten der VN oder des Tarifs vollzogen haben.

1.3.2 Abschätzung der künftigen Schäden

Wieder nehmen wir an, daß für die vergangenen Jahre $1 \leq j \leq k$ die Gesamtschäden $\hat{s}_j$ bekannt sind. Es sind dann auch die individuellen Gesamtschäden $\hat{s}_j$ bekannt. Weiter gehen wir dann von der Annahme aus, daß die Erwartungswerte $E[s_j]$ Funktionswerte einer Funktion f mit den Parametern $(a_o, \ldots, a_n)$ sind,

$$(11) \quad E[s_j] = f(j; a_o, \ldots, a_n).$$

In der Praxis wird angenommen, daß f linear ist,

(12) $\quad f(j,a_o,a_1) := a_1 j + a_o$.

f heißt eine *Regressionsfunktion* bzw. hier *Regressionsgerade* [1],
[100].

Wir unterstellen, daß die Werte $\hat{s}_j$ so um $E[s_j]$ streuen, daß die
Summe der Fehlerquadrate minimal wird. a_1 und a_o sind demnach so
zu bestimmen, daß

$$(13) \quad \sum_{j=1}^{k} \left(\hat{s}_j - E[s_j] \right)^2 = \sum_{j=1}^{k} \left(\hat{s}_j - (a_1 j + a_o) \right)^2 \rightarrow \min.$$

Zu weiteren Ausführungen hierüber wird auf I.2.3.2.1.1 verwiesen.
Wenn nun a_1 und a_o bestimmt sind, so kann für die Folgejahre $k+i$
der erwartete individuelle Schaden $E[s_{k+i}]$ bestimmt werden nach

$$(14) \quad E[s_{k+i}] = f(k+i;a_o,a_1) = a_1 (k+i) + a_o = E[s_k] + a_1 \cdot i.$$

1.4 KOPFSCHÄDEN, PROFILE UND GRUNDKOPFSCHÄDEN

In den vorigen Abschnitten hatten wir die Entwicklung der erwarteten
individuellen Schäden mehrerer Jahre untersucht. In diesem Abschnitt
vergleichen wir die erwarteten individuellen Schäden eines Zeitab-
schnitts (das ist in der Regel ein Jahr) der einzelnen Bestände.

Wie bereits in 1.2 dargelegt, separieren wir den Gesamtbestand nach
dem Alter und dem Geschlecht der VN. Mit x bezeichnen wir das Alter
der Männer, mit y das Alter der Frauen. Ebenfalls in 1.2 erwähnten
wir, daß häufig die VN zu Altersgruppen zusammengefaßt werden, insbesondere dann, wenn die einzelnen Altersbestände nicht sehr groß
sind. Häufig werden die Alter 21-25, 26-30, 31-35 etc. zu je einer
Altersklasse zusammengefaßt und die Alter 0-15 und 16-20, wobei die
letzten beiden Gruppen gelegentlich nicht nach dem Geschlecht getrennt werden. Die mittleren Alter der Gruppen, 23 bei der Altersgruppe 21-25, 28 bei 26-30 etc. heißen *Zentralalter* und werden mit

$\bar{x}$ bzw. $\bar{y}$ bezeichnet.

Im weiteren betrachten wir, sofern nichts Gegenteiliges gesagt wird, nur die Bestände der Männer.

Es sei S_x bzw. $S_{\bar{x}}$ der Gesamtschaden der Gesamtheit der x-Jährigen bzw. der Gesamtheit der $(\bar{x}-2)$ bis $(\bar{x}+2)$-Jährigen in einem Kalenderjahr k. Der Gesamtschaden ist der Betrag, den das KVU für eingetretene Vfälle in dem Kalenderjahr k aufwenden mußte. Entsprechend (4) und (5) errechnen wir den erwarteten individuellen Gesamtschaden nach

$$(15) \quad E[\hat{s}_x] = \frac{E[\hat{S}_x]}{\#L_x} \qquad \text{bzw.}$$

$$(16) \quad E[\hat{s}_{\bar{x}}] = \frac{E[\hat{S}_{\bar{x}}]}{\#L_{\bar{x}}} \; .$$

Die Näherung (10) ist nur dann zulässig, wenn die Zu- und Abgänge gleichmäßig über das Kalenderjahr verteilt sind. Ist dies nicht der Fall, so müssen wir für jeden VN v_i, $1 \le i \le \#L_x$, den Anteil a_i des Kalenderjahres k ermitteln, an dem das KVU das Krankheitsrisiko trug. Mit den "Mannjahren"

$$(17) \quad mj_x := \sum_{i=1}^{\#L_x} a_i$$

erhalten wir den erwarteten individuellen Schaden

$$(18) \quad E[\hat{s}_x] = \frac{E[\hat{S}_x]}{mj_x} \; .$$

Der erwartete individuelle Schaden heißt in der Krankenversicherungsmathematik *Kopfschaden* und wird bezeichnet mit

$$(19) \quad \hat{R}_x := E[\hat{s}_x] \; .$$

Die Vektoren $(\hat{K}_x \mid 21 \leq x \leq 100)$ bzw. $(\hat{K}_{\bar{x}} \mid \bar{x} \equiv 3 \bmod 5,\ 21 \leq \bar{x} \leq 100)$ heißen *(ausgeglichene) Kopfschadenreihen*. Insbesondere die Kopfschadenreihen, die aus kleinen Beständen gewonnen wurden, werden gewisse Unregelmäßigkeiten aufweisen. Daher werden die Kopfschadenreihen ausgeglichen (Ausgleichsverfahren: siehe I.2). Die ausgeglichenen Kopfschäden bezeichnen wir mit K_x bzw. $K_{\bar{x}}$. Fortan betrachten wir ausgeglichene Kopfschadenreihen.

Wählt man das Basisalter $\bar{x}_0$ (häufig $\bar{x}_0 = 28$ oder $\bar{x}_0 = 43$), so nennt man die Werte

$$(20) \quad k_{\bar{x}} := \frac{K_{\bar{x}}}{K_{\bar{x}_0}}$$

normierte Kopfschäden. Der Vektor $(k_x \mid 21 \leq \bar{x} \leq 100)$ oder $(k_{\bar{x}} \mid \bar{x} \equiv 3 \bmod 5,\ 21 < \bar{x} < 100)$ heißt *Profil*. Der Kopfschaden $K_{\bar{x}_0}$ ist der *Grundkopfschaden*.

1.5 DIE RISIKOPRÄMIE

Anders als bei der LV sind in Deutschland die Prämien für die Tarife der KV nicht durch einheitliche Rechnungsgrundlagen charakterisiert. Zum einen liegt es daran, daß der Umfang des Vschutzes von den einzelnen KVU unterschiedlich beschrieben wird. Andererseits gibt es KVU, die nur bestimmte Personenkreise versichern. Hier kann es durchaus erhebliche Unterschiede bei den Kopfschäden geben. So wird etwa eine Kopfschadenreihe eines Krankheitskostentarifs für Ärzte geringere Werte aufweisen als die Kopfschadenreihe eines allgemeinen Krankheitskostentarifs.

Die KVU benötigen daher für jeden Tarif eine Kopfschadenreihe. Sind die Bestände für einen Tarif bei einem KVU hinreichend groß, so bereitet es prinzipiell keine Schwierigkeit, eine solche Kopfschadenreihe aus den Beständen zu entwickeln. Wie aber sieht es bei neuen Tarifen oder Tarifen mit kleinen Beständen aus?

Die Erfahrung hat gezeigt, daß sehr viele Tarife zu Klassen gemein-
samer Profile zusammenfaßbar sind. Dabei ist es zunächst nützlich,
umfangreiche Tarife, wie z.B. Krankheitskostentarife, in einfache
Tarife zu zerlegen (Atome), wie Tarif für Ambulantbehandlung, Arznei-
mittel, Laboruntersuchung etc.. Sind für derartige Atome die Profile bekannt (etwa nach Statistiken des Verbandes der privaten Krankenversicherung), so können die Profile neuer Tarife aus diesen
Profilen erstellt werden. Für die Kopfschadenreihen werden noch die
Grundkopfschäden benötigt.

Bei neuen Tarifen in einem KVU können möglicherweise die Grundkopfschäden eines anderen KVU herangezogen werden, sofern dort Erfahrungen vorhanden sind. Denkbar ist es auch, daß die Grundkopfschäden
eines ähnlichen Tarifs zunächst verwendet werden.

Den Grundkopfschaden G einer Kopfschadenreihe eines Bestandes
$L = (L_x \mid 21 \le x \le 100)$ mit gegebenem Profil $(k_x \mid 21 \le x \le 100)$ und Gesamtschaden S für den Gesamtbestand erhalten wir nach

$$(21) \quad G = \frac{S}{\sum_{x=21}^{100} mj_x \cdot k_x}.$$

Als *Risikoprämie* eines x-Jährigen bezeichnet man in der KV den Kopfschaden K_x. Es ist genau der Betrag, den zu Beginn eines Jahres
eine Person (x) aufbringen muß, um die erwarteten Schäden, die durch
sie verursacht werden, zu ersetzen. Eine Verzinsung wird hier nicht
berücksichtigt. Die Risikoprämien ändern sich altersabhängig.

Bei den Krankheitskostentarifen gibt es häufig zu einem Tarif mehrere Varianten: Zum einen kann vereinbart werden, daß der VN von seinem
jährlichen Gesamtschaden $\hat{S}_x$ nur den Betrag $\hat{S}_x - K$, sofern positiv,
sonst 0, vergütet erhält. K heißt *Selbstbehalt*. Andererseits kann
vereinbart werden, daß von dem jährlichen Gesamtschaden $\hat{S}_x$ nur k %,
0 < k < 100 vergütet werden.

Selbst wenn die Profile dieser Tarife mit dem Profil des entsprechend
"100 % Erstattung" Tarifs übereinstimmen, lassen sich die Grundkopf-

schäden der "k % Erstattung" Tarife nicht durch eine k %-ige Reduktion des Grundkopfschadens des "100 % Erstattung" Tarifs ermitteln. Werden einem VN etwa nur 50 % der Krankheitskosten erstattet, so wird er möglicherweise seinen behandelnden Arzt auch nach der Höhe des Honorars auswählen, was ein VN mit einem "100 % Erstattung" Tarif nicht unbedingt in seine Überlegungen einbezieht. Den Grundkopfschaden G_{50} des "50 % Erstattung" Tarifs erhält man dann aus dem G_{100} mit Hilfe des *Schadenhäufigkeitsparameters* h_{50} nach

$$(22) \quad G_{50} = \frac{G_{100}}{h_{50}} \quad , \quad \text{wobei } h_{50} > 2.$$

Die Schadenhäufigkeitsparameter werden in den Beständen ermittelt.

Die letzten Überlegungen treffen selbstverständlich nur dann zu, wenn die nicht erstatteten Kosten von dem VN allein getragen werden. Erstattet hingegen ein weiterer Leistungsträger den Restbetrag (wie etwa die Beihilfe bei den Beamten), so werden sich die VN des "k % Erstattung" Tarifs kaum anders verhalten als die VN des "100 % Erstattung" Tarifs.

Abschließend sei noch auf eine Besonderheit bei den Krankentagegeld- und den Krankenhaustagegeld-Tarifen hingewiesen. Auch hier werden die Kopfschadenreihen normiert auf Profile, diese allerdings geben den erwarteten jährlichen Schaden für ein Krankentagegeld oder ein Krankenhaustagegeld von täglich einer DM an. Soll nun das Profil k^1 eines solchen Tarifs mit einer Karenzzeit W_1 überführt werden in ein Profil k^2 des gleichen Tarifs mit Karenzzeit W_2, so unterstellt man in der Regel die Existenz eines in den Beständen des KVU zu beobachtenden *Reduktionsfaktors* r, so daß für jedes x gilt

$$(23) \quad k_x^1 = r \cdot k_x^2.$$

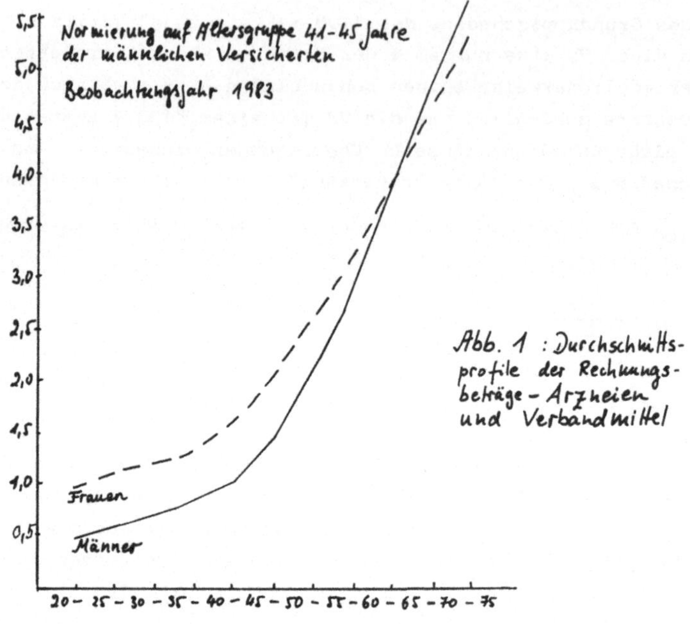

Abb. 1 : Durchschnittsprofile der Rechnungsbeträge – Arzneien und Verbandmittel

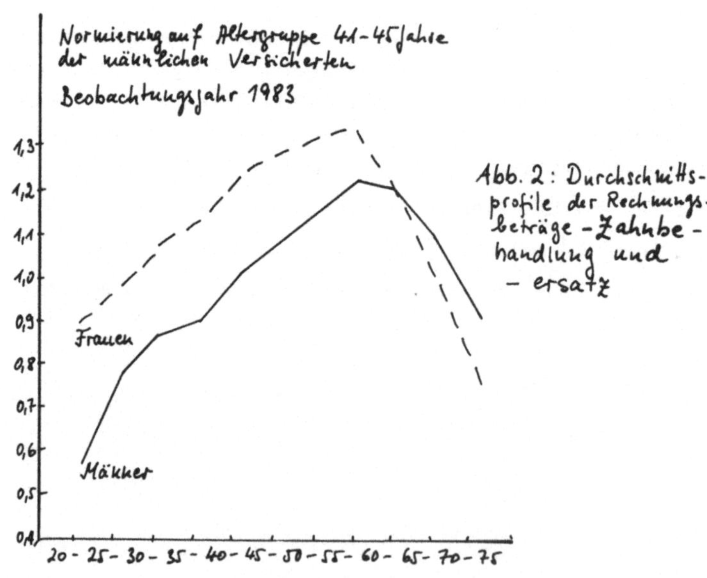

Abb. 2 : Durchschnittsprofile der Rechnungsbeträge – Zahnbehandlung und – ersatz

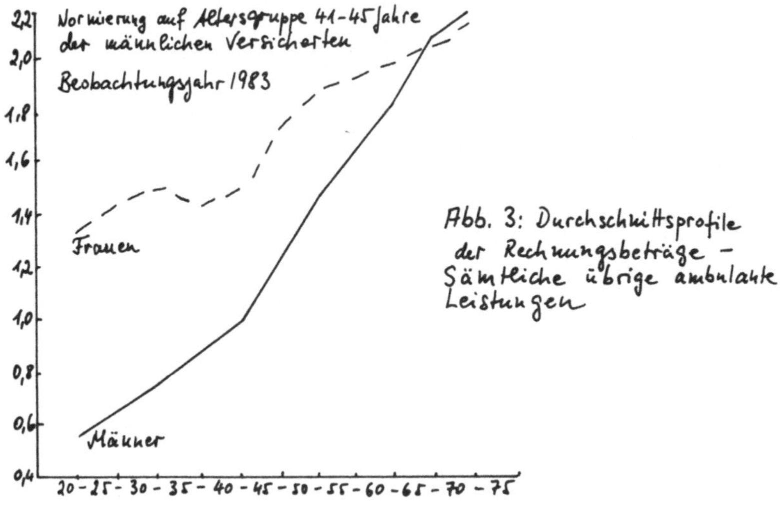

Abb. 3: Durchschnittsprofile der Rechnungsbeträge – Sämtliche übrige ambulante Leistungen

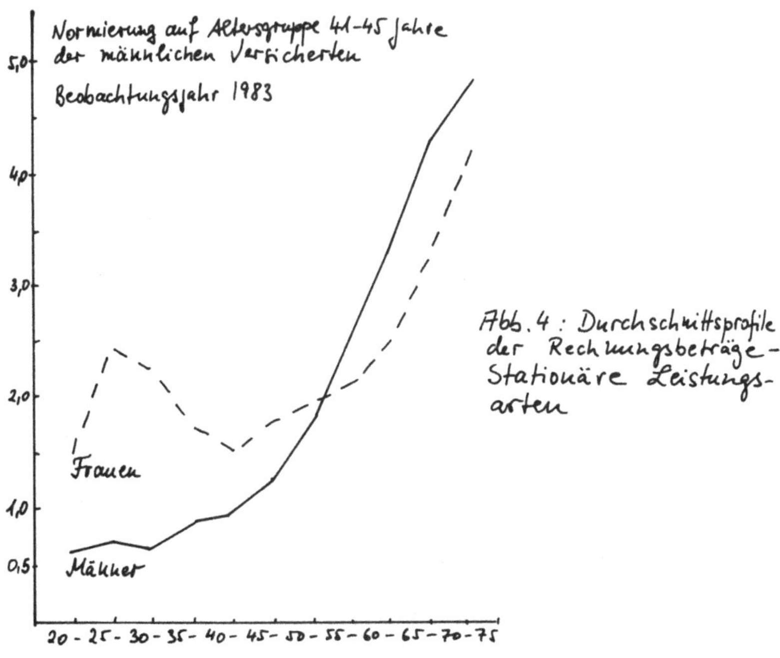

Abb. 4: Durchschnittsprofile der Rechnungsbeträge – Stationäre Leistungsarten

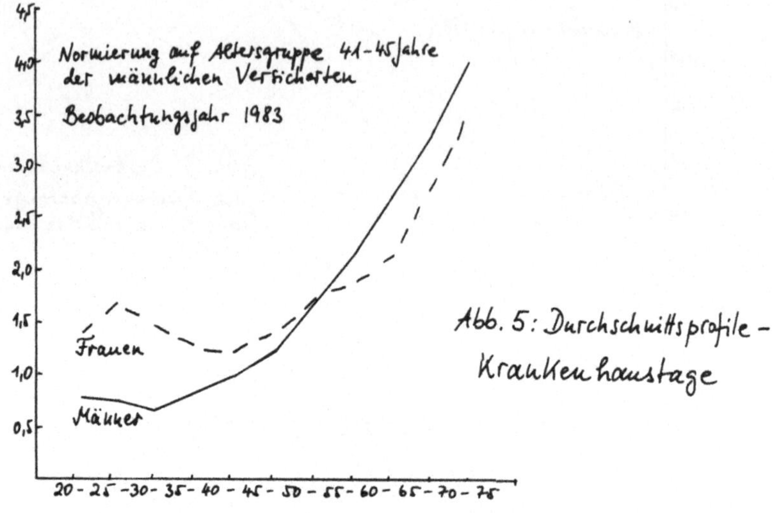

Abb. 5: Durchschnittsprofile - Krankenhaustage

Durchschnittsprofile der Rechnungsbeträge für Arzneien und Verbandmittel, Zahlbehandlung und -ersatz wowie alle übrigen ambu-
lanten Leistungen

(Normierung auf Altersgruppe 41-45 Jahre)

Beobachtungsjahr 1983

Geburtsjahrgruppe	Arzneien und Verbandmittel	Zahnbehandlung und -ersatz	Alle übrigen ambulanten Leistungen
MÄNNER			
- 1907	6,559	0,586	2,396
12	5,627	0,911	2,191
17	4,770	1,080	2,075
22	3,734	1,195	1,840
27	2,821	1,211	1,676
32	2,052	1,139	1,468
37	1,376	1,064	1,240
42	1,000	1,000	1,000
47	0,802	0,896	0,883
52	0,654	0,860	0,758
57	0,539	0,771	0,665
62	0,439	0,571	0,578
67	0,544	0,514	0,468
Insgesamt	1,675	0,920	1,129
FRAUEN			
- 1907	4,084	0,366	1,565
12	3,473	0,652	1,448
17	2,955	0,833	1,379
22	2,471	0,984	1,331
27	1,989	1,088	1,301
32	1,687	1,071	1,261
37	1,315	1,043	1,162
42	1,000	1,000	1,000
47	0,823	0,918	0,967
52	0,756	0,875	1,015
57	0,688	0,800	0,975
62	0,618	0,735	0,900
67	0,489	0,539	0,601
Insgesamt	1,667	0,840	1,148

Tabelle 1

Aus: [105] Zahlenbericht 1984/1985, Die private
Krankenversicherung

Aufgaben: 1.) Gegeben sei die folgende Tabelle 2:

Alter x	L_x	$\hat{K}_x$	Alter x	L_x	$\hat{K}_x$
21	123	60.400	51	193	158.700
22	113	57.300	52	187	153.200
23	137	73.700	53	212	184.900
24	125	68.100	54	196	172.800
25	150	79.500	55	220	193.900
26	173	90.000	56	184	160.000
27	189	104.700	57	172	153.800
28	201	112.800	58	197	172.900
29	194	108.600	59	214	205.700
30	212	128.300	60	191	190.800
31	205	122.800	61	164	182.700
32	223	136.700	62	183	197.200
33	247	151.400	63	172	191.500
34	223	139.200	64	167	187.300
35	199	123.100	65	178	189.800
36	214	155.200	66	156	169.800
37	238	180.300	67	172	201.700
38	208	154.200	68	164	187.400
39	198	146.800	69	159	192.300
40	202	150.000	70	146	182.800
41	218	164.800	71	143	161.800
42	228	178.700	72	162	193.700
43	207	158.300	73	173	208.900
44	196	150.800	74	153	183.800
45	174	145.100	75	149	197.500
46	215	184.300	76	139	205.800
47	192	149.200	77	147	221.800
48	198	154.400	78	128	198.700
49	181	141.600	79	137	211.200
50	211	192.700	80	119	193.800

Wählen Sie zu jeder Altersgruppe das Zentralalter $\bar{x}$, bestimmen Sie $\hat{K}_{\bar{x}}$ und gleichen Sie die Werte $\hat{K}_{\bar{x}}$ in geeigneter Weise aus. Ermitteln Sie dann aus der Ausgleichsfunktion für jedes Alter x den Kopfschaden K_x.

Aufgabe: 2.) Bestimmen Sie die Profile zu den Basisaltern 28 und 43 der Kopfschadenreihe aus Aufgabe 1.

2 BEITRÄGE

In Abschnitt 1 sahen wir, wie die Risikoprämien berechnet werden. Ein KVU kann nun, abhängig vom Alter des VN, alljährlich neu die für das kommende Jahr notwendige (Netto-) Prämie ermitteln. Da die erwarteten Schäden mit zunehmendem Alter ebenfalls zunehmen, kommt es bei dieser Kalkulation der Prämien zu dem unerwünschten Effekt der jährlich steigenden Prämien, wobei die Prämien allein deshalb steigen, weil der VN älter wird. Berücksichtigt man ferner, daß die erwarteten Leistungen in den vergangenen Jahren stiegen (bedingt durch Inflation, häufigerer Inanspruchnahme der ärztlichen Leistungen, Verbesserung der medizinisch-technischen Ausstattung etc.), so führen die aus beiden Ursachen bedingten Anhebungen der jährlich zahlbaren Prämien zu Belastungen für die VN, die insbesondere dann unerträglich werden können, wenn die jährlichen Prämienanpassungen besonders hoch ausfallen und das Einkommen der VN abnimmt (Rentenalter).

Diese Art der Prämienkalkulation ist daher wenig verbreitet. In den weitaus meisten Fällen wird wie auch in der Lebens- oder Pensionsversicherung mit jährlich konstanten Beiträgen gerechnet. Hierzu aber benötigen wir wieder geeignete

2.1 RECHNUNGSGRUNDLAGEN FÜR KONSTANTE NETTOPRÄMIEN.

2.1.1 Der Zins

Üblich sind in den KV Tarife, die auf das Endalter $\omega = 60$ oder $\omega = 65$ abgeschlossen werden (Ende der Erwerbstätigkeit) wie KrankentagegeldV oder Tarife, die bis zum Tode abgeschlossen werden, wie etwa die Tarife für die ambulante Behandlung. Da es sich hier wie in der Lebens- und Pensionsversicherung um langfristige Verträge handelt, muß die Verzinsung der eingezahlten Kapitalbeträge berücksichtigt werden. Durchgesetzt hat sich in Deutschland bei den KVU ein Zinsfuß $p = 3,5$ %.

2.1.2 Die Sterblichkeit

Bei den Tarifen der KV wird eine Leistung in der Regel nur dann

fällig, wenn der VN lebt und einen Schaden erleidet. Leistungen im
Todesfalle, etwa Feststellung der Todesursache, sind meist von un-
tergeordneter Bedeutung. Wird hingegen ein festes Sterbegeld vereinbart (derzeit maximal 10.000), so wird dieses entsprechend den in
Kapitel I dargestellten Prinzipien ermittelt (TodesfallV).

Um nun für die künftigen Jahre die erwarteten Leistungen zu errechnen, benötigen wir die Überlebenswahrscheinlichkeiten. Die KVU in
Deutschland verwenden hierfür zumeist die Werte der ADSt 49/51 M
bzw. F.

2.1.3 Das Storno

Ebenso wie in der LV hat der VN auch in der KV nach dem VVG das
Recht, seinen Vvertrag zu kündigen. Häufig aber ergibt sich in der
KV für den VN der "Zwang" zur Kündigung. Hat etwa ein selbständiger
Geschäftsmann einen KVvertrag, gibt sein Geschäft auf und nimmt
eine versicherungspflichtige Tätigkeit auf (d.h. er unterliegt
zwangsweise der gesetzlichen Krankenversicherung), so benötigt der
VN den Schutz der privaten KV nicht weiter. Er wird seinen Vertrag
nach § 13 Abs. 3 der MB kündigen.

Hier aber gibt es einen wesentlichen Unterschied zur LV. Hat man
dort im Falle der Kündigung ein Anrecht auf die bis zum Zeitpunkt
der Kündigung angesparten Mittel abzüglich eines angemessenen Ab-
schlages, so wird ein KVvertrag im Falle der Kündigung ohne weitere
Rechte des VN an das KVU beendet. Ein eventuell angesammeltes Guthaben des VN (s. hierzu den nächsten Abschnitt) verfällt zugunsten
der Gesamtheit der VN.

Geht man nun von möglicherweise altersabhängigen Stornowahrscheinlichkeiten aus, so können die Nettoprämien reduziert werden, da
alljährlich mit einer "Erbmasse" aus den Stornoverträgen gerechnet
werden kann, die an die lebenden, im Bestand verbliebenen VN verteilt wird.

Es ist aber sehr schwierig, geeignete Stornowahrscheinlichkeiten
zu finden, da das Stornoverhalten einerseits von den versicherten
Beständen abhängig ist und andererseits auch von politischen Über-

legungen. Ein KVU, das überwiegend Beamte versichert, hat heute einen stornoarmen Bestand. Sollte aber eines Tages die Versicherungspflicht für Beamte in der gesetzlichen KV eingeführt werden, so hätte dieses KVU exorbitante Storni.

Die KVU schätzen die Stornowahrscheinlichkeiten für die eigenen Bestände individuell ab. Die Wahrscheinlichkeit einen KVvertrag zu stornieren ist abhängig vom Alter des VN und der abgelaufenen Vdauer. Ebenso wie in der LV werden aber auch hier diese Wahrscheinlichkeiten aggregiert zu ausschließlich altersabhängigen Stornowahrscheinlichkeiten. Die Wahrscheinlichkeit eines x-Jährigen seinen KV zu stornieren bezeichnen wir mit w_x.

2.2 DIE VERSICHERTENGESAMTHEIT

Im weiteren nehmen wir an, daß die Sterbewahrscheinlichkeit q_x und die Stornowahrscheinlichkeit w_x nicht partiell sind. Gehen wir von einem Versichertenbestand von x_0-Jährigen L_{x_0} aus mit

$$(1) \quad \#L_{x_0} := l_{x_0} = 10^n \qquad \text{(n ist hier meist 5 oder 6)}$$

so erhalten wir die erwartete Entwicklung des Bestandes

$$(2) \quad \#L_{x+1} = l_{x+1} = l_x (1 - q_x - w_x) , \qquad x_0 \le x \le \omega.$$

Zwar werden in der Praxis die Stornowahrscheinlichkeit w_x und die Sterbewahrscheinlichkeit q_x partiell ermittelt, da allerdings die Schätzwerte für die w_x meist nur eine grobe Näherung darstellen, ist der Fehler, den wir mit (2) zulassen gegenüber

$$(3) \quad l_{x+1} = l_x(1 - q_x)(1 - w_x),$$

unbedeutend.

Aufgaben: 1.) Ermitteln Sie die Bestandsentwicklung nach (2), wenn

q_x aus der ADSt 49/51 M gewählt wird für $x_0 = 20 \leq x < 100$ und

a) $w_x = 0,07,$ $\quad\quad\quad$ $20 \leq x < 100$

b) w_x linear fallend von

$\quad$ α) $w_{20} = 0,1$ auf $w_{99} = 0$

$\quad$ β) $w_{20} = 0,1$ auf $w_{50} = 0,01$, dann

$\quad\quad$ $w_x = 0,01,$ $\quad$ $51 \leq x < 100$

c) $w_x = f(x) = ax^2 + bx + c$

$\quad$ α) $w_{20} = 0,1,$ $\quad\quad$ $w_{50} = 0,01,$ $\quad\quad$ $f'(50) = 0$

$\quad\quad$ $w_x = 0,01,$ $\quad\quad$ $51 \leq x < 100$

$\quad$ β) $w_{20} = 0,2,$ $\quad\quad$ $w_{60} = 0,$ $\quad\quad\quad$ $f'(60) = 0$

$\quad\quad$ $w_x = 0,$ $\quad\quad\quad$ $61 \leq x < 100!$

2.) Wie groß sind die relativen Abweichungen, wenn Sie den Bestand statt nach (2) entsprechend (3) berechnen?

Mit $_np_x^b$ bezeichnen wir die Wahrscheinlichkeit für eine Person (x) aus dem Bestand eines KVU nach k Jahren weiterhin im Bestand zu sein. Mit (2) gilt

$$(4) \quad _np_x^b = \frac{l_{x+n}}{l_x}.$$

Diese Ausscheideordnung (1) und (2) sowie die Verbleibenswahrscheinlichkeiten $_np_x^b$ entsprechen den Aktivenbeständen bzw. den Überlebenswahrscheinlichkeiten als Aktive aus Kapital II. Analog der Aktivenrente definieren wir hier die lebenslänglich, vorschüssig zahlbare Rente vom Betrage 1 für die im Bestand befindlichen Personen. Den Barwert dieser Rente erhalten wir nach

$$(5) \quad \ddot{a}_x^b = \sum_{\nu=0}^{\omega-x-1} {}_\nu p_x^b \cdot v^\nu.$$

Weiterhin werden wir, da wir ausschließlich mit den Verbleibenswahrscheinlichkeiten rechnen, statt ${}_\nu p_x^b$ nur ${}_\nu p_x$ und statt $\ddot{a}_x^b$ nur $\ddot{a}_x$ schreiben.

Aufgaben: 3.) Berechnen Sie die Kommutationswerte

$$(6) \quad D_x = l_x v^x \quad \text{und}$$

$$N_x = \sum_{\nu=0}^{\omega-x} D_{x+\nu}$$

für die Ausscheidemodelle der Aufgabe 1.

4.) Ermitteln Sie die Rentenbarwerte zu den Ausscheidemodellen der Aufgabe 1.

Analog I.3 (68) erhält man auch hier eine Näherung für unterjährig fällige Renten.

2.3 DER LEISTUNGSBARWERT

Gegeben sei entsprechend Abschnitt 1 eine Kopfschadenreihe $(K_x \mid x_0 \leq x < \omega)$ bzw. ein Profil $(k_x \mid x_0 \leq x < \omega)$ und ein Grundkopfschaden G, so daß für jedes $x_0 \leq x < \omega$ gilt

$$(7) \quad K_x = G \cdot k_x.$$

Der *Leistungsbarwert* (Barwert der erwarteten künftigen Leistungen) ist dann für eine Person (x) gerade

$$(8) \quad L_x^a := \sum_{\nu=0}^{\omega-x} {}_\nu p_x \cdot K_{x+\nu} \cdot v^{\nu+1},$$

falls die Leistungen jeweils am Ende des Vjahres fällig werden.

Mit (7) erhalten wir dann

$$(9) \quad L_x^a = G \cdot \sum_{\nu=0}^{\omega-x} {}_\nu p_x \cdot k_{x+\nu} \cdot v^{\nu+1} .$$

Da die KVU die gemeldeten Schäden umgehend regulieren und nicht wie die LVU das Recht haben, die Schäden erst am Vjahresende zu regulieren bzw. eine diskontierte Leistung im Schadenfall vergüten, ist der Leistungsbarwert L_x^a gewiß zu optimistisch berechnet. Man "liegt auf der sicheren Seite", wenn wir den ungünstigsten Fall annehmen und unterstellen, daß sämtliche Vleistungen sofort zu Beginn eines jeden Vjahres fällig werden. Die Leistungsbarwerte erhalten wir dann nach

$$(10) \quad L_x^a := \sum_{\nu=0}^{\omega-x} {}_\nu p_x \cdot K_{x+\nu} \cdot v^{\nu} \quad \text{bzw.}$$

$$(11) \quad L_x^a = G \sum_{\nu=0}^{\omega-x} {}_\nu p_x \cdot k_{x+\nu} \cdot v^{\nu} .$$

Aufgaben: 5.) Zeigen Sie, daß der Leistungsbarwert L_x^a dargestellt werden kann mit Hilfe der Kommutationswerte

$$(12) \quad O_x := D_x \cdot k_x ,$$

$$(13) \quad U_x := \sum_{\nu=0}^{\omega-x} O_{x+\nu} ,$$

wobei

$$(14) \quad L_x^a = G \frac{U_x}{D_x} .$$

Aufgabe:
6.) Berechnen Sie die Kommutationswerte O_x und U_x für die in Aufgabe 1 angegebenen Fälle und die Profile aus Abschnitt 1, Aufgabe

7.) Nehmen Sie an, daß sämtliche Vleistungen in der Mitte eines Vjahres fällig werden. Entwickeln Sie hierzu entsprechende Kommutationswerte $\bar{O}_x$ und $\bar{U}_x$ sowie Leistungsbarwerte $\bar{L}_x$. Hinweis: Interpolieren Sie die Werte $p_{x+0.5}$ linear aus den benachbarten Werten p_x und p_{x+1}.

2.4 DIE NETTOPRÄMIEN

Um die Nettoprämie P_x aus dem Leistungsbarwert L_x ($L_x = L_x^a$ oder $L_x = \bar{L}_x$) zu ermitteln, muß nach dem Äquivalenzprinzip gelten

$$(15) \qquad P_x = \frac{L_x}{\ddot{a}_x},$$

wobei wir wieder annehmen, daß die Prämien praenumerando fällig werden.

Bei unterjähriger Fälligkeit wird der Rentenbarwert $\ddot{a}_x$ ersetzt durch den entsprechenden Barwert $\ddot{a}_x^{(m)}$, so daß für die m-tel jährlich fällige Prämie $P_x^{(m)}$ gilt

$$(16) \qquad L_x = m \cdot P_x^{(m)} \circ \ddot{a}_x^{(m)}.$$

Meist wird aber auch in den KV die m-tel jährlich fällige Prämie $P_x^{(m)}$ wie in der LV (vgl. I.3.2.2) approximiert durch die Jahresprämie, dividiert durch m und erhöht um einen Zuschlag von 2,3 oder 5 %, wenn halb-, vierteljährlich oder monatliche Zahlweise vereinbart ist.

Aufgaben: 8.) Schreiben Sie ein Programm zur Berechnung der Nettoprämien.

9.) Berechnen Sie Nettoprämien zu den Ausscheideordnungen aus Aufgabe 1 und den Kopfschäden aus Abschnitt 1, Aufgabe 1.

Wegen (14) und (15) läßt sich die Nettoprämie schreiben als Produkt
aus dem Grundkopfschaden und einem Ausdruck, der nur vom Zins, der
Ausscheidewahrscheinlichkeit und dem Profil abhängig ist. Diese Darstellung hat den Vorteil, daß sich Nettoprämien unterschiedlicher
Tarife mit gleichem Profil durch Multiplikation einer Konstanten
ineinander überführen lassen.

2.5 DIE BRUTTOPRÄMIEN

2.5.1 Kostenzuschläge

In I.3.4 sahen wir die Notwendigkeit der Kostenzuschläge auf die
Nettoprämien in der LV. Analog müssen auch in der KV die entstehenden Kosten durch geeignete Zuschläge gedeckt werden. Das Kostenzuschlagsystem in der KV unterscheidet sich allerdings von dem Kostenzuschlagsystem der LV.

Im weiteren bezeichnen P_x die jährliche Nettoprämie, B_x die jährliche Bruttoprämie und $B_x^{(12)}$ die monatliche Bruttoprämie, die eine
Person (x) bei Vertragsabschluß zu entrichten hat.

Die Abschlußkosten werden aufgeteilt in *unmittelbare* und *mittelbare*
Abschlußkosten. Unmittelbare Abschlußkosten entstehen durch den Abschluß eines Vvertrages. Den größten Anteil haben hiervon die Provisionen. Da die Provisionen zumeist in Vielfachem der Monatsprämie $B_x^{(12)}$ vereinbart werden, kalkuliert man einen Teil der unmittelbaren Abschlußkosten als Vielfaches der Monatsprämie $B_x^{(12)}$. Wir
setzen als Zuschlag $\dfrac{\alpha \cdot B_x^{(12)}}{\ddot{a}_x}$, $\alpha \in \mathbb{R}$ fest.

Häufig werden weitere Teile der unmittelbaren Abschlußkosten, die
durch den Zuschlag $\dfrac{\alpha \cdot B_x^{(12)}}{\ddot{a}_x}$ nicht abgedeckt werden, durch Selek-
tionsgewinne in dem ersten Vjahr abgedeckt. So besteht häufig bei
Neuverträgen während gewisser Fristen in der Anfangszeit eine partielle Leistungsfreiheit der KVU. Da dennoch die volle Risikoprämie

für das erste Vjahr erhoben wird, fallen hier zwangsläufig Gewinne
aus den nicht verbrauchten Risikoprämien an. Diese Überschüsse
können zur weiteren Finanzierung der unmittelbaren Abschlußkosten
herangezogen werden.

Die Kostenzuschläge α_m für die mittelbaren Abschlußkosten (etwa Aufwand für Werbung des KVU), β für die laufende Verwaltung und ρ für
die Schadenregulierung werden in Prozent der Bruttoprämie B_x berechnet.

Gelegentlich werden auch die Kosten, die für jeden Vvertrag in gleicher Höhe anfallen, durch einen Stückkostenzuschlag γ berücksichtigt.

2.5.2 Sicherheitszuschlag

In I.3.4.3 haben wir die Möglichkeit aufgezeigt, Sicherheitszuschläge in die Bruttoprämie eines LVtarifs einzurechnen. Allerdings wird
in Deutschland bei den LVU von dieser Möglichkeit kein Gebrauch gemacht, da die Rechnungsgrundlagen erster Ordnung soweit "auf der
sicheren Seite" liegen, daß die normalen Schwankungen nicht zu einer Gefährdung eines LVU führen können.

Anders ist die Situation bei den KVU. Hier können die Rechnungsgrundlagen nicht so weit überhöht angesetzt werden, daß das KVU
voraussichtlich nie mit den berechneten Prämien in Schwierigkeiten
gerät. Daher müssen in die Prämien der KVU Sicherheitszuschläge
in Prozent der Bruttoprämie eingerechnet werden, damit bei zufälli-
gen Schwankungen des Risikoergebnisses oder der Kosten dem KVU nicht
der finanzielle Ruin droht. Je nach Art des Tarifs werden von der
Vaufsicht mindestens 5-10 % der Jahresbruttoprämie als Sicherheitszuschlag gefordert.

2.5.2 Berechnung der Bruttoprämie

Fassen wir sämtliche beitragsabhängigen Kostenzuschläge α_m, β, ρ
und σ zu einem Zuschlag

$$(17) \quad \Delta := \alpha_m + \beta + \rho + \sigma$$

zusammen, so erhalten wir die Bruttoprämie aus

$$(18) \quad B_x = P_x + \frac{\alpha \cdot B_x^{(12)}}{\ddot{a}_x} + \Delta \cdot B_x + \gamma.$$

Setzen wir der Einfachheit halber

$$(19) \quad B_x^{(12)} = \frac{B_x}{12},$$

so gilt

$$(20) \quad B_x = \frac{P_x + \gamma}{(1-\Delta) - \dfrac{\alpha}{12\,\ddot{a}_x}} \; .$$

Die Zerlegung des Zuschlags Δ entsprechend (17) muß nicht für sämtliche Jahre konstant bleiben. Wenn es sachgerecht erscheint, können die Anteile α_m, β, ρ und σ jährlich variieren. Sofern Δ konstant bleibt, ist diese Aufteilung für die Berechnung der Bruttoprämie unerheblich. Einfluß hat diese Aufteilung lediglich auf die Gewinnzerlegung.

Aufgaben: 10.) Schreiben Sie ein Programm zur Berechnung der Bruttoprämien entsprechend (20).

11.) Berechnen Sie einige Bruttoprämien zu den Nettoprämien aus Aufgabe 9 mit den folgenden Parametern:

a)	$\alpha = 3$,	$\Delta = 0{,}2$,	$\gamma = 30$
b)	$\alpha = 4$,	$\Delta = 0{,}2$,	$\gamma = 10$
c)	$\alpha = 3$,	$\Delta = 0{,}25$,	$\gamma = 0$
d)	$\alpha = 4$,	$\Delta = 0{,}25$,	$\gamma = 0$

12.) Berechnen Sie die Anteile der Kostenzuschläge in den Bruttoprämien aus Aufgabe 11.

3 DIE ALTERUNGSRÜCKSTELLUNG

Werden alljährlich nur die Risikoprämien, vermehrt um Sicherheits-
und Kostenzuschläge, vereinnahmt, so können die Teile der Prämie,
die zum Ende eines Vjahres nicht für bereits gemeldete bzw. für die
Schäden, deren Meldung noch erwartet wird, verbraucht sind, als
Gewinn verbucht werden.

Anders hingegen ist es im Falle gleichbleibender Prämien. Wird die
Nettoprämie P_x für eine Person (x) ermittelt und ist m Jahre nach
Vertragsabschluß die Risikoprämie K_{x+m} fällig, so wird der Differenzbetrag $P_x - K_{x+m}$ in späteren Jahren benötigt, sofern $P_x - K_{x+m} > 0$,
andernfalls muß der Fehlbetrag $K_{x+m} - P_x$ finanziert werden.

Es muß nun hier, wie auch in der LV, bei konstanten Nettoprämien
eine Reserve gebildet werden. Die Reserve wird in der KV *Alterungsrückstellung* genannt und entspricht der Deckungsrückstellung der LV.

Da in der KV Sparvorgänge wie etwa bei der gemischten V in der LV
unbekannt sind, hat die Alterungsrückstellung in der KV nur die
Funktion, die die Deckungsrückstellung bei der RisikoV hat: in den
Jahren, in denen die Nettoprämie größer ist als die Risikoprämie
werden die nicht benötigten Prämienteile in die Reserve eingestellt,
während umgekehrt Teile der Reserve aufgelöst werden, wenn die ver-
einnahmte Nettoprämie kleiner ist als die Risikoprämie. Zum Endalter ω muß die Reserve gleich Null sein.

3.1 DIE NETTO-ALTERUNGSRÜCKSTELLUNG

Wir werden hier auf die in I.4 gewonnenen Erkenntnisse zurückgreifen.
In Analogie zum Erlebensfallspektrum in I.4.1 definieren wir in der
KV ein *Leistungsspektrum* L für einen x-Jährigen. L sei die Kopf-
schadenreihe $(K_{x+\nu} \mid 0 \le \nu \le \omega - x)$. $K_{x+\nu}$ gibt die erwartete Leistung
des KVU im $(\nu+1)$-ten Vjahr an.

Die Erlebensfalleistung E_ν^x wird in der LV fällig, falls der VN das
ν-te Vjahr erlebt (mit der Wahrscheinlichkeit ${}_{\nu-1}p_x$).

In der KV wird der erwartete Schaden $K_{x+\nu}$ fällig, wenn der VN das $(\nu+1)$-te Vjahr erlebt und noch im Bestand ist (diese Wahrscheinlichkeit bezeichnen wir ebenfalls mit $_\nu p_x$ entsprechend 2.2).

Das Beitragsspektrum $B = \left(B_0^x, B_1^x, \ldots, B_{\omega-x}^x\right)$ sei wie in I.4.1 definiert.

Da in der KV Todesfalleistungen nicht betrachtet werden, definieren wir entsprechend I.4.1, (3) den Leistungsbarwert

$$(1) \quad L_0^x := \sum_{\nu=0}^{\omega-x} {}_\nu p_x \cdot K_{x+\nu} \cdot v^\nu$$

und den *Barwert der Nettoprämie*

$$(2) \quad BP_0^x := \sum_{\nu=0}^{\omega-x} {}_\nu p_x \cdot B_\nu^x \cdot v^\nu .$$

Analog erhalten wir den *Leistungsbarwert nach m Jahren*

$$(3) \quad L_m^x := \sum_{\nu=0}^{\omega-x-m} {}_\nu p_{x+m} \cdot K_{x+m+\nu} \cdot v^\nu$$

und den *Barwert der Nettoprämie nach m Jahren*

$$(4) \quad BP_m^x := \sum_{\nu=0}^{\omega-x-m} {}_\nu p_{x+m} \cdot B_\nu^x \cdot v^\nu .$$

Die *prospektive Alterungsrückstellung* erhalten wir dann aus

$$(5) \quad {}_m V_x^{pro} := L_m^x - BP_m^x .$$

In Anlehnung an I.4.1 (10) und (11) können wir Leistungs- und Prämienendwerte nach m Jahren definieren und erhalten dann auch eine *retrospektive Alterungsrückstellung nach m Jahren*

$$(6) \quad {}_m V_x^{retro} := EP_m^x - EL_m^x .$$

Aufgabe: 1.) Zeigen Sie für alle x und alle m

$$(7) \quad {_m}V_x^{pro} := {_m}V_x^{retro}.$$

Wegen (7) werden wir weiterhin nur von der *Alterungsrückstellung*

$$(8) \quad {_m}V_x := {_m}V_x^{pro} = {_m}V_x^{retro}$$

reden.

Aufgaben:
2.) Beweisen Sie entsprechend I.4.1, Satz 6 die Prämiendifferenzenformel

$$(9) \quad {_m}V_x = \left(B_o^{x+m} - B_o^x \right) \cdot \ddot{a}_{x+m}.$$

3.) Beweisen Sie für konstante Prämien P_x (Nettoprämie zum Beitrittsalter x)

$$(10) \quad {_m}V_x = L_x^a - P_x \cdot \ddot{a}_{x+m}$$

$$(11) \quad {_m}V_x = (P_{x+m} - P_x) \cdot \ddot{a}_{x+m}.$$

Im weiteren werden wir nun entsprechend I.4.2 eine Rekursionsformel
angeben, um die Entwicklung der Alterungsrückstellung darzustellen.
Weiter werden wir dann die Nettoprämie zerlegen. Es ist bei der Anwendung der Ergebnisse aus I.4.2 zu beachten, daß dort die Erlebensfalleistungen jeweils zum Ende eines Vjahres fällig werden,
während in der KV (in unserem Modell) die Leistungen zu Beginn
eines Jahres anfallen.

Da Todesfalleistungen hier nicht anfallen, gilt mit der Bemerkung
im letzten Absatz entsprechend I.4.2 (22)

$$(12) \quad {_m}V_x = \frac{1}{P_{x+m-1}} \left({_{m-1}}V_x + B_{m-1} - K_{x+m-1} \right) \cdot (1 + i)$$

Aufgabe: 4.) Verifizieren Sie (12).

Mit

$$(13) \quad {_o}V_x = O$$

können wir aus (12) rekursiv den Verlauf der Alterungsrückstellung für beliebige Tarife ermitteln.

Aus (12) erhalten wir unmittelbar

$$(14) \quad P_{x+m-1} \cdot {_m}V_x \cdot v = {_{m-1}}V_x + B_{m-1} - K_{x+m-1},$$

so daß wir entsprechend (14) den Beitrag nach

$$(15) \quad B_{m-1} = K_{x+m-1} + P_{x+m-1} \cdot {_m}V_x \cdot v - {_{m-1}}V_x$$

zerlegen können.

Somit haben wir eine Aufteilung der Nettoprämie B_{m-1} in eine Risikoprämie K_{x+m-1} und eine *Sparprämie* B^S_{m-1}

$$(16) \quad B^S_{m-1} := B_{m-1} - K_{x+m-1} = P_{x+m-1} \cdot {_m}V_x \cdot v - {_{m-1}}V_x.$$

Wenn in einem Jahr die Nettoprämie größer der Risikoprämie ist, so wird die Sparprämie verwendet die Alterungsrückstellung aufzufüllen um den Betrag der Sparprämie unter Berücksichtigung der Verzinsung und Vererbung, ist hingegen die Sparprämie negativ, so werden Teile der Alterungsrückstellung aufgelöst.

Aufgaben: 5.) Schreiben Sie ein Programm zur Berechnung der Alterungsrückstellung und der jährlichen Beitragszerlegung.

6.) Berechnen Sie für einige Tarife, einige Ausscheideordnungen und einige Beitrittsalter die Entwicklung der Alterungsrückstellung und der jährlichen Beitragszerlegung.

3.2 DIE ZILLMERRESERVE

Wie in der Lebensversicherung werden auch in der KV Teile der Abschlußkosten den VN zu Beginn eines Vertrages als Schuldposten zugewiesen. Über die Zillmerprämie wird diese Schuld dann getilgt.

Der Zillmersatz wird in der KV in Vielfache α der Monats(brutto)-
prämie festgelegt. Somit erhalten wir, wenn gleichbleibende Nettoprämien vereinbart sind, eine Zillmerprämie

$$(17) \quad P_x^{(z)} = P_x + \frac{\alpha \cdot B_x^{(12)}}{\ddot{a}_x} \, .$$

Der Schuldposten zu Beginn des Vvertrages wird dann angesetzt mit
$\alpha B_x^{(12)}$, so daß sich die *gezillmerte Alterungsrückstellung* V^z
wie folgt entwickelt:

$$(18) \quad \begin{aligned}
{}_0 V_x^{(z)} &= -\,\alpha B_x^{(12)} \\[2ex]
{}_m V_x^{(z)} &= \frac{1}{P_{x+m-1}} \left({}_{m-1} V_x^{(z)} + P_x^{(z)} - K_{x+m-1} \right) \cdot v \, .
\end{aligned}$$

Aufgabe: 7.) Zeigen Sie

$$(19) \quad {}_m V_x^{(z)} = L_x^a - P_x^{(z)} \cdot \ddot{a}_{x+m}'$$

$$(20) \quad {}_m V_x^{(z)} = \left(P_{x+m}^{(z)} - P_x^{(z)} \right) \ddot{a}_{x+m} \, .$$

Auch in der KV können durch das Zillmern negative Reserven entstehen.

Aufgabe: 8.) Berechnen Sie entsprechend Aufgabe 6 die Verläufe
einiger gezillmerter Alterungsrückstellungen.

3.3 DIE BILANZRESERVE

Wie die LVU erstellen auch die KVU zum Ende des Geschäftsjahres eine
Bilanz und müssen ebenfalls gewisse Mindestanforderungen erfüllen.
So muß zum Bilanztermin die Alterungsrückstellung ermittelt werden.

Die Bilanzreserve kann hier auch einzelvertraglich durch lineare Interpolation und anschließende Summation ermittelt werden. Zulässig

sind aber auch einfachere Verfahren. So können etwa sämtliche Vjahre
hypothetisch zum 1. Juli beginnen.

3.4 RECHTE AN DER ALTERUNGSRÜCKSTELLUNG

In der LV hat jeder VN im Falle der Kündigung einen Anspruch auf
sein DK abzüglich einem Stornoabschlag. In der KV hat ein VN im
Falle der Kündigung keinen Anspruch auf seine Alterungsrückstellung.
Da in der Beitragskalkulation davon ausgegangen wurde, daß einige
VN ihren Vvertrag kündigen werden, und ihre Alterungsrückstellung
dem Bestand vererben, kann folglich im Falle der Kündigung die Alterungsrückstellung dem VN nicht ausgezahlt werden. Dennoch gibt
es hier einige Besonderheiten.

Möchte oder muß ein VN für einige Zeit auf seinen KVschutz verzichten und nach Ablauf dieser Zeitspanne wieder den bisherigen KVschutz
erhalten, so wäre es unbillig, die Alterungsrückstellung dem Bestand
zu vererben und anschließend dem VN höhere Beiträge abzuverlangen.

Bei zeitlich befristeten Unterbrechungen kann ein VU mit dem VN vereinbaren, daß er für diese Zeit keine Risikobeiträge zahlt, sondern
lediglich die Sparprämien zuzüglich eines Kostenanteils. Es wird
somit in der Zeit, in der der Vschutz ruht, die Alterungsrückstellung weiter aufgebaut, so daß nach der Unterbrechung die bisherigen
Beiträge weiter fällig werden. Der VN zahlt während der Unterbrechung
eine *Anwartschaftsprämie.*

$$(21) \quad P_{x+m}^{anw} = B_{m-1}^{S} \cdot \Delta',$$

wobei Δ' ein Kostenzuschlag ist.

Selbstverständlich wird nicht in den Zeiten, in denen die Sparprämie
negativ ist, eine Anwartschaftsprämie an den VN ausgezahlt.

Häufig wird die Anwartschaftsprämie in Prozent der Bruttoprämie ermittelt.

Aufgabe: 9.) Errechnen Sie die Anwartschaftsprämie für einige Vtarife zu ein-, zwei- und dreijährigen Unterbrechungen, $\Delta' = \Delta$. Geben Sie die Prozentsätze P_1, P_2 und P_3 an, so daß

a) die Anwartschaftsprämie für alle m größer als P_i % der Bruttoprämie ist,

b) die Anwartschaftsprämie im Mittel gleich P_i % der Bruttoprämie ist.

Ein Anrecht auf die Alterungsrückstellung besteht auch bei einigen Vertragsänderungen.

4 GEWINNERMITTLUNG, -ZERLEGUNG UND BEITRAGSANPASSUNG

4.1 BILANZ, GEWINN- UND VERLUSTRECHNUNG UND BEITRAGSZERLEGUNG

Ebenso wie die LVU müssen auch die KVU in regelmäßigen Abständen
eine Bilanz und eine G.u.V. aufstellen. Auch für diese VU sind entsprechend den Mustern aus I.6 bzw. I.8 vom Bundesaufsichtsamt für
das Versicherungswesen Richtlinien zur Erstellung des Jahresabschlusses ergangen. Hierbei werden die Besonderheiten der KVU berücksichtigt.

Darüber hinaus zerlegen die KVU ihren Gewinn, aufgeteilt nach Ergebnisquellen und Tarifen, in den ebenfalls vom BAV vorgegebenen
Nachweisungen zur internen Rechnungslegung. Die einzelnen Ergebnisquellen, die zum Gesamtergebnis beitragen, sind

   1.) Risiko,
   2.) Aufwendungen für Schadenregulierungen,
   3.) Aufwendungen für erfolgsabhängige Beitragsrückerstattung,
   4.) Ergebnis aus Kapitalanlagen,
   5.) Abschlußkostenergebnis,
   6.) Ergebnis aus laufenden Verwaltungskosten,
   7.) sonstiges Ergebnis.

Der Jahresabschluß und die Gewinnzerlegung dient der Unternehmens-
führung, der Aufsichts- und der Steuerbehörde, um einen Überblick
über die Geschäftslage zu erhalten. Der interessierte Außenstehen-
de kann auch hier den Jahresabschluß einsehen.

Bei den LVU ist die Gewinnzerlegung von großer Bedeutung, um einerseits die Höhe des zu verteilenden Gewinns zu ermitteln und um andererseits festzustellen, in welchem Maße die einzelnen VN den
Überschuß erzeugten. Die Höhe des von dem einzelnen VN erzeugten
Überschusses soll dann auch ein Maßstab für die Verteilung der Überschüsse an die VN sein.

Anders ist die Situation bei den KVU. Eine Überschußbeteiligung wie bei den LVU ist hier unüblich. Die Beitragszerlegung dient hier im wesentlichen der Beantwortung der Frage, ob die gewählten Rechnungsgrundlagen ausreichen.

4.2 BEITRAGSANPASSUNG

Die Risikoprämien der KVU basieren auf Beobachtungen aus der Vergangenheit. Wird zum Zeitpunkt t ein KV-Tarif eingeführt, so wurden Schäden in der Vergangenheit vor dem Zeitpunkt beobachtet. Grundlage für die Berechnung der Risikoprämie des Tarifs ist dann bestenfalls der geschätzte erwartete Gesamtschaden des Bestandes für das Jahr j in dem t liegt. Sicherlich werden dann einige Jahre nach dem Zeitpunkt t auch bei moderaten Kostensteigerungen im Gesundheitswesen die erwarteten Schäden des Jahres j überholt sein.

Es ist somit notwendig, möglichst umgehend nach dem Ende eines Geschäftsjahres die tatsächlich eingetretenen Schäden zu ermitteln.

Bezeichnen wir mit S_k^{tat} die tatsächlich eingetretenen Schäden des Kalenderjahres k. Mit S_k^{re} bezeichnen wir den erwarteten (rechnungsmäßigen) Schaden. Es sei $L_{x,k}$ die Gesamtheit der x-Jährigen im Jahre k. Dann gilt

$$(1) \quad S_k^{re} := \sum_x \#L_{x,k} \cdot K_x.$$

Der Quotient

$$(2) \quad AF_k = \frac{S_k^{tat}}{S_k^{re}}$$

heißt auslösender Faktor.

Der auslösende Faktor gibt an, ob die erwarteten Schäden größer waren als die tatsächlichen Schäden, falls $AF_k < 1$. Andernfalls ist große Vorsicht geboten.

Aber auch wenn $AF_k < 1$, kann der Tarif in naher Zukunft notleidend sein. Wird im Jahre $k + 1$ der AF_k ermittelt, so kann bereits bei höheren Inflationsraten im Folgejahr $k + 2$ eine bedrohliche Situation eintreten.

Die KVU sind daher gehalten, den auslösenden Faktor nicht nur für das vergangene Jahr zu ermitteln, sondern auch für die nahe Zukunft zu schätzen. So kann etwa aus den tatsächlichen Schäden der Vergangenheit S_k^{tat}, S_{k-1}^{tat}, S_{k-2}^{tat} durch eine Regression entsprechend 1.3.2 der "tatsächliche" Schaden S_{k+2}^{tat} geschätzt werden. Gilt nun für den auslösenden Faktor AF_{k+2}

$$(3) \quad AF_{k+2} \notin (0.9, 1.1),$$

so muß der Tarif überprüft werden.

Aufgabe: 1.) Gegeben sei ein Krankheitskostentarif mit 100 %-iger Kostenerstattung abzüglich eines jährlichen Selbstbehaltes SB. Wie sollte Ihrer Meinung nach der Selbstbehalt geändert werden, wenn die Beiträge dieses Tarifes angepaßt werden, weil $AF_{k+2} > 1.1$? Hinweis s. [8]

5. BERECHNUNG NEUER BEITRÄGE

Beitragsanpassungen sind einerseits notwendig, wenn der auslösende Faktor eines Tarifs größer als 1.1 oder kleiner als 0.9 ist. Aber auch der VN kann eine Änderung des Vschutzes wünschen, was in den meisten Fälle eine Änderung der Beiträge zur Folge hat.

Die neu zu zahlenden Beiträge können nach verschiedenen Methoden ermittelt werden [8], [43]. Sämtlichen Methoden liegt das Äquivalenzprinzip zugrunde, daß der Barwert der künftigen Prämien zuzüglich der Alterungsrückstellung gleich dem Leistungsbarwert sein muß (vgl. hierzu auch I.6).

Wir nehmen weiterhin an, daß die Bruttobeiträge $B_x^{(12)}$ für das Beitrittsalter x nach 2.5.3 (19) bzw. (20) ermittelt werden. Es sei $B^{(12)}$ der bisher entrichtete Beitrag. Soll nun der Vvertrag m Jahre nach Vertragsabschluß geändert werden, wird der Beitrag

$$(1) \quad B_{x|x+m}^{(12)} := B^{(12)} + g_{x|x+m}^{(12)}$$

fällig. $g_{x|x+m}^{(12)}$ ist der zusätzlich fällige Beitrag nach der Vertragsumstellung.

Zum Zeitpunkt der Vertragsänderung können sämtliche Rechnungsgrundlagen variiert werden. Sind L_x, $ä_x$, Δ, α und γ die Rechnungsgrundlagen, die bisher verwendet wurden, so sind die gestrichenen Werte L'_x, $ä'_x$, Δ', α' und γ' die nach Änderung aktuellen Rechnungsgrundlagen.

Bezeichnen wir mit $_mV_x$ die vorhandene Alterungsrückstellung zum Vertragszeitpunkt und mit $_mV'_x$ die notwendige Reserve nach der Vertragsumstellung, gerechnet mit den neuen Rechnungsgrundlagen und der Bruttoprämie $B_{x|x+m}^{(12)}$, so ist der zusätzliche Leistungsbarwert

$$(2) \quad L_{x|x+m}^Z = {}_mV'_x - {}_mV_x$$

zu finanzieren.

Die Nettoprämie hierfür lautet

$$(3) \quad P_{x|x+m} = \frac{L^a_{x\,|x+m}}{\ddot{a}'_{x+m}}.$$

Somit erhalten wir

$$(4) \quad g^{(12)}_{x|x+m} = \frac{P_{x|x+m} + (\gamma' - \gamma)}{12(1-\Delta') - \dfrac{\alpha''}{\ddot{a}'_{x+m}}}$$

mit dem für Tarifänderungen gültigen Zillmersatz α''.

Somit erhält man nach kurzer Rechnung

$$(5) \quad B_{x|x+m} = B + \frac{1}{12(1-\Delta') - \dfrac{\alpha''}{\ddot{a}'_{x+m}}} \left(12 \cdot (1-\Delta')(B'_{x+m} - B) - \frac{{}_mV_x}{\ddot{a}'_{x+m}} \right).$$

B'_{x+m} ist der Jahresbeitrag nach neuen Rechnungsgrundlagen für eine Person $(x+m)$.

Aufgabe: 1.) Beweisen Sie (5).

Bezeichnen wir mit $B'^{(12)}_x$ den nach neuen Rechnungsgrundlagen ermittelten Bruttobeitrag, so erhalten wir aus (5) die Bruttoprämie $B^{(12)}_{x|x+m}$ nach dem *Zuschlagsverfahren*

$$(6) \quad B^{(12)}_{x|x+m} = B'^{(12)}_x + \frac{1}{12 \cdot (1-\Delta') \cdot \ddot{a}'_{x+m} - \alpha''} \left({}_mV'_x - {}_mV_x + \alpha'' \left(B'^{(12)}_x - B^{(12)}_x \right) \right)$$

Aufgabe: 2.) Beweisen Sie (6).

Durch weitere Umformungen erhalten wir, wie leicht zu sehen ist,

$$(7) \quad B_{x|x+m} = B'_{x+m} - \frac{1}{12(1-\Delta')\ddot{a}'_{x+m} - \alpha''} \left(\alpha' B'_{x+m} - \alpha''(B'_{x+m} - B_x) + {}_mV_x \right)$$

des *Abschlagverfahrens*.

Neben den oben vorgestellten Verfahren besteht noch die Möglichkeit, im Falle einer Tarifanhebung den bisherigen Beitrag weiter zu zahlen und die Differenz durch einen Einmalbeitrag zu finanzieren. Dieses Verfahren wird insbesondere bei älteren VN praktiziert. Bei diesen VN sind häufig recht hohe Beitragsanhebungen fällig, wenn die auslösenden Faktoren anzeigen, daß der Tarif unzureichend kalkuliert ist. Gerade aber die älteren VN können häufig die hohen Prämien nicht aufbringen.

Wird auf eine Beitragsanhebung verzichtet, dann müssen die fehlenden Mittel anderweitig beschafft werden.

Da die älteren VN meist schon längere Zeit bei einem KVU versichert sind, haben sie in den vergangenen Jahren auch Überschüsse erwirtschaftet. Diese, in der Rückstellung für erfolgsabhängige Rückerstattung angesammelten Mittel können als Einmalbeiträge verwendet werden, um Beitragsanhebungen für Teilbestände (ältere VN) oder den Gesamtbestand zu vermeiden.

Aufgabe: 3.) Welche Mittel werden in der Rückstellung für erfolgsabhängige Rückerstattung benötigt, wenn die Beiträge des in Abschnitt 1 angegebenen Bestandes um 15 % anzuheben sind, eine Beitragsanhebung aber nicht erfolgen soll?

KAPITEL IV

Als Gregor Samsa eines Morgens aus un-
ruhigen Träumen erwachte, fand er sich
in seinem Bett zu einem ungeheueren Un-
geziefer verwandelt.

Franz Kafka, Die Verwandlung

PFLEGERENTEN- UND PFLEGEFALLVERSICHERUNG

Seit dem Jahre 1985 wird sowohl von LVU als auch von KVU Vschutz angeboten für den Fall der Pflegebedürftigkeit. Eine versicherte Person
ist ein Pflegefall, wenn einige der folgenden Tätigkeiten nicht
oder nur mit Hilfe von anderen Personen oder nur mit Hilfe von Geräten ausgeführt werden können:

1.) Spazierengehen
2.) Verlassen der Wohnung
3.) Benutzung der Toilette
4.) Baden
5.) An- und Auskleiden
6.) Einnahme von Mahlzeiten
7.) Aufstehen und zu Bett gehen.

Können nur einige der Verrichtungen nicht oder nur mit Hilfe anderer
Personen oder nur mit Hilfe von Geräten ausgeführt werden, so besteht eine teilweise Pflegebedürftigkeit und die vereinbarte Leistung wird entsprechend dem Grad der Pflegebedürftigkeit gewährt.

Da wegen der Spartentrennung ein Risiko nicht von VU verschiedener
Sparten abgedeckt werden darf, unterscheiden sich die von den LVU
angebotene *PflegerentenV*   und die von den KVU angebotene *PflegefallV* .

Bei der PflegefallV zahlen die KVU für jeden Tag, an dem die versicherte Person ein Pflegefall ist, den vereinbarten Betrag. Die
Beiträge werden auch dann erhoben, wenn die versicherte Person eine Leistung bezieht. Dieser Fall ist analog der KrankentagegeldV
mit dem Unterschied, daß bei der KrankentagegeldV eine Leistung für
jeden *Krankheitstag*   erbracht wird, bei der PflegefallV aber für
jeden *Pflegschaftstag*   . Die Berechnung der Prämien und Alterungsrückstellungen unterscheiden sich nicht.

Die von den LVU angebotene *Pflegerentenv* hingegen sieht drei Leistungskomponenten vor.

1) Mit dem Erreichen einer gewissen Altersgrenze ω ($80 \leq \omega \leq 85$) wird bis zum Tode eine Altersrente gezahlt.

2) Trifft der Pflegefall vor Erreichen der Altersgrenze ein, so wird die für die Dauer der Pflegschaft (zu Hause) eine Pflegerente in Höhe der Altersrente gewährt.

3) Im Todesfall werden je nach Vereinbarung zwei bis drei Jahresrenten abzüglich der bereits gezahlten Rentenbeträge fällig. Die Todesfalleistung darf allerdings nicht negativ werden.

Die PflegerentenV steht damit in Analogie zu einer Pensionszusage. Die Pflegerente, die maximal bis zum Endalter ω gezahlt wird, entspricht einer Invalidenrente und die Todesfalleistung ist vergleichbar einer Hinterbliebenenversorgung. Die Berechnung der Prämien, der Reserven und der Rückkaufwerte lassen sich somit leicht aus den Kapiteln I und II ableiten. Um die Beträge und Reserven einer PflegerentenV berechnen zu können, benötigt man die Ausscheidewahrscheinlichkeiten.

Die Wahrscheinlichkeiten i_x (i_y) für Männer (Frauen) des Alters $15 \leq x(y) \leq 84$ ein Pflegefall zu werden, sind abgeleitet aus Untersuchungen des National Center of Health Statistics. Wie die Wahrscheinlichkeiten im einzelnen aus den Rohwerten gewonnen wurden, ist in [47 a] beschrieben.

In den beiden folgenden Tabellen sind die in der Bundesrepublik für die PflegerentenV verwendeten Ausscheidewahrscheinlichkeiten angegeben.

Alter	Pflegefall-wahrsch.	Sterblichkeiten der			Alter	Pflegefall-wahrsch.	Sterblichkeiten der		
		Nicht-Pflegebedürft.	Pflegebedürftigen	Gesamtheit			Nicht-Pflegebedürft.	Pflegebedürftigen	Gesamtheit
x	i_x	q_x^{aa}	q_x^i	q_x	x	i_x	q_x^{aa}	q_x^i	q_x
15	0,09	0,69	50,69	0,82	50	1,58	5,71	55,71	6,34
16	0,12	0,70	50,70	0,83	51	1,68	6,33	56,33	7,01
17	0,13	0,78	50,78	0,91	52	1,78	7,02	57,02	7,75
18	0,16	0,88	50,88	1,01	53	1,87	7,75	57,75	8,54
19	0,18	1,04	51,04	1,17	54	1,95	8,50	58,50	9,34
20	0,19	1,18	51,18	1,31	55	2,03	9,26	59,26	10,16
21	0,22	1,36	51,36	1,50	56	2,09	10,04	60,04	11,00
22	0,23	1,55	51,55	1,69	57	2,16	10,87	60,87	11,89
23	0,27	1,73	51,73	1,88	58	2,22	11,76	61,76	12,84
24	0,28	1,88	51,88	2,03	59	2,27	12,75	62,75	13,89
25	0,30	1,98	51,98	2,14	60	2,32	13,79	63,79	14,99
26	0,32	2,07	52,07	2,24	61	2,39	14,88	64,88	16,14
27	0,31	2,13	52,13	2,30	62	2,47	16,07	66,07	17,39
28	0,33	2,19	52,19	2,37	63	2,60	17,39	67,39	18,77
29	0,35	2,23	52,23	2,42	64	2,73	18,91	68,91	20,36
30	0,36	2,26	52,26	2,46	65	2,92	20,58	70,58	22,10
31	0,36	2,25	52,25	2,46	66	3,17	22,37	72,37	23,97
32	0,37	2,25	52,25	2,46	67	3,48	24,33	74,33	26,02
33	0,37	2,25	52,25	2,47	68	3,86	26,55	76,55	28,35
34	0,39	2,28	52,28	2,51	69	4,35	29,06	79,06	30,98
35	0,41	2,35	52,35	2,59	70	4,93	31,78	81,78	33,85
36	0,43	2,43	52,43	2,68	71	5,62	34,68	84,68	36,93
37	0,46	2,53	52,53	2,79	72	6,45	37,88	87,88	40,34
38	0,51	2,64	52,64	2,91	73	7,41	41,54	91,54	44,25
39	0,56	2,76	52,76	3,04	74	8,51	45,79	95,79	48,80
40	0,62	2,88	52,88	3,18	75	9,75	50,58	100,58	53,94
41	0,70	3,00	53,00	3,32	76	11,14	55,79	105,79	59,56
42	0,77	31,4	53,14	3,48	77	12,73	61,54	111,54	65,78
43	0,86	3,31	53,31	3,67	78	14,44	67,93	117,93	72,72
44	0,97	3,52	53,52	3,91	79	16,35	75,08	125,08	80,49
45	1,05	3,77	53,77	4,19	80	18,42	82,89	132,89	89,01
46	1,18	4,03	54,03	4,48	81	20,68	91,29	141,29	98,22
47	1,27	4,34	54,34	4,83	82	23,12	100,42	150,42	108,25
48	1,38	4,71	54,71	5,24	83	25,75	110,40	160,40	119,23
49	1,48	5,16	55,16	5,74	84	28,55	121,37	171,37	131,31

Tabelle 1   Männer

aus [47 a]: Die Ableitung der Pflegefallwahrscheinlichkeiten für
den Mustergeschäftsplan der Pflegerentenversicherung,
A. Holl, P. Kakies, K. Richter, Blätter der DGVM
Band XVII, S. 173

| Alter | Pflege-fall-wahrsch. | Sterblichkeiten der | | | Alter | Pflege-fall-wahrsch. | Sterblichkeiten der | | |
| | | Nicht-Pflege-bedürft. | Pflege-bedürf-tigen | Ge-samt-heit | | | Nicht-Pflege-bedürft. | Pflege-bedürf-tigen | Ge-samt-heit |
x	i_x	q_x^{aa}	q_x^{i}	q_x	x	i_x	q_x^{aa}	q_x^{i}	q_x
15	0,13	0,46	50,46	0,58	50	1,95	3,98	53,98	4,73
16	0,15	0,48	50,48	0,60	51	2,08	4,31	54,31	5,12
17	0,16	0,52	50,52	0,64	52	2,16	4,66	54,66	5,54
18	0,18	0,59	50,59	0,71	53	2,25	5,04	55,04	5,99
19	0,21	0,68	50,68	0,81	54	2,32	5,46	55,46	6,47
20	0,24	0,78	50,78	0,91	55	2,38	5,93	55,93	7,01
21	0,24	0,86	50,86	1,00	56	2,45	6,42	56,42	7,57
22	0,24	0,96	50,96	1,10	57	2,51	6,92	56,92	8,13
23	0,27	1,06	51,06	1,21	58	2,56	7,48	57,48	8,76
24	0,27	1,15	51,15	1,30	59	2,62	8,13	58,13	9,47
25	0,28	1,23	51,23	1,39	60	2,69	8,90	58,90	10,31
26	0,28	1,27	51,27	1,44	61	2,79	9,75	59,75	11,23
27	0,28	1,30	51,30	1,47	62	2,92	10,66	60,66	12,21
28	0,28	1,32	51,32	1,50	63	3,10	11,70	61,70	13,32
29	0,28	1,35	51,35	1,53	64	3,33	12,91	62,91	14,61
30	0,30	1,39	51,39	1,58	65	3,62	14,37	64,37	16,16
31	0,29	1,44	51,44	1,63	66	4,01	16,03	66,03	17,93
32	0,32	1,51	51,51	1,71	67	4,51	17,85	67,85	19,87
33	0,34	1,58	51,58	1,79	68	5,12	19,89	69,89	22,06
34	0,37	1,65	51,65	1,86	69	5,87	22,24	72,24	24,58
35	0,41	1,72	51,72	1,94	70	6,77	24,97	74,97	27,53
36	0,45	1,79	51,79	2,02	71	7,85	28,01	78,01	30,82
37	0,54	1,85	51,85	2,10	72	9,13	31,30	81,30	34,42
38	0,60	1,92	51,92	2,18	73	10,59	34,96	84,96	38,44
39	0,68	1,99	51,99	2,27	74	12,28	39,11	89,11	43,03
40	0,78	2,08	52,08	2,38	75	14,21	43,86	93,86	48,29
41	0,89	2,19	52,19	2,52	76	16,34	49,13	99,13	54,16
42	0,99	2,29	52,29	2,65	77	18,76	54,87	104,87	60,59
43	1,12	2,41	52,41	2,81	78	21,41	61,16	111,16	67,68
44	1,24	2,55	52,55	2,98	79	24,34	68,11	118,11	75,54
45	1,35	2,73	52,73	3,21	80	27,51	75,82	125,82	84,28
46	1,50	2,93	52,93	3,46	81	30,96	84,33	134,33	93,95
47	1,62	3,15	53,15	3,73	82	34,68	93,59	143,59	104,50
48	1,73	3,40	53,40	4,03	83	38,65	103,51	153,51	115,84
49	1,86	3,68	53,68	4,37	84	42,94	114,02	164,02	127,90

Tabelle 2   Frauen

aus [47 a]: Die Ableitung der Pflegefallwahrscheinlichkeiten für
den Mustergeschäftsplan der Pflegerentenversicherung,
A. Holl, P. Kakies, K. Richter, Blätter der DGVM
Band XVII, S. 174

Aufgaben: 1.) Geben Sie die Formeln für die Nettoeinmalprämie und die Nettojahresprämie der PflegerentenV an!

2.) Schreiben Sie ein Programm zur Berechnung der Prämien und der Reserveverläufe für die PflegerentenV!

3.) Schreiben Sie ein Programm zur Berechnung der Prämien und der Reserveverläufe für die PflegefallV!

4.) Vergleichen Sie die Nettoprämien und die Reserveverläufe der Pflegerenten- und der PflegefallV für einige Beitrittsalter, wenn in beiden Fällen mit den Ausscheidewahrscheinlichkeiten der Tabellen 1 und 2 gerechnet wird.

5.) Bei der PflegerentenV ist ein Rückkaufwert vorgesehen. Wie verhält sich in den einzelnen Jahren der Rückkaufwert zur Reserve, wenn der Rückkaufwert auf die Todesfalleistung begrenzt wird?

- 465 -

LITERATUR

[1]   Behnen K., Neuhaus G.; Grundkurs Stochastik, Teubner,
      Stuttgart, 1984.

[2]   Bericht des Arbeitskreises BUZ; Blätter der DGVM,
      Bd. VII (1964), 3-37.

[3]   Bender H.-P.; Deckungsrückstellung, Schriftenreihe
      Angewandte Versicherungsmathematik, Heft 1, Ver-
      sicherungswirtschaft, Karlsruhe.

[4]   Bicknell W.S., Nesbitt C.J.; Premiums and Reserves in
      Multiple Decrement Theory, Trans. of the Soc. of Act.,
      Bd. I (1957), 344.

[5]   Bohlmann, G.; Ein Ausgleichsproblem, Mitteilungen der
      Göttinger Gesellschaft der Wissenschaften, 1890.

[6]   Boehm C., Rose E.; Versicherungsmathematische Aufgaben-
      sammlung, Heft 1: Beiträge und Deckungsrücklagen in
      der Lebensversicherung, Berlin, 1937. Nachdruck:
      Schriftenreihe Angewandte Versicherungsmathematik,
      Heft 6, Versicherungswirtschaft, Karlsruhe.

[7]   Böhmer K.; Spline-Funktionen, Teubner, Stuttgart 1974.

[8]   Bohn K.; Die Mathematik der deutschen Privaten Kranken-
      versicherung, Schriftenreihe Angewandte Versicherungs-
      mathematik, Heft 11, Versicherungswirtschaft, Karlsruhe,
      1980.

[9]   Bowers N.L., Gerber H.U., Hickman J.C., Jones D.A.,
      Nesbitt C.J.; Actuarial Mathematics, Soc. of Actuaries,
      USA, 1984.

[10] Brommler K.-H.; Rentabilität von Lebensversicherungen und
      Anwendungen, Schriftenreihe Angewandte Versicherungs-
      mathematik, Heft 4, Versicherungswirtschaft, Karlsruhe.

[11] Chin Long Chiang; The Life Table and Its Applications,
      R.E. Krieger, Florida, USA, 1984.

[12] Claus G.; Gedanken zu einer neuen Tarifstruktur in der
      Lebensversicherung aus aufsichtsbehördlicher Sicht,
      Mannheimer Verträge zur Versicherungswissenschaft,
      Institut für Versicherungswissenschaft der Universität
      Mannheim, Heft 34, 1985.

[13] Claus G.; Mustergeschäftsplan für die Großlebensver-
      sicherung, Sonderdruck der Ver BAV, 1981.

[14] Claus G.; Mustergeschäftsplan für die Berufsunfähigkeits-
      versicherung als Einzelversicherung, Aus Ver BAV 1983/
      1984.

[15] Cramér H., Wold H.; Mortality variations in Sweden,
      Skandinavisk Aktuarietidskrift, 1935.

[16] Ebbinghaus H.-D. et al; Zahlen, Springer, Heidelberg, 1983.

[17] Euler L.; Opera omnia, Series prima, Opera Mathematica, Volumen septimum, Teubner, 1923.

[18] Feilmeier M., Junker M.; Die Ausgleichung von Ausscheide-wahrscheinlichkeiten durch Splinefunktionen; Blätter der DGVM, Bd. XVI (1983), 187.

[19] Feilmeier M.; Zur Finanzierbarkeit der Überschußbeteiligung in der Lebensversicherung: Grundsätzliches und Pragmatisches, Blätter der DGVM, Bd. XIV (1979), 337.

[20] Feilmeier M., Junker M.; Flexible Verwaltungssysteme in der Lebensversicherung, Vers.-Wirtschaft, Bd. 40, Heft 8, 530.

[21] Freudenberg K.; Die Sterblichkeit nach dem Familienstande in Westdeutschland 1949/1951, Deutsche Akademie für Bevölkerungswissenschaft, Hamburg 1957.

[22] Gaumitz E.A., Larson R.E.; Life Insurance Mathematics, John Wiley, N.Y. 1951.

[23] Geschäftsbericht BAV, 1984

[24] Gerling C.L.; Die Ausgleichs-Rechnung der practischen Geometrie, oder die Methode der kleinsten Quadrate, 1843.

[25] Gessner P.; Analyse der Gewinnreserve eines Lebensversicherungsunternehmens, Vers.-Wirtschaft, 1977, Heft 1, 20-23.

[26] -, ; Finanzierbarkeit der Gewinnbeteiligung in der Lebensversicherung, Vers.-Wirtschaft, 1978, Heft 8, 479-480 und Heft 16, 969-971.

[27] -, ; Modell zur Analyse der Gewinnreserve eines Bestandes, Blätter der DGVM, Bd. XII, Heft 4, (1976), 317-330.

[28] -, ; Überschußkraft und Gewinnbeteiligung in der Lebensversicherung, Schriftenreihe Angewandte Versicherungsmathematik, Heft 7, Vers.-Wirtschaft, 1978.

[29] -, Gose G., Münzmay E.; Modell zur Analyse der versicherungstechnischen Rückstellungen eines Lebensversicherungsbestandes, Blätter der DGVM, Bd. XIII, Heft 4, (1978), 317-332.

[30] -, Wacker H.; Dynamische Optimierung, Hanser, München, 1972.

[31] Gose G.; Finanzierung nach Rechnungslegung oder Bilanzen zweiter Ordnung, Blätter der DGVM, Bd. XIV (1979), 183-190.

[32] - ; Vergleichbarkeit von Sollzins und Istzins, Blätter der DGVM, Bd. XIV, (1980), 569-571.

[33] Graunt J.; Natural and Political Observations Mentioned in a following Index, and made upon the Bill of Mortality, London, 1676.

[34] Greville T.N.E.; Moving-Weighted-Average Smoothing Extended to the Extremities of the Data, I: Theory, Scand. Actuarial J., 1981, 39-55.

[35] -; Moving-Weighted-Average Smoothing Extended to the Extremities of the Data, II: Methods, Scand. Actuarial J., 1981, 65-81.

[36]   -;   Moving-Weighted-Average Smoothing Extended of the
       Data, III: Stability and Optimal Properties, j. of
       Approximation Th., 33 (1981), 43-58.

[37]   Grün H., Pister M.;   Biometrische Grundwerte zur kollektiven
       Bewertung von Witwenrentenanwartschaften, Blätter der
       DGVM, Bd. XIV, (1979), 323-336.

[38]   Halley E.;   An Estimate of the Degrees of the Mortality of
       Mankind, drawn from curious Tables of the Birth and Funerals at the
       city of Breslaw; with an Attempt of ascertain the Price of Annuities
       upon Lives, Phil. Trans. Royal Soc.,17, 1693, 596-610.

[38a] Halmos P.R.;   The Heart of Mathematics, Am. Math. Monthly,
       Vol. 87 (1980), 519-524.

[39]   Helbig M.;   Der Ertragswert als Kriterium für den Nachweis
       der Finanzierbarkeit der Überschußbeteiligung, Blätter
       der DGVM, Bd. XIV, (1979), 151-153.

[40]   -;   Maßzahlen zur Rentabilität einer Lebensversicherung,
       Blätter der DGVM, Bd. XIII, (1978), 309-315.

[41]   Helten E.; Risikotheorie - Grundlage der Risikopolitik von
       Versicherungsunternehmen? LVersWiss 64, 1975, 75-92.

[42]   Henderson R.; A new method of graduation, Trans. of the
       Actuarial Soc. of America, 25 (1924).

[43]   Herde H.;   Zur Bestimmung des neuen Beitrags eines bereits
       Versicherten in der Krankenversicherung, Veröffentlichung
       des BAV, 1971.

[44]   -;   Erstellung technischer Geschäftspläne in der privaten
       Krankenversicherung, Vers.-Wirtschaft, Heft 17, 1976.

[45]   Heubeck G., Fischer U.;   Richttafeln für die Pensionsver-
       sicherung, Rene Fischer, Weissenburg.

[46]   Heuser H.; Lehrbuch der Analysis, Teil 1, Teubner, Stuttgart,
       1984.

[47]   -;   Lehrbuch der Analysis II, Teil 2, Teubner, Stuttgart,
       1984.

[47a] Holl A., Kakies P., Richter H.;   Die Ableitung der Pflege-
       fallwahrscheinlichkeiten für den Mustergeschäftsplan der
       Pflegerentenversicherung, Blätter der DGVM, Bd. XVII,
       (1985), Heft 2, 163-178.

[48]   Impagliazzo J.;   Deterministic Aspects of Mathematical
       Demography, Springer, Heidelberg, 1985.

[49]   Isenbart F., Münzner H.;   Lebensversicherungsmathematik für
       Praxis und Studium, Gabler, Wiesbaden, 1977.

[50]   Jäger G.;   Die versicherungstechnischen Grundlagen der
       deutschen privaten Krankheitskostenversicherung, Schrif-
       tenreihe des Instituts für Versicherungswissenschaft an
       der Universität zu Köln, 1958.

[51]   Kakies P.;   Einige Anmerkungen zu der Aufgabe, die Finan-
       zierbarkeit von Überschußanteilen zu berechnen, Blätter
       der DGVM, Bd. XIV (1979), 167.

[52]   -; Einige weitere Anmerkungen zu der Aufgabe, die Finan-
        zierbarkeit von Überschußanteilen zu berechnen, Blätter
        der DGVM, Bd. XIV (1980), 555-567.

[53]   -; Methodik von Sterblichkeitsuntersuchungen, Schriften-
        reihe Angewandte Versicherungsmathematik, Heft 15, Ver-
        sicherungswirtschaft, 1985.

[54]   Karup J.; Über eine neue mechanische Ausgleichsmethode,
        Ber. des internationalen Kongr. d. Vers.mathematiker II,
        1898.

[55]   Kracke H.; Lebensversicherungstechnik, Berlin 1955.

[56]   Kronsjö L.I.; Algorithms: Their Complexity and Efficiency,
        Wiley, N.Y., 1979.

[57]   Landré C.L.; Lebensversicherung, Gustav Fischer, Jena, 1921.

[58]   Laplace, P.S. de; Oeuvres complètes, Tome septième, Théorie
        analytique des probabilités, Chapitre IX.

[59]   Laux H.; Grundzüge der Bausparmathematik, Schriftenreihe
        Angewandte Versicherungsmathematik, Heft 8, Versicherungs-
        wirtschaft, Karlsruhe, 1978.

[60]   Manes A.; Versicherungslexikon, Mittler, Berlin, 1924.

[61]   Matt K.; Invaliditätsstatistik 1976/80 in der Kollektiv-
        versicherung, Mitt. der Ver. Schweiz. Vers.mathematiker,
        1983, Heft 2.

[61a]   Müller H.-W.; Ein Modell zur Berechnung versicherungsmathe-
        matischer Abschläge in der gesetzlichen Rentenversiche-
        rung, Blätter der DGVM, Band XVI, Heft 1 (1983), 69-96.

[61b]   Müller H.-W.; Zur Herabsetzung der Altersgrenze, Deutsche
        Rentenversicherung, 2-3/83, 89-117.

[61c]   Müller H.-W.; Zur Herabsetzung der Altersgrenze - weitere
        Ergebnisse und Aktualisierung, Deutsche Rentenver-
        sicherung 7/83, 419-433.

[61d]   Müller H.-W., Rehfeld U.; Zur Rentnersterblichkeit unter
        besonderer Berücksichtigung langjährig berufstätiger
        Frauen und Männer, DGVM Blätter XVII, Heft 2 (1985),
        141-162.

[62]   Müller N.; Einführung in die Mathematik der Pensionsver-
        sicherung, München, 1973.

[63]   -; Erwartungswert der Altersdifferenz und seine Anwendungen,
        Blätter der DGVM, Bd. IV, Heft 1 (1955), 55.

[64]   Münzner H.; Zur Allgemeinen Sterbetafel für die Bundesrepu-
        blik Deutschland 1960/62, Blätter der DGVM, Bd. VII,
        Heft 3/4, 593-625.

[65]   Nicolai W.; Ein stochastisches Modell zur Messung des Pro-
        duktertrages und zur Ertragssteuerung in der Versiche-
        rungswirtschaft, Blätter der DGVM, Bd. XVI (1984),
        475-492.

[66]   Nolfi P.; Neue Erfahrungen und Methoden in der Invaliditäts-
        versicherung, Mitt. der Schweiz. Vers.mathematiker, Bd.
        60, 1960, 259.

[67]   Pearson K.;   On the systematic fitting of curves to obser-
        vations and measurments, Biometrika.

[67a]   Prölls E., Schmidt R., Sasse J.;   Versicherungsaufsichtsge-
        setz, Beck, München.

[67b]   Rechenschaftsbericht 1984, Die private Krankenversicherung.

[68]   Reichel, G.;   Eine Begründung der Gessner-Methode zur
        Prüfung der Gewinnbeteiligung in der Lebensversicherung,
        Blätter der DGVM, Bd. XIII (1978), 333-340.

[69]   Reinsch C.H.;   Smoothing by Spline-Functions I & II, Num.
        Math., 10, (1967), 177-183 und Num. Math. 16, (1970/71),451-454

[70]   Richter H.;   Vergleichbarkeit von Sollzins und Istzins,
        Blätter der DGVM XIV (1979), 359-363.

[71]   Romer B.;   Zum Tarifaufbau der Invalidenversicherung, Mitt.
        d. Schweiz. Vers.mathematiker, Bd. 64, 1964, 13.

[72]   Röper G.;   Beobachtungsmaterial über die Invalidisierungs-
        häufigkeiten in den USA, in Skandinavien und in den
        Niederlanden, Blätter der DGVM, Bd. VII, Heft 1 (1964),
        47-59.

[73]   Rueff F.;   Ableitung von Sterbetafeln für die Rentenver-
        sicherung und sonstige Versicherungen mit Erlebensfall-
        charakter, Sonderdruck der Blätter der DGVM, 1955.

[74]   Rusam;   Die Rechnungsgrundlagen für die Mathematik der
        Krankheitskostenversicherung, Neumanns Zeitschrift für
        Versicherungswesen (1938).

[75]   Rusam;   Die Wagnisverschiebung in der Mathematik der Krank-
        heitskostenversicherung, Deutsche Versicherungszeitung
        (1939).

[76]   Rusam;   Nochmals zur Wagnisverschiebung in der Mathematik
        der privaten Krankenversicherung, Deutsche Versicherungs-
        zeitung (1939).

[77]   Rusam;   Fragen bei der mathematischen Behandlung der priva-
        ten Krankenversicherung, Neumanns Zeitschrift für Ver-
        sicherungswesen (1936).

[78]   Saxer W.;   Versicherungsmathematik I & II, Springer Heidel-
        berg, 1955 (Nachdruck 1979).

[79]   Schärtlin G.;   Zur mathematischen Theorie der Invaliditäts-
        versicherung, Mitt. d. Schweiz. Vers.mathematiker, Bd. 6,
        1906.

[80]   Segerer G.;   Variationen der Rechnungsgrundlagen bei der
        Berechnung von Kennzahlen eines Lebensbestandes, Blätter
        der DGVM, Bd. XIII (1978), 341-358.

[81]   -;   Numerische Analyse der Auswirkung von Variationen der
        Rechnungsgrundlagen in der Lebensversicherung, Disser-
        tation, 1978.

[82]   Steiner M.;   Der Finanzierbarkeitsnachweis und die Äquiva-
        lenzbehauptung von P. Gessner in der Lebensversicherung;
        Blätter der DGVM.

[83]   Stoer J.;   Einführung in die Numerische Mathematik I,
        Springer, Heidelberg, 1979.

[84]   Storck H.;   Beiträge und Deckungsrückstellung für die Be-
        rufsunfähigkeits-Zusatzversicherung, Blätter der DGVM,
        Bd. VII (1964), 75-103.

[85]   -; Die Beurteilung von Gewinnbeteiligungen in der Lebens-
        versicherung, Blätter der DGVM, Bd. XIV (1979), 155-165.

[86]   Struyck N.;   Inleiding tot de Algemeene Geographie benevens
        eenige Sterrekundige en andere Verhandelingen,
        Amsterdam 1740.

[87]   Süssmilch J.P.;   Die göttliche Ordnung in der Veränderung
        des menschlichen Geschlechts, aus der Geburt, dem Tode
        und der Fortpflanzung desselben. In: L. Euler, Opera
        Omnia, Vol. sept., Teubner, 1923.

[88]   Tetens, J.N.;   Einleitung zur Berechnung der Leibrenten und
        Anwartschaften, 2 Bd., Leipzig 1785/86.

[89]   Tosberg A.;   Beitrag zur Begründung einer allgemeingültigen
        Krankenversicherungsmathematik, VW 21 (1955).

[90]   Tosberg A.;   Über ein neues versicherungsmathematisches Ver-
        fahren als Ergebnis neuerer Morbiditätsuntersuchungen,
        Blätter der DGVM, Bd. I, Heft 5 (1953).

[91]   Tosberg A.;   Beitrag zur Entwicklung der Mathematik der
        Krankheitskostenversicherung, Blätter der DGVM, Bd. II,
        Heft 4 (1956)

[92]   Tröblinger A.;   Nachweis der Finanzierbarkeit der Über-
        schußbeteiligung in der Lebensversicherung, Blätter der
        DGVM XIV (1979), 365-377.

[93]   Verband Deutscher Rentenversicherungsträger; Statistik
        Bd. 65: Rentenbestand 1. Januar 1985.

[94]   -; Statistik Bd. 66: Rentenzugang 1984.

[95]   -; Statistik Bd. 68: Pflichtversicherte 1982/83.

[96]   Veröffentlichung des BAV; Rundschreiben R 4/67, VerBAV
        1967.

[97]   Werner H.;   Praktische Mathematik I, Springer, Heidelberg,
        1975.

[98]   Whittacker;   On a new Method of Graduation,

[99]   Wilkinson J.H.;   Rundungsfehler, Springer, Heidelberg, 1969.

[100] Winkler W.;   Vorlesung zur mathematischen Statistik, Teubner,
        Stuttgart, 1983.

[101] Wolff K.-H.;   Versicherungsmathematik, Springer, Wien, 1970.

[102] Wolfsdorf K.;   Anmerkungen zur Invaliditätsversicherung,
        erscheint demnächst.

[103] Zillmer A.;   Beiträge zur Theorie der Prämienreserve bei
        Lebensversicherungsanstalten, 1863 (Nachdruck in den
        Blättern der DGVM, Bd. VIII, Heft 2 (1967)).

[104] Zwinggi E.; Versicherungsmathematik, Birkhäuser, Basel,
       1945.

[105] Zahlenbericht 1984/1985; Die private Krankenversicherung.

REGISTER

Abkürzung der Versicherungsdauer 317
Abrechnungsverband 293 f
Abschlagverfahren 458
Abschlußkosten 172, 216, 277, 444 f
Absterbeordnung 56, 242 f
Abzinsung 7
Abzinsungsfaktor 5
ADSt 114
Äquivalenzprinzip 25, 33, 158, 394, 400, 457
Agio 30
Aktivitätsrente 368
allgemeine Renten 147
allgemeine Sterbetafel 111
allgemeine Verwaltungskosten 173, 277
Altersverschiebung 116 ff
Alterungsrückstellung 447
analytische Ausgleichung 71
Anleihe 25
Annuität 26
Anspargrad 43
Anwartschaft 373 ff
Anwartschaftsprämie 452
aufgeschobene Zeitrente 16
Aufzinsung 6
Aufzinsungsfaktor 5
Ausgabekurs 30
Ausgleichung 61 ff
auslösender Faktor 455 f
Ausscheidewahrscheinlichkeit 363

Babbage Charles 81
Barausschüttung 316
Barwert 5
Barwert der Prämie 191 f
Barwert einer Zeitrente 15
Bauspardarlehen 38
Bausparguthaben 38
Bausparmathematik 37 ff
Bausparsumme 37
Beitragsanpassung 455
Beitragsspektrum 190
Berufsunfähig 358
Berufsunfähigkeitsrente 345
Bevölkerungssterbetafel 111
Bilanz 219
Bilanzdeckungskapital 224
Bilanzdeckungsrückstellung 286, 409
Bilanzreserve 451
Bohlmann'sches Prinzip 103
Bonussystem 317
Bruttoprämie 172, 444 ff
Bruttorentabilität 342
Bruttozins 33

Cramér 89

Deckungskapital 34, 189 ff, 282, 406
De Moivre 81
differenzierende Matrix 104
Direktgutschrift 293
Disagio 30
diskontierte Zahl der Lebenden 141
diskontierte Zahl der Toten 149
Diskontierungsfaktor 5
diskontinuierliche Methode 5
Diskontrate 5
Dynamik 239, 280 f

effektiver Diskont 12
effektiver Zins 12, 33
effektiver Zinsfuß 340
einfache Verzinsung 6
Einmalbeiträge 158, 401
Emissionskurs 30
Endwert 5
Erlebensfallrendite 341
Erlebensfallspektrum 190
Erlebensfallversicherung 140, 198, 244
Erwartungswert 136 ff
Erwerbsunfähig 358
Euler-Lagrange Differentialgleichung 91
ewige Zeitrente 16

Fackler 208
fallende Zeitrente 22
Finanzierbarkeit 317 ff
Finanzierbarkeit, global 318
Finanzierbarkeit, individuelle 318
Finanzierungsmethoden 400
Finanzmathematik 5 ff
Finanzmathematik, stochastisch 2
Finlaison - Wittstein 95 ff
Fondsgebundene Lebensversicherung 237

Geburtsjahrmethode 57 ff
gemischte Versicherung 155, 164, 174, 179 ff, 184, 207, 248 f,
                        273, 279
gemischte Verzinsung 8
Generationssterbetafel 110, 120
Gesamtrendite 341
Gesamtschaden 425
Gesamtschadenverteilung 422
geschlossene Personengesamtheit 52
Gewinnermittlung 454
Gewinnzerlegung 293 f, 454
gezillmertes Deckungskapital 212
Gompertz 81
Gompertz-Makeham 81 f, 251
graphische Ausgleichung 71
Grundkopfschaden 427

Hardy, Zinsformel 305 f
Hauptgesamtheit 352
Heiratsspektrum 397
Hinterbliebenenversorgung 379

Individualmethode 379
innerer Zins 322
Invalidenkinderrente 394
Invalidenrente 345, 371 ff
Invalidentafel 359 f
Invalidisierungswahrscheinlichkeit 350, 358
Invaliditätsspektrum 397
Inventarprämie 260

Jahresnettoprämie 159

Kapitalversicherung 155
Kardinalpunkt 99, 102
Karup 97, 102
Kassengleichung 39
King 99
King-Hardy 85 f
Kollektivmethode 379, 398
Kommutationszahlen 141, 169, 244, 369 ff, 442
konstruktive Beiträge 264
kontinuierliche Methode 6
kontinuierliche Zeitrente 21
Kontributionsformel 302, 412 ff
Kopfschaden 427 ff
Kopfschadenreihe 429
Kosten 172, 405
Kostengewinn 304

Lagrange-Parameter 91
laufende Beiträge 158, 401
laufende Einmalbeiträge 401
Laufzeitveränderung 267
Lebenslinie 57
Lebensversicherung 1 ff
Leibrente, aufgeschobene, lebenslängliche 144, 159, 176
Leibrente, lebenslängliche 142 f, 174, 176, 199
Leibrente, steigende 145, 177
Leibrente, temporäre 144, 245 f
Leibrente mit Prämienrückgewähr 240
Leibrente mit Rentengarantie 178
Leistungsbarwert 135 ff, 137, 191, 366 ff, 441
Leistungsendwert 193
Leistungsfunktion 137
Leistungsspektrum 447 f

mechanische Ausgleichung 94 ff
Methode der kleinsten Quadrate 72, 86 ff
Momentenmethode 79

nachschüssige Zeitrente 15
Näherungsformel von Bohlmann 226
natürliche Prämie 189
Nebengesamtheit 352
Nettoprämie 158, 443
Nettozins 33
nominelle Diskontrate 12
nominelle Zinsrate 12

offene Personengesamtheit 52
orthogonale Polynome 74 ff

partielle Ausscheidewahrscheinlichkeit 353, 363 ff
Pearson 89
Pension 345
Pensionskasse 345
Periodensterbetafel 110, 120
Personengesamtheit 52 ff, 347 ff, 366 ff
Prämie 34, 135 ff
Prämiendifferenzenformel 194 f
Prämienfreistellung 259
Prämienübertrag 225
Profil 427
prospektives Deckungskapital 35, 192

Radix 70
Randproblem der Ausgleichung 102
Reaktivierungswahrscheinlichkeit 351
Rechnungsgrundlagen erster Ordnung 183, 437
Rechnungsgrundlagen zweiter Ordnung 184
Reduktion 259
Reduktionsfaktor 431
Regression 423
Regressionsfunktion 427
Rentabilität 340
Rentenbarwert 147, 368 ff
Rentendeckungsverfahren 403
Reserve 190
retrospektives Deckungskapital 35 ff, 193
Risikogewinn 304, 411
Risikoprämie 196 ff, 212, 429 ff
Risikoversicherung 151, 161, 174, 179, 202 f, 247 f
Risikoversicherung mit fallender
    Versicherungssumme 230 ff
Risiko-Zeitrenten 233
riskiertes Kapital 196 ff, 212
rohe Sterbewahrscheinlichkeit 55
Rückkaufspektrum 323
Rückkaufwert 30, 256, 284
Rückstellung für Beitragsrückerstattung
    (RfB) 224, 290

Schaden 420
Schadenhäufigkeitsparameter 431
Schadenhöhe 422
Schadenzahlverteilung 422
Schätzer 423
Schlußtafel 110

Selbstbehalt 430
Selektionsabschlag 121
Selektionstafel 110
Sparplan 33
Sparprämie 196 ff, 212, 450
Spektrum einer Versicherung 190
Spencer, 15-Punkte-Formel 113
Splines 90 ff
steigende Zeitrente 21
Sterbefläche 120
Sterbegesetz 80 ff
Sterbejahrmethode 59 f
Sterbetafel 61 ff, 70, 110 ff, 277
Sterbewahrscheinlichkeit 53, 70, 353 ff
Storno 438
Stornoabzug 257 f
Stornowahrscheinlichkeit 323, 351, 438 ff
Summe der diskontierten Zahl der Lebenden 141
Summe der diskontierten Zahl der Toten 149

Tarifprämie 183
technisches Beitrittsalter 124
Teilauszahlungstarife 234 ff
Termefixversicherung 152, 162, 206
Tilgung durch Annuität 26
Tilgung durch Ratenschuld 26
Tilgungsquote 26
Todesfallbonus 316
Todesfallspektrum 190
Todesfallversicherung, lebenslänglich 149, 160, 178, 273, 279
Todesfallversicherung mit steigender Versicherungs-
     summe 153
Tontinenversicherung 163 f

Übergangswahrscheinlichkeit 349, 363
Überlebensrente 247
Überlebenswahrscheinlichkeit 70
Überschuß 286, 289 ff, 411
Überschußbeteiligung, Kennzahlsystem 312
Überschußbeteiligung, mechanisches System 312
Überschußbeteiligung, natürliches System 313
Überschußbeteiligung, streng natürliche 310
Überschußermittlung 289 ff
Überschußverteilung 310
Überschußverwendung 316
Umlageverfahren 404
Umwandlung einer Versicherung 260 ff
Universal Life 238
unterjährige Beiträge 165 ff
unterjährige Beiträge, echte 169
unterjährige Beiträge, unechte 169
unterjährige Leibrente 370 f
unterjährlich zahlbare Zeitrenten 18, 165

Vaterwaise 389
Verbleibenswahrscheinlichkeit 325, 381, 440
Versichertengesamtheit 439
Versichertensterbetafel 111

Versicherung auf verbundene Leben 241
Versicherung mit variablen Beiträgen 233
Verwaltungskostenreserve 216 ff
verzinsliche Ansammlung 316
Vollwaise 389
vorschüssige Zeitrente 15

Wechseldiskont 7
Waisenrente 345, 389
Wiederauferstehungswahrscheinlichkeit 349
Wiederinkraftsetzung 267
Wiederverheiratung 382
Wittstein 82
Witwenrente 345, 380 ff
Witwerrente 345, 380 ff, 393
Woolhouse 97

Zeitrenten 15 ff
Zeitrentenendwert 18
Zentralalter 250, 427
Zielbewertungszahl 43
Zillmerprämie 211 ff, 214 f
Zillmerreserve 211 ff, 450
Zillmersatz 214 f, 216
Zinseszins 7
Zinsfuß 5
Zinsgewinn 304, 411
Zinsintensität 11
Zinsquote 26
Zinssatz 5
Zufallsvariable 422
zusammengesetzte Verzinsung 7
Zuschlagverfahren 458

Teubner Studienbücher

Informatik

Berstel: Transductions and Context-Free Languages
278 Seiten. DM 38,– (LAMM)

Beth: Verfahren der schnellen Fourier-Transformation
316 Seiten. DM 34,– (LAMM)

Bolch/Akyildiz: Analyse von Rechensystemen
Analytische Methoden zur Leistungsbewertung und Leistungsvorhersage
269 Seiten. DM 29,80

Dal Cin: Fehlertolerante Systeme
206 Seiten. DM 24,80 (LAMM)

Ehrig et al.: Universal Theory of Automata
A Categorical Approach. 240 Seiten. DM 24,80

Giloi: Principles of Continuous System Simulation
Analog, Digital and Hybrid Simulation in a Computer Science Perspective
172 Seiten. DM 25,80 (LAMM)

Kupka/Wilsing: Dialogsprachen
168 Seiten. DM 21,80 (LAMM)

Maurer: Datenstrukturen und Programmierverfahren
222 Seiten. DM 26,80 (LAMM)

Oberschelp/Wille: Mathematischer Einführungskurs für Informatiker
Diskrete Strukturen. 236 Seiten. DM 24,80 (LAMM)

Paul: Komplexitätstheorie
247 Seiten. DM 26,80 (LAMM)

Richter: Logikkalküle
232 Seiten. DM 24,80 (LAMM)

Schlageter/Stucky: Datenbanksysteme: Konzepte und Modelle
2. Aufl. 368 Seiten. DM 34,– (LAMM)

Schnorr: Rekursive Funktionen und ihre Komplexität
191 Seiten. DM 25,80 (LAMM)

Spaniol: Arithmetik in Rechenanlagen
Logik und Entwurf. 208 Seiten. DM 24,80 (LAMM)

Vollmar: Algorithmen in Zellularautomaten
Eine Einführung. 192 Seiten. DM 23,80 (LAMM)

Weck: Prinzipien und Realisierung von Betriebssystemen
2. Aufl. 299 Seiten. DM 34,– (LAMM)

Wirth: Compilerbau
Eine Einführung. 4. Aufl. 117 Seiten. DM 17,80 (LAMM)

Wirth: Systematisches Programmieren
Eine Einführung. 5. Aufl. 160 Seiten. DM 23,80 (LAMM)

Preisänderungen vorbehalten

Teubner Studienbücher Fortsetzung

Mathematik Fortsetzung

Uhlmann: **Statistische Qualitätskontrolle.** 2. Aufl. DM 38,– (LAMM)

Velte: **Direkte Methoden der Variationsrechnung.** DM 26,80 (LAMM)

Vogt: **Grundkurs Mathematik für Biologen.** DM 21,80

Walter: **Biomathematik für Mediziner.** 2. Aufl. DM 23,80

Winkler: **Vorlesungen zur Mathematischen Statistik.** DM 26,80

Witting: **Mathematische Statistik.** 3. Aufl. DM 26,80 (LAMM)

Wolfsdorf: **Versicherungsmathematik.** Teil 1: Personenversicherung. DM 38,–

Preisänderungen vorbehalten